KB236206

화훼 재배사

차 건 성

오성출판사

머리말

의식의 자급 자족을 위해 씨뿌리고 기다렸다가 거둬들이는 시대는 이미 지났습니다. 지금은 산업화가 전세계적으로 이루어지고 있으며, 농민의 이농현상은 가속화되고, 따라서 농촌의 일손은 더욱 부족해졌습니다. 이제 농작물의 재배를 과거의 방식으로 재배할 수는 없게 되었습니다.

농민 스스로가 원하든 원하지 않든 커다란 변화가 와야 할 때에 이르렀습니다. 물론 기계화 등으로 부족한 일손을 메웠으며, 작물의 공동재배로 유통에의 어려움을 극복하고 있습니다. 그리고 온실재배 및 종자개량으로 수확의 시기를 인위적으로 앞당겨 상품가치를 높이고 있습니다.

그러나 이것만으로 농가의 소득을 크게 향상시킬 수는 없습니다. 기계화나 온실재배 등의 일면적인 기술만으로, 다른 분야보다 낙후된 농업을 부가가치가 높은 산업으로 끌어올리기에는 역부족인 것 같습니다. 이를 위해서는 좀더 전문적이고 기술향상적인 방식이 필요합니다.

화훼는 전 세계의 시장규모로나 수요의 증가폭으로도 다른 농작물에 비해 큽니다. 그리고 지금까지 세계 시장에서 화훼를 선도하는 국가들은 모두가 선진기술 강국으로 오랜 세월 동안 화훼기술을 축적한 나라들입니다. 그러므로 그들의 자부심 또한 대단합니다. 이에 비해 과거 우리 나라의 화훼재배는 인식부족으로 취미생활을 위한 일부 유한계층에서만 이루어지는 것으로 잘못 이해해왔습니다. 이것이 80년대에 들어서면서 경제발전과 함께 세계 화훼시장으로 눈을 돌리게 되었으며, 그에 대한 높은 수익성을 인식하면서 기술집약산업으로 발전시키고자 노력하였습니다. 그러나 아직도 유통과 저장 및 종자개량 등에서 충분한 뒷받침이 되지 못하였으며, 더욱 중요한 것은 재배기술 지도의 보급이었습니다. 이러한 이유로 정부의 지원이 겉돌게 되었으며, 따라서 국고낭비라는 사회적 지탄을 받게 되었습니다.

따라서 오늘날 화훼산업은 이러한 과거의 경험을 밑거름 삼아 집약적이고 대규모적인 기술투자와 시설투자로 국가경쟁력을 갖게 되고 화훼인들의 자질 또한 향상되어 긍지를 느끼게 되므로, 이를 종합적으로 평가하는 국가공인기술 자격증의 필요성을 절실히 요구하고 있습니다.

화훼는 이제 국내만이 아니라 세계적으로 수요의 증가가 상승하고 있으며, 따라서 수출 유망 품목으로 꼽히고 있습니다. 이러한 시기에 우리가 화훼재배의 전문화 및 기업화를 서두르는 또 다른 이유는 우리 나라의 기후와 풍토가 화훼재배에 적합하며, 또한 우리 농업기술 역시 우수한 잠재력을 지니고 있으므로 우리는 화훼를 수출 주력품목으로 발전시키기에 적합하다는 판단 때문입니다.

꽃을 사랑하는 모든 사람들이나 화훼분야에 종사하는 재배자, 유통 판매인, 소비자 모두가 화훼 발전에 뜻을 함께 할 때인 것 같습니다.

차 건 성

차   례

제1편

화훼재배사 필기

제1장 화훼의 종류

1. 성상 및 재배습성에 따른 분류

① 성상(性狀)에 따른 분류

1) 초본(草本)류

초질이 유연하고 줄기가 대부분 단생하지만 환경에 따라 총생하는 것도 있다.
① 전락성(纏絡性) 식물
줄기나 덩굴이 얽혀가며 자라는 종류(나팔꽃, 메꽃, 누홍초)
② 포복성(匍匐性) 식물
줄기나 덩굴이 기어가며 자라는 종류(한련화, 달개비, 난향초)
③ 복지성(匍枝性) 식물
줄기나 덩굴이 늘어지며 자라는 종류(에피스시아, 줄모초, 피레아)
④ 반등성(攀登性) 식물
줄기나 덩굴이 올라가며 자라는 종류(스위트피, 풍선초)

2) 목본(木本)류

줄기의 경화가 빠른 것으로 상록수목과 낙엽수목으로 분류한다.
① 관목류(灌木類)
키가 작고 뿌리 부근에서 많은 줄기가 총생한다.
 ㉮ 상록성 관목 : 영산홍, 식나무, 남천, 서향
 ㉯ 낙엽성 관목 : 수수꽃다리, 박태기, 모란, 수국, 개나리, 장미
② 교목류(喬木類)
키가 크고 줄기가 단간 형태로 자라 올라간다.
 ㉮ 상록성 교목 : 태산목, 동백, 월계수
 ㉯ 낙엽성 교목 : 벚나무, 은행나무, 목련, 배롱나무
③ 만성류(慢性類)
목질화된 줄기가 불균형하게 자라 올라간다.
 ㉮ 전락성 : 등나무, 으름, 멀꿀, 남오미자
 ㉯ 포복성 : 왕마삭, 덩굴사철
 ㉰ 반등성 : 능소화, 시계초, 담쟁이, 청미래

3) 대나무(竹)류

줄기가 특이한 형태로 자라는 식물이다.

오죽, 신우대, 섬대, 이대, 왕대, 황죽, 사사류

참고 열대성 식물에서도 반등성과 같이 곧게 올라가며 자라는 부우겐 빌레아, 아스파라거스 팔가
터스, 덩굴손으로 자라는 안티고논, 감아 올라가며 자라는 클로로덴드론 톰소네, 기근이 생겨나
며 포복신장하는 몬스테라가 있다.

② 재배습성에 따른 분류

1) 1, 2년초

① 1년초(춘파 1년생)

식물의 일생이 12개월 미만으로, 봄에 씨를 파종하는 종자가 이에 속하는 것으로 다음과
같은 종류가 있다.

과꽃, 금어초, 맨드라미, 만수국, 코스모스, 종이꽃, 한련화, 샐비어, 채송화, 백일홍, 페튜
니아, 해바라기, 바베나, 신경초, 일일초, 분꽃, 잎맨드라미, 아리삼, 채꽃, 아게라텀, 코레우
스, 풍접초, 루드베키아 등.

② 2년초(추파 1년생)

식물의 일생은 1년초와 같은데 단지 가을에 파종하여 그 해를 넘기고 이듬해 봄에 꽃이
피는 식물을 추파 1년초 또는 2년초라고 하는데 이에 속하는 것으로는 다음과 같은 것이
있다.

수레국화, 안개초, 팬지, 금잔화, 스타티스, 루피너스, 델피니움, 스토크, 석죽, 고데치아,
금어초, 로베리아, 스위트피, 시네나리아, 칼세오나리아, 프리뮬라 등.

참고 1년초에도 이름이 있고 2년초에도 이름이 있는 것은 같은 품종의 이름이라도 봄에 뿌려야
하는 품종과 가을에 뿌려야 하는 품종이 있기 때문이다.

③ 순 2년초

식물의 일생이 24개월 미만으로 첫해에는 싹이 나와 정상적인 생장을 하지만 꽃을 피우
지 않거나 꽃이 핀다 해도 정상적인 꽃을 피우지 못하고 가을에 일단 지상부가 죽고 뿌리
만 살아 있다가 이듬해 봄에 다시 싹이 나와 성장을 한 후 꽃을 피우고 일생을 마치는 식
물로 다음과 같은 것이 있다.

· 꽃무우, 디기탈리스, 캄파눌라, 보더 카네이션, 뱁티시아 등.

2) 숙근초

한번 씨를 뿌리면 2년 이상 계속해서 해마다 싹이 나와 꽃을 피우는 식물로 추위를 견

디지 못해서 따뜻하게 관리해야 하는 비내한성 숙근초와 어느 정도의 방한을 해주면 추위를 견딜 수 있는 반내한성 숙근초, 노지에서 그대로 월동을 할 수 있는 내한성 숙근초로 구분한다.

① 내한성이 약한 숙근초

군자란, 거베라, 세인트포리아, 극락조화, 온실 카네이션, 제라늄, 페라고니움, 꽃베고니아, 크레마티스.

② 내한성이 강한 숙근초

국화, 창포, 부용, 데이지, 접시꽃, 은방울꽃, 작약, 아가판더스, 아르메리아, 기린국화, 꽃잔디, 프록스, 아킬레아.

3) 구근초

숙근초 중에서 잎, 줄기, 뿌리의 어느 한 부분에 영양분을 저장해 놓는 기관이 발달하여 영양분을 저장해 놓은 식물을 구근초라고 하며 내한성이 강한 호냉성 구근을 추식구근, 내서성이 강한 호온성 구근을 춘식구근이라고 한다.

① 춘식구근

글라디오라스, 다알리아, 상사화, 아마릴리스, 수련, 칸나, 꽃생강.

② 추식구근

알리움, 아네모네, 칼라, 크로커스, 사프란, 시클라멘, 프리지아, 히야신스, 익시아, 백합, 수선화, 라난큘러스, 튜립 등.

4) 화목류(花木類)

화훼원예에서 재배되는 모든 나무를 말하는데 관상 목적상 잎을 보는 관엽수목, 꽃을 보는 관화수목, 열매를 보는 관실수목으로 나눈다.

① 관엽수목

남천, 사철나무, 단풍, 팔손이, 소나무, 식나무(청목), 회양목, 향나무, 편백나무, 광나무, 아왜나무, 버즘나무(플라타너스), 버드나무, 은행나무, 오동, 칠엽수(마로니에), 전나무, 삼나무, 느티나무, 파초 등.

② 관화수목

무궁화, 장미, 목백일홍(배롱나무), 모란, 목련, 동백, 매화, 후박, 태산목, 유도화(협죽도), 꽃복숭아, 라일락, 치자, 명자나무, 개나리, 수국, 영춘화, 진달래, 철쭉, 만병초 등.

③ 관실수목

자금우, 석류, 모과, 매자, 벽오동, 감, 대추, 피라칸타 등.

[참고] 구근초는 성상에 따라 5종류로 구분하고 있다.

1) 인경(Bulb-鱗莖)

잎에 영양분을 저장하여 잎이 구근 모양으로 변한 구근으로 다육질(多肉質)의 비늘(鱗片)이 디스크(Disk-연결 부분) 위에 붙어 있는 것을 인경이라고 하는데, 인경은 또다시 다음과 같이 구분한다.

(1) 유피인경
구근 곁에 구근을 싸고 있는 인경으로 형성과정에 따라 다시 두 종류로 구분한다.
① 매년 내부에서 인편이 형성되어 계속 구근이 굵어지는 것.
 수선화, 아마릴리스, 히야신스 등.
② 매년 모구가 없어지고 신구가 형성되어 번식하는 것.
 튜립, 덧치아이리스, 알리움 등.

(2) 무피인경
구근을 싸고 있는 껍질이 없이 그냥 인편이 노출되어 디스크에 연결되어 있는 구근으로 이에 속하는 구근은 백합, 프리틸라리아 등이 있다.

2) 구경(Corm-球莖)

줄기 마디의 밑부분이 비대하여 구근 모양을 이루고 잎의 변형인 외피(外皮)가 덮여 있고 마디 수만큼 횡근(橫筋)이 있으며 그곳에 눈이 있는 구근으로 글라디오라스, 프리지아, 크로커스, 왓소니아, 익시아, 사프란, 바비아나 등이 있다.
[참고] 인경은 주로 백합과 식물로 추식구근이 대부분이며 모주가 완전히 소멸되는 것으로 튜립, 구근 아이리스 등과 일부만 소멸되는 것으로 수선, 히야신스, 백합 등이 있다.

3) 괴경(Tubers-塊莖)

땅속줄기가 비대하여 덩어리를 이루고 있는 무피구근(無皮球根)을 말한다. 시클라멘, 글록시니아, 구근 베고니아, 칼라디움, 리아트리스 등이 있다.

4) 괴근(Tuberous root-塊根)

　뿌리가 비대하여 고구마 같은 모양을 하고 있는 구근으로 다알리아, 도라지, 작약, 아스파라거스, 라난큘러스 등이 있다.

5) 근경(Rhizome-地下莖)

　땅속줄기가 비대하여 구근 형태를 이룬 것으로 저면 아이리스, 칸나, 바나나, 생강, 은방울꽃, 수련, 아키메네스 등이 있다.

[참고] 인경, 구경은 단자엽 식물에서만 볼 수 있고, 괴경은 쌍자엽식물에서도 많이 있다.

[참고] 근경이 그다지 비대하지 않고 끝부분이 위로 향해 비대한 눈을 갖는 것. 은방울꽃, 복수초.

5) 관엽식물

　관엽식물은 일단은 온실내에서 관상하기 위하여 재배되는 식물로 재배습성에 따라 편의상 다음과 같이 나눈다.

　① 일반적 관엽식물

　베고니아, 아그라오네마, 아부치론, 마란타, 몬스테라, 페페로미아, 산스베리아, 코레우스, 아나나스, 칼라테아, 칼라디움, 알로카시아, 디펜바키아, 크로로피텀(조란), 만년청, 엽란, 아스파라거스, 고무나무, 드라세나, 코르딜리네, 크로톤 등.

　② 야자과 식물

　종려, 공작야자, 켄티아야자, 휘닉스야자, 관음죽, 카나리아야자, 종려죽, 아레카야자, 위성톤야자, 비로야자, 코코스야자 등.

　③ 고사리과 식물(양치류)

　네프로레피스, 아디안텀, 프테리스, 박쥐란(프라티세리움), 파초일엽, 사이아데아 등.

　④ 식충식물

　곤충을 잡아서 영양분을 취하는 식물로 네펜데스, 사라세니아, 끈끈이주걱, 핀지큘라, 다링토니아 등.

6) 난과(蘭科)식물

　난은 한대지방에서부터 열대지방에 이르기까지 널리 분포하고 있는데 그중 85%가 열대와 아열대지방에 분포하며 품종수는 570속(屬)에 5만 여종(種)이 있는 것으로 알려져 있다.

① 난(蘭)

1경 1화-한 줄기꽃대에서 한 송이의 꽃을 피우는 것을 난이라고 한다.

② 혜(蕙)

1경 9화-한 줄기꽃대에서 여러 송이의 꽃을 피우는 것을 혜라고 한다.

③ 동양란

한국, 중국, 일본이 원산지인 난을 동양란이라고 한다.

④ 서양란

한국, 중국, 일본 이외의 나라가 원산지인 난을 통털어 서양란이라고 한다.

⑤ 지생란(地生蘭)

뿌리를 흙에 내리고 사는 난이나 혜를 말한다.

⑥ 착생란(着生蘭)

기생란(氣生蘭)이라고도 하며, 돌 나무에 뿌리를 내리고 사는 난이나 혜를 말한다.

⑦ 단경성란(單莖性蘭)

분지성이 없거나 혹은 적은 난으로 반다, 파레노프시스와 같은 난이 있다.

⑧ 복경성란(複莖性蘭)

분지성이 많아 해마다 새로운 포기를 늘리는 난으로 카틀레야, 덴드로비움, 심비디움이 있다.

◆ 의구근(僞球莖)-기생란은 특수한 형태인 저장물질을 함유할 수 있는 구근 비슷한 것을 가지고 있는데 이것을 의구근 또는 위구경이라고 한다.

◆ 혁질엽(革質葉)-나무나 바위에 착생하여 사는 기생란 중에 의구근은 없고 잎에 영양분을 저장해서 시들지 않고 수분이나 영양을 공급받아 가며 사는 난이 있는데 이러한 난의 두꺼운 잎을 혁질엽이라고 한다.

참고 착생종에는 대부분 의구경과 근경, 지생종에는 근경, 구경, 괴경을 형성한다.

⑨ 생육온도에 대한 분류

㉮ 고온종 : 에리데스, 안크레컴, 칼란데, 반다, 파피오페딜럼, 덴드로비움(서양란)

㉯ 냉온종 : 심비디움(동양란)

7) 반입식(班入植物)

일반 식물 중에서 정상상태를 가지지 않고 잎이나 꽃에 여러 가지 색이나, 형태의 무늬가 들어 있는 식물로 일반식물보다 관상가치가 높은 것으로 취급하고 있으며 전에는 자연적인 변이에 의한 변이종이었으나 근래에는 인공적으로 반입종을 조작해 내고 있다.

이 반입종은 멘델의 유전법칙을 따르지 않는 것이 원칙인데 일반적으로 엽록소의 결핍으로 생기는 경우, 세포 사이에 공기가 함유되어 광선이 반사되어서 녹색이 변하여 보이는 경우, 엽록소가 없거나 다른 색깔이 함유된 경우 등이 있다.

현재 반입식물은 3000여종 이상이 된다고 하는데 대표적인 것들은 잎맨드라미, 꽃양배추, 베고니아, 페페로미아, 용설란, 산스베리아, 제라늄, 청목, 사철나무, 엽란, 맥문동, 판타누스, 만년청, 편백, 동백, 코레우스 등이 있다.

◆ 반점 모양에 따라 ㉮ 복륜(覆輪) ㉯ 전반(全班) ㉰ 절반(切班) ㉱ 소입(掃込) ㉲ 성반(星班) ㉳ 갱사반(更紗班) ㉴ 상강(砂子) ㉵ 호마반(胡麻班) ㉶ 중반(中班) ㉷ 종호(從縞) ㉸ 횡호(橫縞) 등이 있다.

8) 건생식물

선인장과 다육질 식물은 건조한 곳에서 자라는 식물 중에서 관상 가치가 있는 식물로 선인장과 다육식물을 말하는데 선인장은 북미, 멕시코, 남아프리카 등의 고지대가 산지로, 종류는 약 20여속(屬)에 3000종(種) 이상이 되며, 다육식물은 한대지역부터 열대지역까지 특히 아라비아, 멕시코, 북부아메리카 지역이 원산지인 것들로 약 10여과(科)에 이른다.

① 선인장

파이레스키아, 게발선인장, 공작선인장, 부채선인장, 기둥선인장, 공선인장 등.

② 다육식물

윳카, 포인세티아, 제라늄, 알로에, 카랑코에, 크라슐라, 용설란 등.

9) 기타식물

① 수생(水生)식물

물에서 자라는 식물들로 정수식물, 부엽식물, 침수식물로 분류한다.

㉮ 정수(挺水)식물 : 뿌리만 물 속에 잠긴 상태로 자라는 식물이다.
  · 부들, 벗풀, 연

㉯ 부엽(浮葉)식물 : 뿌리채 물 위에 떠서 자라는 식물이다.
  · 개구리밥, 물옥잠, 쇠뜨기말, 붕어말

㉰ 침수(沈水)식물 : 뿌리와 줄기 또는 잎이 물 속에 잠기는 듯 사는 식물이다.
  · 수련, 가래, 마름

② 고산(高山)식물

고산에서 자라는 식물로 에델바이스, 원생망아지풀이 있다.

2 실용적 분류

1) 관상 부위에 따른 분류

화훼의 관상 부위에 따라 관엽화훼, 관화화훼, 관실화훼로 나눈다.

① 관엽화훼

잎의 아름다움을 즐기는 것으로 주로 열대, 아열대가 원산지인 실내관엽식물이 주종을 이루고 있다.

　·노지관엽식물 : 텔란테라, 색비름, 코레우스, 코키아.

② 관화화훼

꽃의 아름다움을 즐기는 것으로 주로 한해살이, 여러해살이, 알뿌리 등이 주종을 이루고 있다.

③ 관실화훼

열매의 아름다움을 즐기는 것으로 주로 화목류가 주종을 이루고 있다.

2) 재배방법에 따른 분류

① 보통재배

자연상태 그대로 재배하는 방법이다.

② 불시재배

필요한 시기에 불시로 재배하는 방법이다.

③ 촉성재배

자연시기보다 빨리 개화시키기 위한 것으로 고온재배, 장일재배, 단일재배 방법이 있다.

　㉮ 고온재배 : 온도를 높여 개화를 촉진시키는 방법으로 가온재배한다.

　　·장미, 백합, 스톡크, 금어초, 철쭉, 카네이션, 히야신스

　㉯ 장일재배 : 일조시간을 연장시켜 개화를 촉진시키는 방법으로 전기조명재배(전조재배)한다.

　　·프록스, 시네나리아, 프리뮬라

　㉰ 단일재배 : 일조시간을 단축시켜 개화를 촉진시키는 방법으로 차광막재배(차광재배)한다.

　　·추국(가을국화), 한국(겨울국화)

④ 억제재배

자연시기보다 늦게 개화시키는 방법으로 저온재배, 저습재배, 장일재배, 단일재배, 파종기 지연재배 방법이 있다.

　㉮ 저온재배 : 온도를 낮추어 개화를 억제시키는 방법으로 무가온 재배한다.

　　·글라디오라스, 백합.

㉯ 저습재배 : 습도를 낮추어 개화를 억제시키는 방법으로 단수를 한다.

　　・글라디오라스, 수선, 장미

㉰ 장일재배 : 일조시간을 연장시켜 개화를 억제시키는 방법으로 전조재배한다.

　　・추국, 한국

㉱ 단일재배 : 일조시간을 단축시켜 개화를 억제시키는 방법으로 차광재배한다.

　　・프리뮬라, 프록스, 시네나리아

㉲ 파종 지연재배 : 파종시기를 늦추어 개화를 억제시키는 방법이다.

　　・코스모스, 백일홍

3) 재배 목적에 따른 분류

이용 목적에 따라 분류하는 방법이다.

① 화단용 화훼

화단을 장식하기 위한 화훼를 재배한다.

・팬지, 프리뮬라, 시네나리아, 데이지, 마가렛트, 페튜니아, 꽃베고니아, 샐비어, 금잔화, 백일홍, 메리골드, 과꽃, 꽃양배추, 무스카리, 튜립, 수선화, 백합, 히야신스

② 절화용 화훼

절화를 위한 화훼를 재배한다.

・국화, 장미, 카네이션, 안개꽃, 백합, 글라디오라스, 아이리스, 프리지아, 알리움

③ 분식용 화훼

분에 심어 관상하는 화훼를 재배한다.

・포인세티아, 아나나스, 안스리움, 히비스커스, 제라늄, 국화

④ 정원용 화훼

정원을 장식하기 위한 화훼를 재배한다.

・철쭉, 치자, 장미, 식나무, 동백, 라이락, 팔손이나무

3. 생육습성에 따른 분류

1) 일장(日長)시간에 따른 분류

대다수의 식물은 햇볕이 쪼이는 시간에 따라 생육과 화아분화와 결실 등에 큰 영향을 미친다.

① 장일성 식물

하루에 16시간 정도의 일조시간이 되어야 꽃이 피게 되는 식물이다.

・금잔화, 과꽃, 이베리스, 꽃양귀비, 샤스타데이지, 글라디오라스, 시네나리아

② 단일성 식물

하루에 10시간 정도의 일조시간이 되어야 꽃이 피게 되는 식물이다.

· 국화, 포인세티아, 나팔꽃, 코스모스, 프리지아

③ 중간성 식물

일조시간과 관계없이 꽃을 피는 식물이다.

· 히야신스, 아스파라거스, 시클라멘, 제라늄, 카네이션, 튜립, 팬지

참고 상대적 단일식물 : 장일 또는 단일하의 어느 곳에서나 개화는 촉진되지만 단일하에서 더욱 개화가 잘 되는 것.

· 다알리아, 메리골드, 백일홍

참고 상대적 장일식물 : 장일 또는 단일하의 어느 곳에서나 개화는 촉진되지만 장일하에서 더욱 개화가 잘 되는 것.

· 카네이션, 페튜니아

2) 광량에 따른 분류

햇볕을 좋아하는 식물과 싫어하는 식물로 분류된다.

① 양성(호양성) 화훼

· 샐비어, 채송화, 페튜니아, 무궁화, 장미, 매화, 소나무

② 음성(호음성) 화훼

· 아스파라거스, 옥잠화, 치자

③ 중성(중간성) 화훼

· 올동백, 관음죽

3) 수습(水濕)에 따른 분류

토양 중의 습도가 식물생육에 영향을 미치게 된다.

① 건생식물

생장기에는 많은 수분을 필요로 하나 건조에 잘 견디는 식물이다.

· 선인장, 다육식물, 알로에

② 습생식물

생장기에는 많은 수분이 필요한 식물이다.

· 창포, 물망초, 식충식물, 양치식물, 은방울꽃, 칼라, 세인트포리아

③ 수생식물

뿌리가 항상 물 속에 잠기어 있는 식물이다.

· 수련, 시페루스, 수생라난큘라스, 벗풀

4. 화훼의 생태적 분류

① 기후형에 의한 분류

(1) 지중해 기후

연간 강우량 850~900㎜로 여름철이 거의 없고 건조하며 겨울철이 약간 많고 습한 기후이다. 기온은 겨울철에 8~11℃ 여름철이 20~25℃로 비교적 서늘하다.
　① 원생화훼

아네모네, 튜립, 히야신스, 수선, 크로커스, 시클라멘, 라난큐라스, 스위트피, 금어초, 프리지아, 글라디오라스, 극락조화, 금잔화

(2) 대륙 서해안 기후

기온차가 적고 강수량도 적으며 겨울 추위가 심하지 않으며 유럽, 북미, 남미, 뉴질랜드 남부가 이 지역이다.
　① 원생화훼

팬지, 아지랭이꽃, 물망초, 수레국화, 클레마티스

(3) 대륙 동해안 기후

여름과 겨울의 온도차가 크고 여름의 강우량이 약간 많다. 일본 서남부, 한국 남해, 중국 이남, 브라질 남부, 오스트렐리아 동남부가 이 지역이다.
　① 원생화훼
　㉮ 한국 남해안 : 동백, 벚나무, 명자나무, 자금우, 백량금, 산호수, 다정금나무, 호랑가시나무, 문주란, 나도풍란
　㉯ 일본 서남부 : 동백, 올동백, 왜철쭉, 등나무, 고브시목련
　㉰ 한국 중북부 : 개나리, 명자나무, 벚나무, 복사나무, 살구나무, 아그배, 미선나무, 원추리, 옥잠화

(4) 열대 고지대 기후

연중 14~17℃의 온도가 계속되고 연중 강우량이 많다.
　① 원생화훼

구근베고니아, 프리뮬라, 포인세티아, 백일홍, 메리골드, 코스모스

(5) 열대 기후

온도차가 거의 없는 적도지대이다.

① 원생화훼

칸나, 아마릴리스, 분꽃, 나팔꽃, 아브틸론, 베고니아, 봉선화, 맨드라미. 렉스베고니아, 세인트포리아, 반다(양란)

(6) 사막 기후

사막지대로 거의가 불모지역이나 약간의 식물이 생육하는 곳도 있다.

㉮ 남아프리카 지역 : 알로에, 칼란코에, 하와디아

㉯ 멕시코 동부지역 : 공작선인장

㉰ 남미 동해안지역 : 선인장류

(7) 북지 기후

한대와 온대의 고산지대가 이 형에 속한다.

알래스카, 시베리아, 스칸디나비아와 고산식물이 이에 속한다.

□ 화훼의 분류 예상문제

【문1】 다음 중 봄에 뿌려야 하는 종자는?
 ① 팬지(Pansy)　　　② 아릿섬(Lubularia)
 ③ 플록스(Phlox)　　④ 빙카(Vinca)

【문2】 노지 1·2년생 초화가 아닌 것은 어느 것인가?
 ① 천일홍　② 샐비어　③ 분꽃　④ 꽃창포

【문3】 춘파 1년초를 고르시오.
 ① 콜레우스(Coleus)　　　② 디모르포테카(Dimorphotheca)
 ③ 델피니움(Delphinium)　④ 고데티아(Godetia)

【문4】 춘파(春播) 또는 추파(秋播)의 구별이 뚜렷하지 못한 식물은 어느 것인가?
 ① 과꽃, 다이안더스　　② 니겔라, 스토크
 ③ 물망초, 네메시아　　④ 천인국, 천일홍

【문5】 추파 1년초를 고르시오.
 ① 클레오메(Cleome)　　② 페튜니아(Petunia)
 ③ 티토니아(Tithonia)　　④ 라아크스퍼어(Larkspur)

【문6】 온실 1, 2년생 초화는 어느 것인가?
 ① 스토크　② 양귀비　③ 백일홍　④ 페튜니아

【문7】 다음 중 2년초가 아닌 것을 고르시오.
 ① 센토레아(Centaurea)　　② 캄파눌라(Campanula)
 ③ 다이안더스(Dianthus)　　④ 저먼 아이리스(German Iris)

【문8】 다음 중 두해살이 화초는?
 ① 팬지　② 디기탈리스　③ 버베나　④ 프리뮬러

【문9】 노지 1, 2년생 초화가 아닌 것은 어느 것인가?
 ① 나팔꽃　② 해바라기　③ 복수초　④ 한련화

【문10】 추파 1년초에 속하는데 사실은 8월중에 파종해야 하는 것은?

    ① 스키잔더스, 스카비오사　　② 로벨리아, 시네나리아

    ③ 크레피스, 델피니움　　　　④ 스토크, 세네나리아

【문11】 재배특성에 의한 분류상 추파 1년초인데 사실은 6월 중순경에 뿌려야 하는 것은?

    ① 프리뮬러(Primula)　　　　② 스타티스(Statice)

    ③ 비니디움(Vinidium)　　　　④ 스위트 피(Sweet Pea)

【문12】 반내한성 1년초가 아닌 것은?

    ① 스카비오사　② 아게라텀　③ 시네나리아　④ 로벨리아

【문13】 분류상 숙근초에 속하나 경영면에서 종자번식이 간편하므로 편의상 1년초로 다루어지고 있는 것은?

    ① 클레마티스, 작약　　　　② 꽃창포, 아퀼레기아

    ③ 아가판더스, 접시꽃　　　④ 아르메리아, 데이지

【문14】 Aster(아스타)는 어느 꽃을 말하는가?

    ① 금잔화　② 과꽃　③ 금어초　④ 스토크

【문15】 노지 다년생 초화가 아닌 것은 어느 것인가?

    ① 작약　② 접시꽃　③ 도라지　④ 과꽃

【문16】 다음 초화 중 숙근초가 아닌 것을 고르시오.

    ① 디기탈리스　② 샤스타 데이지　③ 카네이션　④ 거베라

【문17】 다음 중 온실 식물(화훼)이 아닌 것은?

    ① 시네나리아　② 프리뮬러　③ 칼세오나리아　④ 센토레아

【문18】 폴리뮬러 종류 중 숙근초에 해당하는 것은?

    ① 마라고이데스　② 오브코니카　③ 폴리언더　④ 시넨시스

【문19】 다음 화훼 중 숙근 초화가 아닌 것은?

    ① 거베라　② 샤스타데이지　③ 카네이션　④ 팬지

【문20】 숙근초의 성질을 규정하는데 가장 영향을 받은 것은 어느 것인가?
　① 수분　② 토양　③ 온도　④ 품종

【문21】 춘식구근(春植球根)이 아닌 것을 고르시오.
　① 아마릴리스(Hippeastrum)　　② 아마릴리스(Amaryllis)
　③ 리코리스(Lycoris)　　④ 프리틸라리아(Fritillaria)

【문22】 추식구근(秋植球根)을 고르시오.

　① 아키메네스(Achimenes)　　② 글라디오라스(Gladiolus)
　③ 아이리스(Iris)　　④ 칼라(Calla)

【문23】 더치벌브(Dutch bulb)란?
　① 네덜란드의 구근　　② 지중해 원산의 구근
　③ 병든 구근　　④ 우량 구근

【문24】 노지 추식구근으로 짝지어진 것은 어느 것인가?

　① 글라디오라스·수선　　② 수선·튜립
　③ 히야신스·칸나　　④ 아이리스·진저어

【문25】 가을에 심는 구근은?
　① 다알리아　② 글라디오라스　③ 아네모네　④ 크리넘

【문26】 온실 추식 구근은 어느 것인가?
　① 시클라멘　② 수련　③ 수국　④ 아마릴리스

【문27】 온실 구근 초화인 것은 어느 것인가?
　① 소철　② 선인장　③ 칸나　④ 구근 베고니아

【문28】 다음은 구근류의 특성을 적은 것이다. 잘못 설명된 것을 고르시오.

　① 내한성, 반내한성, 비내한성으로 구별된다.
　② 휴면상태 중 생육 환경이 좋아지면 경엽(莖葉)은 신장한다.
　③ 장기간 건조한 지역에 분포하는 일이 많다.
　④ 건조기에는 휴면상태로 된다.

【문29】 다음 구근 중 인경은 어느 것인가?
　① 프리지아　② 크로커스　③ 수선　④ 익시아

【문30】 다음 구근 중 인경이 아닌 것은 어느 것인가?
　① 칸나　② 수선　③ 스노우드롭　④ 히야신스

【문31】 비늘줄기(인경)로 되어 있는 구근 중 유피인경(층상인경)이 아닌 것은?
　① 수선　② 아마릴리스　③ 구근 아이리스　④ 백합

【문32】 다음 중 튜립 계통이 아닌 것을 고르시오.

　① 타제타(Tazetta)　　　② 코티지(Cottage)
　③ 트라이엄프(Triump)　④ 다윈(Darwin)

【문33】 다음 설명 중 구경(球莖 : Corm)은 어느 것인가?

　① 줄기 또는 줄기와 뿌리의 일부가 비대하여 양분의 저장기관으로 되어 있는 것이다.
　② 땅 속에서 얕게 수평으로 뻗어나는 비교적 다육(多肉)한 지하경이다.
　③ 줄기가 비대하고 잎의 기부는 막(膜)의 형태로 구근을 싸고 있다.
　④ 줄기는 단축되고 비대한 잎은 비늘쪽 모양으로 되어 있다.

【문34】 다음 중 구경(球莖)에 속하지 않는 것을 고르시오.
　① 칼라　② 글라디오라스　③ 프리지아　④ 크로커스

【문35】 구경(球莖)이 아닌 것을 고르시오.
　① 왓소니아(Watsonia)　　② 칼라디움(Caladium)
　③ 익시아(Ixia)　　　　　④ 트리토니아(Tritonia)

【문36】 다음 설명 중 괴경(塊莖 Tuber)을 설명한 것은?

　① 뿌리가 비대한 것이다.
　② 줄기는 단축해서 반상(盤狀)으로 되어 있다.
　③ 줄기가 비대해서 구형(球形)으로 되고 잎의 기부는 막상(膜狀)으로 되어 구근을 싸
　　고 있다.
　④ 줄기가 비대한 것이나 막(膜)으로 싸여 있지 않다.

28

【문37】 괴경(塊莖)을 고르시오.
　　① 아시단데라(Acidanthera)　　② 콜치쿰(Colchicum)
　　③ 바비아나(Babiana)　　④ 시클라멘(Cyclamen)

【문38】 다음 구근류 중에서 괴경(덩이줄기)에 해당하는 것은?
　　① 글라디오라스　② 글록시니아　③ 칸나　④ 다알리아

【문39】 괴경(塊莖)이 아닌 것을 고르시오.
　　① 시클라멘(Cyclamen)　　② 칼라디움(Caladum)
　　③ 라넌큘러스(Ranunculus)　　④ 크로커스(Crocus)

【문40】 덩이뿌리(塊根)가 아닌 것을 고르시오.
　　① 구근 베고니아　　② 라넌큘러스(Ranunculus)
　　③ 다알리아(Dahlia)　　④ 작약(Paeony)

【문41】 덩이뿌리(塊根)에 해당되는 구근은?
　　① 칸나　② 진저어　③ 수련　④ 다알리아

【문42】 뿌리줄기(根莖)으로 되어 있는 구근은?
　　① 저먼 아이리스　② 아네모네　③ 칼라　④ 글록시니아

【문43】 뿌리줄기(根莖·地下莖)가 아닌 것을 고르시오.
　　① 꽃생강(Ginger)　　② 바나나(Banana)
　　③ 라넌큘러스(Ranunculus)　　④ 저먼 아이리스(German Iris)

【문44】 근경(根莖)이 그다지 비대하지 않고 그 끝부분이 위로 향하여 비대한 눈을 갖는 것은?
　　① 헤디치움(Hedychium)　　② 진저어(Ginger)
　　③ 칸나(Canna)　　④ 은방울꽃(Convallaria)

【문45】 견인근(牽引根)이 나오는 식물은?
　　① 괴경　② 숙근초　③ 인경이나 구경　④ 지하경

【문46】 낙하구(落下球 : dropper)가 많이 생기는 것은?
① 다알리아 ② 시클라멘 ③ 글라디오라스 ④ 튜립

【문47】 다음 화목류 중 키가 낮은 관목에 해당되는 것은?.
① 배롱나무 ② 모란 ③ 목련 ④ 백도

【문48】 다음 중 저목성 화목(低木性花木)을 고르시오.
① 단풍류, 아카시아 ② 사상쾌, 말채나무
③ 식나무, 무궁화 ④ 매화, 석류나무

【문49】 다음 식물 중 관엽식물이 아닌 것은 어느 것인가?
① 아펠란드라 ② 동백 ③ 크로톤 ④ 필로덴드론

【문50】 다음 식물 중 관화 화목류가 아닌 것은?
① 석류나무 ② 목련 ③ 배롱나무 ④ 벚나무

【문51】 관실화목(觀實花木)에 속하는 것은?
① 화살나무, 백량금 ② 사철나무, 남천
③ 댕강나무, 명자나무 ④ 동백, 치자나무

【문52】 노지화목류만으로 짝지어진 것은 어느 것인가?
① 개나리, 금어초 ② 모란, 펜지
③ 능소화, 라일락 ④ 단풍, 수선

【문53】 온실 화목류인 것은 어느 것인가?
① 구근 베고니아 ② 포인세티아 ③ 스토크 ④ 스위트피

【문54】 다음 중 관실화목이 아닌 것은 어느 것인가?
① 귤나무 ② 수국 ③ 백량금 ④ 석류나무

【문55】 다음 식물 중 낙엽성 관목(落葉性灌木)을 고르시오.
① 식나무(Aucuba) ② 쉬땅나무(Sorbaria)
③ 만병초(Rhododendron) ④ 동백(Camellia)

【문56】 다음 중 상록성 관목(常綠性灌木)을 고르시오.
　① 능수조팝나무　② 영춘화　③ 명자나무　④ 백량금(Ardisia)

【문57】 다음 식물 중 관엽식물이 아닌 것은?
　① 필로덴드론　② 클로톤　③ 칼라데아　④ 히비스커스

【문58】 다음 식물 중 관엽식물이 아닌 것은?
　① 동백　② 아스파라거스　③ 소철　④ 피닉스

【문59】 야자과 식물이 아닌 것은 어느 것인가?
　① 피닉스　② 관음죽　③ 알로카시아　④ 당종려

【문60】 다음 식물 중 야자과 식물이 아닌 것을 고르시오.
　① 아레카(Areca)　　　　② 피닉스(Phoenix)
　③ 부겐빌레아(Bougainvillea)　④ 켄티아(Kentia)

【문61】 주로 잎을 관상하는 양치과 식물은?
　① 아스파라거스　② 필로 덴드론　③ 네프로레피스　④ 아나나스

【문62】 양치식물(羊齒植物)이 아닌 것을 고르시오.
　① 플라티세리움(Platycerium)　② 아부틸론(Abutilon)
　③ 아디언텀(Adiantum)　　　　④ 프테리스(Pteris)

【문63】 노지재배(露地栽培)를 하는 관엽식물은 어느 것인가?
　① 크로톤(Croton)　　　② 디오네아(Dionaea)
　③ 테란데라(Teranthera)　④ 핀지쿨라(Pinguicula)

【문64】 다음 종류에서 식충 식물은 어느 것인가?
　① 네펜데스　② 반다　③ 네피로레피스　④ 카란데

【문65】 관음죽(觀音竹), 종려죽(棕侶竹)은 화훼의 분류상 어디에 넣어야 하는가?
　① 야자과 식물　② 대나무과 식물　③ 관엽식물　④ 고산식물

【문66】 다음은 난과 식물(蘭科植物)에 대해서 적은 것이다. 잘못 설명된 것을 고르시오.
① 착생란에는 저장물질을 포함한 의인경(擬鱗莖 : Pseudobulbs)과 혁질엽(革質葉 : Pse
-udobulbs)이 있다.
② 동양란 중에서 일경 일화(一莖一花)의 것을 혜란(惠蘭)이라고 한다.
③ 난류(蘭類)는 단자엽식물의 난과(蘭科)에 속하는 다년생 초본식물로 단경성란(單莖性
蘭)과 복경성란(複莖性蘭)으로 구별되기도 한다.
④ 난과 식물(蘭科植物)의 85% 정도는 아열대, 열대에 분포하는데 착생란은 열대, 아열
대에 분포하고, 지생란은 주로 온대, 한대에 분포한다.

【문67】 다음 난 중에서 동양란의 주종을 이루는 것은?
① 반다(Vanda)　　　　　　② 심비디움(Cymbidium)
③ 카틀레아(Cattleya)　　　④ 파레노프시스(Phalenopsis)

【문68】 다음 중 토양에서 생육하는 지생란(地生蘭)을 고르시오.
① 카틀레아　② 심비디움　③ 덴드로비움　④ 반다

【문69】 다음 난 중에서 착생란(着生蘭)을 고르시오.
① 에리데스(Arides)　　　　② 카란데(Calanthe)
③ 심비디움(Cymbidium)　　④ 소브랄리아(Sobralia)

【문70】 난의 줄기가 분지하지 않거나 분지하는 성질이 약한 단경성란(單莖性蘭)을 고르시오.
① 덴드로비움(Dendrobium)　② 파레노프시스(Phalaenopsis)
③ 심비디움(Cymbidium)　　　④ 셀로지네(Coelogyne)

【문71】 다음 난(蘭) 중 복경성란(複莖性蘭)을 고르시오.
① 안그레컴(Angraecum)　　② 반다(Vanda)
③ 카틀레아(Cattleya)　　　　④ 에리데스(Arides)

【문72】 다음에서 고온종(高溫種) 서양란을 고르시오.
① 반다　② 덴드로비움　③ 파피오페딜럼　④ 밀토니아

【문73】 다음 난 중에 냉온종(冷溫種)을 고르시오.
① 안그레컴　② 칼란데　③ 심비디움(동양란)　④ 반다

【문74】 다음 중 난과 식물이 아닌 것은?

① 로도덴드론 ② 심비디움 ③ 덴드로비움 ④ 반다

【문75】 다음 중 수생식물(水生植物)을 고르시오.

① 칼라 ② 양치류 ③ 세인트폴리아 ④ 시페루스

【문76】 다음에서 습생식물(濕生植物)을 고르시오.

① 꿩의 비름   ② 유포르비아(Euphorbia)
③ 사라세니아   ④ 알로에(Aloe)

【문77】 다음 중 덩굴성 식물(만성 식물)은?

① 시계초 ② 명자나무 ③ 황매화 ④ 포인세티아

【문78】 다음은 선인장과 다육식물에 관한 설명이다. 잘못 설명된 것을 고르시오.

① 다육식물은 사막지대에 분포한다.
② 다육식물은 여러 과(科)로 나누어져 있다.
③ 선인장과(仙人掌科) 식물의 대부분은 아라비아 등의 강우가 적은 열대 사막지대에
  분포한다.
④ 선인장과 다육식물의 분류학은 발달하지 못했다.

【문79】 선인장은 대개 몇 종이나 되나?

① 1,000종 ② 2,000종 ③ 3,000종 ④ 4,000종

【문80】 다음 식물 중 다육식물이 아닌 것은 어느 것인가?

① 목기린(Peireskia)   ② 용설란(Agave)
③ 알로에(Aloe)   ④ 윳카(Yucca)

【문81】 다음 화훼 중 전락성 식물(纏絡性植物)을 고르시오.

① 나팔꽃 ② 한련화 ③ 스위트 피이 ④ 줄모초

【문82】 다음 화훼류 중 포복성 식물을 고르시오.

① 에피스시아(Episcia) ② 풍선초 ③ 한련화 ④ 누홍초

【문83】 다음의 화훼류 중에서 연성이 강한 종류는 어느 것인가?
　① 나팔꽃　② 수선　③ 백합　④ 백일홍

【문84】 대륙 동안형 기후 원생(大陸東岸型氣候原生)화훼의　특성은?

　① 건조화(Dry flower)로 되어 있는 것이 많다.
　② 경엽수(硬葉樹)가 많이 생육한다.
　③ 구근류가 많다.
　④ 화목류(花木類)가 많다.

【문85】 다음 식물 중 한국 남해안 원생 화훼(韓國南海岸原生花卉)를 고르시오.
　① 올동백　② 등나무　③ 벚나무　④ 목련(코브시)

【문86】 다음 중 남아프리카 원산의 식물은?
　① 거어베라, 사철채송화　　　② 과꽃, 꽃양배추
　③ 선인장, 다육식물　　　④ 맨드라미, 클레오메

【문87】 한해살이인 백일초(百日草)의 학명은?
　① Paeonia albifora　　　② Narcissus hybridus
　③ Zinnia　　　④ Rhododendron lateritium

【문88】 다음에서 콩과(荳科) 화훼를 고르시오.
　① 아디안텀　② 아스파라거스　③ 샤스타데이지　④ 루피너스

【문89】 천남성과 식물이 아닌 것은 어느 것인가?
　① 안스리움　② 드라세나　③ 칼라디움　④ 필로덴드론

【문90】 페튜니아는 어느 과에 속하는가?
　① 가지과　② 앵초과　③ 토란과　④ 백합과

【문91】 수선화과에 속하는 선인장은 어느 것인가?
　① 칼란코에　② 알로에　③ 용설란　④ 칠보수

【문92】 금어초를 식물학상 분류하면?
　① 1년초　② 숙근초　③ 2년초　④ 구근식물

【문93】 화훼를 식물의 성상(性狀)에 의해서 분류한 것은?
　① 장일성 화훼, 단일성 화훼, 중간성 화훼
　② 1·2년초화, 구근식물, 식충식물
　③ 초본류, 목본류
　④ 지중해 기후형 화훼, 대륙 서안 기후형 화훼, 대륙 동안 기후형 화훼

【문94】 다음 중 단일성 식물을 고르시오.
　① 후쿠샤, 금잔화　　　　② 히비스커스, 히야신스
　③ 카네이션, 팬지　　　　④ 포인세티아, 나팔꽃

【문95】 상대적 단일식물이 아닌 것을 고르시오.
　① 메리골드　② 카네이션　③ 다알리아　④ 백일홍

【문96】 상대적 단일식물(相對的短日植物)이란?
　① 단일하 또는 장일하의 어느 쪽에서나 꽃눈을 형성하는데 장일에 둔 편이 보다 빨리 개화하는 것.
　② 단일하 또는 장일하의 어느 쪽에서나 꽃눈을 형성하는데 단일에 두면 보다 빨리 개화하는 것.
　③ 단일하에서만 꽃눈을 형성하고 장일하에서는 꽃눈을 형성하지 못하는 것.
　④ 장일성 식물 중에서 한계일장(限界日長)이 짧은 식물을 말한다.

【문97】 일조(日照)의 중간성 화훼(中間性花卉)가 아닌 것을 고르시오.
　① 메리골드　② 프리지아　③ 시클라멘　④ 히야신스

【문98】 토양 중의 수분의 다소에 따라 건생화훼, 습생화훼, 수생화훼로 나눌 수 있다. 습생 화훼는?
　① 용설란　② 꽃창포　③ 연　④ 수련

【문99】 볕이 잘 쪼이는 곳에서 발육이 좋고 꽃이 잘 피는 호양성 화훼는?
　① 진달래　② 샐비어　③ 옥잠화　④ 은방울꽃

【문100】 비교적 그늘에서 발육이 좋고 꽃이 잘 피는 호음성 화훼는?
　① 장미　② 무궁화　③ 매화　④ 치자

정 답

1. ④	2. ④	3. ①	4. ①	5. ④	6. ①	7. ④	8. ②	9. ③	10. ④
11. ①	12. ②	13. ④	14. ②	15. ④	16. ①	17. ④	18. ③	19. ④	20. ③
21. ④	22. ③	23. ①	24. ②	25. ③	26. ①	27. ④	28. ①	29. ③	30. ①
31. ④	32. ①	33. ③	34. ①	35. ②	36. ④	37. ④	38. ②	39. ③	40. ①
41. ④	42. ①	43. ③	44. ④	45. ③	46. ④	47. ②	48. ③	49. ②	50. ①
51. ①	52. ③	53. ②	54. ②	55. ②	56. ④	57. ④	58. ①	59. ③	60. ③
61. ③	62. ②	63. ③	64. ①	65. ①	66. ②	67. ②	68. ②	69. ①	70. ②
71. ③	72. ①	73. ③	74. ①	75. ④	76. ③	77. ①	78. ③	79. ③	80. ①
81. ①	82. ③	83. ①	84. ④	85. ③	86. ①	87. ③	88. ④	89. ②	90. ①
91. ③	92. ②	93. ③	94. ④	95. ②	96. ②	97. ②	98. ②	99. ②	100. ④

제2장 화훼의 번식

화훼의 번식이란 유성번식인 종자번식과 포자번식, 난종자의 무균번식 그리고 무성번식인 삽목, 접목, 취목, 분주로 나눈다.

번식이란 새로운 개체의 형성과 발육을 의미하는 것으로 초본류의 1,2년초는 종자로 번식이 되는 것이 보통이나 목본류와 다년초인 숙근초는 종자번식이 생장하는 시일이 오래 걸리고 어미와 같은 성질을 잃는 경우가 많으므로 품종개량이나 대목양성 외에는 이용범위가 좁고 주로 삽목, 접목, 취목, 분주, 분구, 조직배양 등에 이용되는 실정이다.

1. 종자(種子)번식

① 장점
　㉠ 일시에 많은 개체를 생산할 수 있다.
　㉡ 번식방법이 용이하여 많이 이용하고 있다.
　㉢ 생육이 왕성하고 생육기간이 길다.
　㉣ 품종개량으로 우량종을 만들어 낼 수 있다.
② 단점
　㉠ 원예상 개량된 품종에서 변이를 일으키기 쉽다.
　㉡ 개화기까지 장기간을 요하는 점이 있다.

1) 우량종자 선택

① 품종의 우수성이 고정되어 있고
② 유전적으로 순수하고
③ 충실하게 성숙되고
④ 발아세 및 발아력이 좋으며
⑤ 협잡물의 혼입이나 병원의 감염이 없어야 한다.

2) 종자의 수명

① 단명종자
수명이 1년 이내인 것.
　· 단풍나무, 고무나무, 차나무, 야자, 칼세오나리아, 아스파라거스, 드라세나
② 상명종자
수명이 2~3년 정도인 것.

・코스모스, 백일홍, 채송화, 페튜니아, 시클라멘, 나팔꽃

③ 장명종자

수명이 5년 정도인 것.

・봉선화, 안개꽃, 호박, 스위트피

참고　종자저장시 수명 연장 효과 : 완숙, 건조, 냉암소 저장.

3) 종자의 저장

종자의 수명을 길게 하기 위하여 종자의 수명에 관계하는 외부조건을 알맞게 하여 최고의 생활을 유지하는 한도로 환경을 부여할 때 수명이 연장된다.

① 건조저장

주로 초화식물의 저장방법이 이에 해당하는데 말려서 봉지나 포대에 넣어 통풍이 잘 되는 곳에 저장하는 건조방임저장, 깡통 같은 곳에 저장하는 밀폐 저장, 재나 생석회 등에 묻어서 저장하는 건조제 이용저장 등이 있다.

② 냉온 저장

식물의 종자는 10℃이상의 온도에서는 화학변화가 잘 일어나므로 이것을 막기 위해서 저온에 두며 종류에 따라 두 가지로 나뉘어진다.

㉮ 냉건저장 : 건조저장하는 식물종자도 이 방법을 쓰는 것이 좋은데 일반적으로 모든 초화류에 속하는 식물은 이 방법으로 저장하는 것이 좋다.

㉯ 냉습저장 : 층적법으로, 층적저장이라고도 하며 노천매장법도 이에 속하는데 다년생 목본류에 속하는 식물은 모두 이렇게 저장해야 한다.·

4) 종자의 발아와 발아조건

종자가 발아하려면 외적인 조건(온도, 수분, 산소)과 내적인 조건(우량인 종자)이 구비되어야 한다.

① 온도

발아시 산소의 활동이 활발해지면 호흡작용도 이에 비례하고 호흡열에 의해 온도도 높아진다. 그러므로 발아온도는 생육온도보다 좀 높은 편이 좋고, 온대식물은 12~21℃, 열대식물은 25~35℃정도가 적온이다.

참고　화훼류의 최적 발아온도

10℃ : 시네나리아, 양귀비, 금어초

20℃ : 아네모네, 과꽃, 카네이션, 맨드라미, 시클라멘, 백합

20~30℃ : 코스모스, 팬지, 수레국화

30℃ : 아스파라거스, 코레우스, 개양귀비

② 수분

건조된 종자의 수분함유량은 약 5~10%지만 60~70%의 수분을 흡수하면 산소의 활동에 의해 저장양분이 수용성이 되고 배자(胚子)의 유근(幼根)부는 호흡작용이 활발하게 되어 발아한다.

참고 | 면모가 있는 아네모네, 로단데, 꽃받침이 있는 천일홍, 스타티스 등의 종자는 모래와 같이 비벼서 면모나 꽃받침을 제거하여 수분흡수가 잘 되도록 한 후에 뿌린다.

③ 산소

산소는 호흡을 지배하기 때문에 발아에 중요한 역할을 하며, 일반적으로 초화류는 5~10%의 산소량이 있을 때 발아가 잘 된다.

④ 광선

대부분의 식물은 광선에 관계없이 발아하는데 일부 식물은 광선을 받음으로써 발아하는 것과 발아하지 않는 것이 있는데 광선이 있어야만 발아하는 종자를 광발아 종자(光發芽種子)라고 하며, 광선이 없어야만 발아하는 종자를 암발아종자(暗發芽種子)라고 한다.

　㉮ 광발아 종자(호광성종자) : 로베리아, 글록시니아, 카란코에, 프리뮬라, 시클라멘, 칼세오나리아, 금어초, 페튜니아, 코레우스

　㉯ 암발아 종자(혐광성 종자) : 맨드라미, 세로시아, 락스퍼, 색비름, 백일홍, 캘리포니아 포피, 델피니움, 니젤라

5) 종자의 발아 일수

식물의 종류에 따라 알맞는 조건을 주어졌을 때 발아하는 일 수가 있는데 이것은 그 식물의 유전적인 현상 즉 식물 고유의 특성이라고 할 수 있다.

① 단기 발아종자(1개월 이내에 발아하는 것)

과꽃, 코스모스, 메리골드, 금잔화, 안개꽃, 꽃양귀비, 시네나리아

② 중기 발아종자(6개월 이내에 발아하는 것)

시클라멘, 아스파라거스, 남천, 창포

③ 장기 발아종자(1년 이상 걸려 발아하는 것)

백합류, 모란, 불두화, 은방울꽃

참고 | 종자휴면의 원인 : 배의 미성숙, 두꺼운 종피, 식물 호르몬의 불균형, 종피에 발아억제 물질 존재 등.

6) 종자의 발아 촉진법

① 종피를 기계적으로 상처를 내준다.

소철, 매화, 향나무, 잣나무, 복숭아, 호도, 목련 등.

② 면모(綿毛)가 있는 것은 털을 없앤다.

아네모네, 버드나무, 로단테, 부용, 천일홍 등.

그 외에 나팔꽃, 연, 루피너스, 아스파라거스 같이 꽃씨를 자루에 넣어 문질러서 파종하면 발아가 잘 되는 것도 있다.

③ 침수법

㉮ 냉수침지 하는 것(1~3℃의 냉수에 48시간 담갔다가 파종하면 발아가 잘 된다).

· 스위트피, 아카시아, 호도, 소나무, 장미, 작약, 모란, 창포, 팬지 등.

㉯ 온수에 침지하는 것(45℃ 정도의 온수에 담갔다가 파종하면 발아가 잘 된다).

· 베고니아, 시클라멘, 모란, 작약, 칸나, 스위트피, 아카시아 등.

④ 약물처리법

산처리법(황산, 염산) 가성소다 등에 담그면 종피 속의 지방질과 납질물이 제거되어 흡수가 잘되며 발아가 빨라진다.

잔디, 검양옻나무, 야자류 등.

7) 종자의 소독

종자 소독은 파종하기 전에 종자에 기생한 미생물을 소독해 줌으로써 발아 후에 발생하는 질병을 예방하기 위해서 꼭 필요한 작업이다.

① 종자표면소독

치아염소산 칼슘 2% 용액에 5~30분간 소독한다.

소독 후 깨끗한 물에 씻어야 한다.

② 종자 내부까지 소독

㉮ 냉수온탕 침지법 : 20~30℃의 물에 4~5시간 담갔다가 50℃의 물에 10~20분 담근 후에 5~10℃의 냉수에 담그었다 꺼내면 멸균이 된다.

㉯ 약물소독법 : 종자소독약인 수은제(uspulun, mercron 등) 8백 배액에 30분간 침지하여 물로 씻어 파종하고 승홍과 리오겐(nogen)은 1백 배액에 15분간 침지하고 파이곤(phygon), 스페르곤(spergon), 세라산(Ceresan) 등을 종자에 묻혀 파종하는 것도 입고병(잘록병)의 예방이 된다. 용량은 종자 5.4(3되)에 18.7g(5푼중) 정도가 좋다.

8) 파종기

파종은 식물의 내한성 유무 뿐만 아니라 일조시간의 장단이 생육과 개화에 관계가 있는 것이다.

중부지방을 표준하여 노지에서 춘파는 3월 하순~4월 하순이고, 추파는 8월 하순~9월 중순이 적기이다.

춘파의 경우 재배목적에 따라 파종기를 달리하는 일도 있으나 생육개화에 대해서도 고려해야 한다.

나팔꽃은 5월 상순 이후가 아니면 생육이 좋지 않고 과꽃과 같이 춘추파를 하는 품종에서는 춘추에 시기가 늦으면 지상부의 생육이 충분하지 못해 그대로 꽃눈이 생기고 초장이 낮고 꽃 수가 적어지며 품종에 따라 일조시간에 대한 반응도 차이가 있으므로 파종기가 늦은 경우에는 직파하는 것이 좋다.

온실화초인 스톡크는 밤이나 낮의 온도가 10~15℃ 때 화아분화가 촉진되며 분화 전에 경엽의 번무를 해놓지 않으면 춘파의 경우 우량한 개화를 바랄 수 없다. 시클라멘의 생육은 18℃ 정도가 적온인데 발아에 미치는 온도의 영향은 20℃가 좋고 25℃ 이상에서 늦어지고 10℃는 가장 불량하다.

9) 파종방법

조방재배에서는 주로 직파를 하는데 집약재배에서는 상파(床播), 상파(箱播), 분파(盆播)가 행하여 진다.

① 직파(곧뿌림)

밭이나 재배지에 시비한 다음 직접 종자를 파종하고 발아한 뒤 솎아서 가꾸는 재배방법이다.

  ㉮ 종자가 싼 것 : 금잔화, 과꽃, 코스모스, 맨드라미

  ㉯ 이식의 피해를 입는 종류 : 스위트피, 루피너스, 수레국화, 아지랑이꽃, 라아크스퍼어, 양귀비

또한 발아의 양부를 고려하여 대립종으로 생육이 왕성한 종류는 점파(점뿌림)를 하고 소립인 경우 산파(흩어뿌림) 또는 조파(줄뿌림)를 한다.

특히 가늘고 긴 종자나 편평한 종자, 미세한 종자일수록 토양면을 고르게 하여 복토를 종자지름의 2~3배로 하는데 종자가 미세하면 복토를 하지 않고 진동에 의해 복토와 같은 결과를 가져온다. 파종이 끝나면 가볍게 진압하되 강우가 많은 시기는 엷게 짚이나 비닐을 덮어준다.

② 상파(묘상뿌림)

깊이를 20~30cm 정도로 갈아 엎고 밑거름을 넣고 파종상을 만들되 점질토에서는 통로보다 10cm 정도로 상면을 높게 하고 가벼운 흙에는 통로와 상면을 고르게 한다.

관리상으로 한쪽에만 파종할 때에는 상폭 75cm 양쪽으로부터 1m 내외가 좋다.

상토가 굳어질 염려가 있으면 표토에 20~30% 정도의 부엽과 소량의 개울모래를 섞으면 습도와 산소공급이 잘된다.

노지에서 상면에 짚을 갈고 짚은 발아가 60% 정도 되었을 때 제거하여 주며 일반종자에서는 해가림을 한다.

③ 상파(상자뿌림) 및 분파(화분뿌림)

값이 비싸거나 소량이거나 미세한 종자 또는 발아가 나쁜 종자는 상파나 분파를 한다.

파종용토는 배수가 좋고 병충해 오염이 안 된 흙으로 잡초종자가 섞여 있지 않은 것을 소독하여 사용한다.

상토의 혼합비율은 시네나리아, 프리뮬라의 경우 배양토 3, 부엽토 2, 개울모래 1의 비율을, 나팔꽃은 비옥한 세토와 개울모래를 1 : 1로 섞어서 쓴다.

파종분은 사각분이 편리하며 열탕소독을 해서 쓰는데 파종방법은 한군데로 뭉쳐지지 않도록 고루 뿌리며 베고니아, 글록시니아 등 미세한 종자는 고루 진압하는 정도로 복토하지 않아도 되고 시네나리아, 스톡크 등의 크기 종자는 개울모래, 훈탄, 양토를 동량 배합한 흙으로 종자의 2배 정도 복토한다.

시클라멘이나 아스파라거스 같이 비교적 큰 종자는 1.5~2.0㎝ 정도의 간격을 두고 정방형으로 뿌리고 복토 후에 진압한다.

10) 특수종자의 파종법

① 경량종자

용토는 일반파종토보다 부엽토를 조금 많게 하여 줄뿌림을 하며, 튜립은 조간 2cm, 주간 1㎝ 정도로 2년간 그대로 재배하며 백합은 조간 3㎝, 주간 2cm 정도로 본잎이 2~3매 때 이식한다. 아마릴리스도 백합과 같은 간격으로 또는 2㎝ 간격으로 파종하되 복토만은 부엽토와 개울모래 또는 수태의 분말과 훈탄이나 개울모래를 동량으로 배합하여 얕게 덮는다.

② 미세종자

아제리아, 철쭉 등 미세한 종자는 수태분말과 버미큐라이트를 같은 양으로 섞어 파종상 아래에 넣고 위에는 수태분말을 넣어 표면을 고르고, 4~5월 경 산파하여 진압한 후 20~25℃ 정도 기온으로 습도를 높이면 잘 발아한다.

파종상은 직사광선을 가리고 발아 후 묽은 물거름을 주며 2년만에 이식한다. 베고니아, 스트렙토카파스도 같은 방법으로 파종한다.

③ 다육식물

용토는 개울모래단용이나 양토와 모래를 같은 양으로 섞어 배수를 좋게 하고 한 알씩 핀셋으로 1.5㎝ 간격으로 점뿌림하고 복토하지 않고 진압한다.

유리뚜껑을 하여 20℃ 정도의 다습상태를 유지하면 21~30일만에 발아한다. 수분이 적으면 발아가 지연되고 발아시 직사광선을 쪼이면 일소현상을 일으키므로 신문지를 덮어준다.

④ 양치류

용토는 수태분말과 오스먼더(Osmandine)의 분말을 4 : 1로 사용하고 위에 피트(Peat)와 같이 산성토를 약간 뿌린 후 신선한 포자를 뿌린다. 복토를 하지 않고 유리뚜껑에 신문지를 덮어 20℃를 유지하면 발아하여 유성세대를 시작한다.

참고 묘상의 관리는 건조한 듯하게 해줄 때 발아와 생육이 좋으며, 오전 9~10시경에 관수한다. 또 묘상은 햇볕이 잘 쪼이는 곳, 바람막이가 있어 강한 바람은 막고 통풍이 잘 되는 곳, 물대기가 좋은 곳, 물빠짐이 좋고 관리하기가 좋은 곳에 설치한다.

11) 관엽식물 파종

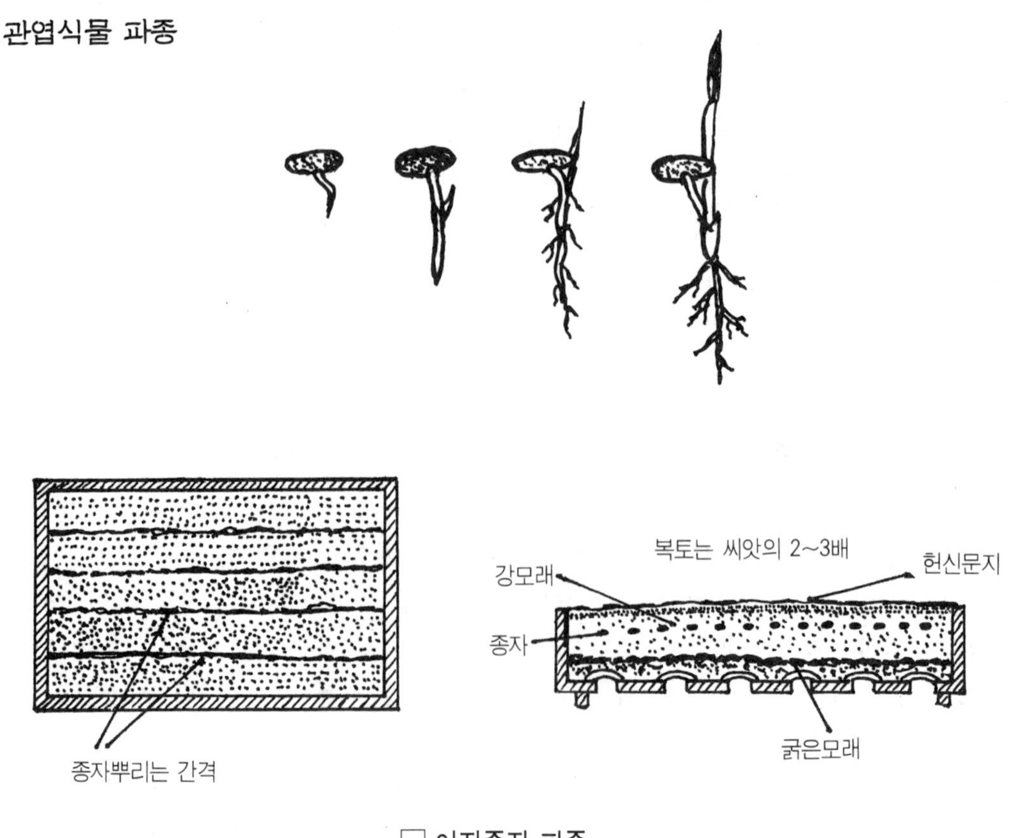

□ 야자종자 파종

화훼의 파종방법 중 가장 고도화된 것으로 종자가 귀하고 고급종인 것과 미세한 종자 중 주로 분식재배(盆植栽培) 하는 종류에 많이 시행한다.

파종 용기의 크기는 운반, 작업에 편리한 크기이면 되나 우리나라 사람의 표준키나 체중 등을 생각하면 폭(30~45cm)×길이(45~60cm)×높이(12~15cm) 정도 범위 크기의 상자가 알맞다.

① 파종용토

식물의 종류에 따라 배합비율에 차이가 있으나 일반적으로 양토 3 : 사토 2 : 부엽토 5

로 혼합하여 사용하는데, 식물의 종류에 따라 다음 종류는 수태단용(수태만 사용하여) 파종하는 품종도 있다.

철쭉, 진달래 종류, 고사리과 식물류, 안스리움류, 필로덴드론류, 아그라오네마류, 아나나스류, 고무나무, 식충식물류 등이 이에 해당한다.

다음 종류는 모래 단용 파종하는 품종이다.

야자류, 나팔꽃, 판다누스, 드라세나류, 코르디리네, 극락조화 등이다.

② 파종방법

미세한 종자나 중소립 종자는 줄뿌림(조파) 또는 흩어뿌림(산파)을 하고, 미세종자는 복토를 하지 않으며 파종 후 비닐로 덮고 그 위를 신문지를 덮어준다. 파종이 끝나면 저면관수하고 발아에 알맞는 조건에 둔다. 알맞은 수분공급에 주의해야 하며, 특히 저녁때에 다습하지 않도록 수분과 시간을 조절해야 한다.

발아하면 멀칭한 것을 벗겨주고 일조량과 시간을 증가시켜 튼튼한 묘가 되게 한다. 통풍이 잘되게 하고, 외부의 차가운 공기, 뜨거운 공기로부터 차단시켜야 한다. 야간에는 벌레의 침입이 없게 해주고 세균의 발생을 방지한다.

③ 가식(假植)

파종한 것이 발아하면 일정한 간격으로 1~3번 이식을 하여 튼튼한 묘로 만들어 분이나 재배포에 정식하게 된다. 상자나 용기에 파종했던 묘를 분에 옮겨 심는 것을 분심기 또는 분올리기라 하고, 작은 분에서 큰 분으로 옮겨 심는 것을 분갈이라 한다. 그러니까 정식하기 전에(마지막으로 이식하는 것을 정식이라 함) 몇 번씩 옮겨 심는 것을 가식이라고 한다.

가식하는 시기와 방법은 재배품종과 목적에 따라 차이가 있는데 일반적으로 노지에서 재배하는 일반 초화는 본잎이 3~4장 나왔을 때 일차 가식(이식), 6~7장 나왔을 때 2차 가식, 10~13장 나왔을 때 정식을 하는 것이 보통이다. 그러나 관상수목 같은 것은 1년이 지났을 때 1차 이식을 한다.

가식시기는 대체로 생육적온일 때에는 계절의 문제는 없으나 더울 때나 추울 때는 피하는 것이 원칙이다. 또 이식할 때는 바람이 없고 따뜻하며 반음지 상태인 구름이 낀 날이라 해가 진 저녁때 하는 것이 안전한 데, 비가 올 때 이식을 하면 시들지 않는 점도 있으나 흙이 다져져서 통기성이 떨어져 활착이 더디고, 상처가 난 뿌리를 통하여 병충해의 발생이 많아진다.

• 이식시 활착이 잘 되게 하는 요령은

㉮ 이식 3~4시간 전에 묘가 자라는 묘상에 충분히 물을 준다.

㉯ 묘를 캘 때는 뿌리가 다치지 않고, 흙이 가능한 한 떨어지지 않게 한다.

㉰ 뽑은 묘는 가능한 한 빨리 심어서 뿌리가 노출되어 시들지 않게 빨리 심는다.

㉱ 옮겨 심을 곳은 흙이 말라 있어야 하며 옮겨 심은 후에는 가능한 한 빨리 물을 주

어야 한다.

㉮ 바람이 센 곳에는 바람을 막아주고 지주를 세워주며 볕이 강하게 쪼이는 곳은 차광을 해주어야 하며 건조한 곳에서는 관수를 해주고, 증산억제제인 OED-Green을 살포해 주면 효과가 높다.

일반 관엽식물의 이식시기는 봄과 가을인데 남부지방에서는 봄, 가을 언제든지 좋으나 중부 이북지방에서는 생리상으로 보아 봄에 이식하는 것이 가을에 이식하는 것보다 유리하다.

2 영양번식(무성번식)

영양번식은 무성번식이라고도 하는데 일반적인 것만을 설명하면 분주(分株-포기 나누기), 분구(分球-알뿌리 나누기), 취목(取木-휘묻이), 삽목(揷木-꺾꽂이), 접목(接木-접붙이기) 등으로 나눈다.

무성번식의 장점은 해태로(Hetero) 식물체를 그대로 유전시킬 수 있으며, 개화결실이 빠르고 종자가 생기지 않는 식물을 번식시킬 수 있으며, 수확 출하기를 빨리 할 수 있고, 자웅이주(雌雄異株) 또는 변이가 복잡한 식물에 있어 한쪽만 증식할 수 있으며 병충해의 예방책에도 응용되고 있다.

1) 분주(分株)

포기나누기라고 하며 분지가 강한 식물을 여러 개로 나누어 번식시키는 방법이다. 분주는 숙근류인 작약, 국화, 붓꽃, 옥잠화, 원추리 등이나 화목류 중 관목 또는 소교목인 명자나무, 철쭉류, 라일락, 자목련 등의 번식에 이용된다.

숙근류의 분주는 2~3개의 눈을 한 포기의 단위로 모주를 뽑아서 분리하여 이식한다. 어느 것이나 뿌리가 붙어 있는 것을 분리, 이식하므로 가장 정확한 번식방법이기는 하나 다른 방법에 비해서 한꺼번에 대량의 묘목을 얻기는 힘들다.

숙근류의 번식시기는 지상부가 마르고 난 다음인 가을(작약) 이른 봄(국화, 원추리)을 이용하는 것이 대부분이나 독일 붓꽃이나 꽃창포 같은 것은 꽃이 지고 난 다음에 바로 하는 것들도 있다. 화목류는 잎이 떨어지고 난 다음부터 이듬해 잎이 피기전까지가 적기이나 개나리나 조팝나무와 같이 번식력이 왕성한 것은 장마철을 이용하는 것이 좋다.

① 분주시기

㉮ 춘기분주 : 가을에 개화하는 식물의 번식방법으로서 주로 3~4월에 시행한다.

　　·네프로레피스, 아이리스, 거베라, 프록스, 옥잠화, 관음죽, 종려죽 등.

㉯ 추기분주 : 봄에 개화하는 식물을 번식하는 방법으로 보통 9월경에 한다. 이때 내한

성이 약한 것은 온실에 이식한다.
· 데이지, 바베나, 금어초, 작약, 수국, 명자나무 등.

주아분주

흡지분주

흡지분주

근경분주

근경분주

포복경분주

□ **분주방법**

② 분주방법
㉮ 주아(走芽) 나누기 : 식물의 지하부에 부정아가 생성되어 분얼되고 발근된 것을 분리하는 방법이다.
· 접란(줄모초), 거어베라, 프리뮬라, 명자나무, 조팝나무, 샤스타데이지, 아르메리아 등.
㉯ 흡아(吸芽) 나누기 : 지하경의 마디에서 발아하여 발근되고 모체와 같은 새로운 개체가 되는 것으로 발근하기 전에 신아를 분리하여 발근시킬 수도 있다.
· 아나나스, 윳카, 용설란, 국화, 루드베키아 등.
㉰ 지하경(地下莖) 나누기 : 땅속 줄기를 2~3마디마다 잘라 이식한다.
· 칸나, 꽃생강, 수련, 아이리스(붓꽃, 창포), 은방울꽃, 옥잠화, ·대나무 등.
㉱ 포복경(匍匐莖) 나누기 : 접란, 네프로레피스 등.
참고 종류별로 본 분주 적기는 꽃창포, 저먼아이리스 등은 9~10월, 국화는 추국은 11월 중순, 하국은 9~10월, 한국은 5월 경.
참고 분주는 분지력(分枝力)이 왕성하거나, 지하경을 갖는 국화, 칸나, 진져어 등은 해마다 하지만 작약, 거베라, 저먼아이리스, 꽃창포 등과 같이 뿌리가 굵고 많기는 하지만 눈이 적게 나오는 것은 3~5년에 한 번, 관목류인 분설화, 명자나무 등은 5~7년에 한 번씩 분주한다.

2) 분구(分球)

구근류 중에서 자연적으로 생기는 자구나 목자 및 주아 등을 분리하여 증식하는 것과 분할하여 2개 이상의 개체로 증식시키는 방법이다. 인공적으로 분할하여 자구로 생성시켜 증식하는 것도 있다.

① 자구(仔球) 증식

인경이나 구경 기타에 자구가 형성되는데 이것을 분리하여 증식한다.

- 튜립, 히야신스, 백합, 더치아이리스, 크로커스, 글라디오라스, 아마릴리스, 프리지아, 창포, 수선, 익시아 등.

② 목자(木子) 증식

주로 구경(球莖)식물에서 이용하는 방법인데 땅속 줄기가 형성되고 그 끝에 작은 구가 형성되어 증식할 수 있게 되는 것이다.

- 글라디오라스, 크로커스, 프리지아, 백합, 바비아나, 수선 등.

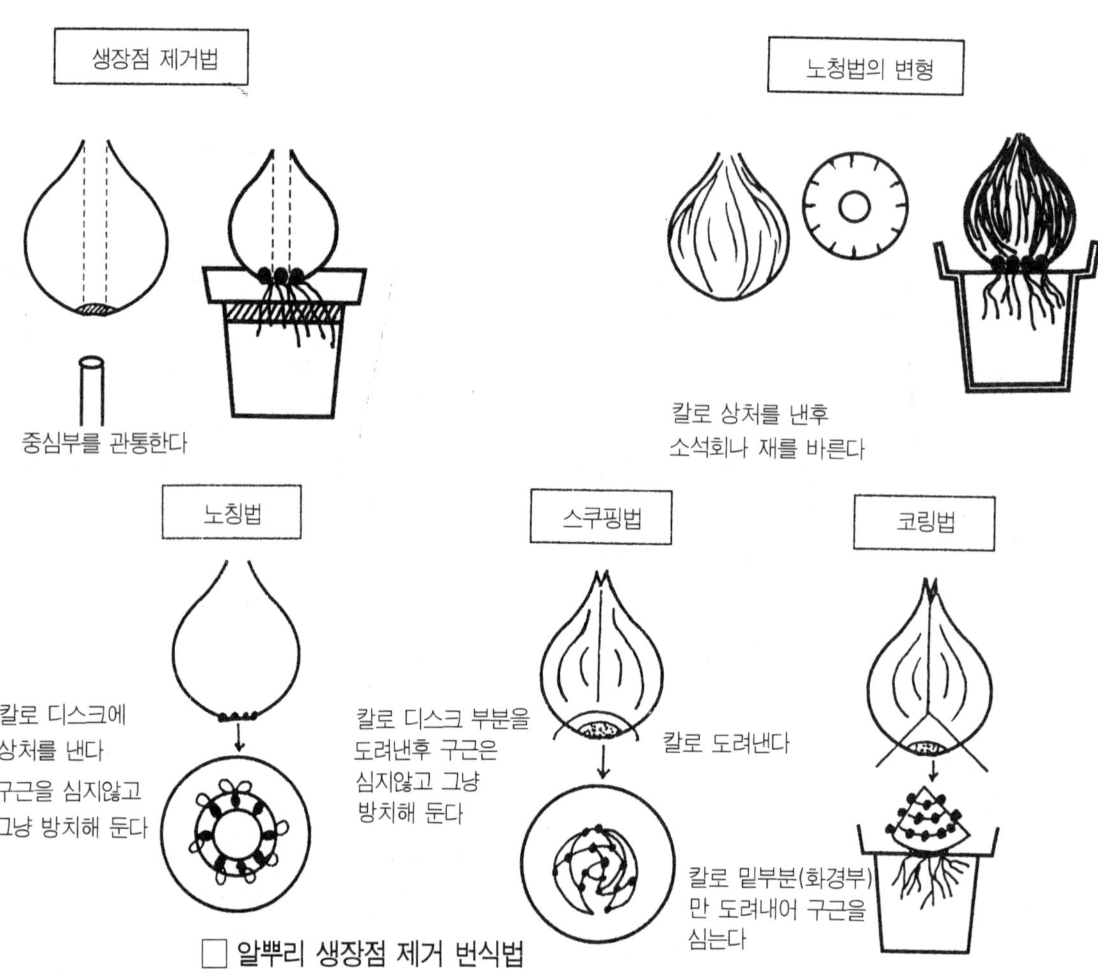

□ 알뿌리 생장점 제거 번식법

③ 주아(走芽) 증식

줄기의 엽액에 소구가 생성되면 이것을 분리하여 증식하는 것이다.

· 산백합, 참나리, 아키메네스 등.

④ 분할(分割) 증식

괴근, 괴경, 근경을 눈 1~3개씩 붙여서 절단하여 증식하는 데 절단면에 초목회나 석회가루를 발라서 심으면 된다.

· 아네모네, 칼라, 칼라디움, 구근 베고니아, 글록시니아, 다알리아, 작약, 글라디오라스 등.

⑤ 알뿌리 인공(人工) 번식

자연증식이 잘 안되는 것을 인위적으로 상처를 입혀 자구를 발생시킨 후 번식시키는 방법으로 18세기부터 네덜란드에서 시작되어 1920년경부터 본격적인 구근생산에 이용되었다.

히야신스 인공번식은 구근 밑부분(Disk)이 중심부에 인공적으로 상처를 넣어서 그 상처 난 곳에 붙은 작은 구근을 증식하는 방법으로 노칭 법(Notching), 스쿠핑 법(Scooping), 코링 법(Coring) 등의 방법을 쓰며 그 외에 분할번식도 있다. 히야신스와 같은 대륜원 변종(人輪圓辯種)은 구근의 비대생장만 계속되고 분구의 능률이 오르지 않는다.

이러한 것을 인공적으로 번식시키는 방법은 생장점을 제거하고 잘 건조시킨 다음 통풍이 잘 되고 기온이 21~33℃ 정도, 습도 80~90%의 장소에 절구(切口)를 위로 향하게 놓는다. 습기가 많으면 곰팡이가 발생되므로 살균제로 분의(粉衣)하는데 구근의 원둘레가 20cm 이상 되는 것을 사용하는 것이 좋다.

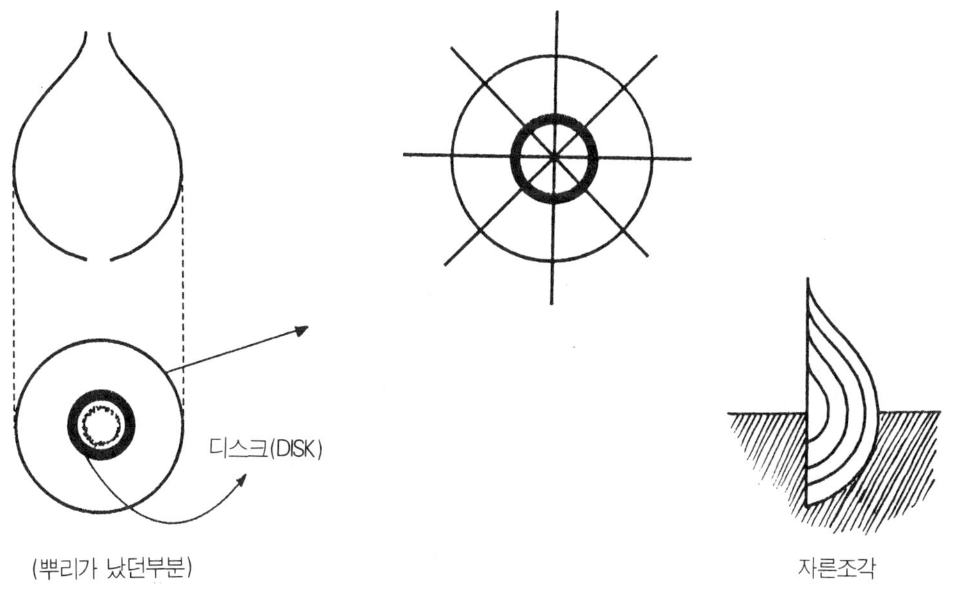

□ 분체(分体) 번식법

㉮ 노칭(각구법-刻溝法) Notching : 구근의 아랫부분 기부의 중심을 통하여 날카로운 칼로 구근 높이의 ½~⅔ 정도 깊이까지 V자로 골을 파내되 꽃눈과 생장점이 제거되도록 하는 방법으로 구근의 크기에 따라 2. 3. 4. 5 등분한다. 자구의 발생은 15~30개 정도로 스쿠우핑 법보다는 자구가 약간 크고 개화구가 되기까지 시일이 짧게 걸리는데 자구가 발생되면 10월 하순경 모구를 거꾸로 심고 복토를 얇게 하면 이듬해 봄에 동화엽(同化葉)이 나오며 자구가 비대해진다.

처리시기는 7~8월경이며 15cm정도의 구이면 한번, 18cm정도의 구이면 두 번 자르고 그늘에 놓아 두면 8월 하순~9월 상순에 걸쳐 절단면에 소구가 생긴다.

㉯ 스쿠우핑(결취법-扶取法) Scooping : 구근의 아랫부분을 구의 ¼정도의 깊이로 넓게 발근부인 단축경을 도려내어 비늘잎에 자구를 발생시키는 방법이다.

도려낼 때는 너무 깊이 도려내는 것보다 아랫부분만 도려내는 것이 결과가 좋으며 자구의 발생수는 40~50개 정도이다.

㉰ 코오링(역결취법-逆扶取法) Coring : 스쿠우핑과 반대로 구근의 정상부에서 단축경을 향해 중심부를 도려내는 것으로 자구발생은 노칭과 스쿠우핑의 중간정도이다.

한편 아마릴리스나 수선화는 자연번식 속도가 늦으므로 한 개의 구근이 3년째되어야 2개로 늘어나고 이 구근이 다시 3년이 지나야 3배로 늘어나게 되므로 수선화는 보통 인공적으로 구근을 나누어서 번식시킨다.

우선 구근을 그림과 같이 자른다. 마치 양파를 자르듯이 8~16조각을 내는데 구근을 자르기전에 칼을 완전히 소독 해야한다. 그러면 다음과 같은 조각이 나오게 된다. 이때 각 조각이 전부 디스크(Disk) 부분이 있어야 하며 이 부분이 없고 그냥 인편조각만 있는 것은 싹이 나오지 않는다. 이 조각을 2mm정도 굵기의 모래에 반 정도만 흙에 묻히도록 심어서 햇볕이 강하게 쪼이지 않는 밝은 곳에 놔두면 30~50 일 후에 각기 조각에서 조그만 구근이 1~3개씩 달리게 된다.

□ 알뿌리 인공 번식법

아마릴리스, 네리네 등도 단축경를 붙여 2~3매씩 합하여 세로로·크기에 따라 4~8등분하여 백합의 인편번식과 같이 하여 인편의 기부에 자구를 발생시키는데 일명 분체번식 또는 절편번식이라고도 한다.

아마릴리스는 7월 상순~8월 상순에 각 절편에 2~3매 붙여 깨끗한 개울모래나 버미큐라이트에 꽂되 27~30℃가 적온이며, 백합은 묵은 인편을 기부(단축경)가 잘리지 않도록 떼어 각 절편을 1매씩 삽상에 꽂는다. 백합류의 인편 번식 시키는데 8~9월 경이 가장 좋다.

이렇게 해서 3~5년 간을 재배하면 다시 개화하게 된다.

3) 취목(取木)

증식하고자 하는 식물의 모체에 가지를 상처내거나 기타의 방법으로 부정근(不定根)을 발생시켜 이것을 분리 증식시키는 방법을 말한다. 삽목으로 번식하기 어려운 식물의 발근을 용이하게 하며 실행이 간편하고 실패가 적은 장점이 있다. 다만 발근하는데 오랜 시간이 요구되며 고무나무, 크로톤, 드라세나, 향나무, 석류 등은 2~3개월 정도 걸려야 발근한다.

① 취목시기

온실화훼는 3~5월에 실시하고 실온을 20℃ 이상을 유지 할 수 있는 곳에서는 주년시행 할 수 있다.

일반 노지관상 화훼는 봄철 발아전(3월)과 7~8월(장마기)에 실행하여 10월 또는 이듬해 봄에 이식한다.

뿌리가 늦게 나오는 식물은 대개 조작 후 1년 정도 있다가 이식한다.

② 방법

㉮ 휘묻이 : 가지 또는 둥치를 땅 속에 휘어 묻은 후 발근시키는 방법으로 가지, 둥치의 처리 방식에 따라 다음과 같이 나누기도 한다.

㉠ 선취법(先取法) : 지면에서 6~10㎝ 깊이고 가지 끝을 묻어 선단부만 지면 위로 나타나게 하는 법으로 땅속에 묻히는 곳을 상처를 내어 묻으면 발근이 잘된다.

㉡ 선취법의 변형으로 가지를 지표면에 눕혀 놓고 돌로 눌러 높은 다음 가지를 흙으로 덮어 놓는다.

㉢ 파상취법(波狀取法) : 가지를 마치 물결모양으로 묻어 위로 올라온 부분을 땅으로, 내려간 부분은 땅 밑으로 가게 하여 발근시킨다.

· 줄장미, 능소화, 크레마티스, 피로덴드론

㉣ 그외에 가지를 양산모양으로 늘어뜨려서 묻어주는 방법, 가지나 둥치를 묻어 두었다가 측지가 나오면 흙을 더 덮어 뿌리를 나오게 하는 법이 있다.

㉯ 묻어떼기 : 굵은 줄기에 상처를 주어 10~20㎝ 정도 묻어서 발근시켜 번식하는 방법

이다.

　・치자, 철쭉, 수국, 앵도, 모란, 무화과, 명자나무, 배롱나무, 석류, 목련, 협죽도(유도화), 라일락

　㉺ 높이떼기 : 수태, 톱밥, 황토 등을 써 뿌리를 내리고자 하는 곳에 상처를 낸 후 수분을 공급해서 뿌리를 내리는 방법이다.

　・관음죽, 고무나무, 크로톤, 석류, 배롱나무(목백일홍), 드라세나, 피라칸타, 소나무류, 호랑가시나무, 라일락, 아자레아, 목련 등.

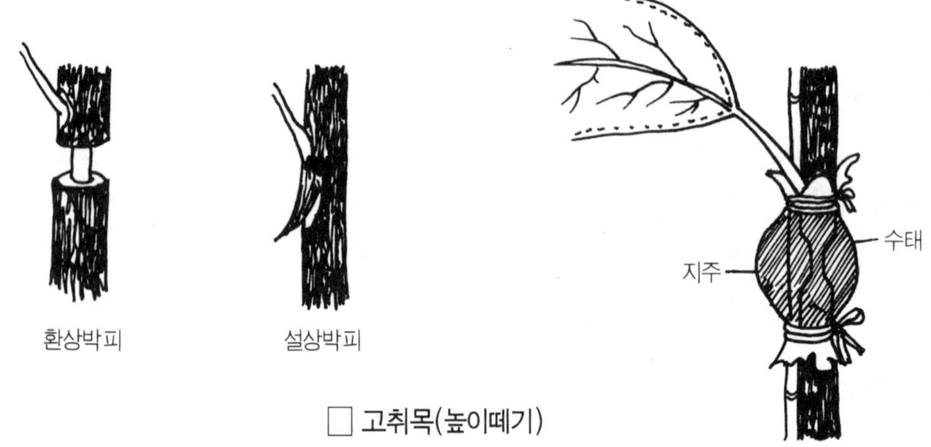

□ 고취목(높이떼기)

4) 삽목(揷木)

어미식물의 일부분을 절취하여 발근에 알맞는 상태에 두어 부정근(不定根)과 부정아(不定芽)를 형성시켜 새로운 개체를 만드는 것으로 일반 관엽식물의 대부분은 이 방법으로 번식할 수 있다.

삽목법은 같은 형질의 개체를 단시일에 대량증식 할 수 있고, 씨를 뿌려서 번식하는 것보다 빨리 개화하며 종자번식이 불가능한 식물의 증식을 할 수 있는 장점이 있으나 실생에 비해 뿌리가 천근성(淺根性)이므로 같은 조건일 때 실생보다 건조에 약한 편이며 수명이 짧고 나무의 모양이 실생보다 관상가치가 떨어진다.

① 삽목시기

식물의 삽목시기는 발근 후 영양생장에 들어가는 시기를 택하는 것이 이상적이다. 아열대, 열대지방의 원산지인 식물은 6~8월 사이, 온대지방이 원산지인 식물은 5~6월 9월경이 좋으며, 온실이나 실내에서 재배하는 식물은 4~5월에 삽목하는 것이 좋다. 온도를 20℃ 전후로 항상 유지만 할 수 있다면 연중 가능하나 개화시기는 피하는 것이 좋다.

또 열대지방이 원산지인 식물도 고온기(25℃이상)에서는 발근율이 떨어지고 30℃ 이상에서는 부패가 많다.

일반 화훼류의 종류별 삽목시키는 다음과 같다.

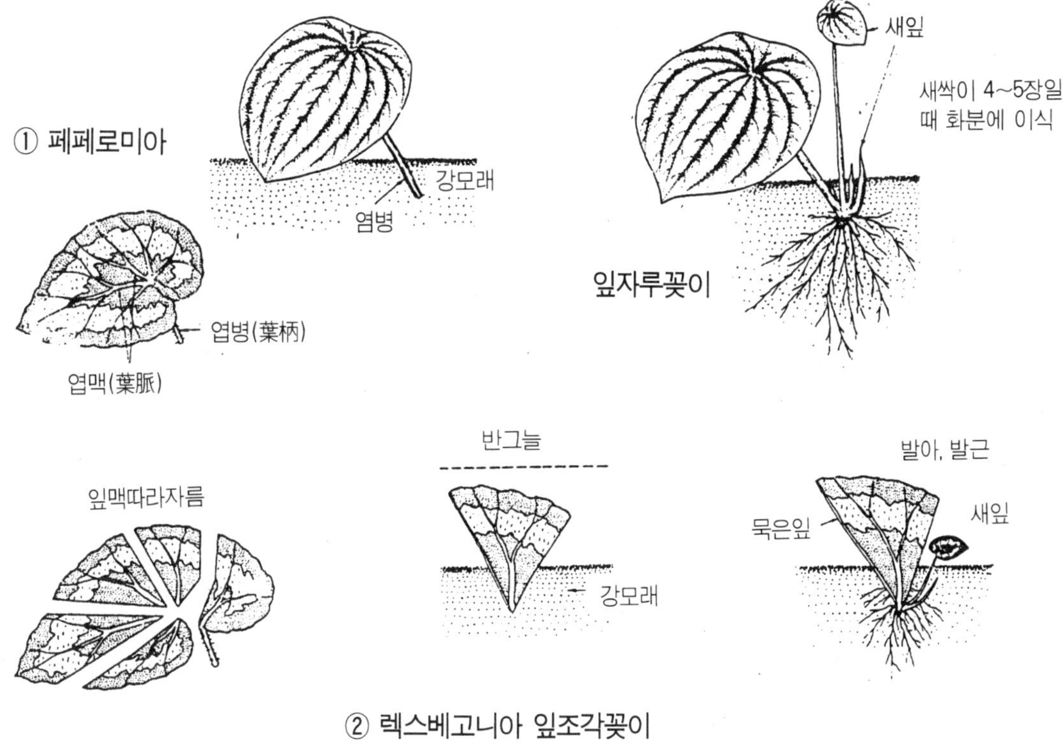

㉮ 춘삽 : 카네이션, 동백, 매화, 개나리, 배롱나무, 수국, 조팝나무, 서향, 남천, 사철, 석류, 파리칸타, 등나무, 치자 무궁화, 페페로미아 등.

㉯ 하삽 : 산세베리아, 선인장, 포인세티아, 국화, 고무나무, 꽃치자, 몬스테라, 드라세나, 코르딜리네, 협죽도, 식나무, 태산목, 금목서 등.

㉰ 추삽 : 제라늄, 페라고니움, 백정화 등.

② 삽목의 종류

㉮ 잎꽂이(芽揷) : 비교적 번식방법이 간단한데 성주(成株)가 되기까지 오랜 시간이 걸리며 반입식물은 반입이 소실되는 결점이 있다. 보통 4월부터 9월 사이에 시설내에서 하는 데 알맞는 온도만 주어진다면 주년 삽목이 가능하다.

　㉠ 잎자루꽂이(葉柄揷) : 잎자루를 붙여서 삽목하는 방법으로 글록시니아, 페페로미아, 핀지큘라, 카란코에, 세인트포리아, 스토렙토카퍼스, 구근베고니아, 아키메네스

　㉡ 잎조각꽂이(葉片揷木) : 잎의 맥을 절단하여 삽목하는 방법으로 산세베리아, 렉스베고니아, 공작선인장, 게발선인장

　㉢ 잎가꽂이(葉邊揷木) : 잎을 삽상 위에 편평하게 올려놓고 중앙부와 잎가에 모래를 살짝 엎어주면 잎끝에서 조그만 식물체가 생성되어 번식하는 것으로 Bryohyllum류 식물의 번식이 이에 속한다.

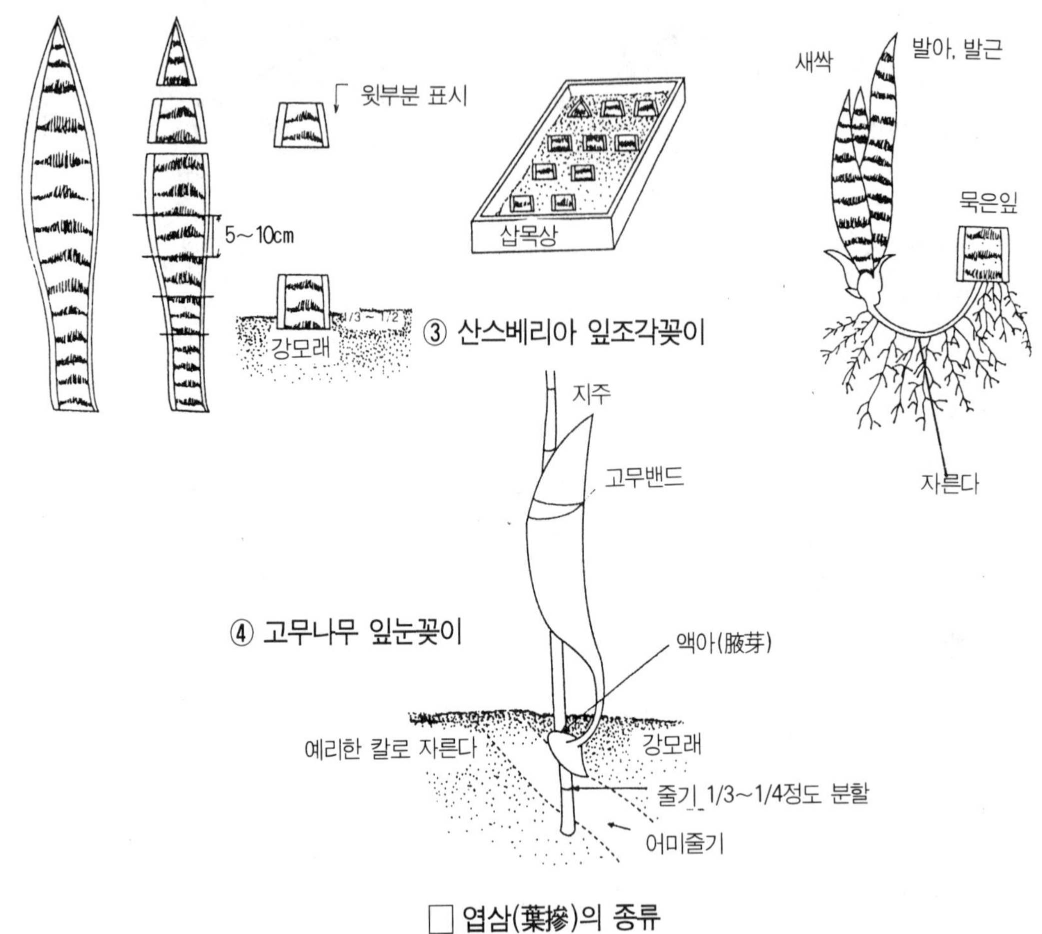

□ 엽삽(葉揷)의 종류

ㄹ 특수삽목 : 잎이 변하여 된 인경류를 그 인편을 따서 이것을 삽목하면 자구가 형성 되어 새로운 개체가 되는 삽목으로 백합, 히야신스, 수선, 아마리리스 같은 구근의 번식에 쓰인다.

ㅁ 잎눈꽂이(葉芽揷) : 잎 겨드랑이에서 나오는 새로 자란 엽아를 따서 삽목하는 방법 으로 국화, 다알리아, 수국, 철쭉, 고무나무, 부우겐빌리아, 무궁화, 동백, 만병초(로도 덴드론), 식나무, 아페란드라, 베고니아류

참고 산스베리아의 잎을 6~9㎝ 정도로 잘라 삽목하면 절단면의 중간부위에서 뿌리가 생기고 근 경이 생겨 독립된 새로운 식물을 얻는다, 그러나 잎 가장자리에 노란테를 가진 복륜종은 엽록소 를 갖는 엽육의 중심부에만 재생력이 있어 새로 발생되는 어린 식물은 보통종이 되고 만다. 가 장자리의 황백색 부위는 주연키메라(Periclina Chimera)로 인하여 발근이 되지 않는다.

ㄴ 줄기꽂이(枝揷木) : 가지나 줄기를 잘라서 삽목하는 방법이다.

㉠ 일절삽(一節揷) : 완전한 잎이 한 개가 붙어 있는 상태로 잘라 삽목하는 방법.

㉡ 다절삽(多節揷) : 일반적인 경삽이 여기에 속하며 삽수의 숙도에 따라 숙지삽목(熟枝揷木) 반숙지삽목, 녹지삽목으로 나눈다.

㉢ 숙지삽목하는 식물 : 겨울에서 봄까지의 휴면지를 10~30cm 정도 잘라꽂는 방법을 말한다.

· 개나리, 포도, 무화과, 등나무, 버드나무, 모과, 향나무 등.

㉣ 반숙지삽목하는 식물 : 줄기나 가지가 어느 정도 굳어 있고 생장이 정지된 상태를 7~15cm 정도 잘라 꽂는 것으로 6월 하순~7월 경에 하는 방법.

· 동백, 사철나무, 호랑가시나무, 남천, 유도화, 아왜나무 등.

㉤ 녹지삽목하는 식물 : 당년에 자란 가지가 어느 정도 탄력이 있고 굳기 전에 9~12cm로 잘라 꽂는 것으로, 일시생육이 중지된 햇가지를 사용하는 방법을 말한다.

· 치자, 서향, 목서, 제라늄, 포인세티아 등.

㉥ 뿌리꽂이(根揷) : 뿌리를 잘라(10cm정도) 삽목하여 번식시키는 방법이다.

· 국화, 작약, 능소화, 대나무, 아디안텀, 오동, 윳카, 호도, 숙근 프록스, 뽕나무 등.

③ 삽목용토

가장 많이 쓰이는 용토로는 개울모래, 질석(Vermiculite), 퍼라이트(perlite), 산모래이지만 특수한 종류에는 수태와 피트(peat), 또는 진흙을 사용한다. 통기성을 요구하는 호기성 식물의 삽목용토에는 퍼라이트(perlite)를 알맞게 섞어 줄 수도 있다.

한가지 공통된 점은 어느 것이나 병균 해충이 없고 바이러스 오염이 안 된 토양으로 영양분(특히 유기성 영양분과 질소비료)이 없으며 통기성, 보수력, 배수력이 좋은 용토가 좋은 삽목용토이다.

④ 삽목상

㉮ 노지 삽목상

노지에서 삽목을 할 수 있는 식물의 번식에 사용하는데 건조한 지역이나 습한 것을 좋아하는 식물을 삽목할 때 저상(低床, 지면보다 10~20cm 낮은 삽목상), 그리고 습한 지역이나 건조한 것을 좋아하는 식물을 삽목할 때는 성상(盛床, 지면보다 20cm 정도 높은 삽목상), 일반식물은 평상(平床, 지면 높이 정도에서 10cm 이내의 높이)을 쓰는데 삽목상 1.2m 정도로 한다.

길이는 삽목하는 주량에 따라 길게 할 수 있는데, 근래에는 이 삽목상 위에 차광망을 설치하여 그늘을 만들어 주어 발근효과를 높여주면 시설내보다 통기성이 좋으며 온도조절이 쉬워서 여러 가지 이점이 있다. 관상수목 번식에 많이 이용되고 있다.

㉯ 후레임 삽상(flame bed)

냉상이나 온상을 만들어 비닐로 덮어 간단히 삽목 전용의 삽상을 만들어 쓸 수 있는 방법으로서 냉상은 여름철에, 온상은 겨울에 많이 이용된다. 노지에서 보다 발근율이 높아 일반적인 삽목번식에 많이 이용되고 있는 방법이다.

㉡ 온실 삽상

온실안에 일부 또는 전부를 삽상으로 만들어 번식하는 방법으로 주년 삽목이 가능하며, 삽상 밑에는 전열선 또는 난방시설을 하여 온도를 조절 할 수 있도록 하는 시설인데 구미에서 많이 이용되고 있는 방법이지만 근래 우리나라에서도 시설 원예에 도입되고 있는 실정이다.

㉣ 그외의 삽목상

노지나 시설내에서도 그냥 삽상을 만드는 것보다 분(pot)이나 상자(box)에 삽목을 하기도 하며 여러 종류를 한 곳에 삽목할 때나 소규모 삽목을 할 때 많이 이용되어 취미재배나 특히 소규모 영리재배에 많이 이용된다.

⑤ 삽수 꽂는 요령

삽목을 분이나 상자에 하고자할 때 분이나 상자의 깊이는 낮은 것이 좋으며(10㎝정도) 깊을수록 발근이 늦어진다. 삽수의 길이는 보통 10㎝ 정도를 기준으로 하고 ⅓정도를 꽂는데 삽상이 건조하면 이보다 약간 깊게 꽂아준다.

삽수는 아침 일찍 채취하여 물에 담가두었다가 오후~초저녁(4~5시)에 삽목하는 것이 발근율이 좋으며 45° 각도로 삽수의 방향이 북쪽을 향하게 하는 것이 남쪽을 향하게 하는 것보다 발근율이 높다.

⑥ 삽수조제시 유의사항

대극과(Euphorbia, 포인세티아나 기린과 식물)나 Ficus과(고무나무, 뽕나무, 무화과 식물) 같이 유즙이 나오는 식물은 유즙을 제거하기 위해 삽수를 물에 1~2시간 담근 후에 삽목하여야 한다. 또, 열대지방이 원산지인 관엽식물은 수태(또는 Peatmoss)로 경단을 만들어서 삽목하고 삽수가 단단한 식물은 진흙에 수태를 약간 섞어 만든 진흙경단에 삽목하는 것이 좋다.

선인장 다육식물(아나나스과 식물 포함)은 1~3일 간 햇볕이 잘 쪼이는 반음지에 두었다가 말려서 삽목하는 것이 발근이 잘된다. 그 외의 식물은 삽수를 자른 다음 깨끗한 물에 한나절 정도 담가두었다가 꺼내어 삽목하는 것이 좋으며, 삽목 후에는 어느 것이나 직사광선을 쪼여주지 않는다.

⑦ 삽목상 관리와 발근조건

삽목한 후 발근하는 데는 외부의 환경조건이 알맞아야 하는데 발근조건을 보면 다음과 같은 것이 있다.

㉮ 수분

습도는 삽목당시에 90%, 발근을 시작할 무렵은 75% 정도로 하고, 다습 조건하에서는 발근이 늦어지나 발근 후에도 발육이 불량해지므로 삽목 당시 해가림을 하고 며칠간 다습 (90~95%)을 유지하나 차츰 습도를 감소시켜 외기와 순화되도록 한다.

삽수의 발근이 잘되기 위해서는 공중습도와 토양습도가 같은 때로, 예를 들자면 공중습도가 80%일 때 토양습도 역시 80%의 상태를 유지하기 위해서 근래에는 mist system(자동분무시설)을 해주어 발근율을 높여주며 선인장, 다육식물 같은 것은 삽목한 후 3~4일 간 (겨울에는 일주일간) 물을 주지 말고 말렸다가 그 다음부터 2~3에 한 번씩 관수해 준다.

㉯ 온도

온도의 종류에 따라 발근에 알맞는 온도의 범위가 다르므로 일률적으로 말하기는 어려우나 일반적으로 열대지방이 원산지인 식물은 25~30℃, 아열대 지방이 원산지인 식물은 20~25℃, 온대지방이 원산지인 식물은 15~20℃, 냉대 지방이 원산지인 식물은 10~15℃일 때 발근이 잘된다. 이 온도는 저온으로서 공기의 온도가 아닌 토양의 온도이다.

밤·낮 온도가 변하는 변온상태보다는 항상 일정한 온도를 유지하는 항온 상태일 때 발근이 잘 되며, 온도가 낮아지면 발근이 늦어지고 높아지면 부패율이 많아진다.

㉰ 광선과 일장

일반적인 식물은 발근하는 시는 약한 광선으로 충분하다. 광선이 강하면 수분 증발이 심하고 상온이 높아지기 때문에 발근이 잘 되지 않으며, 특히 직사광선을 쪼이면 적외선의 영향으로 발근을 하지 못하거나 늦어지게 된다.

발근이 잘 안되거나 삽수가 단단한 식물은 장차 뿌리를 내리고자 하는 부분을 삽수 채 취하기 3~6개월전부터 알미늄 은박지로 감싸주어 광선을 차단하여 백화시켰다가 잘라서 삽목하면 발근이 잘 된다.

삽목을 한 후 1~2주일 후에 삽수를 뽑아 보았을 때 캘루스(Callus)가 형성되었다면 일단은 삽목에 성공한 것으로 보아도 좋으며, 삽수의 잎이 새로 자라기 시작하면 발근이 끝난 것으로 보면 틀림없다.

선인장 다육식물은 캘루스(삽수의 절단부분이 우굴쭈굴하게 된 현상)가 형성되었을 때부터는 볕가림을 치워주어 직사광선을 쪼여주는 것이 발근에 효과적이다.

㉱ 공기와 통풍

삽상에 산소가 적고 통풍이 잘 안되면 발근히 잘 안되거나 죽는다. 특히, 선인장, 다육식물, 아나나스 류, 제라늄 같은 것은 삽상에 통기성이 좋아야 하므로 통기성을 좋게 하기 위해서는 물량을 최대한 줄여서 마르지 않을 정도로만 준다.

⑧ 발근 촉진 방법

삽수를 잘 발근시키려면 앞에서 말한 조건이 갖추어지고, 이러한 조건 이외에 식물 호르몬이나 화학약품을 처리하면 발근율이 높아지고 촉진된다.

㉮ 발근에 관계되는 식물 호르몬

식물 호르몬은 저녁에 살포 또는 침지하는 것이 좋고, 용해한 것은 즉시 사용해야 하며 화훼에 따라 사용 농도가 다르므로 살포시 농도를 알맞게 해야 한다.

㉠ NAA(나프탈린 초산), IAA(인돌초산, β-Indole acetic acid)

초화는 0.005%, 화목류는 0.01% 용액에 12정도 삽수를 담가 놓았다가 삽목 하면 발근이 잘 된다. 그런데 삽수를 너무 오랫동안(24시간 이상)담가 놓았거나, 농도를 진하게 하면 오히려 발근이 늦어지거나 삽수가 죽어버리게 되고 발근이 되어도 후에 가지가 잘 뻗지 못한다고 한다.

㉡ IBA(β-Indole butyric acid)

0.005%~0.1% 용액에 12시간 내외 담갔다가 삽목하면 되는데 IAA나 NAA보다 좋은 효과가 있다.

㉢ 그외에 2·4-D, 2·4·5-T, 2·4·5-TP 등이 있으며 어느 것이나 알맞는 농도를 처리할 때 발근 속도를 빠르게 하고, 발근이 불가능한 식물의 발근을 가능하게 한다.

참고 체내의 오옥신(auxin)이라는 물질은 발근을 촉진하고 카이네팅(kinetin)은 눈의 형성을 돕는다.

㉯ 발근 촉진제 처리방법

㉠ 라노린 연고법 : 1935sus W.C.Cooper가 처음 사용한 방법인데 라노린 1g에 생장 호르몬(NAA, IAA, IPA 등) 90~100㎎을 잘 섞어 삽수에 발라서 삽목 하거나 삽수 채취 예정 부위를 1~2주일 전에 말라 두었다가 잘 따라서 삽목하면 발근이 잘된다.

㉡ 주사법 : 식물생장 호르몬에다 지베레린(Gibberellin)을 섞어 삽수를 채취한 뒤 잘려진 부분에 주사를 놓아서 삽목하면 발근이 잘된다.

㉢ 침지법 : 생장 호르몬을 알코올에 녹여 물에 풀고 이것에 삽수를 침수시켰다가 삽목하는 방법으로 가장 많이 쓰이고 있는 방법이다. 시중에 식물 호르몬제를 녹여서 판매하고 있는 것이 있으므로 발근촉진제라는 이름이 붙은 이것을 구입해서 쓰면 된다.

㉣ 분제도말법 : 활석(Trlc) 가루에다 식물 호르몬 제를 섞어서 만든 분말을 삽수의 절단부에 묻혀 삽목하는데 외국에서 수입된 Rotton이나 Transplaton 등이 있는데 어느 것이나 NAA나 IBA가 그 원료이다.

⑨ 육묘관리

식물을 삽목하여 발근하면 이식하여 비배관리를 잘하여 우량한 묘를 양성하는 것이 중요한 기술이다.

㉮ 발근에 따른 이식시기

식물에 따라 발근 기간이 다르므로 어느 시기에 이식해야 한다는 것은 각 식물에 따라 다르지만 보통 초본류는 1달 이내, 화목류는 3달 이내 하는 것이 보통이다. 또 식물에 따라, 발근 조건, 발근 후 묘의 양부(良否)에 따라 다르며, 직접 재배, 관찰하여 적당한 때(새 잎이 나와서 자라기 시작할 때) 이식하는 것이 적당하다.

㉯ 이식거리

1차 이식거리는 보통 15cm간격으로 하는데 식물의 크기가 적은 것은 이보다 좁게(10cm), 큰 것은 넓게(20~30cm) 띄어서 심는다.

2차 이식은 일반 종자파종하여 관리하는 방법과 같다.

㉰ 이식상

이식상의 크기는 90~120cm 나비에 길이는 적당히, 높이는 10cm정도가 좋다.

이식상의 배양토는 부엽토 : 퇴비 : 사양토(사토 2 : 양토 1의 비율로 섞어 만든 흙)을 3 : 2 : 5의 비율로 섞어서, 호비성, 호습성, 호온성 식물은 양토(사토 3 : 식토 1의 비율로 섞어 만든 흙)를 쓰는 것이 좋다.

이식상은 식물이 심겨지지 않았던 재료를 쓰거나 토양소독제로 토양과 농기구 등 모든 재료를 필히 소독하여 사용해야 한다.

⑩ 묘를 옮기는 방법

묘는 뿌리가 상하지 않게 잘 떠서 긴뿌리는 알맞는 크기로 잘라버리고, 마른 잎이나 상한 잎은 제거하여 심는다. 묘를 뽑기 3시간 전에 충분히 관수하여 묘에 수분을 흡수시켜 이식하는 것이 성적이 좋다.

이식상은 물에 젖지 않고 마른 듯한 식상이 좋으며, 이식 후에 관수한다. 이때 3~5치 분(pot)에 옮겨 심어도 좋다.

5) 접목(接木)

개체가 다른 두 식물체를 조직적으로 서로 연합시켜 생장할 수 있게 만드는 것을 접목이라고 하며, 이때 접목체 상부에 오는 것을 접수(接穗)라고 하며 하부에 뿌리가 있는 곳을 대목(臺木)이라고 한다.

• 접목 번식의 장점으로는

① 품종의 특성을 확실하게 보유하고 또 한 번에 많은 묘목을 만들어 낼 수 있다.

② 생장이 빨라서 속히 개화 결실을 할 수 있다.

③ 다른 번식법으로 불가능한 것이라도 할 수 있다.

④ 적당한 대목을 사용하면 생육이 더욱 좋아질 수 있다.

⑤ 짧은 기간에 수세를 회복하고 보다 왕성한 생육을 하게 된다.

• 접목번식의 단점으로는

① 식물학상으로 근연(近緣)의 것 이외에는 접이 안된다. 친화력(親和力)의 차이가 크다.

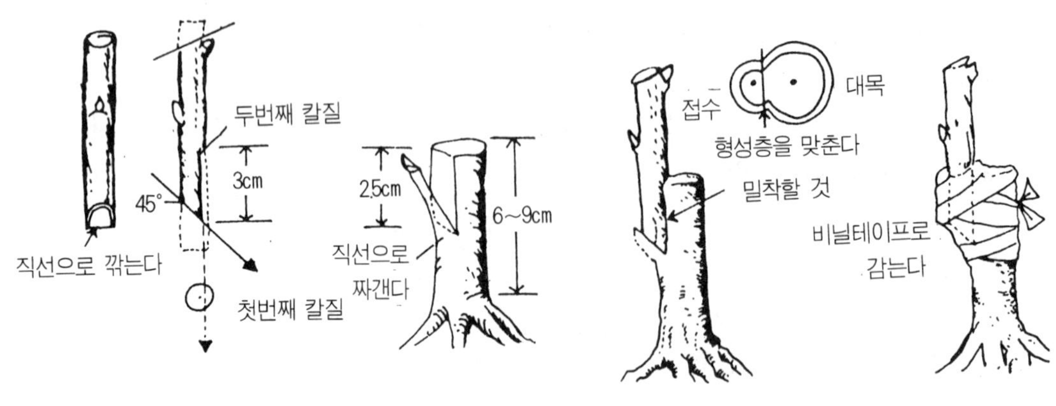

□ 절접(切接)방법

② 종류에 따라서 기술의 습득과 숙련이 필요하다.

③ 묘본(苗本) 양성에 비용이 많이 든다.

참고 대목이 심어진 상태에서 접을 하는 제자리접(거접)과 파내서 접을 하는 들접(양접)으로 나눈다.

① 접목 종류

접목의 부위와 재료, 시기에 따라 구분하고 있다.

㉮ 짜개접(切接) : 절접은 접목의 기본법이다. 우선 접수는 한 눈 또는 두 눈이 붙은 것
이면 되고 한쪽은 짧고 한쪽은 길게 깎아서 갈라둔 대목에 끼워 묶는다. 이때 대목과
접수의 굵기가 다른 것은 어느 한쪽은 pith가 맞도록 해야 형성층이 합치게 된다.

접한 것은 덮힌 자리가 묻힐 정도로 깊이 묻어 두었다가 30~40일 후에 풀어 준다.

㉯ 지접(枝接) : 지접에는 접하는 모양에 따라 절접, 할접, 복접, 탑접, 합접, 안접, 설접,
호접, 근접 등이 있다. 이중에서 절접과 할접이 가장 많이 쓰인다.

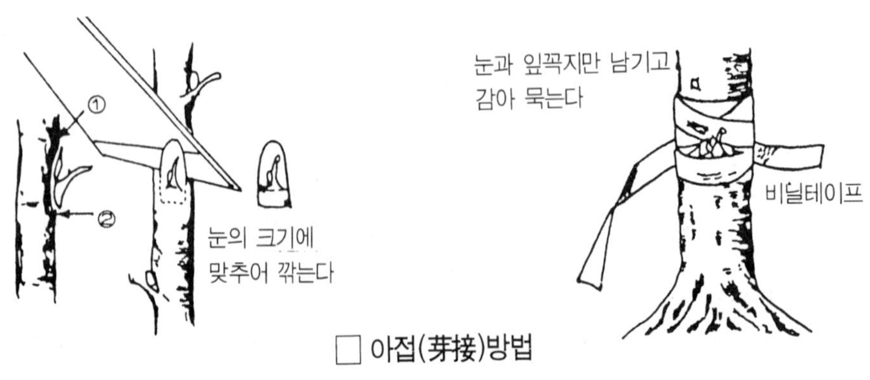

□ 아접(芽接)방법

참고 할접(섬잣나무, 해송, 동백), 합접(포도나무), 호접(단풍나무), 안접(선인장)

　ⓓ 아접(芽接) : 아접은 절접의 큰 접수 대신에 목질부와 형성층이 있는 눈을 도려내어 가지의 일부를 절개한 자리에 밀착되도록 그것을 집어넣고 접하는 방법으로 이 때에는 새로 자란 가지의 눈을 많이 이용하므로 햇순이 무르익은 6~9월에 실시하는 경우가 많다.

　ⓔ 기타 : 이 밖의 방법으로는 합접, 탈접, 피하접, 복접, 고접, 교접 등이 있다.

참고 아접의 장점으로는
　ㄱ 접을 할 수 있는 기간이 길고, 조작이 간단하다.
　ㄴ 생육 중에 여러 번 시도할 수 있다.
　ㄷ 접목부에 근두암종(根頭癌腫)병의 발생이 없다.
　ㄹ 생장이 왕성하여 대목의 눈이 트는 일이 적다.
단점으로는
　ㄱ 관리가 조금 어렵다.
　ㄴ 가지접보다는 생육이 늦은 점이다.

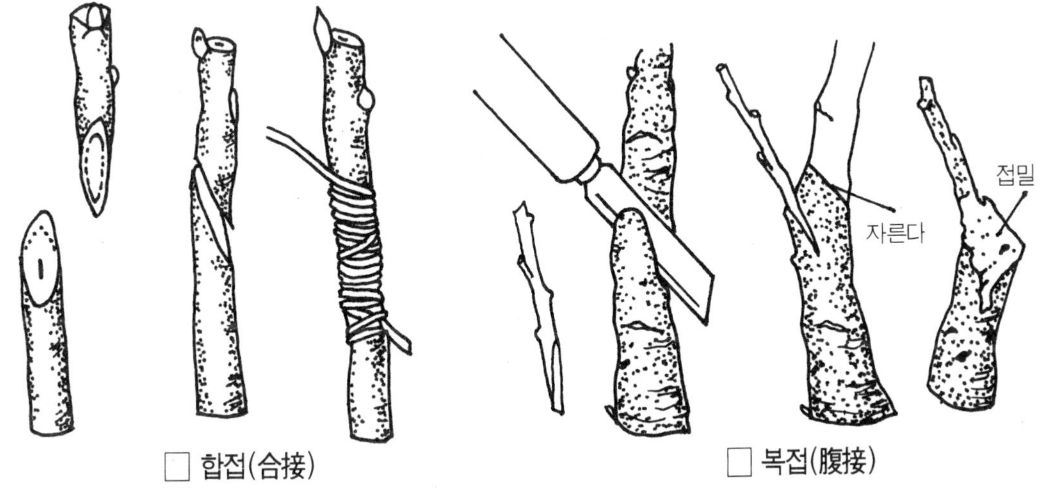

② 접목시기와 준비

접목시기는 일반적으로 가지접이나 뿌리접은 가지의 눈이 나오기 직전, 뿌리가 활동을 한 직후가 알맞은 시기이며, 대개 춘접(春接)은 2~4월경, 추접(秋接)은 9월경이며, 눈접은 새로운 눈이 나오는 시기인 6~7월경이 적기이다.

③ 대목준비

대목은 보통 실생묘가 좋으며, 대목의 구비조건은 근군 발달이 잘 되고 수세가 강하며, 재배지역의 풍토에 적응한 것, 그리고 친화성(親和性)이 높으며 접수의 특성을 발휘 할 수 있고 병충해의 저항성이 강하며 접목규격에 알맞는 것(굵기가 0.5~2cm정도)이어야 하며, 준비된 대목은 접수를 조제하고 난 후 접목칼로 단번에 반듯이 깎아야 하며, 접목 종류에 따라 알맞은 모양으로 조제해야 한다.

대목의 크기는 뿌리턱에서 3~5㎝정도가 알맞으며 접수의 길이는 5~10㎝, 잘려지는 면은 2~3㎝정도가 알맞다.

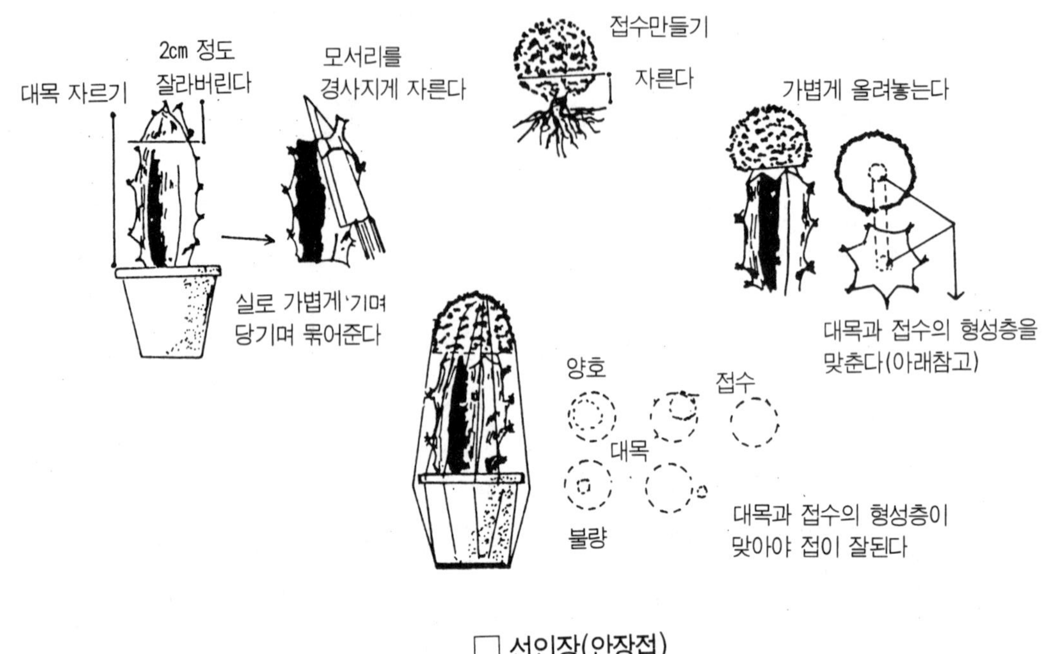

④ 접수의 준비

접수는 정확한 품종으로 건전하게 자란 모수에서 채취해야 한다. 봄에 접할 때는 접수를 12월~2월에 미리 잘라서 물이 고이지 않고 그늘진 곳에 접수의 길이의 ⅔의 깊이로 묻어 두었다가 쓴다.

⑤ 접목 요령

어떤 접목이건 양자(대목과 접수)의 형성층을 맞게 결합시켜 바람이나 물이 들어가지 않게 단단히 묶어 주어야 한다. 접목 후 노출된 부분은 밀납이나 파라핀을 입혀주면 활착이 좋으나 물이 닿지 않게 관리하면 일반적인 주의는 큰 문제 없다.

⑥ 접목 후의 관리

접목한 후에도 습도 80~90%를 유지시켜 주기 위해 노지에서는 접수 위를 흙으로 덮고 볕가림을 하여 1~2개월 동안 그대로 둔다. 요즈음에는 비닐 하우스나 비닐 터널에서 접목 하여 그곳에서 활착시키는 일이 많으며 접목묘 부근의 흙이 건조할 경우 물을 뿌려 주기 도 하는데 이 때에는 접면에 물이 직접 들어가지 않도록 해야 한다.

접목이 성공하는 초기에는 접수의 눈이 신장하기 시작하여 이것은 식물의 종류에 따라서 조만(早晩)의 차이는 있지만 대개 10~15일 후에 알 수 있고 1개월 후에는 거의 생사를 확인할 수 있다. 따라서 2개월 후에는 결박 재료로 사용한 비닐줄이나 고무밴드 등을 제거하여 접합부에 압박을 주지 않도록 해야 한다. 대목에서 나오는 새 가지는 발견되는 즉시 제거해야 접수에서 나오는 가지를 보호할 수 있다.

3. 무균(無菌) 배양

1) 난종자의 무균번식

난종자는 최대 길이가 약 250μ 이고 폭은 75μ 으로 아주 미세종자이며 배(胚)와 종피(種皮)만 있고 저장양분이 없기 때문에 한천배양액에 파종하여 무균묘를 생산한다. 무균적 파종은 Knudson B액이 가장 널리 이용되는데 토마토나 사과즙을 첨가하는 것도 있다. 유리 용기는 솜마개를 하고 건열살균기에 넣어 150~200℃에서 15~60분간 소독한 후 무균상내에서 냉각시킨다.

배양기 조제는 대형 플라스크에 증류수를 넣고 천평으로 계량된 약품을 차례로 녹여가면서 가열한다. 한천은 액체가 끓을 무렵 서서히 넣어 녹이고 서당을 넣으며 이 조작이 끝나면 산도를 조절하기 위해 인산과 탄산소오다, 묽은 염산 등을 넣어 pH 4.8~5.4로 한다.

종자는 신선한 클로드칼키 10g을 150cc의 증류수에 녹여진 소독액에 5~10분 담가 흔들어 소독한다. 소독된 종자를 알콜 불에 소독된 백금선에 부착시켜 배양기에 주입하는데 병 입구는 솜마개로 막고 다시 파라핀지를 씌운다.

이러한 모든 조작은 무균상태에서 행해지는데 그 후 25~28℃의 반 그늘에 두면 품종에 따라 1~2주만에 종자가 비대해지고 점차 원괴체가 보이고 6개월이 지나면 잎이 2~3매 발생하고 뿌리도 발생한다. 난종자 무균번식은 실생에서 개화까지 4~7년 걸린다.

2) 난의 조직배양

조직배양은 메리클론(생장점 배양으로 생산된 포기)의 인공배양으로 바이러스에 감염되지 않은 무병주(無病株)를 생산하기 위한 기술이다. 생장점인 끝눈이나 곁눈을 무균적으로 적출하여 배지에 심게 되는데 이러한 체아 조작은 15~30배의 쌍안현미경 아래서 하는데 작업시 소독약으로는 클로로칼키나 앤티호르민 용액으로 한다.

배지는 한천배양액을 사용하며 배양은 20~25℃의 인공조명 하에서 하게 된다. 조직배양 시 절편이 잘 자라게 하기 위해서 사이토키아닌을 첨가하는데 조직배양으로 생산된 모종을 메리클론묘라 하여 안개꽃, 카네이션, 거베라, 양란, 다알리아, 국화 등에서도 널리 이용되고 있다.

㉮ 방법 : 생장점 0.2㎝ 네모체 채아 → 배지, 한천 + 하이포넥스 1/1000 + 과일당 약간

→ 고체배양기(20~25℃에서 배양)

㉯ 배양기 : 고체배지(한천배양기) - 한천을 이용한 배양액

　　　　　　　 액체배지(육즙배양기) - 육즙을 이용한 배양액

③ 한천배양액 조제방법

㉮ 희석 : 증류수 1ℓ에 하이포넥스 3g과 설탕 30g과 펩톤 2~4g으로 희석하고

㉯ pH : 산도를 5.0~5.6으로 교정하고

㉰ 한천 10g을 넣고 100℃로 끓여 굳기 전에 플라스코에 분주한 후 알미늄 은박지로 막는다.

㉱ 멸균 : 분주한 플라스코를 고압솥에 121℃로 15~30분간 멸균한다.

□ 화훼의 번식 예상문제

【문1】 층적저장의 가장 적합한 온도는?

① 0 ~ -3℃ ② 0 ~ 5℃ ③ 6 ~ 10℃ ④ -1 ~ -5℃

【문2】 다음 화초 종자 중 종자의 면모(綿毛)를 제거하여 파종해야 잘 되는 것은?

① 아게라텀, 금잔화, 메리골드

② 아네모네, 천일홍, 로단데(Rhodanthe)

③ 봉선화, 과꽃, 금어초

④ 페튜니아, 데이지, 센토레데라

【문3】 다음 화훼 종자 중 층적저장(層積貯藏)을 필요로 하는 것은?

① 몬스테라(Monstera) ② 선인장 ③ 일본목련 ④ 야자

【문4】 다음 중 호광성 종자가 아닌 것은 어느 것인가?

① 페튜니아 ② 양귀비 ③ 금어초 ④ 시클라멘

【문5】 스위트 피이(Sweet Pea)에는 몇 %정도의 경종자(硬種子)가 포함되어 있는가?

① 5% ② 10% ③ 15% ④ 20%

【문6】 다음 중 유성번식은 어느 것인가?

① 포자번식 ② 삽목 ③ 높이떼기 ④ 조직배양

【문7】 다음 화훼류 중 발아하는 데 1년 이상이 걸리는 것은?

① 군자란 ② 해바라기 ③ 소나무 ④ 은방울꽃

【문8】 종자를 파종하기 전에 질산 칼라를 처리하면 발아가 잘 되는 것은?

① 맨드라미 ② 금잔화 ③ 야자수 ④ 국화

【문9】 발아하는데 고온(약 30℃)을 요하는 종자는?

① 아네모네, 과꽃   ② 안개초, 시클라멘

③ 물망초, 스토크   ④ 코레우스, 아스파라거스

【문10】 호광성 종자에 영향을 주는 파장의 색은?
　① 적색　② 보라색　③ 노랑색　④ 녹색

【문11】 파종 후 2년 후 발아하는 종자는 어느 것인가?
　① 모란　② 백합류　③ 거베라　④ 튜립

【문12】 화훼류 종자의 보관에 가장 알맞은 온도와 습도는?

　① 15℃의 온도에 40%의 습도　② 5~10℃의 온도에 50%의 습도
　③ 10℃의 온도에 70%의 습도　④ 5℃의 온도에 20%의 습도

【문13】 다음 중 종자의 휴면 타파제가 아닌 것은?
　① 지네브제　② 벤질아테닌　③ 카이네틴　④ 지베렐린

【문14】 다음 중 호광성 종자(好光性種子)는?
　① 맨드라미, 스키잔더스　　② 백일홍, 캘로니아포피
　③ 프리뮬러, 글록시니아　　④ 달맞이꽃, 니겔라

【문15】 종자의 층적저장시 가장 알맞는 온도는 몇도인가?
　① 0~5℃　② 4~6℃　③ 7~9℃　④ 10~15℃

【문16】 선인장의 실생법은?

　① 모래에 파종하고 흙을 엎고 유리를 덮어 주는 것이 좋다.
　② 모래 위에 파종하여 물을 충분히 주고 유리를 덮는 것이 좋다.
　③ 모래 위에 파종하여 물을 조금 주고 그 위에 흙을 덮고 유리를 덮어준다.
　④ 선인장은 실생이 될 수 없으므로 안하는 것이 원칙이다.

【문17】 종피에 상처를 입혀 파종하면 발아가 잘 되는 것은?
　① 천일홍　② 작약　③ 등나무　④ 장미

【문18】 경종자(硬種子)의 발아를 용이하게 하려면
　① 70℃에서 온탕에 5분간 침지 흡수(吸水)
　② 50℃에서 온탕에 3~4시간 침지 흡수
　③ 40℃에서 온탕에 12시간 침지 흡수
　④ 30℃에서 온탕에 1주야 침지 흡수

【문19】 종자의 수명이 1~2년인 것은 어느 것인가?
　　① 프리뮬러　② 페튜니아　③ 샐비어　④ 카네이션

【문20】 꽃씨를 뿌리고 상면(床面)을 덮었을 때 언제 짚을 걷어 주는가?
　　① 발아가 60% 정도 되었을 때
　　② 발아가 70% 정도 되었을 때
　　③ 발아가 80% 정도 되었을 때
　　④ 발아가 90% 정도 되었을 때

【문21】 미세한 종자를 분에 파종하면 복토는 어떻게 해야 하는가?
　　① 종자 지름의 0.5배 정도 복토한다.
　　② 종자 지름의 1~2배 정도 복토한다.
　　③ 종자 지름의 2~3배 정도 복토한다.
　　④ 분을 진동시키면 복토와 같은 결과를 얻는다.

【문22】 화훼류 종자의 보관에 알맞는 수분 함량은?
　　① 1%　② 10%　③ 15%　④ 20%

【문23】 다음 호광성 종자가 아닌 것은 어느 것인가?
　　① 글록시니아　② 칼세오나리아　③ 색비름　④ 끈끈이대나물

【문24】 종자의 발아세란?
　　① 종자의 발아한 수를 나타낸 것이다.
　　② 종자가 발아하지 못한 수이다.
　　③ 일정기간 동안 발아율을 나타낸 것이다.
　　④ 발아 후 생육하지 못한 종자의 수를 나타낸 것이다.

【문25】 종자가 발아하는데 알맞는 수분 함량은?
　　① 50%　② 60%　③ 70%　④ 80%

【문26】 춘기분주하는 화훼류는?
　　① 관음죽　② 작약　③ 수국　④ 꽃창포

【문27】 가을에 분주 이식하는 종류는 어느 것인가?
　　① 모란　② 수국　③ 황매　④ 라일락

【문28】 거베라는 몇 년 만에 분주해서 다시 심는가?
　　① 1~2년　② 2~3년　③ 3~4년　④ 4~5년

【문29】 분주를 할 때는 눈(芽)을 1주에 몇 개씩 붙게 하는가?
　　① 1~2개　② 4~5개　③ 5~6개　④ 2~3개

【문30】 하기분주는 어느 때에 실시하는가?
　　① 6~7월　② 4~5월　③ 9~10월　④ 11~12월

【문31】 분주로서 번식시키는 화훼류가 아닌 것은 어느 것인가?
　　① 단풍나무　② 명자나무　③ 조팝나무　④ 능수조팝나무

【문32】 창포나 저먼 아이리스의 분주 시기는?
　　① 3~4월　② 4~5월　③ 6~7월　④ 9~10월

【문33】 매년 분주(分株)를 해야할 숙근초는?
　　① 작약　② 붓꽃　③ 사스타데이지　④ 국화

【문34】 동양란의 묵은 벌브를 이용해서 번식 할 수 있는 적기는?
　　① 3~4월　② 5~6월　③ 7~8월　④ 9~10월

【문35】 구근의 단축경을 약 ¼정도 깊이로 넓게 도려내어 자구를 발생시키는 방법은 다음 어느 것인가?
　　① 노칭 법　② 스쿠우핑 법　③ 코오링 법　④ 적하법

【문36】 백합 인편번식을 하는 때 구의 둘레 15㎝의 것이면 몇 조각 정도의 인편을 따서 삽아(揷芽)할 수 있는가?
　　① 20조각　② 30조각　③ 40조각　④ 50조각

【문37】 히아신스(Hyacinth)의 노칭 처리가 끝난 것은 어떻게 심는가?
　　① 절상(切傷)의 부분이 위로 향하도록 심어 통풍 좋은 곳에 놓는다.
　　② 절상(切傷)의 부분이 위로 향하도록 심어 습기가 많은 곳에 놓는다
　　③ 절상(切傷)의 부분이 아래로 향하도록 심어 통풍 좋은 곳에 놓는다
　　④ 절상(切傷)의 부분이 아래로 향하도록 심어 그늘진 곳에 놓는다

【문38】 구근의 밑 부분(단축경)을 무엇이라고도 하는가?
　　① 크라운　② 디스크　③ 로젯트　④ 코오링

【문39】 백합의 인편번식(鱗片繁殖) 시기는?
　　① 2~3월　② 4~5월　③ 6~7월　④ 9~10월

【문40】 아마릴리스(Amarylis)의 인공분구(人工分球)할 수 있는 크기는?
　　① 구의 둘레 10~30㎝　　　② 구의 둘레 15~18㎝
　　③ 구의 둘레 20~25㎝　　　④ 구의 둘레 30㎝ 이상

【문41】 다음은 분주·분구하는 방법이다. 잘못된 것은?

①

②

③

④

【문42】 글라디오라스에서 주로 많이 번식하는 방법은?
　　① 분구　② 목자　③ 인공번식　④ 삽목

【문43】 아마릴리스(Amaryllis) 인편삽(鱗片揷)을 하는데 삽상(揷床)의 적합한 온도는?
　　① 15~16℃　② 18~20℃　③ 25~30℃　④ 35℃

【문44】 자구(仔球)에 의해서 증식되지 않는 것은?
　　① 산백합(Lillyum)　　　② 크로커스(Crocus)
　　③ 튜립(Tulip)　　　④ 글라디오라스(Gladiolus)

【문45】 다음 종류 중 주아 번식이 가능한 종류는 어느 것인가?
　　① 백합　② 튜립　③ 수선　④ 익시아

【문46】 히아신스의 인공 번식법에서 모구가 큰 것은 스쿠우핑 법으로 하면 대략 몇 개의 소구가 생기는가?
　① 5~10　② 10~15　③ 30~40　④ 40~50

【문47】 인편 번식이 가능한 종류는 어느 것인가?
　① 튜립　② 칸나　③ 라난큘러스　④ 백합

【문48】 히아신스를 노칭(Notching) 법에 의해서 번식하면 1구당 몇 개 정도의 자구가 생기는가?
　① 5~10개　② 15~30개　③ 40~45개　④ 50~60개

【문49】 백합의 인편번식에서 삽아(揷芽) 후 얼마정도 경과하면 인편단면(鱗片斷面)에 소구(小球)가 착생하기 시작하는가?
　① 20일 정도　② 30일 정도　③ 50일 정도　④ 60일 정도

【문50】 히아신스(Hyacinth) 번식인 노칭(Notching)이나 스쿠우핑(Scooping) 처리 시기는?
　① 1~2월　② 3~4월　③ 5~6월　④ 7~8월

【문51】 아마릴리스의 분체번식(分體繁殖 : 切片繁殖) 시기는?
　① 3월 상순~4월 상순　　② 5월 상순~6월 상순
　③ 7월 상순~8월 상순　　④ 9월 상순~10월 상순

【문52】 아마릴리스의 분체번식(分體繁殖 : 切片繁殖)시 온도는?
　① 20~22℃　② 23~25℃　③ 25~26℃　④ 27~30℃

【문53】 목자(本子)에 의해서 증식되는 것은?
　① 아마릴리스(Amaryllis)　　② 칼라디움(Caladium)
　③ 참나리(Lillium)　　④ 프리지아(Freesia)

【문54】 괴근을 분할(分割)해서 번식하는 것은?
　① 아키메네스　② 익시아　③ 아네모네　④ 백합

【문55】 인도고무, 드라세나, 크로토 등에 알맞는 번식법은?
　① 고취법(高取法)　② 파상취법(波狀取法)　③ 성토법(盛土法)　④ 곡취법(曲取法)

【문56】 온실 식물에서 고취법(高取法)의 번식의 적기는?
 ① 3~5월 ② 5~6월 ③ 7~8월 ④ 아무 때나 좋다.

【문57】 철쭉류의 번식 방법으로 적당한 것은?
 ① 높이떼기 ② 묻어떼기 ③ 끝묻이 ④ 파상묻이

【문58】 높이떼기가 잘 되는 종류는 어느 것인가?
 ① 포인세티아 ② 고무나무 ③ 동백 ④ 장미

【문59】 잎눈꽂이를 하는 종류는 어느 것인가?

 ① 동백나무 ② 렉스베고니아 ③ 글록시니아 ④ 세인트포리아

【문60】 깨끗한 물에 직접 꺾꽂이하는 물꽂이에 적당하지 않는 것은?
 ① 드라세나 ② 필로덴드론 ③ 유도화 ④ 알로에

【문61】 삽목용토의 구비조건이 될 수 없는 것은?
 ① 배수성(排水性) ② 보수력(保水力) ③ 보비성(保肥性) ④ 통기성(通氣性)

【문62】 삽수의 절단면에서 유액(乳液)이나 고무진이 나오는 것은 어떻게 해서 삽목해야
 하는가?

 ① 절단 후 물에 씻어서 꽂는다.
 ② 절단 후 더 많은 양의 발근촉진제를 바른다.
 ③ 절단 후 소독약 처리를 한다.
 ④ 질흙(粘土)에 삽목해야 한다.

【문63】 여러해살이 화초 꺾꽂이감을 만들 때 대개 줄기를 몇 ㎝정도로 자르는가?
 ① 3~6cm ② 6~9cm ③ 9~12cm ④ 12~15cm

【문64】 목본성 꺾꽂이감은 전체 길이의 몇 분의 1정도 흙에 묻히게 하는가?
 ① 1/2~1/3 ② 1/2 ~2/3 ③ 1.3~2/3 ④ 1/3~1/4

【문65】 잎꽂이 중에서 엽병을 붙이지 않고 굵은 엽맥에 따라 잘라 꽂은 것은?
 ① 글록시니아 ② 페페로미아 ③ 렉스베고니아 ④ 세인트 포리아

【문66】 다음은 관엽식물의 삽수 조제한 그림이다. 적당하지 않은 것은?

① 필로덴드론 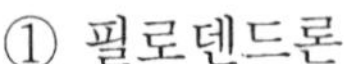

② 몬스테라 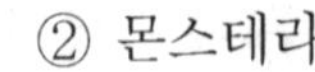

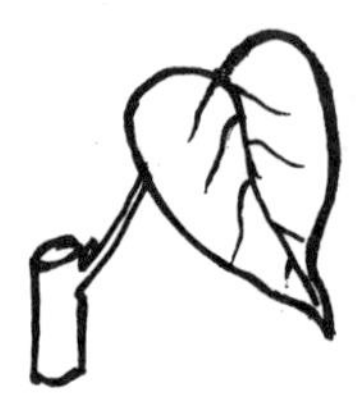

③ 고무나무

④ 알로카시아

【문67】 무궁화, 개나리, 쥐똥나무, 수국 등을 번식하려면 무슨 삽목법을 쓰는 것이 좋은가?

① 녹지삽(綠枝揷)　② 숙지삽(熟枝揷)　③ 아삽(芽揷)　④ 엽아삽(葉芽揷)

【문68】 산세베리아 잎꽂이때 노란줄무늬가 없어지는 이유는?

① 키메라 현상 때문　　② 로젯트 현상 때문
③ 브라인드 현상 때문　④ 미스트 현상 때문

【문69】 삽수조제에서 하삽할 경우의 재료는 어떤 것을 택하는가?

① 전년생 가지　　② 신소의 성숙한 것.
③ 묵은 가지　　④ 새 순

【문70】 미스트(Mist) 번식을 할 때 삽상 삽목용토의 깊이는 어느 정도나 될까?
① 25~30cm　② 15~20cm　③ 10~15cm　④ 5~8cm

【문71】 다육식물은 삽목할 때 절단면을 음건(陰乾)해서 꽂으면 부패하지 않는다. 어느 정
도 음건하는가?
① 2~3시간　② 4~5시간　③ 12시간　④ 2~3일

【문72】 오른쪽 그림의 국화 삽수 중 발근이 가장 용이하며 일찍 꺾꽂이하여 대수를 많이
　　가꾸기에 가장 좋은 것은?

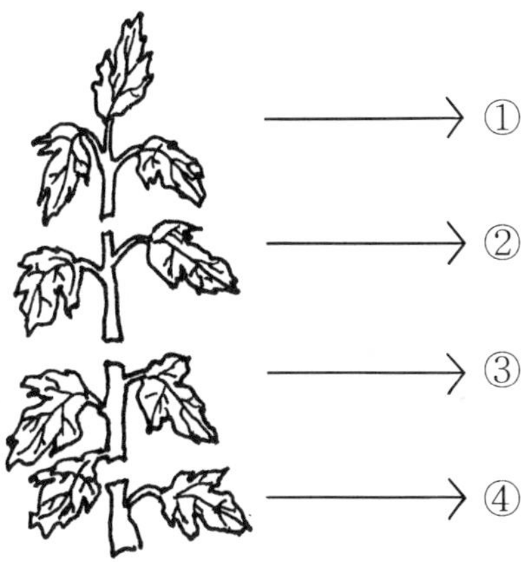

【문73】 꺾꽂이의 이점이 아닌 것은?
　　① 생육과 개화가 빠르다.
　　② 변이가 생겨 새로운 품종을 얻는다.
　　③ 겹꽃으로 결실을 하지 못하는 종류도 쉽게 번식할 수 있다.
　　④ 같은 형질의 개체를 단기간에 번식할 수 있다.

【문74】 삽수의 발근율이 높은 것은?
　　① 절단면을 소독한 것.
　　② 절단면을 가위로 자른 그대로의 것.
　　③ 절단면을 칼로 매끄럽게 절단면적을 넓게 다듬은 것.
　　④ 절단면을 칼로 매끄럽게 다듬은 것.

【문75】 삽수의 기부에 전년생지를 T자형으로 부착시켜서 삽목하는 것을 무슨 삽(揷)이라
　　고 하는가?
　　① 당목삽(撞木揷)　② 종삽(踵揷)　③ 단자삽(団子揷)　④ 관삽(管揷)

【문76】 풋가지 꽂이(녹지삽)에 가장 적당한 것은?
　　① 개나리　② 히비스커스　③ 동백　④ 덩굴장미

【문77】 미스트 장치(裝置) 하의 적합한 삽상 온도는?
　　① 18℃　② 20℃　③ 25℃　④ 28℃

【문78】 오옥신(Auxin)이란?

① 수분작용(授粉作用)을 돕는 약의 일종이다.

② 증산을 억제하기 위해서 잎에 뿌리는 약이다.

③ 줄기나 잎의 경화제(硬化劑)이다.

④ 발근촉진제의 일종이다.

【문79】 시클라멘(Cyclamen)의 개화촉진에 쓰이는 약품은?

① NAA ② Gibberellin ③ BNOA ④ PCPA

【문80】 삽목에 사용되는 홀몬제가 아닌 것을 고르시오.

① β-Indol acetic acid　　② α-Naphthalene acetic acid

③ Gibberellin　　④ β-Indolbutyric acid

【문81】 발근을 촉진 시키는 물질은?

① Antianoxin ② Keinetin ③ Lanolin ④ Auxin

【문82】 할접은 다음 중 주로 어느 것에 많이 하는가?

① 동백나무 ② 철쭉 ③ 소나무 ④ 장미

【문83】 들접이란 무엇인가?

① 대목을 파올려 접한다.　　② 대목을 제자리에 놓고 붙인다.

③ 동일대목과 접수를 쓴다.　　④ 접수와 대목이 다르다.

【문84】 눈접을 가장 많이 하는 종류는 어느 것인가?

① 동백 ② 장미 ③ 철쭉 ④ 고무나무

【문85】 접목을 하고자 할 때 제일 먼저 생각해야 할 것은?

① 접목시기와 온도　　② 접수와 대목의 굵기

③ 접수와 대목의 친화성　　④ 접목 방법

【문86】 삽목의 발근에 관계하는 물질로서 리조칼린(Rhizocaline)의 내용이 최근 밝혀졌다. 리조칼린의 내용이 아닌 것은?

① 일종의 지방산(脂肪酸)이 함유되어 있다.

② 자당(蔗糖)으로 대표되는 당(糖)의 일종이다.

③ 알기닌(Arginine)이 함유되어 있다.

④ 황산암몬이 함유되어 있다.

【문87】 선인장의 접목번식에 가장 많이 쓰이는 번식방법은?
 ① 합접(合接)　② 호접(呼接)　③ 근접(根接)　④ 안접(鞍接)

【문88】 매화 나무 접붙이는 시기는 언제쯤인가?
 ① 3월 상중순　② 5월 상중순　③ 6월 상중순　④ 7월 상중순

【문89】 단풍나무의 번식에 가장 알맞는 접목방식은?
 ① 절접(切接)　② 호접(呼接)　③ 할접(割接)　④ 합접(合接)

【문90】 장미 눈접(芽接) 시기는?
 ① 3~4월　② 5~6월　③ 7~8　④ 9~10월

【문91】 수목(樹木)에서 접수와 대목의 굵기가 같아야 접목할 수 있는 것은?
 ① 절접(切接)　② 할접(割接)　③ 안접(鞍接)　④ 녹지접(綠枝接)

【문92】 녹지접(綠枝接)을 할 수 있는 시기는?

 ① 4월 중순~4월 하순　　　② 6월 중순~8월 하순
 ③ 5월 상순~6월 상순　　　④ 9월 상순~5월 중순

【문93】 장미 절접에서 춘접시기(春接時期)는?
 ① 1월 중순~2월 중순　　　② 2월 중순~3월 중순
 ③ 3월 중순~4월 중순　　　④ 4월 중순~5월 중순

【문94】 배배양(胚培養)을 하는 경우를 설명한 것이다. 잘못 설명된 것을 고르시오.

 ① 바이러스의 감염을 피하고자 할 때.
 ② 배유(胚乳)에 발아 억제물질이 함유되어 있을 때.
 ③ 종자의 가정휴면 때문에 후숙(後熟)이 필요한 때.
 ④ 배(胚)는 완전한데 배유(胚乳)가 불안전 한 때.

【문95】 난종자(蘭種子)의 무균배양을 할 때 종자소독에 쓰이는 약품은?

 ① 승홍수(昇汞水)　② 메르크론　③ 우스프론　④ 클로르 칼키

【문96】 난종자(蘭種子)의 무균배양에서 파종 후 개화까지는 어느 정도의 시일이 소요되는가?
 ① 2~3년　② 4~7년　③ 8~9년　④ 10~12년

【문97】 난종자(蘭種子)의 무균배양에서 2~3매의 잎과 뿌리가 생기려면 얼마 정도의 기간 이 소요되는가?
　① 1개월　② 6개월　③ 12개월　④ 2년

【문98】 조직배양기술 목적에서 어긋나는 것은?
　① 유전형질이 분리되기 쉬운 작물의 증식
　② 내병, 대륜화 품종의 육성과 증식
　③ 바이러스(Virus) 무병주의 증식
　④ 영양번식으로는 증식능률이 나쁜 것의 증식

【문99】 조직배양을 할 때의 알맞는 온도는?
　① 10~15℃　② 15~20℃　③ 20~25℃　④ 25~30℃

【문100】 조직배양을 하는데 삽아조작(揷芽操作)은 몇 배 정도의 쌍안현미경 밑에서 행하는가?
　① 4~5배　② 15~30배　③ 50~60배　④ 100~120배

정　답

1. ②	2. ②	3. ③	4. ④	5. ②	6. ①	7. ④	8. ②	9. ④	10. ②
11. ②	12. ②	13. ①	14. ③	15. ①	16. ②	17. ④	18. ①	19. ①	20. ①
21. ④	22. ②	23. ③	24. ③	25. ③	26. ②	27. ①	28. ③	29. ④	30. ①
31. ①	32. ③	33. ④	34. ①	35. ②	36. ②	37. ①	38. ②	39. ④	40. ③
41. ①	42. ②	43. ③	44. ①	45. ①	46. ④	47. ④	48. ②	49. ②	50. ④
51. ③	52. ④	53. ④	54. ③	55. ①	56. ①	57. ②	58. ②	59. ①	60. ④
61. ③	62. ①	63. ③	64. ②	65. ③	66. ③	67. ②	68. ①	69. ②	70. ③
71. ④	72. ①	73. ②	74. ③	75. ①	76. ③	77. ②	78. ④	79. ②	80. ③
81. ④	82. ③	83. ①	84. ②	85. ③	86. ①	87. ④	88. ①	89. ②	90. ③
91. ③	92. ②	93. ①	94. ①	95. ④	96. ②	97. ②	98. ②	99. ③	100. ②

제3장 화훼류 생산시설과 재배

식물을 재배함에 있어서, 환경을 조절하여 연중으로 식물을 재배할 수 있으며 불리한 기후조건을 식물의 생육에 맞는 조건으로 만들어 주어야 하며 그러기 위해 시설은 반드시 필요하다. 또 인구의 증가에 따라 경영의 집약화, 토지의 고도 이용, 고급식물을 불시에 재배하고자 하는 농업경영의 추구에 따라 환경 조절에 의한 주년(周年) 생산, 작부회수(作付回數)의 증가, 입체적인 토지 공간의 이용 등은 단위 면적당 생산성을 높이기 위함이다.

또 노지에서는 재배가 곤란한 다른 지역의 식물을 재배하거나 불시재배를 하고자 할 때, 또 귀한 식물을 재배하고자 할 때나 특수식물의 재배시에 고가의 경비와 고도의 기술을 집약하여 경영하는 수단이기도 한다.

시설원예란 온상, 냉상, 온실, 냉실, 비닐하우스, 후레임, 턴넬 등의 간이 시설을 포함한 모든 시설을 이용하여 재배하는 것을 말한다.

1. 온 실(溫室)

온실의 사명은 주년 생산(연중 언제든지 재배할 수 있는 시설)과 재배식물의 월동을 위하여 인위적으로 식물의 생육한계 이내의 환경을 조절해 줄 수 있는 시설이어야 한다.

1) 온실의 역사

현대의 온실은 유리를 제조하기 시작한 이후에 발달하기 시작했는데 1619년 독일의 '하이델 베르크'에서 세계 최초의 원시적인 형태의 유리온실이 건축되었으며, 문명의 발달로 온실의 면적은 점점 늘어나고 있다.

2) 온실의 종류와 특성

처음에는 나무를 재료로 한 목재온실이 건축되었으나 현대에는 철근, 알미늄 등의 여러 가지 금속을 사용하여 건축되고 있다.

온실의 분류 방식은 여러 가지가 있으나 형식에 의한 분류가 일반적인 분류 방법이다.

① 반지붕식 온실

동서가 길고 남향이며, 표준나비가 3.6m미만의 시설일 때이며 월동용 온실로 좋다. 여기서는 재배식물이 남쪽으로 구부러져 자라기 쉽다. 동서동(東西棟)이므로 북쪽이 막혀 알뿌리 촉성재배에는 유리하지만 소형온실이라 가족용 취미온실이다.

㉮ 장점 : 건축비와 난방비가 적게 든다. 촉성재배와 고온 건조에 강한 품종재배에 적합하다.

㉯ 단점 : 작물이 남쪽으로 기울어 볼품이 없어진다. 온도차가 심해 생산용 온실로는

부적당하고 보온이 어렵다.

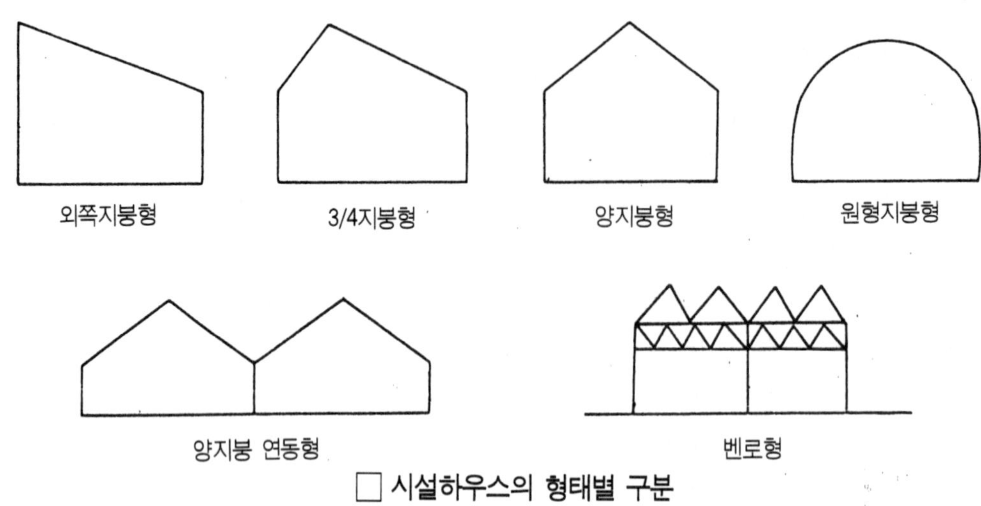

□ **시설하우스의 형태별 구분**

② 3/4식온실과

표준나비 4.5m이내일 때 많이 쓰이는 온실이며, 반지붕식과 양지붕식 온실의 장점을 이용한 것이다. 온도가 북쪽일수록 낮기 때문에 학교용, 가정용 소형온실로 쓰인다.

㉮ 장점 : 번식, 육묘, 구근류 촉성, 국화류 전조재배에 적합하다.

㉯ 단점 : 이용 범위가 적다.

③ 양지붕식 온실

표준나비 5~9m의 대형온실로 남북으로, 동·서향으로 짓는 것이 일반적인 방법이다. 재배온실로 적합하며, 이 온실의 변형인 '타원형 온실(유선형 온실)'이 있다. 오전, 오후 광선을 다 받을 수 있는 온실로 절화재배용으로도 좋다.

㉮ 장점 : 환기가 좋으며 온도조절이 용이하다. 광선을 고루 받을 수 있어 생산 온실로 알맞다.

㉯ 단점 : 서까래가 많이 든다. 겨울철 실온은 남북향 온실보다 상승하기 어렵다. 보온이 잘 안된다(연료비가 많이 든다).

④ 연동식 온실

앞에 말한 모든 형태의 온실을 연결시켜서 지은 온실로 보온효과가 높은 반면에 환기가 나쁜 단점이 있으나 근래에는 대형, 대량재배에 가장 많이 이용되고 있다. 양지붕식 온실로 연결시킨 형태로 눈이 많이 오는 지방은 부적당하다.

㉮ 장점 : 온도 변화가 적다. 야간 열손실이 적다. 절화 재배에 좋다.

㉯ 단점 : 환기 잘 안된다. 실내가 어둡다. 이음새가 썩기 쉽다. 시설비가 많이 든다. 관리가 어렵다. 보온이 곤란하다.

⑤ 건축온실

표본식물을 재배하기 위한 대형 온실로 모양과 크기는 용도에 따라 얼마든지 변형 확대시킬 수 있다.

3) 온실 건축의 조건

㉮ 통풍이 좋고 온난한 곳.
㉯ 수리(물대기)가 편리하고 배수가 좋은 곳.
㉰ 교통이 편리하고 관리가 편한 곳.
㉱ 생산물의 유통 처분이 편리한 곳.
㉲ 지하수가 낮은 곳.
㉳ 차광, 보광이 좋고 방풍물이 있어 풍해, 수해 등의 장해를 받지 않을 곳.

등의 조건이 있는 곳이 온실 건축의 입지조건으로 좋다. 온실의 규모와 경영은 자본과 노력, 기술 등에 따라 알맞게 설치 운영되어야 하는데 대개 직업적인 원예를 할 경우에는 500평 정도가 알맞으며 부업이나 취미 원예일 경우에는 100평 이내의 온실 크기로 하는 것이 알맞다.

온실 지붕의 기울기는 서울을 기준으로 할 때 30° 정도가 이상적이나 우리 나라 어디서든 적당한 온실의 기울기는 35° 정도이다.

4) 형태의 선정

온실을 지을 장소가 선정되고 재배할 작물이 결정되면 온실의 구체적인 사양을 생각하여야 한다.

◆ 온실의 사양

㉮ 온실의 폭(단동, 연동) ㉯ 길이 ㉰ 지붕의 구배 ㉱ 추녀의 높이 ㉲ 천창, 측창의 형식 ㉳ 출입문 형식 등이며 아울러 각종 부대시설 즉 환기시설, 이중커텐(차광망 및 보온커텐)시설, 스프링쿨러시설, 냉·난방시설, 탄산가스 조절장치 등의 구체적인 사양 및 설치 방법이 계획되어야 한다.

① 온실의 폭

온실의 폭은 5.4m, 6m, 7.2m, 9.1m, 10.8m가 표준이며 특별한 경우에는 20m까지도 가능하나 이때는 중간에 기둥을 필요로 한다. 폭이 넓으면 동일 강도를 유지하기 위하여 구조 골재의 강도가 급격히 커지게 되며 따라서 건설 비용도 증가하고 중심고가 높아지므로 온실체적이 증가한다.

눈이 많이 내리는 지역에서는 연동의 경우 곡부에 쌓이는 눈의 하중이 커지므로 대형 단동이 좋고 3연동 이상의 연동온실은 중앙부 동(棟)의 환기가 나빠 좋지 못하다. 비닐하우스는 3.6m를 최저로 하여 단동일 경우 4.5m~10.8m가 가장 많다.

② 온실의 길이

길이는 대부분의 경우 부지조건에 따라 결정이 된다. 보행작업의 면에서 30m~50m가 적당한 한계로 하고 있지만 내부 이용 방법에 따라 100m에 달하는 대규모의 온실도 있다.

연동식의 경우 길이가 40m~50m 이상되면 곡부 배수가 양끝만으로 불가능하므로 중앙부에 배수 파이프를 설치할 필요가 있다.

③ 추녀의 높이

추녀의 높이는 1.5m~1.8m정도가 일반적이나 작업성 및 이중커텐 장치를 위하여 2.3m~2.5m까지 높은 경우도 많다. 작물별로 보면 딸기 연약채소 등의 온실은 1.5m~1.8m 정도이며 카네이션, 국화는 20m, 오이, 토마토, 가지 등은 2.1m~2.2m, 장미나 일부 관엽식물에는 2.3m 정도의 처마 높이가 필요하나 바나나 같은 것은 3m 이상을 요구하는 것도 있다.

추녀가 높으면 풍압에 견디는 힘이 약해지므로 골조에 이를 보완하기 위한 건설비가 추가되며 온실내 용적이 증가하여 난방비도 증가되므로 재배 작물에 따른 필요 높이가 각종 부대시설을 하는데 합리적으로 이루어질 수 있도록 결정짓는 것이 중요하다.

④ 지붕의 기울기

햇볕의 투과율 면에서 보면 동서동에서는 지붕의 기울기 영향이 크며 우리나라에서는 위도상으로 보아 30°정도에서 일사 투과량이 최대가 된다. 그러나 남북동(南北棟)일 경우는 지붕 기울기에 따라 투과율의 영향이 적으며 기울기가 적을수록 광선의 투과율이 높아진다.

유리온실의 경우 채소 재배를 목적으로 할 경우 26.6°가 보통이며 화훼온실의 경우 환기량을 좋게 하기 위하여 30°가 많이 이용된다. 26.6°기울기와 30°기울기에서 동일 규격의 천장을 수평으로 열었을 때 환기량은 30°에서 100이라면 26.6°에서 88%가 된다.

기울기가 커지면 환기가 좋아지지만 바람에 견디는 힘이 약해지고 중심고가 높아져 건설비가 증가되므로 그 지역의 적설량이나 비 또는 수적(水滴)의 유하(流下) 관계 및 피복재의 종류에 따라 합리적으로 검토하여 결정하여야 한다.

비닐하우스는 피복재가 정량이고 기울기가 커지면 매년 피복재의 교체작업이 불편해지므로 20° 정도의 완만한 기울기를 택하는 것이 보통이다.

⑤ 천창 및 측창

천창은 주로 용마루 양측에 길게 설치하는 것이 보통이다.

종래에는 독립창으로 하여 지붕에 일정 간격으로 설치하는 경우가 많았으나 최근에는 연창인 경우가 많다. 개폐작동은 주로 감속기에 연결된 개폐측에 ARM을 고정하여 이용하며 모타를 이용한 반자동식과 자동제어 장치를 부착하여 온습도에 따라 자동으로 개폐되는 완전자동 개폐식이 있다.

측창은 공기의 대류 및 탄산가스 유입을 증대시키기 위해 지면에 가까운 부분에 양측면으로 비치하게 되며 필요한 경우에는 추녀 바로 밑에 일렬로 더 설치하는 경우도 많다. 지하나 반지하식 온실의 경우에는 지하로 들어간 부분에도 저면 환기창을 설치하는 것이 바람직하다.

다만 천장, 측창을 설치할 경우에는 개폐가 용이하지 않으면 안되는 밀폐성도 동시에 고려하지 않으면 안된다.

⑥ 출입문

출입문은 좌우 양측에 설치하게 되며 길이가 긴 동(棟)에는 중앙부의 처마부분에도 설치하기도 한다. 일반적으로 운반구 및 작업차의 출입 등을 고려하여 적당한 크기로 이용하기 편리하게 설치하게 되며 통상 높이 1.8m 폭 2m 정도가 많다.

트랙터의 출입이 필요한 경우에는 높이 2.2m~2.4m 정도가 필요하다.

5) 구조재 및 피복재

온실내 환경은 항상 고온다습한 특성을 가진다는 점에서 구조재를 선정하는 데도 일반건축과는 다른 측면에서 검토되어야 한다. 최근에는 온실시공에 적합한 경량철골재 및 온실전용 알미늄이 개발되었고 모든 철골재도 부식을 방지하기 위해 아연도금을 사용하고 있다.

일반적으로 골조트라스는 H형강이나 각형강(4각파이프) 또는 C형강, ㄷ형강이 많이 사용되며 알미늄은 온실전용 알미늄을 사용하는 것이 천창, 측창의 설치 및 기밀성이 우수할 뿐아니라 유리의 파손 또는 교환이 편리하다. 아직은 유리가 많이 사용되고 있으나 대형생산 온실의 경우는 유리의 파손문제 때문에 FRP가 많이 보급되어 가고 있는 실정이다.

다만 구조재나 피복재의 선정은 자체의 하중, 적설하중 또는 풍압, 설계시공의 난이도 등에 따른 물리적이나 공학적인 전문지식을 요하게 되고 피복재의 경우에도 작물에 따라 환경의 요구도가 달라지게 되므로 이에 따른 연구가 절실히 요구되며, 전문가나 전문시공과의 상의에 의해 시공에서의 경제적인 면을 고려 결정하는 것이 바람직하다고 본다.

같은 피복재의 경우에서도 유리나 FRP 또는 FRA가 갖고 있는 특성이 각기 다르고 같은 비닐의 종류에서도 염화비닐이 갖는 특성과 폴리에칠렌 또는 초산비닐이 갖는 특성이 달라 보온, 병충해, 방제, 화색 등에 중요한 역할로 미친다는 점이 감안되어야 할 것이다.

6) 가온설비

비닐하우스나 온실은 화초를 가꾸기 위한 공간이므로 기능을 충분히 나타낼 수 있도록 하기 위해서는 여러 가지 장치나 시설이 필요하며 화초를 순조롭게 자라게 하기 위해서는 여러 가지 설비용구가 필요하다.

특히 화초를 가꾸는데 온실에서 제일 중요한 것은 가온설비이다. 겨울철 가온과 보온시설이 미비하게 되면 생육에 장애를 일으킬 뿐만 아니라 많은 손실을 가져오는 경우가 있다. 따라서 비닐하우스나 온실을 설치할 때는 환경조건을 갖추어 주고 실내 난방에도 충분한 배려를 하여야 한다. 난방공사 등도 난방용구를 설치하는 장소의 확보와 온수난방의 경우 설비하기 이전에 우선적으로 배선공사를 해 둘 필요가 있다.

현재 실내의 난방은 주로 경유에 의존하는 경우가 대부분이며 유가의 상승으로 인해 생산비 상승의 부담이 크므로 대체 연료가 필요한 시점이다.

◆ 가온하는 방법으로 분류를 하면

㉮ 석유난로, 석유보일러

㉯ 전열기, 백열전구, 패널히타(Panel Heater)

㉰ 온풍기, 연탄보일러, 경유보일러 등으로 나눌 수 있는데 난방을 하는 열원과 기구에 의한 난방법에 따라서 연소시 열원을 그대로 이용하는 직접난방과 일단 열원으로 물을 데워서 파이프를 통해 시설내로 순환시켜 가온시키는 간접 난방법이 있다.

(1) 올바른 난방기 선택 요령

㉮ 안전성이 있을 것. ㉰ 연료소비가 경제적일 것.

㉯ 관리하기 편할 것. ㉱ 설치비용이 적게 들 것.

(2) 난방설비의 선택

가온설비를 선택할 때는 시설내의 면적뿐 아니라 체적도 고려해야 한다. 면적이 같더라도 시설의 높이가 높으면 체적이 배 이상으로 된다. 두 배 이상의 체적이면 가온을 위한 열량도 배가 필요하며, 성능이 있는 난방기구도 필요해진다. 시설의 형태에 따라 양지붕식과 같은 형태, 반지하식 또는 지하식과 같은 형태인지, 또는 덮개의 재질이 비닐인지 유리인지와, 보온덮개 사용여부와, 종류에 따라서도 매우 다르다. 따라서 난방기는 적응면적만 생각하지 말고 이러한 점을 종합적으로 감안해야 할 것이다.

따라서 시설내에 어떠한 식물을 가꾸는가에 따라 유지온도와 기구의 능력에 맞는 것을 시설하는 것이 중요하다. 추운지방과 더운지방에서는 시설의 구조도 다르며 설치장소의 상황에 따라 난방기구 등 가온설비 등을 배려할 필요가 있다. 이와 같은 점을 감안할 때 10 ㎡이하의 시설이라면 전기에 의한 가온이 효과적이다. 전기료가 비싸므로 보온 자재, 곧 비닐과 거적 또는 모포 등을 씌우도록 하며 그 이상의 크기에서는 석유를 이용한 난방방법으로서 발열량이 충분하면 좋다.

(3) 난방기구의 종류와 가온방법

① 직접난방의 방법

시설내에 연탄난로를 피우므로 직접 열공급을 받을 수 있는 방법 이외에는 석유나 경유를 사용하여 연결시키는 직접적인 방법이 있다.

유류 사용시 점화하면 온도상승이 속히 일어나나 소화와 동시 온도하강도 빠르다. 가온 면적이 적으면 온도의 변화는 심해지고 실내가 건조해지므로 식물재배에 좋지 않은 환경으로 되기 쉽다.

반면에 난방에서 조심해야 할 것은 공기의 보충이다. 연료가 연소하기 위해서는 산소가 필요하므로 알미늄 온실과 같이 밀폐도가 높은 경우는 시설 밖으로부터 새로운 공기가 들어올 수 있도록 공기 주입구를 설치토록 한다.

② 간접난방의 특징

파이프를 통해 더운 물을 순환시키므로 온도가 상승하는 것은 더디지만 온도는 빨리 내려가지 않는다. 보일러를 통한 배관이 되므로 설치비가 들지만, 반자동화할 수 있으며 연료비도 절약할 수 있다. 실내의 온도, 습도를 잘 조절할 수 있으며 온도 관리 및 유지가 유리하다.

7) 온도관리 요령

(1) 시설내의 온도환경과 작물 상태

각종 식물에는 제일 순조롭게 생육할 수 있는 적온이 있으며 최저한계온도와 최고한계온도가 그것이다. 시설내부의 온도가 최저 및 최고의 한계를 넘어서거나 내려가고, 그 시간이 장시간 경과하게 되면 작물은 생육이 정지되거나 장애를 일으키게 되고 심한 경우에는 죽는 일이 생긴다. 일반적으로 고온을 요구하는 과채류 생산에 있어서도 적온을 넘어선 한계에서는 품질의 저하나 수확량의 감소가 일어나게 된다.

작물의 생육에 맞는 환경을 만들기 위하여는 재배작물의 생육적온을 알고 그것에 알맞는 환경을 만들어 나가야 한다.

(2) 온도와 광합성의 관계

식물의 광합성은 햇빛의 강도, 온도, 탄산가스의 농도중의 한 가지 요소에 의해서도 제한을 받게 된다.

그림에서 보는 바와 같이 작물의 온도와 광합성 속도와의 관계는 낮은 온도 아래에서는 광합성이 거의 일어나지 않지만 온도가 상승함에 따라 광합성 작용은 활발하게 진행된다. 이러한 과정이 어느 온도에서 최고로 달하게 되지만 그 이상의 온도상승에서는 식물의 호흡이 많아지며 광합성 작용은 반대로 떨어지게 된다. 그림에서 보는 것과 같이 광합성이 최고에 달하는 온도는 오이의 경우 25℃, 피망 고추의 경우 20~25℃, 토마토는 20℃이다. 이와 같이 광합성은 온도에 큰 영향을 받는다.

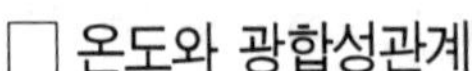
□ 온도와 광합성관계

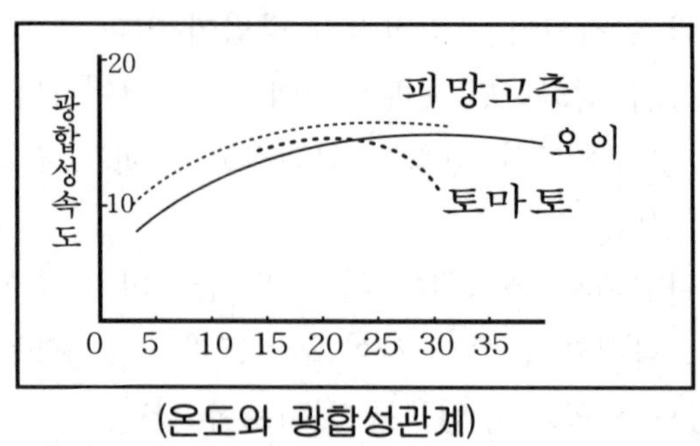

(온도와 광합성관계)

(3) 온도와 광합성 및 호흡작용

식물은 광합성과 호흡작용이 동시에 일어난다. 광합성은 햇볕에 의해 일어나지만 호흡은 밤 낮을 가리지 않고 일어난다. 호흡작용에서는 광합성산물의 일부를 소모하기 때문에 식물이 정상적인 생장을 하기 위해서는 광합성에서 만들어진 물질의 양이 호흡작용에서 소모되는 물질의 양보다는 많아야 한다.

생장하고 있는 식물에 있어서는 식물 물질의 축적율은 순광합성량 또는 총광합성량과 관계가 있다. 총광합성량-호흡량=순광합성량으로 나타낼 수 있다.

온도와 광합성 및 호흡과의 양작용의 관계를 보면 일반적으로 광합성작용은 20~30℃가 적온인데 호흡작용은 40~50℃가 적온인데 그림과 같은 곡선을 나타낸다.

그림에서 보면 38℃~40℃에서 광합성량과 호흡량은 상쇄되는 까닭에 이 점을 보상점이라 한다. 이 온도 이상에서는 광합성에 의한 탄수화물의 합성량보다 호흡에 의한 소모가 더 크기 때문에 총 광합성량은 오히려 마이나스가 되어 식물은 도저히 생육할 수가 없어진다. 이 보상점은 식물의 종류와 품종 그리고 생육시기에 따라 다소 차이가 있다.

그림3

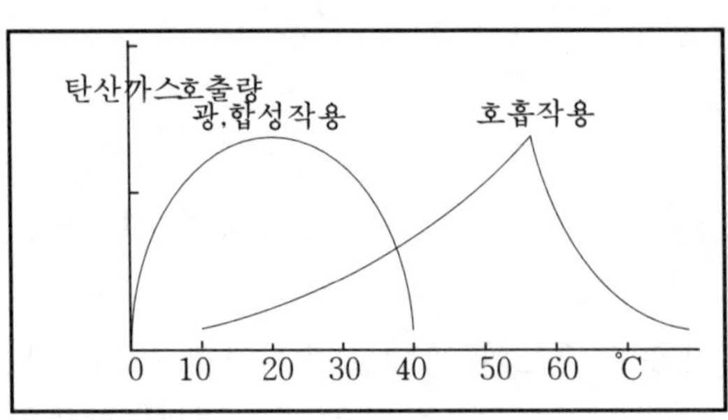

(4) 시설내 주간 온도 관리

온실이나 하우스는 밀폐를 하게 되면 온도가 상승하여 겨울에 햇볕이 많이 쪼이는 날에는 30℃에 이르게 되며 봄이 되면 45℃에서 50℃에 이르게 된다. 이와 같은 온도 아래서는 당연히 고온 장해가 일어나게 된다. 주간의 기온관리는 대부분이 환기에 의해 고온장해를 방지하고 있다.

주간에 광합성의 능력이 최고로 발휘되는 적기온도는 과채류에 있어서 23~28℃ 범위가 된다. 이러할 때 환기 개시를 위한 실내의 설정온도는 일반적으로 25℃내외가 된다. 다음 그림은 토마토 하우스의 반촉성의 경우 주간 온도별 착과율과 열매의 규격별 수확량을 나타내고 있다.

아래에서 보는 것과 같이 25℃내에서 전체 수량이 가장 많았으며 150g 이상이 열매의 비율도 가장 높고 또 100g 이하의 착과율도 가장 높은 좋은 결과를 나타내었다. 이것으로 보아 적어도 주간의 온도관리는 30℃ 이내로 해야 할 것이다.

낮의 온도 관리와 토마토 규격별 수확량

과 일	150g		100~150g		100g 이하		합 계	
온도	과일수	%	과일수	%	과일수	%	과일수	%
25℃	486	54.5	302	33.9	103	11.6	891	100
30℃	404	52.1	258	33.2	114	14.7	776	100
35℃	390	51.4	264	34.8	105	13.8	759	100
40℃	330	52.9	211	33.8	83	13.3	624	100

(5) 야간 온도관리와 열주기성

식물의 생장은 단순히 변함 없는 온도보다는 적당한 변화의 온도 아래서 생장이 촉진되고 있다. 이러한 사실 때문에 열주기성이라는 말이 사용되고 있는데 하루 낮과 밤의 기온 차이, 즉 일(日) 주기성에 대해 언급하게 된다. 한 군(群)의 식물을 주·야간 일정한 온도에서 자라게 하고, 다른 군(群)의 식물은 낮은 다른 환경에서 자라게 했을 때 주·야간 변온(變溫) 관리를 한쪽이 동일한 온도에서 자라는 쪽보다 훨씬 좋은 생장을 나타낸다고 한다. 주야간의 온도차이는 보통 10℃~15℃ 정도가 가장 좋다고 한다.

(6) 지온의 영향

지온은 식물의 생육에 큰 영향을 준다. 특히 작물의 발아와 최적 생육에 있어 기온보다 한층 더 중요한 요소라고 볼 수 있다. 지온의 고저는 농작물 뿌리의 생장 수분 및 영양분의 흡수 등과 밀접한 관계가 있어서, 지온이 낮으면 뿌리의 생장과 수분의 흡수가 대단히 감퇴된다.

그러나 새로운 지온이 너무 높아서 농작물의 작황이 나빠지는 수도 있다. 시설 과체류에 있어 적합한 지온의 종류에 따라 다소 차이는 있으나 대기 15~20℃ 범위이다. 높은 지온이 되면 뿌리의 호흡이 왕성해져서 소모가 급격히 일어나므로 좋은 성장을 위한 지온의 최고한계는 25℃이다. 또 저온에서는 양분 수분의 흡수가 억제된다.

이상을 종합하여 시설 과채류의 작물별 주야간 및 저온의 생육 적온과 한계온도를 나타내면 엽채류와 근채류의 생육 적온은 이보다 낮으며 생육 적온이 14~20℃이며, 최고한계는 23~25℃ 최저한계가 5~8℃이다.

8) 환기설비

(1) 환기의 효용

① 고온 억제

온실은 본래 햇볕을 투과하는 자재로서 지상을 덮어(피복) 동절기에도 실내를 따뜻하게 하여 월동이 가능하게 하는 것이 고유의 기능이다. 그러나 겨울에도 난방에 의해 내부의 온도가 높아지거나 또한 주간에 햇볕이 강한 경우 밀폐되어 있는 온실 내부의 온도가 작물이 생육하기에 부적당할 정도로 과도하게 상승되는 수가 있다. 이 과도한 기온 상승을 완화시켜 주는 것이 환기의 제일의 효용이다.

이 기능은 온실 내외의 공기 교환으로 이루어지는데 시설 원예의 연중 이용에 있어서 환기에 의한 고온 억제는 중요한 것이다.

② 고온 억제의 한계

환기에 의한 고온 억제에는 그 한계가 있다. 바깥 기온이 상승할 경우 환기에 의해 주간의 실내온도를 외부 온도 이하로 내리는 것은 불가능하다.

그러한 목표를 달성하기 위해서는 포크 냉방과 증방 냉각법의 채용이 불가결하다. 고온 억제의 보조 수단으로 차광시설과 실내외의 미스트 분무법이 있다.

③ 환기의 효용한계

환기의 주요 효용은 온실내 온도의 과도한 상승 억제에 있다. 이 외에는 실내의 탄산가스, 습도, 실내기류의 속도 등 기타 환경요인도 환기에 의해 조정된다. 탄산가스 농도는 작물의 생산 촉진에 밀접한 광합성이 적용되며 습도의 과습이나 저습은 병해와 생장 장해를 발생시킨다. 따라서 환기나 자연 대류에 의해 발생하는 실내 기류는 온도, 탄산가스, 수증기의 이동량에 영향을 미친다.

기류의 속도가 달라지면 작물체온, 순광합성 속도, 증산 속도가 변한다. 기류 속도에 비례하여 순광합성 속도, 증발산 속도는 증대된다. 저온기에 있어 환기나 보온은 역관계에 있다. 외부의 기온이 낮아질 때 환기에 의한 탄산가스 농도나 습도 기류 속도 등의 조절은 그 한계가 있다.

이러한 점을 보완하여 때에 따라 탄산가스 발생기나 난방에 의한 온도조절 내부의 팬에 의한 강제순환방법 등이 채용되어져야 한다. 온실의 무가온 시설이나 또는 탄산가스 발생 장치, 그외 환경조절장치가 없을 때 작물의 생육환경을 위해 환기는 위의 제반 요소를 조절하는 중요한 수단이며 특히 바깥 기온이 상승되는 때에 있어서는 더욱 그러하다.

(2) 환기 방법

① 자연환기 방법

천창, 측창 등을 개폐하여 풍력과 실내외의 공기 밀도나 온도차를 이용하여 환기하는 방식이다. 파이프 하우스나 유리온실이 대부분 위와 같은 방법의 환기방법을 사용하고 있는데 자연 환경 설비에는 환기창과 환기 개폐장치가 수반된다. 그리고 출입구도 환기에 영향을 미치며 알미늄 유리온실이나 철골 유리온실은 대개 천창이나 측창을 개폐장치에 의해 수동 또는 반자동, 자동 등으로 개폐하는 방법을 취하고 있다. 파이프 비닐 하우스인 경우 주로 권취기에 의해 측면 개폐를 하고 있으며 플라스틱 환기통이나 천창 개폐 장치를 사용하는 경우도 있다. 또 재래식으로 걷어 올리는 방법도 있다.

자연 환기율은 소형 온실일수록, 또한 단동이나 유리온실일수록 높아진다.

풍속이 1초에 2m 이상일 때는 바람의 압력이 환기의 주원동력이 된다. 그러나 풍속이 1초에 1m 이하 내외의 온도차가 환기의 중요한 원동력이 된다.

② 강제 환기 방법

환기 팬에 의해 강제적으로 실내 공기를 배출하고 외기를 흡입하는 방법이다. 일반적으로 전기 환풍기를 많이 사용하고 있으며 작동에는 반자동식과 자동식이 있다. 고온기에 외풍이 약할 때 또는 천창 면적이 충분치 못한 연동 하우스나 자연환기가 그리 요구되지 않는 온실에 유리하며, 특히 실내의 통풍과 저온을 필요로 하는 온실과 증발 냉각에 따른 하절냉방을 요구하는 온실에 이용된다.

③ 자연환기와 강제환기 합성법

천창이나 측창을 사용하는 자연환기 방법에 전동환풍기를 부착하는 방법으로 온실의 연중 이용이나 환경의 복합관리 면에서 볼 때 이 방법이 가장 이상적이다.

따라서 시설 내에 환기의 중요성을 인식하여 필요치 않더라도 환풍기 장치를 설치해 놓으므로 때에 따라 급작스러운 환기의 필요성에 대처할 수 있을 것이다.

[참고] 날개 직경이 50㎝ 이상 환풍기를 설치할 때 필요한 온실의 면적→130㎡(1평 = 3.3㎡. 130 - 3.3 = 40평)

9) 온실용 부대설비

온실은 식물을 가꾸는 공간이므로 그 기능을 충분히 발휘하기 위해서는 여러 가지 설비나 용구가 필요하고 온실 내에서 식물을 순조롭게 생육시키기 위해 다음과 같은 설비 용구가 필요하다.

(1) 난방

식물을 가꾸는데 온실에서 가장 필요한 설비는 가온설비이다. 이 설비가 불충분하다면 생육에 장애를 일으켜 중요한 식물을 죽게 하는 경우가 종종 있다. 온실을 만들 때는 환경 조건을 갖추어주고 실내 난방에도 충분한 배려를 해야 한다. 난방공사 등도 난방용구를 설치하는 장소의 확보나 온수난방을 할 때는 온실 속의 설비를 하기 전에 최우선으로 난방공사를 할 필요가 있다.

(2) 난방기의 종류

① 석유난로

소온실을 가온하는데 적합하다. 현재 굴뚝이 없이 완전연소되는 것이 있으나 취급을 잘 못하여 불완전연소를 일으켜 식물이 상할 우려가 있으므로 주의해야 한다. 그러나 선인장류는 별 상관이 없다. 사용할 때 주의해야 할 점은 반드시 심지를 조정하여 연기가 나지 않도록 완전 연소를 시켜야 한다.

② 석유보일러

온수난방은 보일러로 끓인 물을 온실에 배관된 파이프에 순환시켜 가온하는 난방법으로 이 보일러의 특징은 온도변화가 적고 안정된 온도관리가 가능하며, 유해가스의 발생 위험성이 전혀 없으며 전기에 의한 난방에 비해 경제적이다.

③ 전열선(온상선·온상 케이블)

전기난방은 취급하기 쉽고 실내를 균일하게 데울 수 있다. 이것은 완전 피복형의 케이블이기 때문에 물에 젖어도 관계 없다.

손으로 집을 수 있는 50℃ 정도의 온도이기 때문에 지중에 묻어 사용하는 지중보온방식이나 선반밑이나 벽 안에 설치하여 광열(光熱)보온도 할 수 있다. 최근에는 가온 히터로서 전열선이 세트되어 자유로 이동할 수 있는 형태가 있으며 대개 10m²당 1㎾정도를 표준으로 한다. 번식난방으로 사용하는 경우에는 위에 비닐 터널을 씌우면 가을부터 봄까지의 번식상으로는 가장 적합하다.

야간은 꼭 묘상이나 엽면 등에 관수를 하지 않으면 실패하므로 주의하도록 한다. 또 파이프 하우스의 경우에도 땅 속에 전열 케이블을 묻고 비닐, 폴리에칠렌으로 감싸면 간이 하우스라도 충분하다. 이때 농업용전력을 계약하여 묘상에 자동 온도조절기를 집어넣든지,

한낮에 온도가 상승할 때 스위치를 끊으면 전기료도 절약할 수 있다. 이때 한 편당 300-500w의 전열케이블을 포준으로 한다.

④ 온풍기(溫風器)

전기온풍기는 가정원예 중 직접난방법의 새로운 기구로 0.5kW- 1kW의 것이 가장 많이 사용되고 있다. 뿐만 아니라 간단히 설치할 수 있으며 장소를 많이 차지하지도 않는다. 날개로 바람을 일으켜 대류에 의해 가온되기 때문에 구석구석 온풍이 닿도록 설치하는 장소를 정하는 것이 필요하다. 온풍기의 직접 선반 밑에 들어 간다든지 순환하여 온풍기에 돌아오는 공기를 선반이나 식물로 방해하지 않도록 하지 않으면 온도차가 생기기 쉽다.

가정온실은 겨울철에 식물로 꽉 차므르 특히 통로에 있는 식물은 온풍순환을 저해한다. 향을 피워 공기가 잘 흐르는가를 확인하는 것도 좋은 방법이다. 식물배치상 온도차가 커지는 경우에는 100-200w 정도의 가온 히터를 온도가 낮은 부분에 설치하면 고온을 필요로 하는 식물도 쉽게 월동시킬 수 있다. 그러나 온풍기는 보조난방으로 난방기구의 주역은 아니다.

⑤ 전열기

이것은 한 평 이상의 온실에 사용하는 것이 적합하다. 전열기를 배치할 때에는 경질(硬質)의 피복재로 방수하기 위하여 덮는다. 온풍기와 마찬가지로 간단히 설치할 수 있으며 기구가 크지 않은 등 좋은 점도 있으나 특히 주위엔 인화물질을 두지 않도록 주의해야 한다. 또한 그다지 따뜻하지 않으므로 온실은 주위를 단열시켜 발열량을 될 수 있는 한 적게 하도록 주의해야 한다.

⑥ 파넬 히이터(Panel Heater)

주거용 난방기구이나 온실에 응용하여 유리온실 등에서 효과를 높이는 경우도 있다.

이것은 파넬히터의 특수 오일을 전열로 덮어 그 열로 난방하는 것이다. 특징으로는 공기를 건조시키지 않는 점과 금방 온도가 올라가지 않으므로 실내온도를 내리면 온도를 높이기 힘든 점이다.

⑦ 가스

도시가스나 프로판가스를 연료로서 이용할 수 있다. 모두 다 보급이 간편하며 전기와 같이 정전으로 인한 지장이 없다. 가온형식으로는 순간 온수기에 의한 온탕난방과 프로판 발생가스 발생기를 사용하는 온풍난방이 있지만 난방비가 비싸므로 많이 보급되고 있지 않다.

⑧ 경유식 중앙난방의 이용

중앙난방기를 설비하고 있는 가정에서는 그것을 이용하면 편하며·파이프를 연장하여 온실내에 배관하면 난방을 할 수 있다. 이용할 때에는 보일러의 능력을 조사해 둔다. 배관은 보통 파이프가 좋으며 도중에 발열기나 펜을 붙이므로 온실을 난방하는 방법이 있다. 또

보일러는 주택용과 같으므로 밤에도 보일러를 끄지말아야 한다. 주택용 배관은 파이프를 별도로 하여 각각의 밸브가 개폐하도록 설계하여 만든다.

(3) 환기장치(換氣裝置)

온실 내에 정체된 더러워진 공기나 따뜻해진 공기를 문밖에 내놓아 실내의 온도가 올라가는 것을 막으며 온실내에 신선한 공기를 보내주며 식물이 생육하기 좋은 환경을 만들기 위해 요구되는 것이 환기이다.

환기에는 창의 면적이 문제가 되며 충분한 환기를 하기 위해서는 온실 표면적의 20%전후의 창의 면적이 필요하다고 한다. 환기를 하기 위해서는 온실 구조로 생각하면 일반적으로 따뜻한 공기는 대류에 의하여 위로 올라가므로 최상부로부터 공기를 방출시켜 온도·습도 조절에 큰 역할을 하는 천창이 일 년을 통하여 가장 많이 사용되고 있다. 자연환기를 하는 장소로서는 천창(天窓), 횡창(橫窓), 토대창(土臺窓), 그리고 출입구가 환기를 위한 장치라 할 수 있다.

① 천창의 개폐장치

늦여름부터 가을에 걸쳐 기후의 변화가 커서 천장의 환기효과에 의존하는 정도가 높아진다. 천창의 환기효과는 크기와 각도에 의한다. 지붕의 상동부(上棟部)에 붙이는 것이 보통으로 천창이 크면 개폐각도도 커진다. 가장 간단한 방법은 손으로 여닫는 방법으로 여름은 열린 채로 놓아두나 가을부터 봄 사이는 매일 일기를 관찰하면서 아침·저녁 손으로 열고 닫지 않으면 안되므로 불편한 점이 있다.

② 수동 개폐장치

천창을 지주로 올리는 돌출형은 지주구멍에 막대기를 꽂은 개폐의 크기를 조절한다. 이것은 사용빈도가 많으므로 튼튼한 것을 사용하도록 한다.

천창의 크기는 클수록 환기율이 높기 때문에 지붕면적의 10%~60% 하는 것이 적당하다. 겨울철 보온을 가장 먼저 생각할 때는 면적을 작게 하여 단통식(斷統式)으로 하지만, 이 때에는 바람부는 방향을 생각해야 한다. 손으로 개폐하는 또 한가지 방법은 체인으로 일제히 개폐하는 방법인데 직접 천정에 붙인 ARM으로 하나하나의 천창(天窓)을 개폐하는 것과는 달리 천창의 축에 붙인 도르레에 체인을 걸어 그 체인을 끌어당기면 치차와 함께 심봉이 회전하고 천창의 ARM이 올려져 한꺼번에 천창이 열리는 구조로 되어있다. 이 체인의 하부에서 핸들을 돌려 개폐하는 경우도 있는데 최근에는 방해가 되므로 거의 사용하지 않는다.

이 방법은 번거롭지 않고 창을 지지하는 암이 튼튼하므로 부서지는 경우는 없으며 조작에 있어서는 체인을 곧바로 끌지 않으면 체인과 도르레가 맞지 않아 풀리는 경우가 있다. 또 때때로 축 치차에 기름을 입혀줄 필요가 있다.

③ 자동 개폐장치

전기가 필요 없는 방법으로 베로즈를 사용하는 자동장치가 있다. 이 기구를 천창에 각각 하나씩 붙이도록 한다. 이것은 기구 중의 책체가 따뜻해지면 팽창하여 그 압력으로 베로즈를 밀어 넓히는 힘을 이용한 것으로 편리하다.

다음은 수압을 이용하는 자동장치로 수도의 압력을 이용하여 자동 온도조절기와 이 수압개폐기를 연결시켜 실온이 올라가면 자동 온도조절기가 작동하며 천창 가깝게까지 연결된 파이프에 물이 통해 그 압력으로 창이 열리게 되어 있다. 반대로 실내온도가 내려가면 개폐기의 꼭지가 닫혀 물이 빠져 압력이 없어져 천창이 내려온다.

또한 체인에 의한 천창 개폐장치에 그대로 붙혀 사용할 수 있는 자동개폐장치도 있다. 이것은 자동온도에 연동시켜 실온이 세트한 온도 이상으로 되면 천창이 열리고 또 내려가면 닫히는 것으로 실온에 따라 개폐장치를 2,3단으로 조절하는 것이 있다.

그밖에 모터 중에 기어(Gear)가 들어간 기어모터, 유압(油壓)을 이용한 것 등이 있다. 이것들은 자동개폐로 하면 값이 비싸므로 1평~3평 정도의 소온실에는 적합하지 않다.

④ 횡창 개폐장치

횡창(橫窓)은 천창과 함께 실내의 자연환기에 사용되는 중요한 설비이다. 횡창으로부터 들어오는 공기는 일반적으로 저온이기 때문에 냉한기나 이른 봄의 환기를 합리화하기 위하여 횡창을 상하 2단구조로 하여 필요에 따라 상단만을 개방, 혹은 상·하 양단을 개방한다. 고온기일 때에는 횡창(橫窓)을 전부 없애 환기율을 높인다.

횡창의 개폐는 수동식, 자동식이 있는데, 그 대부분은 돌출식으로 개방도를 조절하고 있다. 가정용 알루미늄 온실은 좁은 장소에 세우는 경우가 많다. 이 때 돌출식에서는 개폐에 지장을 주기 때문에 끌어당기는 식이 편리하며 파손도 적은 반면 개방도가 적으나 빗물이 침입하기 쉬운 결점도 있다.

(4) 보온 피복

무가온 재배에서 주된 열원은 하우스 내로 투과된 태양 에너지에 의해서 지중(地中)에 축열된 지열이다. 보온피복과 이 열을 오랫동안 유지시킴으로써 하우스 내로 투과된 태양 에너지를 효율적으로 이용할 수 있게 하는 한 방법이다.

그러나 보온 피복은 태양 에너지 이용효율 면에서 낮기 때문에 소극적인 방법이라 할 수 있다. 보온피복 방법에 따른 열절감율을 보면 섬피의 외면피복이 60% 정도로 높게 나타났다. 그외 새로운 피복 자재인 알루미늄 증착필름과 PE필름을 2중 카텐으로 피복하였을 때 65%의 열절감 효과를 나타내고 있어 섬피 대용으로서 보온과 생력화 면에서 기대되는 보온 피복 방법이다.

(5) 내부구조

　시설내부의 재배작물도 다양한 만큼 시설의 재료와 형태도 다양하다. 작물의 소요 공간의 폭과 높이, 그리고 환경조건에 대한 적용성이 서로 다르기 때문에 이 제반사항은 사전에 충분히 고려되어야 하며 설계에 모두 반영되어져야 한다.

　① 베드(bed)

　시설 내에는 베드(이랑)를 만들어 절화 재배에 이용한다. 베드는 물주기는 편리하나 통풍이 잘 안되어 습해지기 쉬워 작물이 웃자라거나 병충해 피해를 입기 쉽다. 베드의 높이는 30cm, 폭은 100~120cm정도로 하되 작토 깊이는 45cm 정도로 한다. 베드와 베드 사이의 통로는 60cm 폭으로 설치한다.

　② 벤치(bench)

　시설 내에는 벤치(선반)를 만들어 화분식물 재배에 이용한다. 벤치는 물주기는 불편하나 통풍이 잘 되고, 난방기구를 벤치 아래로 설치하기가 좋다. 벤치의 높이는 60~70cm 정도로 한다.

　③ 물탱크와 삽목상

　물탱크와 삽목상은 시설 내에 두도록 한다.

(6) 설비

　① 난방장치

　난방장치는 11월에서 4월까지 가동하도록 한다.

　㉠ 직접난방 : 열효율은 높으나 온실 내의 온도가 고르지 못하다. 소형 중형 온실에 사용이 간편하다. 그러나 가스의 피해 우려가 있다.

　　·종류 : 연탄난로, 스토브, 전열기, 온상테이블, 석유난로

　㉡ 간접난방 : 사용이 간편하여 대형온실에 맞는다. 가스 피해가 없고 시설비가 적게 든다.

　　·종류 : 온탕식, 증기식, 온열식, 온풍식, 열풍기, 스팀, 온돌

　② 환기장치

　㉠ 개폐장치 : 위창은 겨울철이라도 시설내 환기를 위해 사용한다.

　㉡ 환기장치 : 낱개 직경이 50cm 이상 환풍기 1개를 설치할 때 필요한 온실 면적은 130㎡(1평=3.3㎡ 130÷3.3=40평)이다. 탄산가스 시비는 일출 1시간 후 광합성이 활발할 때 한다.

　③ 기타

　㉠ 한랭사 : 충해방지, 습도조절, 차광에 의한 온도조절에 사용한다.

　㉡ 네트 : 절화재배시 도복방지용으로 그물망을 설치한다.

㉰ 연탄난로 : 경제적이지만 가스(gas)의 피해가 있다.

㉱ 보일러 : 비용이 많이 든다. 보온이 용이하고 시설내가 깨끗하다.

2 온상

온상은 온실면적의 20% 정도 크기를 하는 것이 보통이나 이용목적에 따라 그 크기를 정할 수 있다. 과거에는 육묘에만 이용되었으나 근래에는 재배온상으로도 많이 이용되고 있으며 온상과 냉상의 두 가지로 나눈다.

1) 난방과 보온

온상의 난방은 발열물의 열을 이용하는 것과 전열을 이용하는 것, 그리고 특수한 지역에서 지온을 이용하거나 온수를 이용하는 것이 있다. 우리나라에서 보통 발열물을 이용하는 것과 전열을 이용하여 온상을 만드는 것이 일반적이다. 그외에 최근에는 전기나 기름을 쓰는 온풍기를 이용하여 보온을 하는 것이 점차 보급되고 있는 실정이다.

2) 온상의 이용

분식물이나 모종 가꾸기나 알뿌리싹 틔우기 또는 키가 낮은 절화생산 등에 직접 이용한다. 온상에 열감을 넣고 이용하는 양열온상의 양열재료(C/N율 : 보리짚〉볏집〉낙엽〉콩깻묵)가 있다. 양열재료의 주재료는 가랑잎, 짚, 두엄과 보조재료로는 깻묵이 있다.

3) 온상의 구조

① 재료

나무, 콘크리트, 볏짚, 흙벽돌

② 열원의 이용에 따라 분류

㉮ 양열온상 : 퇴비를 이용(톱밥, 왕겨, 볏짚)한다. 깊게 파는 쪽은 남쪽으로 제일 온도가 낮기 때문이다. 남쪽에 열감을 많이 넣게 되므로 온도를 올리 수 있다.

㉯ 온돌온상

㉰ 전열온상 : 전기선을 깔아 전열을 이용한다.(흡수층-단열층-전열층-상토)

③ 표준 온상

폭 : 120~180cm, 길이 : 360cm

높이 : 남쪽-25~30cm, 북쪽-45~54cm

경사도 : 15°

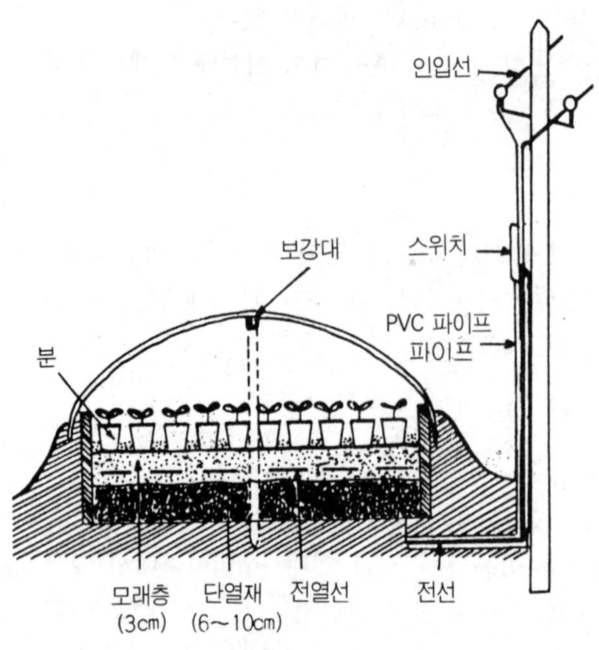

□ 전열 온상

4) 온상의 관리

① 공기 용적이 적어 내부 기상 변화가 심하다.

② 온도 조절

㉮ 한낮의 고온 : 창문을 연다.

㉯ 한밤 추울 때 : 거적을 덮어 보온한다.

③ 관수

미지근한 물로 낮에 관수하도록 하여 지온이 내려가 뿌리의 활동이 나빠지지 않도록 유의한다.

3. 비닐 하우스

온실의 건축에는 많은 비용이 든다. 가볍고 싼 비용으로 비닐필름(vinyl film)이나 폴리에칠렌필름(polyethylene fikm)을 이용하여 식물을 재배하는 형태의 온실을 보통 비닐하우스라고 하며 우리나라에서 하우스 재배라함은 이 비닐하우스를 말한다. 일반적으로 무가온 재배를 원칙으로 하고, 2중, 3중, 또는 터널을 다시 설치하거나 간단한 보온 방법을 써서 월동을 하기도 한다.

1) 하우스의 특징

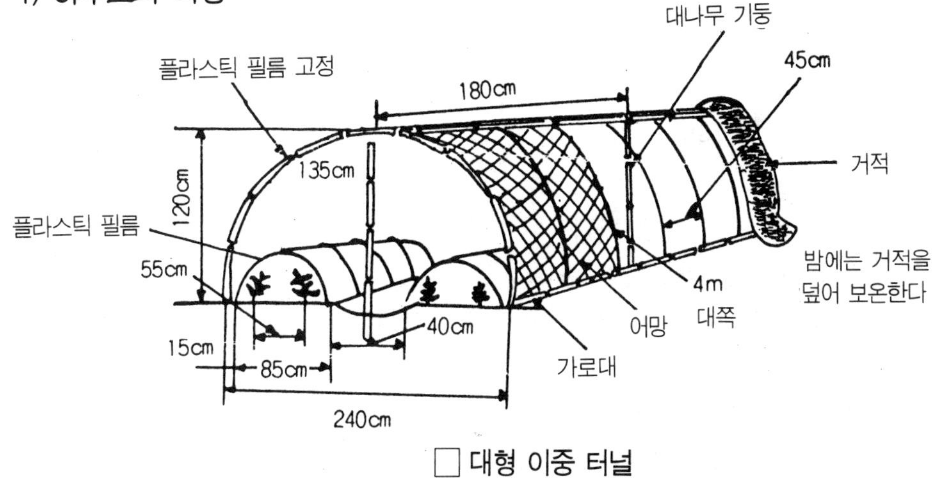

□ 대형 이중 터널

　광선투과(80~90%)가 좋고 보온력이 좋아 저온기(11월부터 이듬해 4월까지)의 식물재배에 좋은데 고온, 다습이 되기 쉬워 도장과 병충해 발생이 우려되는 점이 있고, 피복재가 약하기 때문에 파손이 잘 되는 점이 있으나 수리가 쉬운 점으로 볼 때 큰 문제는 없으며 시설비가 저렴하다. 풍해에 가장 약한 결점이 있어 방풍시설이 필요하다.

　외국에서는 1,000㎡(약 300평 이상)정도 크기의 비닐하우스를 설치하기도 하나 우리나라에 보통 100평(300㎡ 내외)정도 크기가 알맞다.

　① 장점

　　㉮ 이동이 가능하고, 건조방지가 되나 열전도율이 낮다. 농약에 강하다.

　　㉯ 온실과 같은 환경을 조성할 수 있다.

　② 단점

　　㉮ 투명도가 떨어진다(먼지 흡착, 내명에 물방울 흡착).

　　㉯ 풍해에 약하다.

　　㉰ 갈아씌우기에 번거로움이 있다(2~3년마다 교체).

　③ 농업용 플라스틱 필름 두께

　농업용은 0.03mm이지만 비닐하우스는 0.05mm로 한다.

　④ 비닐 하우스에서 가꿀 수 있는 종류

　보온력이 높아 저온기 화훼 재배 및 작물 육성에 많이 이용하는데 시설비가 적게 든다.

　　㉮ 절화재배 : 금어초, 스톡크, 국화, 수선, 튜립, 백합, 팬지.

　　　절화재배의 특성상 품종 및 수량이 많아야 하며, 대량생산이 용이하고, 원거리에서 재배되어서는 안되는 까닭으로 도시 근교의 비닐하우스가 늘어나고 있는 추세이다.

　　㉯ 관엽재배 : 낮은 온도에서 관리 가능한 종류를 가꾼다.

□ 화훼류 생산시설과 재배 예상문제

【문1】 온실의 설치 장소로 적당하지 않은 곳은?
① 저지대를 피해야 한다.
② 절화재배의 경우 남북으로 길게 한다.
③ 화분식물 재배의 경우 동서로 길게 한다.
④ 바람의 피해를 맞기 위하여 사방이 막혀 있어야 한다.

【문2】 반지붕식 온실의 단점은 어느 것인가?
① 재배되는 식물은 한쪽으로 구부러지기 쉽다.
② 적설이 많은 지방에서는 나쁘다.
③ 접합부(接合部)에서 빗물이 새기 쉽다.
④ 실내에 서까래의 그늘이 많다.

【문3】 취미나 부업재배에 알맞은 온실의 종류는?
① 장식온실(Conservatory)　　② 양지붕식(Even span roof)
③ 연결식(Ridge and Furrow)　④ 3/4식(Three quarter)

【문4】 3/4식 온실에서 북쪽 지붕의 길이는 남쪽 지붕의 어느 정도가 되는가?
① 1/2~1/3　② 1/4　③ 1/5　④ 1/6

【문5】 양지붕식 온실은 어떤 방향으로 세워지는가?
① 동서동(東西棟)　② 남북동(南北棟)　③ 동남동(東南棟)　④ 서남동(西南棟)

【문6】 영리재배(營利栽培)에 적합치 않은 온실은?
① 반지붕실 온실　② 양지붕식 온실　③ 연결식 온실　④ 부등변식 온실

【문7】 폭(幅)이 넓은 온실에 재배하는데 알맞은 화훼는?
① 구근류의 촉성　② 양란　③ 화목의 촉성　④ 카네이션

【문8】 폭(幅)이 좁은 온실에 재배하는 것이 경제적인 화훼는?
① 장미　② 카네이션　③ 구근류의 촉성　④ 스위트 피이

【문9】 다음은 일반적으로 쓰여지고 있는 온실의 폭(幅)을 적은 것이다. 영리재배 온실로 알맞는 것은?

① 1,5m ② 5.5m ③ 6.4m ④ 6.7m

【문10】 주년재배(周年栽培)에 적합하고 일반적으로 가장 실용적인 온실이라고 할 수 있는 것은?

① 남북동(南北棟) ② 서남동(西南棟) ③ 동남동(東南棟) ④ 동서동(東西棟)

【문11】 전용온실(專用溫室)의 알맞는 넓이는?

① 1~2a ② 3~6a ③ 7~8a ④ 9~10a

【문12】 집약적인 촉성재배를 하는데 알맞는 온실의 넓이는?

① 1~2a ② 3~6a ③ 7~8a ④ 9~10a

【문13】 햇볕을 제일 잘 받아들일 수 있는 온실의 기울기는?

① 50° ② 60° ③ 70° ④ 80°

【문14】 양지붕식 온실의 적당한 물매는?

① 23~25° ② 25~28° ③ 30~35° ④ 36~38°

【문15】 목조온실(木造溫室)은 일반적으로 약 몇 년 정도 유지할 수 있다고 보는가?

① 약 10~15년 ② 약 20~30년 ③ 약 35년 ④ 약 40년

【문16】 온실을 건축 하기에 앞서 기본사항(基本事項)으로 하중(荷重)을 결정하게 된다. 소하중(小荷重)은?

① 30㎠당 5.35kg ② 30㎠당 6.75kg ③ 30㎠당 11.25kg ④ 30㎠당 18kg

【문17】 온실 건축에 적합치 못한 목재는?

① 백송 ② 홍송 ③ 나왕 ④ 삼나무

【문18】 온실 지붕에 많이 쓰이는 유리 두께는?

① 2㎜ ② 3㎜ ③ 5㎜ ④ 6㎜

【문19】 온실의 외부(外部)는 최소 몇 해마다 한 차례씩 페인트 칠을 해야 하는가?

① 1년 ② 2년 ③ 3년 ④ 4년

【문20】 온실자재로서 육송(陸松)은 어느 정도의 내용 연수(耐用年數)가 있다고 보는가?
　① 5년 정도　② 10년 정도　③ 20년 정도　④ 25년 정도

【문21】 온도의 분포가 균일하며 대면적 난방에 적당하나 시설비가 많이 드는 난방은?
　① 증기난방　② 온풍난방　③ 난로난방　④ 전열난방

【문22】 아래 그림은 온실 속 밤 온도의 분포도이다. 가장 낮은 부분은?
　①　②　③　④

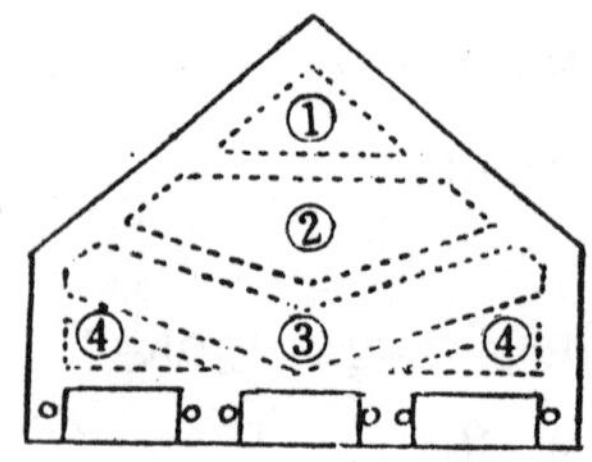

【문23】 겨울철의 온실 속의 광선은 여름에 비하면 얼마나 줄어드는가?
　① 1/2　② 1/3　③ 1/4　④ 1/5

【문24】 온실난방(溫室煖房)에 관한 설명이다. 잘못 설명 된 것을 고르시오.
　① 소면적의 온실에는 직접난방(直接煖房) 방식어 좋다.
　② 온풍기(溫風機)에 의한 난방도 간접난방이다.
　③ 간접난방 방식은 열효율(熱效率)이 70~80%정도로 높다.
　④ 대규모의 온실난방은 증기난방(蒸氣煖房)이 좋다.

【문25】 온실의 온탕난방(溫湯煖房)을 할 때 방열관(放熱管) 외부의 온도는 어느 정도나 될까?
　① 60℃ 전후　② 70℃ 전후　③ 80℃ 전후　④ 90℃ 전후

【문26】 온실에서 증기난방을 사용할 때, 압력이 몇 kg이상의 보일러를 작동하는 경우에 면허자격이 필요한가?
　① 0.2kg 이상　② 0.5kg 이상　③ 3kg 이상　④ 10kg 이상

【문27】 소면적(小面積)의 온실에서 온탕난방(溫湯煖房)을 할 때 방열(放熱) 파이프의 굵기는 어느 정도가 알맞는가?
　① 1인치　② 2인치　③ 3인치　④ 4인치

【문28】 다음에서 간접난방(間接煖房) 방식을 고르시오.
　① 온풍기난방(溫風機煖房)　　② 전열기난방(電熱器煖房)
　③ 석유스토브 난방　　　　　④ 프로판가스 난방

【문29】 선인장이나 다육식물 등이 월동 할 수 있는 최저 온도는 얼마 정도인가?
　① 5℃　② 10℃　③ 15℃　④ 18℃

【문30】 다음 식물 중 표준 난방온도가 가장 낮아도 되는 것은?
　① 장미, 국화　② 스토크, 팬지　③ 아나나스, 백합　④ 시클라멘, 포인세티아

【문31】 다음 식물 중 난방온도가 가장 높아야 하는 것은?
　① 프리뮬러, 양란　② 카네이션, 스위트 피이　③ 장미, 백합　④ 스토크, 튜립

【문32】 Fan and pad법에 의한 온실냉방에서 충분한 냉방효과를 올리려면 온실창 문을 어
떻게 해야 하는가?
　① 모든 문은 활짝 열어 놓는다.
　② 출입구, 측창(側窓)을 닫고, 천창(天窓)만 열어 놓는다.
　③ 모든 창문은 완전히 닫는다.
　④ 천창(天窓)만 닫고, 출입구, 측창(側窓)은 모두 열어 놓는다.

【문33】 잎에 살수를 해도 좋은 경우는?
　① 꽃이 피어 있을 때 낙화를 방지하기 위하여.
　② 한낮에 증발을 방지하기 위하여.
　③ 잎이 마르고 타는 것을 방지하기 위하여.
　④ 붉은 진디기 구제의 목적으로.

【문34】 적극적(積極的)인 온실냉방법이라 할 수 있는 것은?
　① 차광법(遮光法)　　　　　② Fan and pad법
　③ 지붕 유수(流水)법　　　　④ 환풍기에 의한 강제 환기법

【문35】 Fan and pad 법에 의한 온실냉방을 할 때 단동온실(單棟溫室)에서는 Pad의 넓이를
어느 정도로 하면 충분한가?
　① 측면의 1/4정도　　　　　② 측면의 1/2정도
　③ 측면의 3/4정도　　　　　④ 측면 전부

【문36】 Fan and pad 법에 의한 온실냉방을 할 때 외온보다 어느 정도의 온도를 낮출 수 있는가?

　① 1~2℃　② 2~5℃　③ 6~7℃　④ 8~10℃

【문37】 Fan and pad 법에 의한 온실냉방을 할 때 외온과의 온도교차(溫度較差)가 가장 큰 것은?

　① A　② B　③ C　④ D

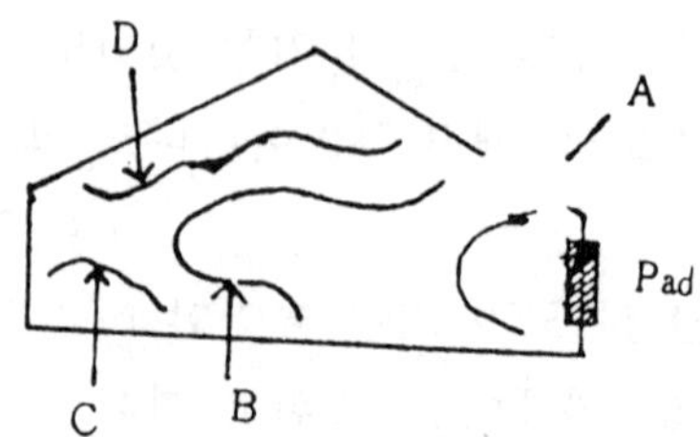

【문38】 온실냉방에서 대형환풍기(大型換風機)를 장치하고, 실내 공기를 배출한다면 옆창(側窓)을 열었을 때보다 어느 정도 온도를 내리게 할 수 있는가?

　① 1~2℃　② 2~3℃　③ 4~℃　④ 6~7℃

【문39】 온실 하개식 환기창의 특성이 아닌 것은?

　① 파손 염려가 있다.　　　② 통풍이 완전하지 못하다.
　③ 취급이 편리하다.　　　④ 경비가 적게 든다.

【문40】 건조 통풍을 좋아하는 카네이션 온실의 환기창은 천창 면적의 얼마 정도가 좋은가?

　① 1/3　② 1/4　③ 1/5　④ 1/6

【문41】 온실에서 화분진열을 위해 설치하는 벤치의 높이는 얼마로 하는 것이 적당한가?

　① 바닥에서 60cm　　　② 바닥에서 80cm
　③ 바닥에서 90cm　　　④ 바닥에서 90cm

【문42】 베드 재배로 양질의 절화 생산을 할 수 있는 화훼는?

　① 스토크　② 다알리아　③ 장미　④ 국화

【문43】 온실내의 재배상(栽培床 : Bed)의 폭은 어느 정도 이어야 관리하는데 좋은가?

　① 80~100cm　② 100~120cm　③ 130~150cm　④ 150~170cm

【문44】 온실 재배를 할 때 겨울철에는 어느 창문을 이용해서 환기해야 하는가?
　① 출입문(出入門)　② 측창(側窓)　③ 천창(天窓)　④ 측벽의 작은 창문

【문45】 날개 직경 50㎝ 이상의 환풍기를 온실에 설치할 때, 어느 정도의 면적에 한 대꼴로 설치하면 되는가?
　① 60 ㎡　② 80㎡　③ 130㎡　④ 150㎡

【문46】 온실의 팬 앤드 패드(pan and pad) 냉방법이 아닌 것을 고르시오.
　① 노즐에서 분출하는 mist 사이로 바람을 실내에 보내는 방법이다.
　② 유럽지역에서 실용화되고 있는 온실의 냉방법이다.
　③ 이 방법의 냉방원리는 수분증발 때 빼앗기는 기화열을 이용한 것이다.
　④ 이 방법으로 냉방하면 외온보다 2~5℃ 정도 온도를 낮출 수 있다.

【문47】 겨울철 절화 및 분화생산을 목적으로 할 때 생육최저 온도는 어느 정도 유지해야 하나?
　① 0~5℃　② 7~8℃　③ 12~15℃　④ 18~23℃

【문48】 경영규모가 큰 온실에서는 온실면적에 대하여 얼마 넓이의 번식용 온실이 별도로 필요한가?
　① 1~2%　② 3~4%　③ 5~10%　④ 10~15%

【문49】 물배(勿配)가 급하지 않은 온실은?
　① 환기가 잘 된다.　　　　② 실내가 과습되기 쉽다.
　③ 광선이 잘 들어온다.　　④ 실내가 건조하기 쉽다.

【문50】 온실에서 연소(燃燒)시키면 가온(加溫)과 탄산가스 공급도 겸해서 되는 것은?
　① 톱밥　② 프로판가스　③ 마세크탄　④ 연탄

【문51】 겨울철에 보온을 위해서 온실내부에 비닐을 치고 외부에는 거적을 덮으면 야간 최저온도를 얼마 정도 높일 수 있는가?
　① 1~2℃　② 3~5℃　③ 5~7℃　④ 7~8℃

【문52】 시설내 관엽식물이나 군자란과 같이 재배기간이 긴 화훼의 포기 사이에 파이프를 설치하여 관수시키는 방법은?
　① 노즐관수　② 적하관수　③ 살수관수　④ 요수관수

【문53】 직접 난방의 효과가 아닌 것은?

① 시설비가 적게 든다.
② 사용이 간편하다.
③ 소형·중형 하우스에 알맞다.
④ 오랜 시간 가온해도 가스 피해가 없다.

【문54】 온실 환기(냉방)에 있어 여름철에 좋지 않은 방법은?
① 한랭사설치 ② 유수냉각법 ③ 자연통풍 ④ 동력 냉풍기법

【문55】 온실 지붕의 물매는 일변에 대한 높이의 비율로 표시하는데 일반적으로 몇 %의 물매로 해야 하는가?

① 30~40% ② 40~50% ③ 50~60% ④ 60~70%

【문56】 학교 온실로 보편적으로 알맞은 온실형태는?
① 반지붕식 온실 ② 3/4식 온실 ③ 양지붕식 온실 ④ 장식 온실

【문57】 화훼 생산 무피복 비닐하우스의 최저온도시 외온과 실온의 차이는?
① 1.5~2℃ ② 2.5~5.5℃ ③ 5.5~7℃ ④ 7~10℃

【문58】 온상의 보통 피복시 이엉 1겹 덮는 데 몇 ℃정도의 차이가 나는가?
① 2℃ ② 4℃ ③ 6℃ ④ 8℃

【문59】 동서동(東西棟) 온실 내에서의 광도는 북쪽보다 어느 정도 높을까?
① 1.5~2배 ② 2.0~2.5배 ③ 3~4배 ④ 4~4배

【문60】 다음 열원 재료 중 열원 재료가 아닌 것은?
① 짚 ② 낙엽 ③ 왕겨 ④ 왕모래

【문61】 비닐의 광선 투과량은 어느 정도나 되는가?
① 60~65% ② 70~75% ③ 80~85% ④ 90~95%

【문62】 비닐하우스 보온에 있어 대체적인 한계 온도는 몇 도나 되면 될까?
① 1℃ ② 5℃ ③ 10℃ ④ 15℃

【문63】 반지붕식 온실은 향을 남쪽으로 하면 길이의 방향은 어느 쪽인가?

① 동서로 길게   ② 남북으로 길게

③ 관계없다   ④ 향을 북쪽으로

【문64】 농업용 비닐 두께는 보통 몇 ㎜정도인가?

① 0.03㎜   ② 0.01~0.5㎜   ③ 0.1~0.2㎜   ④ 0.01~0.02㎜

【문65】 화훼재배의 관리한계는 온실의 경우 1인당 어느 정도의 넓이로 보는가?

① 50㎡   ② 50~100㎡   ③ 100~150㎡   ④ 150~200㎡

【문66】 선인장, 다육식물, 야자식물 등의 월동 가능한 최저 온도는?

① 3℃   ② 5℃   ③ 8℃   ④ 10℃

【문67】 열대 및 아열대식물의 온실내 겨울철 월동을 할 때 최저온도는 얼마 정도가 되게 하는가?

① 5℃   ② 8℃   ③ 10℃   ④ 15℃

【문68】 온실내 탄산까스의 경제적 농도는?

① 0.15%   ② 0.03%   ③ 1.5%   ④ 0.05%

【문69】 금어초 절화 재배시 생육 적온은 주간에 몇 도나 되면 좋은가?

① 5~10℃   ② 15~18℃   ③ 20~25℃   ④ 25~30℃

【문70】 다음 그림 중 4분의 3식 온실은 어느 것인가?

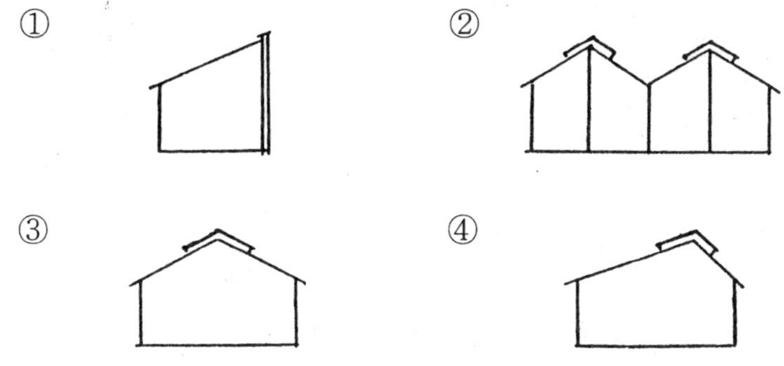

【문71】 관상용 온실로서 알맞는 구조의 온실형식은?

① 연결형   ② 양지붕형   ③ 3/4형   ④ 반원형(半圓形)

【문72】 겨울철 온실 물주기에 알맞는 횟수는?
  ① 1~2일에 1회 관수　　　② 3~4일에 1회 관수
  ③ 4~5일에 1회 관수　　　④ 7~10일에 1회 관수

【문73】 온실관수에 있어서 겨울철 물주기의 시각은?
  ① 9~10시　② 11~12시　③ 3~4시　④ 5~6시

【문74】 시설재배에 있어 자연적인 제한요건에 해당이 되지 않는 것은?
  ① 일조량(日照量)　② 바람의 세기　③ 교통수단　④ 토양조건

【문75】 강풍은 식물체에 기계적 장해를 일으키는데 잎의 기공이 닫히는 풍속의 한계는 어느 정도인가?
  ① 0.1~0.5m/sec　② 0.5~1m/sec　③ 1~2m/sec　④ 2~4m/sec

【문76】 화훼를 재배하기 위해 입지조건을 선정하는데 고려하지 않아도 되는 것은?
  ① 경제적인 조건　　　② 자연적 조건
  ③ 문화적인 조건　　　④ 노동적 조건

【문77】 다음 중 온실에서 주로 가꾸어지는 화훼는?
  ① 메리골드　② 샐비어　③ 로벨리아　④ 시네라리아

【문78】 강한 햇빛에 잎이 상하는 화훼는?
  ① 셀륨　② 미모사　③ 파초　④ 코레우스

【문79】 온실절화 재배를 하는데 고려하지 않아도 되는 사항은?
  ① 1월 평균 온도가 0℃이상일 것.
  ② 수송성이 용이할 것.
  ③ 대도시 근교일 것.
  ④ 기온과 관계없다.

【문80】 도시 근교 지역에서 재배하는데 가장 알맞는 화훼류는 어느 것인가?
  ① 화목류　② 1~2년초　③ 숙근초　④ 절화류와 분식

【문81】 우리나라에서 절화용 화훼가 제일 많이 소비되는 시기는?
  ① 봄　② 여름　③ 가을　④ 겨울

【문82】 다음 화훼류 중 주년출하(周年出荷)할 수 있는 것은?
　　① 장미　② 과꽃　③ 백일홍　④ 팬지

【문83】 노지에서 간단한 재료를 이용하여 가온 및 보온을 하지 않고 육묘하는 방법은?
　　① 보온육묘　② 양액육묘　③ 가온육묘　④ 노지육묘

【문84】 비닐하우스 재배에는 어떤 종류의 화훼류가 가장 많이 재배되는가?
　　① 숙근류　② 초화류　③ 관엽식물　④ 난과식물

【문85】 다음 화훼재배의 일반적인 경영방식이 아닌 것은?
　　① 취미화훼　② 후생화훼　③ 영리화훼　④ 노지화훼

【문86】 우리나라 남부지방에서 겨울철 비닐하우스에서 재배하고 있는 화훼는 어디에 가장 많이 쓰이나?

　　① 절화용　② 화분용　③ 화단용　④ 정원용

【문87】 다음 중 절화로서는 그렇게 많이 쓰이지 않는 화훼는?
　　① 국화　② 카네이션　③ 백합　④ 시네나리아

【문88】 구근 생산에 있어 구근 비대를 위해 꽃을 자른다. 그 시기는 언제인가?
　　① 꽃색이 착색하기 전　　　② 꽃색이 착색할 무렵
　　③ 꽃색이 완전 착색한 후　　④ 꽃이 질 무렵

【문89】 연중을 통하여 절화를 제일 많이 하는 화훼는 어느 것인가?
　　① 튜립　② 백합　③ 국화　④ 다알리아

【문90】 온실 식물 중 겨울나기에 가장 높은 온도를 요하는 것은?
　　① 소철　② 관음죽　③ 크로톤　④ 종려

【문91】 절화소비가 가장 많은 나라는?
　　① 한국　② 일본　③ 서독　④ 덴마아크

【문92】 여름철 노지 고랭지 절화 재배를 하는데 가장 알맞는 표고는?
　　① 100~200m　② 300~800m　③ 800~1000m　④ 1000m 이상

【문93】 시클라멘, 양란 등을 혼자서 관리한다면 몇 분 정도를 다룰 수 있는가?
① 500분 이상 ② 800분 이상 ③ 1000분 이상 ④ 1500분 이상

【문94】 대분물(大盆物)을 혼자서 전문적으로 관리한다면 관리한계는 몇 분(盆) 정도나 되는가?
① 200~250분 ② 250~300분 ③ 300~350분 ④ 350~400분

【문95】 화훼재배에서 '시린지(Syringe)' 한다는 일은?
① 관엽식물의 잎에 붙은 개각충을 구제하는 것이다.
② 관엽식물의 잎에 물뿌리개나 호-스로 물을 뿌려주는 것이다.
③ 관엽식물의 잎에 붙은 끄으름병(煤病)을 닦아내는 것이다.
④ 꽃의 개화단계에서 꽃목(花首)이 구부러진 것을 바로 잡아 주는 것이다.

【문96】 분식물(盆植物)로 여름에서 가을까지 출하 하는데 알맞는 것을 고르시오.
① 백합류 ② 군자란 ③ 프리지아 ④ 드라세나류

【문97】 온실의 겨울에서 봄까지 분식물(盆植物)로서 출하하는데 적합치 않은 것을 고르시오.
① 글록시니아(Gloxinia)   ② 시네나리아(Cineraria)
③ 시클라멘(Cyclamen)   ④ 칼세오나리아(Calceolaria)

【문98】 다음은 온실 건립에 알맞는 조건을 적은 것이다. 잘못 설명된 것을 고르시오.
① 주택에서 좀 떨어져 있는 곳.
② 일조가 충분하고 통풍이 좋은 곳.
③ 지하수가 낮고 수리가 편한 곳.
④ 자재의 운반이나 생산품의 출하에 편리한 곳.

【문99】 여러 가지 식물이 함께 들어 있는 온실에서 겨울철의 야간 최적온도는 얼마 정도
유지해야 하는가?
① 8℃ 이상 ② 10℃ 이상 ③ 15℃ 이상 ④ 18℃ 이상

【문100】 다음은 절화 재배에 알맞는 화훼들이다. 온실재배 하는데 적합한 것을 고르시오.
① 글라디오라스 ② 샤스타 데이지 ③ 작약 ④ 카네이션

정 답

1. ④　2. ①　3. ④　4. ②　5. ②　6. ①　7. ④　8. ③　9. ④　10. ①
11. ②　12. ①　13. ②　14. ③　15. ②　16. ②　17. ③　18. ②　19. ①　20. ④
21. ①　22. ④　23. ③　24. ③　25. ②　26. ②　27. ②　28. ①　29. ①　30. ②
31. ③　32. ③　33. ④　34. ②　35. ②　36. ②　37. ①　38. ②　39. ①　40. ③
41. ①　42. ①　43. ②　44. ③　45. ③　46. ①　47. ③　48. ③　49. ②　50. ②
51. ②　52. ②　53. ④　54. ③　55. ③　56. ②　57. ①　58. ①　59. ①　60. ④
61. ③　62. ②　63. ①　64. ①　65. ④　66. ②　67. ③　68. ①　69. ②　70. ④
71. ③　72. ③　73. ②　74. ④　75. ④　76. ④　77. ④　78. ①　79. ④　80. ④
81. ④　82. ①　83. ②　84. ③　85. ④　86. ①　87. ④　88. ②　89. ③　90. ③
91. ②　92. ②　93. ③　94. ②　95. ②　96. ④　97. ①　98. ①　99. ②　100. ④

제4장 시설내 환경조절과 관리

식물이 자라기 위해서는 몇 가지 필수조건이 갖추어져야 한다. 그 중의 하나가 환경이다. 환경이라함은 식물이 자라는데 필요한 광선, 온도, 수분, 탄산가스의 네 가지를 말한다. 따라서 식물이 자라는데 꼭 필요한 환경조건에 대해서 알아보기로 한다.

1. 광선과 식물

식물이 생장하기 위해서는 빛이 있어야 할 때도 있고 또 없어야 할 때도 있다. 빛 에너지를 이용하여 복사에너지를 변화시켜 원만한 생육을 하기도 하지만 자외선은 식물의 신장을 억제하므로 자외선이 강한 곳에서 자라는 식물일수록 식물의 크기가 작아지고 자외선이 약한 곳에서 자라는 식물일수록 크게 자란다. 광선은 보통 노지에서 100KLux정도라고 하며, 바닷가는 110KLux, 높은 산은 120KLux정도가 된다고 한다. 광선의 세기와 식물의 반응에 따라 양성식물, 중간식물, 음성식물로 구별되기도 한다.

1) 광도(光度)의 변화

광도는 대기의 변화에 따라 변화하며 지구의 위도상에 따라서도 광도는 달라지는데 적도지방이 제일 강하고 극지로 향할수록 감소하며, 하루 중에는 오전 11시부터 오후 1시경이 가장 강하고-남중할 때-계절적으로 7~8월이 가장 강하며 1,2월이 가장 약하다. 식물은 광도와 수광량에 따라 생육현상이 달라지며 이 광도에 따라 습도, 토양수분, 온도 등이 변한다. 가시광선은 잎면에 닿으면 80%는 흡수되고 10%는 반사, 10% 정도는 통과한다고 하는데 난지로 갈수록 통과량이 증가하고 한지로 갈수록 감소한다. 온실내의 광도는 계절에 따라 온실의 구조, 방향 피복제료에 따라 다른데 아래 별표와 같다.

날 씨	유 리	비 닐	유 지	P.V.C
맑은 날	90%	80%	50%	85%
흐린 날	70%	60%	30%	60%

유리면의 각도와 투광율은 90° 직각일 때 유리에 약 10~15%정도가 흡수, 반사되어 실제 투광율은 85-90% 정도가 된다고 한다. 90° 직각일 때의 투광율을 100으로 했을 때 각도에 따른 투광률은 60° 일 때 90%, 45° 일 때 85%, 30° 일 때 80%, 20° 일 때 75%, 15° 일 때 70%, 10° 일 때 60% 정도 투광한다고 보면 근사치가 된다. 비닐이나 폴리에치렌 필름은 실내에 물방울이 맺히기 때문에 유리보다 약 10%정도 투광율이 떨어지며, 무적염화비닐을

사용하면 유리와 같은 투광율을 기대할 수 있으나 보온효과는 떨어지는 단점이 있다. 또 유리는 자외선을 감소시키는데 폴리에칠렌 필름은 자외선을 잘 투과시킨다. 또 유리면을 통과한 햇볕은 60㎝ 이내에서는 70%의 수광율, 90㎝ 이내에서는 65%, 120㎝에서는 60%, 그 이후의 거리에서는 55% 정도의 수광율을 나타내므로 호광성 식물은 유리면에서 60㎝ 이내에 두는 것이 좋다.

2) 광도와 식물의 변화

식물은 사는 장소와 시기 종류에 따라 수광율에 차이가 많으며, 이 차이에 따라 양, 음성식물이 결정되게 된다. 식물이 생육을 하는 데는 최저 수광율(RLM이라고 표시하기도 함 -Relative light minimum) 은 시각과 계절에 따라 변화하며 또 같은 종류일지라도 추운 곳과 차광이 불량한 곳에서 자란 것일수록 약광에 견디는 능력은 약해지고 최저수광율은 높아진다.

$$※ 최저수광율 = \frac{잎이받는광도}{전광도}$$

식물이 생육하는데 알맞은 수광량, 광보상점(光補償點-Com -pansation point)의 광도에서 광포화점(光胞和點) 사이의 광도를 받아야 하므로 식재거리, 차광 등에 의하여 광도를 조절해 주어야 한다.

① 광보상점

식물이 탄소동화작용을 하는데 최저한의 빛의 밝기점이다. 이 점 이하의 밝기에서는 탄소동화작용을 하지 못하게 된다.

② 광포화점

식물이 탄소동화작용을 하는데 필요한 최고의 강도, 밝기를 말하는데 이 광포화점 이상이 되면 세포조직이 파괴되어 탄소동화작용을 못하고 오히려 생육이 억제되는 빛의 밝기와 강도점, 그러니까 식물이 잘 생육하려면 광보상점 이상 광포화점 이하의 빛의 밝기, 세기에서 잘 생육하게 되는데 그 광보상점과 광포화점은 식물에 따라 각각 다르다. 그러므로 식물이 잘 자라도록 하기 위해서는 재배하는 식물의 광보상점과 광포화점을 알아두면 좋다. 그러나 광포화점은 단식, 군식 공기중의 탄산가스 함량에 따라 같은 식물이라도 차이가 있는데 보통 소나무는 8,000fc, 해바라기는 3,000fc, 고사리류는 400fc가 광포화점이라고 한다. 식물은 광보상점과 광포화점의 고저에 따라 양·음성 식물로 구분하는데 양성식물, 음성식물을 구분하면 대강 다음과 같다.

(1) 양성식물(호광성 식물)

① 직광식물 : 양성식물(陽性植物)

직사광선 아래에서만 자랄 수 있는 식물로 실내에서 키우면 생육이 정지되고 오랫동안 두면 죽어버리는 식물. 소나무류, 버드나무, 목백합, 자작나무, 낙엽송, 향나무류, 튜립, 꽃양배추, 게어베라, 스위트피, 카네이션, 스토크, 다알리아, 글라디오라스, 제라늄, 선인장, 다육식물, 칸나, 샐비어, 펜지, 페튜니아 등 대부분의 현화식물이 이에 속한다.

② 반양지식물 : 능성음성식물(能性陰性植物)

양성식물이긴 하지만 반음지 정도에서는 죽지는 않고 생육할 수 있는 식물. 회양목, 너도밤나무, 칠엽수(마로니에), 단풍나무, 보리수, 주목 등 잎이 연한 식물, 잎이 비교적 큰 식물이 이에 속한다.

(2) 음성식물(陰性植物)

광도가 높은 곳에서는 오히려 엽록소가 분해되어 광합성이 정지되는 식물로 차광된 곳에서 잘자라는 식물로 실내식물, 관엽식물의 대부분이 여기에 속하는 식물들이다.

① 반음성식물

아나나스류(파인애플 포함), 칼라데아, 베고니아, 난류, 군자란 등 열대, 아열대 원산의 관엽 식물.

② 순음성식물(純陰性植物)

고사리류, 마란타류, 이끼류

(3) 고산식물

고산지대의 자외선이 많이 쬐이는 곳에서 살고 있는 식물로 체내에 프라본(Flavon)이라는 외부환경에 대한 저항물질을 많이 함유하고 있어 식물체가 탄탄하고 조직이 견고하며 엽록소 함량이 적어 노란색 붉은색을 띠며 울타리 조직이 발달되어 있어 일반 평지에서 재배하면 도장하여 관상가치가 떨어지고 생육의 부조화로 재배가 잘 안된다.

3) 시설(온실) 내에서의 광산 조절

실내식물 같은 것은 음성식물이므로 햇볕이 어느 정도 차광된 곳에서 생육이 잘 된다. 따라서 햇볕이 강할 때는 차광을 해주어야 한다.

① 차광방법

㉮ 발을 쳐준다.

㉯ 석회유(생석회를 물에 갠 것)나 페인트를 칠한다.

㉰ 한랭사, 차광망 등을 한다.

겨울철에는 햇볕이 약하고 부족하므로 보광을 해 주어야 식물이 정상적인 생육을 한다.

② 보광방법

인공광선(자연등, 백열등, 네온등, 수은등 등)을 사용하여 밝게 해준다. 보통 백열등인 경우 600Watt 이상의 전등을 한 평(3.3m²)에 한 등씩 생장점 위에 30~50cm 되는 곳에 켜준다.

2 온도와 식물

식물이 정상적인 생장을 하기 위해서는 생육에 알맞는 온도가 필요하다. 즉 식물의 생육에 있어서 식물체내의 각종 생리적 변화에서 온도는 깊은 관계를 갖고 있으며 탄소동화작용의 속도, 동화물질의 전류, 호흡작용, 양분의 흡수 등에 일정한 반응을 일으킨다. 또 온도는 색소의 출현에도 관계하여 약간 저온일 때 색이 선명하여지고 고온에서 불선명해진다.

1) 적온(適溫)과 한계온도(限界溫度)

모든 식물은 생육을 잘 할 수 있는 범위의 온도가 있으며 이 범위의 온도 안에서 잘 생육하게 되는데 이 범위의 온도를 생육적온이라고 한다. 생육적온의 범위는 식물의 종류에 따라 다르며 보통 그 식물 원산지인 평균 자연온도에 따른다. 이때 그 원산지의 최고 온도를 생육 최고 한계온도라고 하고, 이 원산지의 최저온도를 생육최저 한계온도라고 하며 이 최고, 최저 한계온도를 넘으면 생육이 좋지 못하고 생장장해를 입거나 심하면 죽게 되는 것이다. 보통 식물이 잘 생육하는 온도를 생육 최적온도라고 하는데 이는 그 식물 원산지의 평균온도와 비슷할 때이다. 원산지가 열대지방인 것은 25℃, 아열대 지방인 것은 20℃, 온대지방인 것은 15℃, 냉대지방인 것은 10℃정도가 최적온도라고 할 수 있다.

2) 항온(恒溫)과 변온(變溫)

낮과 밤의 온도가 항상 일정한 경우를 항온이라고 하며 낮과 밤의 온도가 일정한 차이로 주기적으로 변하는 것을 변온이라고 하는데 대부분의 식물은 항온보다는 변온일 때 잘 생육한다고 한다. 보통 낮의 온도보다 5~8℃ 정도 밤의 온도가 낮을 때 생육이 좋다.

3) 온도에 의한 생육장애

최고한계온도를 넘어서면 고온일 때는 고온장해(열해-heat injury)를 입고 고온장해온도를 넘으면 타죽어 버리는데 이 때의 온도를 열사온도(heat killing temperature) 또는 열사점이라고 한다. 일반적으로 열대지방이 원산지인 식물은 55℃, 아열대지방이 원산지인 식물은 50℃, 온대지방이 원산지인 식물은 45℃ 전후가 된다. 그러나 원예종보다는 야생종이, 저온성 식물(호냉성 식물)보다는 고온성 식물(호온성 식물)이 호습성 식물보다는 호건성 식물이 열사온도가 높다. 또 최저한계를 넘어서면 저온장해(냉해-Chilling injury)를 입게 되며 심하면 얼어 죽게된다. 식물의 동사온도는 다 다른데 열대지방이 원산지인 것은 0℃이하에서, 아열대지방이 원산지인 것은 -5℃, 온대지방이 원산지인 것은 -30℃, 냉대지방이 원산지인 것은 -45℃ 이하에서 죽으나 식물에 따라서 내한성이 강한 것도 있다.

4) 온도 조절

① 고온기의 온도조절

노지재배인 경우에는 통풍만 잘 되고 수분조절만 잘 되면 별 지장이 없으나 온실이나 하우스 안에서 식물을 재배할 때는 인위적인 시설을 해주어서 온도조절을 해야 한다. 하우스 안에 선풍기(fan)를 설치하거나 남쪽 또는 서북쪽에 분무기를 설치하여 온도를 냉각시키는 팬과 미스트(fan and mist) 법 그리고 북쪽벽에 pad를 설치하고 여기에 물을 흘러내려 가면서 공기를 냉각시키는 fan and ped 법 또는 지붕위에 물을 흘러내리게 하는 법도 있으며 차광망을 치거나 한랭사를 치기도 하고 발이나 석회유 등을 발라주기도 한다. 또 지붕 위에나 벽에 창을 내어주면 효과가 좋다.

② 저온기의 온도조절

겨울철에는 식물의 종류에 따라 보온 또는 가온을 해 주어야 한다.

③ 보온방법

㉮ 멀칭(mulching)을 해주면 3℃정도의 지온이 상승한다.

㉯ 하우스 위에 섬피, 가마니를 피복하면 5℃정도의 기온 상승효과가 있다.

㉰ 이중 비닐을 칠 때는 1겹을 증가할 때 마다 3~5℃정도의 기온 상승효과가 있다.

④ 가온(난방)방법

㉮ 증기난방 : 배관을 하여 끊인 물의 수증기를 이용하는 난방 방법으로 보일러 (Boile -r) 실을 설치하여야 하며 압력이 0.5kg 이상의 보일러 시설일 때는 면허자격을 얻어야 한다.

㉯ 온수난방 : 70~80℃의 온수를 배관에 송수하여 가온하는 방법이다.

㉰ 온풍난방 : 연소통에서 연소하는 열에 의하여 더워진 더운 열기를 fan으로 불러내어 공기를 덥히는 방법이다.

㉱ 스토브(Stove) 난방 : 난로를 설치하여 실온을 높이는 방법이다.

㉲ 전열난방 : 온실의 벤치(Bench) 밑에 전열선을 깔고 온도를 높이는 방법이다.

3. 수 분 과 식 물

1) 물과 식물의 생태

식물은 상태에 따라 수분공급이 다르다. 즉 수생식물, 습생식물(습지식물), 중생식물, 건생식물(선인장 다육식물류) 등으로 구분하기도 한다. 대개 식물체는 70~80%의 수분을 함유하고 있는데, 선인장이나 다육식물은 90~95% 정도의 수분을 함유하고 있다.

2) 토양수분과 습도(濕度)

강우량과 바람, 지하수위의 고저, 배수의 양부(良否) 등에 따라 토양수분 및 습도에 차이가 있고 이에 따라 식물의 생육에 차이가 나게 된다. 특히 시설 원예인 경우에는 위의 조건 등을 인위적으로 조절해야 한다.

3) 노지 재배와 토양수분

노지에서 식물을 재배할 때 식물에게는 모관수(흙과 흙 사이에 돌아다니는 물)와 중력수(물 스스로 땅속으로 스며 내려가는 물)가 충분해야만 잘 생육하게 된다. 특히 생육이 왕성한 영양생장시에 수분이 부족하면 광합성(탄산동화작용)의 저하와 전분합성 저하가 일어나고 위조점까지 습도가 떨어지게 되면 탈수현상이 일어나 식물체는 생장의 장해를 가져온다. 식물에는 모두 최적함수량(最適含水量)이 있으며 이때 생육이 가장 잘 되는데 보통 토양 용수량(土壤容水量)의 70% 범위일 때가 대부분이다. 하지만 호건성식물(선인장, 다육식물)은 약 60% 정도이며 호습성 식물(수분을 특히 좋아하는 식물 : 천남성과 식물)은 약 80% 정도의 포장 용수량에서 잘 자란다. 일반적으로 호건성 식물일수록 호기성(공기를 좋아하는 성질) 식물이며 호습성 식물일수록 통기성이 떨어지는 토양에서도 잘 자란다.

4) 수분과 습도

식물의 생육에는 토양수분과 공중습도의 균형이 알맞을 때 식물이 잘 생육하는데 일반적으로 영양생장을 할 때는 건조하지 않아야 하며 발아 육묘기간에 건조하면 생육이 불량하고 정식 후 활착, 생육이 떨어진다. 생식생장 시기인 개화 성숙기에는 공중습도는 적은 듯 할 때가 좋고 토양수분은 알맞아야 한다. 완숙 후에는 토양수분이 감소되어야 충실하게 된다. 특히 꽃을 보는 식물은 개화기에 수분조절에 따라 꽃의 모양, 색깔, 향기, 수분(가루받이)에 영향이 미치는데 수분이 약간 부족한 듯할 때 꽃의 모양도 좋고 색깔도 진해지고 향기도 좋으며 씨도 잘 맺힌다.

5) 수분 조절

식물재배에서 수분공급에는 토양수분, 공중습도, 기상조건, 식물체의 크기와 발육단계, 종류 등에 따라 차이가 있는데 수분이 과다하면 뿌리에 산소의 공급이 적어 호흡작용이 떨어지고, 토양 속의 유·무기물의 분해가 불완전해져서 식물체가 죽어버리게 된다.

[참고] 공중습도 과다는 도장, 낙뢰의 원인, 개화 방해, 결실 불량, 조직의 연화로 병충해에 대한 저항력을 약화시킨다.

4. 관리

1) 이식

정식하기전까지 옮겨심는 작업을 이식이라 한다. 이식을 하므로 뿌리가 끊기고 재생하며 잔뿌리가 더욱 발달되어 잎과 뿌리가 고르게 자라게 되며, 포기와 포기 사이가 넓어짐으로써 충분한 광선을 받아서 보다 건실하고 튼튼한 묘를 생산할 수 있게 된다. 1차이식 시기는 본엽이 3매 이상 나오기전에 실시하며 주근(主根)의 성장이 빠른 것일수록 일찍 옮겨심는 것이 안전하다. 이식용토는 파종용토보다 부엽토의 비율을 낮추고 밭흙의 비율을 높여 부엽토, 밭흙, 모래의 비율을 4 : 4 : 2 로 한다. 이식하는 때는 4시경에 하거나 바람이 없는 흐린 날을 택해서 한다. 이식 간격은 모종 직경의 2배 정도로 한다.

① 이식의 목적

식물체 간의 경합으로 도장을 막으며 세근의 발달을 촉진하고 출하시기를 도와준다.

② 육묘의 목적

조기수확, 집약관리, 토지이용을 높힐 수 있다.

③ 모종 굳히기의 조건

저온, 건조, 약광선하에 서서히 적응시킨다.

④ 이식요령

옮겨 심기할 때 뿌리에 흙이 붙은 채 뿌리가 상하지 않도록 한다. 분에 심은 화초는 2년마다 뿌리를 자를 겸 새 흙으로 분갈이한다.

㉮ 여러해살이 작물 : 큰 분으로 이식하되 포기 나누기를 한다.

㉯ 낙엽수 계통 : 눈이 트기 전 이른 봄에 이식한다.

㉰ 상록수 : 장마철과 가을에 이식한다.

㉱ 열대관엽 : 늦은 봄에서 초여름 더울 때 이식한다.

2) 정식

이식한 묘가 서로 붙게 되면 7~10일 이내에 정식한다. 정식용토는 이식용토보다 밭흙의 비율을 높이고 모래의 비율을 낮춘다. 부엽토, 밭흙, 모래의 비율을 4 : 5 : 1로 해주고 잘 썩은 닭똥이나 깻묵 같이 오랫동안 비료분이 유지되는 거름을 화분이나 화단 면적에 적당한 비율로 섞어 준다.

① 관수

물을 받은 후 하루 정도 놓아두었다 오전 10시경 충분히 주어야 한다. 관리 화분이 작을 경우는 저면관수하는 것이 이상적이다.

㉮ 호수의 굵기 : 1.9㎝ 수압 2kg/㎠정도를 사용한다.

㉯ 점적식 관수 : 수압이 0.5kg정도에서 일정하게 관수 할 수 있다.

㉰ 스프링쿨러 : 바람이 불면 살수균열도가 떨어지며 사용한계 풍속은 5m/sec이하이다.

② 중경(中耕)

㉮ 제초제의 종류

㉠ 알뿌리 식물 : 디우론(diuron), CAT

㉡ 여러해살이 화초 : 디우론, 시두론(siduron)

㉢ 꽃나무류 : 시마진(simazin)

㉣ 글라디오라스 : 2.4-D (페녹시화합물로 선택성 제초제이다.)

㉤ 팽이밥 잡초 구제 : CMU

③ 멀칭(mulching)

㉮ 효과 : 지온상승, 병충해 방제, 잡초 억제, 토양 침식 방지, 토양의 수분 보존, 토양의 입단화, 비료분 공급 등이 있다.

㉯ 재료 : 볏짚, 톱밥, 니탄토, 비닐 등이 쓰인다.

5. 분(盆) 재배

1) 분화초의 이식

화분에 심어진 숙근초나 목본류는 1년에 한 번씩 재배 목적에 따라 큰 화분이나 크기가 같은 화분에 이식해 준다. 숙근류나 화목류는 1년이 지나면 분 속애 뿌리가 꽉 들어 차서 뿌리의 호흡이 곤란하고 물이나 비료가 스며들지 못하여 생육에 심한 장해를 초래하게 된다. 양란은 수태(물이끼)나 오스먼다 모래 등으로 재배하고 있으며 이것도 1~2년만에 한 번 바꾸어 주어야 한다.

① 시기

숙근초 중에서 봄에 개화하는 것은 가을에 이식을 하고 가을에 개화하는 것은 봄에 이식한다. 열대성 화목은 늦은 봄부터 한여름까지 사이에 이식하는 것이 적당하나 새로운 뿌리가 생겨서 수세를 회복할 무렵이면 가을이 되기 때문에 가급적 일찍이 이식하여야 한다.

② 용토

화분에 이식할 경우에 기술을 요하는 것은 용토이다. 화초의 종류에 따라 부엽토와 배양토를 적절하게 배합하여야 하며 대체로 어린 화훼는 부엽토를 많이 쓰고, 화초가 자란 것일수록 배양토를 많이 쓴다. 거름은 이식과 동시에 넣지 않고 뿌리가 충분히 활착한 다음에 묽은 액비를 주도록 한다.

2) 분정식(盆定植)

분의 종류는 평분, 지피포트, 페이퍼포트, 비닐포트, 나무분, 콘크리트 분, 해고분 등 여러 가지 있고 수생식물을 가꾸기 위하여 배수공(排水孔)이 없는 것도 있다. 분에 옮길 때에는 우선 분을 물에 닦아서 물을 먹인 후 소독을 실시하여야 한다. 그리고는 맨 밑에는 굵은 모래나 배양토의 거친 것을 1/3정도 넣고 고운 배양토를 채운 다음 심는다. 목본류의 분식은 생물체가 휴면 중인 상태에서 심고 구근류는 두 가지 방법이 있다. 하나는 분에 그대로 심어 가꾸어 꽃을 피게 하는 방법인데 시클라멘, 구근 베고니아, 글록시니아가 이에 속한다. 이것들은 파종 후 1년이면 꽃이 핀다. 다른 방법은 구근을 포장에서 가꾸어 개화구로 육성한 다음 분에 심는 것이다. 튜립, 수선, 히야신스, 아마릴리스 등이 이에 속한다.

3) 정형과 유인

식물이 생육함에 따라서 사람이 필요로 하는 형(形)과 형질(形質)로 유도하기 위해 다음과 같은 작업을 실시한다.

(1) 적심

절화 및 분식물의 묘나 화단 화초의 묘에서는 정식 후 줄기가 신장한 뒤 적심을 하는 일이 많다. 구근류나 거베라와 같이 줄기가 신장치 않는 식물에서는 적심이 필요하지 않다. 줄기가 잘 신장하는 카네이션에서는 적심의 시기가 개화 시기에 관계하므로 어느 때에 적심하느냐 하는 것이 중요하다. 국화는 절화든 분식이든 적심해서 3~4본의 측지를 발생시키는 것이 보통이나 최근 구미에서는 포트멈 생산의 기계화로 무적심으로 개화에 이르도록 하는 방법도 있다. 최근에는 적심의 노력을 덜기 위새서 MH액을 사용한다. 카네이션은 MH1000ppm을 엽면살포하면 적심과 같은 효과가 나며 2000ppm에서는 측아의 신장까지 억제한다.

① 식물생장조절물질 이용

㉮ 적심(摘心)과 전정(剪定)의 효과를 대체하는 화합물로 ethephon, 아트리날, 메틸가프로에이트 등이 국화, 철쭉 등에 사용된다.

㉯ 초장을 억제시키는 화합물로 phosphon-D가 국화, 무궁화, 백합, 글라디오라스 등에, CCC(cycocel)가 국화, 카네이션, 샐비어, 제라늄 등에 사용된다.

㉰ B-9 : 포인세티아, 국화, 카네이션 등에 쓰인다.

㉱ AMO-1618 : 국화, 단풍, 샐비어 등에 쓰인다.

㉲ gibberellin : 국화, 스위트피이, 칼라, 시클라멘 등의 화경신장에 사용되고 있다.

(2) 적뢰

카네이션, 국화 등에서는 정뢰를 크게 하기 위해 측뢰가 커짐에 따라서 제거해야 된다.

적뢰의 작업은 적심 이상으로 노력이 많이 들기 때문에 이것도 약품 처리를 하고 있다. 예를 들면 국화가 단일하에 놓여진 뒤 적어도 12일 후에 CIBH를 사용하면 적뢰효과가 확실하게 일어난다.

(3) 지주유인과 정지

지주유인(支柱誘引)은 재배 방법에 따라 식물 성상에 맞게 지주(支柱)를 유인한다. 지주유인방법은 다음과 같다.

① 울타리 유인방법

덩굴성 화훼류를 온실, 화단 등에 심어 유인하는 방법이며 1.5~2m의 높이로 이랑 양 끝에 말뚝을 세우고 그 사이에 2m마다 말뚝을 세워 10~12번 철사 혹은 대(竹)로서 4~5단 연결시키고 포기마다 혹은 적당한 거리로 수직지주를 만들어 화훼를 유인하는 것이다.

② 끈 유인법

온실내에서 스위트피, 아스파라거스 등을 유인할 때에 온실 합장 및 기타에 철선을 늘어뜨리고 유인하는 방법이다.

③ 막대기 세우기 유인법

정식 거리가 멀고 1주당 수 본(數本)만 분지하는 경우는 가는 대(竹)로 지주를 세워 넘어지는 것을 막는 것으로 각 가지를 지주에 8자형으로 묶는 포장에서 실시하는 다알리아, 장미, 나팔꽃 등이 있고, 분식(盆栽)일 때 실시하는 국화입국, 패랭이류, 카네이션 등이 있다. 분지가 많을 때에는 분(盆)가에 지주를 세우고 철선(割行)을 돌려 틀을 만들고 유인하거나 넘어지지 않게 한다.

④ 틀짜기 유인법

국화의 다윤작일 때, 수평틀이나 렌즈 형의 틀을 만들어 100본~600본의 가지를 유인한다. 온실덩굴성 화훼류를 나선상 초롱 등 모양으로 틀을 만들고 나팔꽃, 능소화, 몬스테라, 필로덴드론 등을 유인하는 방법을 말한다.

⑤ 그물 유인법

이랑 양단에 그물 고정틀을 만들어 세우고 이 틀을 서로 포기 사이와 줄 사이마다 연결시켜 그물을 만들어 화훼가 자라 나감에 따라 4~5단을 가설하여 넘어지는 것을 막는 유인방법을 말한다. 예를 들어 카네이션, 국화, 금어초, 스토크 등과 같은 절화 재배에 많이 쓰이는 네트(net)이다.

□ 시설내 환경조절과 관리 예상문제

【문1】 온실 내의 양광성 식물은 유리면에서 몇 ㎝ 거리를 두는 것이 좋은가?
　① 30㎝　② 40㎝　③ 50㎝　④ 60㎝

【문2】 광선의 강도가 가장 강한 계절은?
　① 6월　② 8월　③ 10월　④ 11월

【문3】 음생식물에 속하는 화훼류가 아닌 것은?
　① 국화　② 야자류　③ 고사리류　④ 베고니아

【문4】 음생(陰生)식물에 대한 설명으로 해당되지 않는 것은?
　① 잎이 비교적 넓다.
　② 강한 광선에서 재배하면 잎이 작아진다.
　③ 꽃이 피더라도 관상의 대상이 못된다.
　④ 대부분 한대산 식물이다.

【문5】 양생식물에 속하지 않는 화훼류는 어느 것인가?
　① 채송화　② 소나무　③ 산스베리아　④ 향나무

【문6】 양생식물에 대한 설명으로 잘못된 것은?
　① 주로 꽃이 피는 식물들이다.
　② 잎이 비교적 좁으며 종류가 많다.
　③ 온대산 식물이 이에 속한다.
　④ 대부분 잎을 관상 목적으로 한다.

【문7】 다음 중 중성식물에 속하지 않는 것은?
　① 베고니아　② 코스모스　③ 하와이 무궁화　④ 시클라멘

【문8】 중성식물에 대한 설명으로 알맞은 것은?
　① 계절의 구별 없이 꽃이 피는 식물이다.
　② 일조 시간이 긴 봄에 꽃이 핀다.
　③ 일조 시간이 짧은 가을에 꽃이 핀다.
　④ 열대산의 중성식물은 다소 장일성을 띠는 경향이 있다.

【문9】 자외선(紫外線)은 화훼 생육에 어떠한 영향을 미치는가?

    ① 생장을 촉진하고 엽록소의 형성을 촉진한다.
    ② 생장을 억제하고 화청소(化靑素)의 형성을 촉진한다.
    ③ 온도를 높여주고 꽃눈의 발육을 촉진한다.
    ④ 식물생장에 별로 영향을 미치지 않는다.

【문10】 발육하는데 충분한 일조(日照)와 강한 광선을 필요로 하는 화훼는?

    ① 아나나스(Ananas)   ② 칼라데아(Calathea)
    ③ 글라디오라스(Gladiolus)   ④ 베고니아(Begonia)

【문11】 일조법으로 개화기를 조절할 수 없는 것은?
    ① 카네이션 ② 금어초 ③ 국화 ④ 코스모스

【문12】 여름철의 고온강광하(高溫强光下)에서 재배하기에 적당치 못한 것은?
    ① 시클라멘, 선인장   ② 페튜니아, 백일홍
    ③ 다알리아, 제라니늄   ④ 스토크, 카네이션

【문13】 겨울철 온실이나 하우스에 유리를 통과해서 들어오는 광선은 얼마나 될까?
    ① 여름철의 1/2   ② 여름철의 1/3
    ③ 여름철의 1/4   ④ 여름철의 1/5

【문14】 온대산 식물의 야간 최적온도는 얼마인가?
    ① 5℃ ② 10℃ ③ 15℃ ④ 20℃

【문15】 열대산 식물의 야간 최적 온도는 얼마인가?
    ① 10~12℃ ② 12~15℃ ③ 12~15℃ ④ 15~18℃

【문16】 여름철 고온에 재배하기에 부적당한 화훼류는?
    ① 시클라멘 ② 아나나스 ③ 고무나무 ④ 몬스테라

【문17】 화훼류는 식물생리학적(植物生理學的)으로 야간 온도가 주간 온도보다 몇 도정도 낮은 것이 좋은가?
    ① 2~3℃ ② 4~5℃ ③ 6~7℃ ④ 8~9℃

【문18】 열대원생 화훼의 생육적온은?

① 15~20℃　② 20~25℃　③ 25~30℃　④ 30~35℃

【문19】 온대성 식물의 대부분은 주간의 최적온도가 얼마나 될까?

① 10~15℃　② 15~20℃　③ 25~30℃　④ 30~32℃

【문20】 열대 및 아열대식물에서 저온의 피해를 받기 시작하는 온도는?

① 1℃ 이하　② 3℃ 이하　③ 5℃ 이하　④ 8℃ 이하

【문21】 온실식물의 관리온도는 종류에 따라 적온을 유지하는 것이 이상적이다. 그러나 대체적으로 온실의 야간 온도는 어느 정도로 조절하는 것이 좋은가?

① 10℃　② 15℃　③ 20℃　④ 25℃

【문22】 겨울은 여름보다 몇 도 낮아야 식물생육에 가장 좋은가?

① 2~3℃　② 3~5℃　③ 5~10℃　④ 10~15℃

【문23】 대부분의 화훼는 기온이 어느 정도일 때 생육이 순조로운가?

① 12~15℃　② 15~22℃　③ 22~25℃　④ 25~28℃

【문24】 다음 화훼 중 온도만 충분하면 언제든지 개화 하는 것은 어느 것인가?

① 국화, 카네이션
② 튜립, 장미
③ 제라늄, 베고니아셈파플로렌스
④ 글라디오라스, 스토크

【문25】 토양 멀칭의 승온효과(昇溫效果)는 평균적으로 최저 온도에서 어느 정도나 될까?

① 0.5~1.0℃　② 1.0~1.5℃　③ 1.5~2.0℃　④ 2.0~2.5℃

【문26】 주야간 온도의 교차가 없어야 최대로 생육을 하는 것은?

① 국화　② 카네이션　③ 아잘레아　④ 아프리칸 바이올렛

【문27】 온실장미는 야간온도가 어느 정도일 때 화색(花色)이 잘 나타나는가?

① 4~5℃　② 5~10℃　③ 10~16℃　④ 16~24℃

【문28】 화아분화하는데 18℃ 이상이 필요한 화훼류는?

① 아잘레아 ② 국화 ③ 코스모스 ④ 원추리

【문29】 온대산 식물의 광합성 최적온도는?

① 20~25℃ ② 25~30℃ ③ 30~35℃ ④ 35~38℃

【문30】 난과 식물의 냉온종(冷溫種)은 겨울철 온실 야간최저온도를 어느 정도 유지하면 되는가?

① 16~18℃ ② 13~15 ③ 10~12℃ ④ 7~8℃

【문31】 우리나라(서울) 4월의 평균 최저온도는 대략 몇 ℃나 되는가?

① 5℃ ② 10℃ ③ 15℃ ④ 20℃

【문32】 내서성이 약한 화훼류는 어느 것인가?

① 시네나리아 ② 바베나 ③ 아게라텀 ④ 샐비어

【문33】 토양수분 부족의 해(害)가 아닌 것은?

① 토양 중의 공기함량을 저하시킨다.
② 뿌리의 생장을 억제시킨다.
③ TR율이 감소된다.
④ 토양미생물의 활동과 번식을 억제한다.

【문34】 관수 방법을 설명한 것이다. 잘못 설명된 곳을 고르시오.

① 관수 할 때마다 식물을 욕엽(浴葉)시켜서는 안된다.
② 음성식물(陰性植物)은 저녁때 관수하는 것이 좋다.
③ 여름은 아침 9~10시, 저녁 4~5시의 2회 관수한다.
④ 국화, 나팔꽃, 시네나리아 등은 저녁때의 관수를 적게 한다.

【문35】 다음은 화분 관수의 요령이다. 잘못 설명 된 곳을 고르시오.
① 매일 1회 관수 하는 것을 원칙으로 한다.
② 겨울철에는 2~3일에 1회 또는 3~4일에 한 차례씩 관수 한다.
③ 봄철의 건조기에는 수 없이 자주 관수 한다.
④ 여름의 고온기에는 1일 2회 관수한다.

【문36】 관수의 방법 중 가장 효과적이고 분흙이 굳어지지 않는 방법은?

    ① 여로 관수 ② 저면 관수 ③ 살수 관수 ④ 호스 관수

【문37】 절화용 장마의 강제 휴면을 위한 물끊기 시기는?

    ① 3월 ② 4월 ③ 5월 ④ 8월

【문38】 덴드로비움은 언제 단수시켜 개화촉진 되는가?

    ① 8월경 ② 9월경 ③ 10월경 ④ 11월경

【문39】 화훼재배에서 관수량을 적게 해야할 시기는?

    ① 화아분화기(花芽分化期)   ② 발육기(發育期)

    ③ 발아기(發芽期)   ④ 개화기(開化期)

【문40】 일반적으로 화분 관수하기에 좋은 시각은?

    ① 아침 일찍 ② 오전 10~11시 ③ 13~14시 ④ 해가 질 무렵

【문41】 관수는 보통 표토가 얼마 정도 건조할 때 실시 하는가?

    ① 0.5~1.0cm ② 2~3cm ③ 3~4cm ④ 4~5cm

【문42】 분식물(盆植物)에 호-스 관수를 하는 때 수압(水壓)은 어느 정도 되어야 하는가?

    ① 1kg/㎠ ② 2kg/㎠ ③ 3kg/㎠ ④ 4kg/㎠

【문43】 관수량을 많이 요구하는 것이 아닌 것은?

    ① 초본류 식물   ② 봄에 파종한 것.

    ③ 가을에 파종한 것.   ④ 이식했을 때

【문44】 겨울철 온실관수에서 알맞은 수온(水溫)은?

    ① 5℃ ② 10℃ ③ 15℃ ④ 20℃

【문45】 화훼재배에서 관수량을 많게 해야할 시기는?

    ① 낙화 후(落花後)   ② 임실기(稔實期)

    ③ 개화기(開化期)   ④ 화아분화기(花芽分化期)

【문46】 화분 속의 포화용수량은 얼마가 가장 좋은가?

    ① 40~50% ② 60~70% ③ 70~80% ④ 80~90%

【문47】 토립에 흡착되어 잘 떨어지지 않는 수분의 형태는?
　① 모관수　② 중력수　③ 자유수　④ 결합수

【문48】 식물의 뿌리가 제일 많이 이용하는 수분은?
　① 중력수　② 모관수　③ 자유수　④ 결합수

【문49】 여름철 포장관수(圃場灌水)에 알맞는 온도는?
　① 10℃　② 15℃　③ 20℃　④ 25℃

【문50】 미세종자를 파종할 때 알맞는 관수방법은?
　① 노-즐 관수　　　　　② 호-스 관수
　③ 적하관수(適下灌水)　　④ 저면관수(低面灌水)

【문51】 화분에 심었을 때 적당한 수습(水濕)을 필요로 하는 식물을 고르시오.
　① 구근류, 식충식물　　　② 아나나스 류, 세인트포리아
　③ 철쭉류, 난류　　　　　④ 국화, 카네이션

【문52】 공기습도가 어느 정도까지 증가하면 잎의 생장은 어떠한가?
　① 생장을 촉진시킨다.　　② 생장을 억제한다.
　③ 아무런 관계가 없다.　　④ 잎이 떨어진다.

【문53】 엽면살수(葉面撒水)의 목적이 아닌 것은?
　① 잎을 아름답게 하기 위하여
　② 먼지 제거 및 응애 예방
　③ 식물의 크기를 조절하기 위하여
　④ 엽면 시비를 하기 위하여

【문54】 미스트 번식법에서 분무(噴霧)를 뿌려 주는 것은 어느 것인가?
　① Electric leaf　　　　② Diffrection nozle
　③ Strainer　　　　　　④ Controller

【문55】 수도(水道)를 이용해서 간이 미스트 장치를 하는 경우 어느 정도의 수압이 있으면
　되는가?
　① 0.5kg/㎠　② 1kg/㎠　③ 1.5kg/㎠　④ 2.0kg/㎠

【문56】 꽃묘의 1차 가식 시기는 어느 때가 가장 적당한가?

① 파종 후 1개월쯤 　　② 본잎 나오기 직전

③ 본잎 2~3매 때 　　④ 본잎 5~6매 때

【문57】 꽃묘(花苗)의 이식에 알맞는 때는?

① 흐린날 아침 　　② 흐린날 저녁때

③ 맑은날 아침 　　④ 시간에 구애받지 않는다.

【문58】 낙엽수의 이식 시기는 1년 중 언제하는가?

① 봄　② 여름　③ 가을　④ 겨울

【문59】 상록활엽수(常綠活葉樹)의 이식기는?

① 2월 하순~3월 하순 　　② 3월 하순~4월 상순

③ 6월 하순~7월 상순 　　④ 8월 하순~9월 상순

【문60】 숙근류나 목본류는 얼마만에 1번씩 이식하는가?

① 6개월　② 1년　③ 2년　④ 3년

【문61】 화훼류 이식시기를 결정하는 것은 일반적으로 무엇으로 결정하는가?

① 본잎의 수　② 파종 일 수　③ 묘의 초장　④ 떡잎의 위축 정도

【문62】 이식 직후에 어떤 거름을 주는 것이 좋은가?

① 질소비료　② 퇴비　③ 닭똥　④ 액비

【문63】 육묘 일수란?

① 파종에서 가식할 때까지의 기간

② 파종에서 정식할 때까지의 기간

③ 가식에서 정식할 때까지의 기간

④ 파종에서 1차 솎기할 때까지의 기간

【문64】 장미묘를 정식 하는데 접목 부분은 어떻게 되게 심는가?

① 접목 부분이 지하로 8~9cm 들어가도록 심는다.

② 접목 부분이 지하로 2~3cm 들어가도록 심는다.

③ 접목 부분이 지상으로 2~3cm 나오도록 심는다.

④ 접목 부분을 지면과 같은 정도로 해서 심는다.

【문65】 H. T계 장미묘(苗)를 노지 정식하는 경우 알맞은 정식 거리는?
  ① 45~75cm ② 1~1.5cm ③ 1.5~2.0m ④ 2~3m

【문66】 중경제초(中耕除草)의 효과가 아닌 것은?
  ① 토양에 공극을 좋게 하여 공기와 수분의 균형을 파괴한다.
  ② 화훼의 뿌리 활착을 좋게 한다.
  ③ 비효를 높인다.
  ④ 광선, 통풍의 흡수에 저해 요인을 없앤다.

【문67】 중경을 깊이 해야 하는 것은?
  ① 백합 ② 장미 ③ 국화 ④ 튜립

【문68】 연작(連作)하면 꽃이 좋지 않은 화훼는?
  ① 백일홍 ② 과꽃 ③ 나팔꽃 ④ 장미꽃

【문69】 미국 등지에서 글라디오라스의 제초에 약해가 거의 없어 많이 사용되는 제초제 명은?
  ① 시마진(Simazine) ② NIP ③ 2-4D ④ 다이클릴(Dicryl)

【문70】 관상식물의 제초제로 가장 많이 이용하는 것은?
  ① CAT ② IPC ③ MCC ④ ATA

【문71】 다음 제초제 중 고온기에 효과가 가장 좋은 것은?
  ① IPC ② PPA ③ 2, 4, 5-T ④ CNP

【문72】 PCP제초제의 특성에 속하지 않는 것은?
  ① 비선택성 접촉형 제초제이다.
  ② 지속 기간은 15~20일이다.
  ③ 사질토에서 이동성이 높아 사용하지 않는다.
  ④ 발아 후에 사용하면 효과가 없다.

【문73】 2, 4-D의 토양 잔효 기간은 몇 일인가?
  ① 5일 ② 10일 ③ 20일 ④ 30일

【문74】 제초제를 사용하면 잡초가 고사하는 원리에 해당이 되지 않는 것은?
  ① 효소계를 교란시킨다.
  ② 물리적 작용으로 세포의 원형질을 분리시킨다.

124

③ 화학적인 작용으로 세포원형질을 파괴한다.
④ 식물체의 뿌리조직을 파괴시켜 양분 흡수를 저해시킨다.

【문75】 다음 중 선택성 제초제는 어느 것인가?
　① 2, 4, 5-T　② IPC　③ ATA　④ CAT

【문76】 멀칭의 효과가 아닌 것은?

　① 어린 묘를 보호한다.
　② 잡초발생을 방지한다.
　③ 강우에 의한 토양의 유실을 방지한다.
　④ 병충해 발생이 많다.

【문77】 장식용으로 좋은 화분은?
　① 시멘트분　② 사기분　③ 토분　④ 플라스틱 분

【문78】 화분 재배에 있어 식물에 가장 좋은 화분은?
　① 토분　② 유약분　③ 사기분　④ 플라스틱 분

【문79】 10호 화분의 상부 지름은 어느 정도일까?
　① 10cm　② 20cm　③ 30cm　④ 40cm

【문80】 화훼의 종류에 따라 다르나 가장 많이 쓰이는 분의 크기는?
　① 9~11cm　② 12~15cm　③ 18~20cm　④ 24~30cm

【문81】 화분에 식물을 심을 때 모래와 자갈 등은 어느 정도 넣는가?
　① 분 높이의 10/1　　　② 분 높이의 5/1
　③ 분 높이의 10/3　　　④ 분 높이의 5/2

【문82】 보통 화분의 크기는 무엇을 가지고 말하는가?
　① 화분의 키를 말하는 것이다.
　② 화분의 상부 원둘레의 길이를 말하는 것이다.
　③ 화분의 하부 외경을 말하는 것이다.
　④ 화분의 상부 내경을 말하는 것이다.

【문83】 동반분(胴返盆)이란?
　① 높이는 직경의 2배 정도가 되는 것.
　② 직경보다 높이가 조금 높은 것.
　③ 직경과 높이가 같은 것.
　④ 높이보다 직경이 조금 큰 것.

【문84】 요고분(腰高盆)이란?
　① 높이보다 직경이 조금 큰 것.
　② 직경과 높이가 같은 것.
　③ 높이는 직경의 2배 정도가 되는 것.
　④ 직경보다 높이가 조금 높은 것.

【문85】 다음 종류 중 4월에 분갈이 하는데 적기가 아닌 것은?
　① 한란움　② 카틀레아　③ 심비디움　④ 시클라멘

【문86】 분갈이를 해야 할 때는?
　① 화분에 식물을 심은 2~3년 뒤.
　② 화분 분밑 구멍으로 뿌리가 나오기 시작하고 아랫잎이 약간 퇴색하기 시작하는 때.
　③ 화분의 꽃이 지고 난 뒤.
　④ 화분에 관수했을 때 물이 잘 스며들어 가지 못하는 때.

【문87】 양란류의 식부재료(植付材料)는 몇 해마다 새로 갈아주어야 하는가?
　① 1~1.5년　② 1.5~2년　③ 2~2.5년　④ 2.5~3년

【문88】 꽃이 피는 모란 가지치기에 알맞은 방법은?
　① 이른 봄 밑쪽에 달린 굵은 눈 1~2개 남기고 자른다.
　② 꽃피고 난 직후에 그 가지의 아래쪽에 굵은 눈 바로 위에서 쳐버린다.
　③ 가을에 굵은 눈의 바로 위에서 친다.
　④ 이른 봄에 40cm 길이로 자른다.

【문89】 다음 그림은 장미의 전정한 그림이다. 가장 잘 갈라진 것은?

①　　　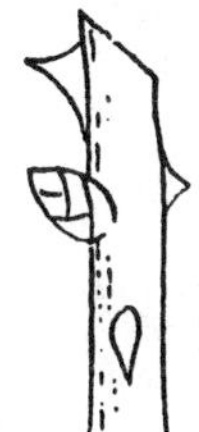　　　②　　　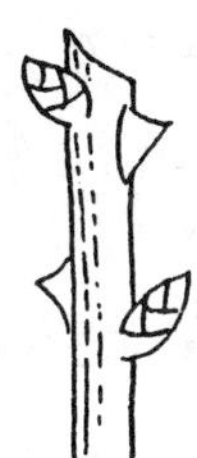

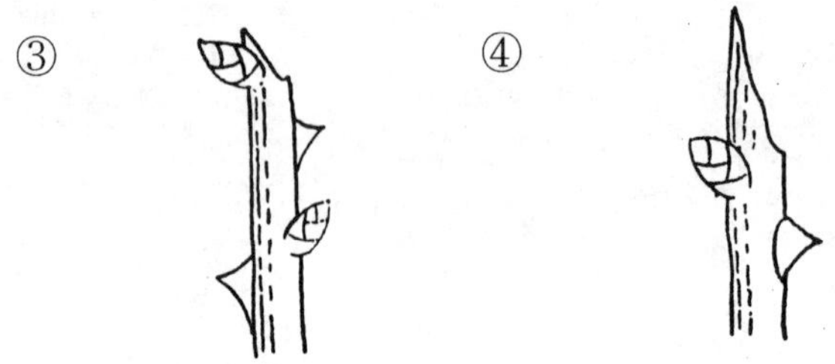

【문90】 전정의 이유가 아닌 것은 어느 것인가?
　① 병충해지　② 쇠약지　③ 도장지　④ 착과지

【문91】 적아를 해 주는 종류는 어느 것인가?
　① 다알리아　② 백일홍　③ 글라디오라스　④ 나팔꽃

【문92】 카네이션에서 1경 1화(一莖一花)의 대륜화(大輪花)를 얻고져 할 때 적뢰를 한다. 어느때에 하는가?
　① 봉오리의 크기가 녹두알 정도 크기로 되었을 무렵.
　② 봉오리의 크기가 팥알 정도 크기로 되었을 무렵.
　③ 봉오리의 크기가 콩알 정도 되었을 무렵.
　④ 화색(花色)이 나타나기 시작할 무렵.

【문93】 분식(盆植)한 대국(大菊)에서 1경 1화(一莖一花)의 대륜화를 얻으려면 언제 적뢰를 하는가?
　① 봉오리의 크기가 녹두알 정도 크기로 되었을 무렵.
　② 봉오리의 크기가 팥알 정도 크기로 되었을 무렵.
　③ 봉오리의 크기가 콩알 정도 되었을 무렵.
　④ 화색(花色)이 나타나기 시작할 무렵.

【문94】 지주(支柱)를 세워서 유인재배(誘引栽培)해야 하는 식물은?
　① 포인세티아, 제라늄　　② 싯서스, 클레마티스
　③ 아나나스, 빌베루기아　　④ 카랑코에, 포인세티아

【문95】 분재 재배시 수간이 전후좌우로 구부러지는 형태는?
　① 사간(斜幹)　② 현애(縣崖)　③ 직간(直幹)　④ 번간(蟠幹)

【문96】 분식 및 절화 재배시 분지(分枝)를 많게 하기 위하여 어떤 방법을 쓰는가?
　① 적아　② 적심　③ 적화　④ 정지

【문97】 울타리식 유인법으로 유인시키는 화훼류가 아닌 것은?
　　① 나팔꽃　② 풍선초　③ 백합　④ 능소화

【문98】 그물틀 유인 방법으로 유인시키는 화훼류는?
　　① 작약　② 무궁화　③ 금어초　④ 모란

【문99】 적뢰를 하는 종류는 어느 것인가?
　　① 대국　② 튜립　③ 히야신스　④ 수선

【문100】 MH제를 엽면 살포하면 적심의 효과가 있는데 이 때의 농도는?
　　① 1000ppm　② 1500ppm　③ 2000ppm　④ 2500ppm

정 답

1. ④	2. ②	3. ①	4. ④	5. ③	6. ④	7. ②	8. ①	9. ②	10. ③
11. ①	12. ①	13. ③	14. ②	15. ④	16. ①	17. ③	18. ③	19. ②	20. ③
21. ②	22. ③	23. ②	24. ③	25. ③	26. ④	27. ③	28. ①	29. ③	30. ③
31. ①	32. ①	33. ③	34. ②	35. ③	36. ②	37. ④	38. ③	39. ①	40. ②
41. ①	42. ②	43. ③	44. ④	45. ③	46. ②	47. ④	48. ②	49. ④	50. ④
51. ④	52. ①	53. ③	54. ②	55. ②	56. ③	57. ②	58. ①	59. ③	60. ②
61. ①	62. ④	63. ②	64. ④	65. ②	66. ①	67. ②	68. ②	69. ④	70. ①
71. ③	72. ④	73. ③	74. ④	75. ①	76. ④	77. ②	78. ①	79. ③	80. ②
81. ①	82. ④	83. ③	84. ④	85. ④	86. ②	87. ①	88. ②	89. ②	90. ④
91. ①	92. ④	93. ②	94. ②	95. ④	96. ②	97. ③	98. ③	99. ①	100. ①

제5장 화훼 개화 생리와 조절

1. 개화 조절

　화훼의 종류와 품종에 따라서는 어떠한 환경조건이 생육자체보다도 특히 개화기에 관계하는 일이 많다. 따라서 꽃을 요구하는 식물에 있어서는 이와 같은 식물의 종류, 광선, 온도 및 그 밖의 환경 조건을 조절하여 자연상태에서보다 꽃을 빨리 또는 늦게 또는 크거나, 작게 피도록 할 수 있다.

1) 온도

　식물의 종류에 따라서 화아분화와 개화에 미치는 온도의 영향에 차이가 있는데 특히 온대산 식물과 열대산 식물에 있어서 차이가 있다. 온대산 식물이 개화하기 위해서는 한동안 낮은 온도에서 자라야 하고 반대로 열대산 식물은 높은 온도에서 자라야 한다.

　온대산 식물은 대개 1년을 1주기로 하여 잎과 줄기만 자라서 영양생장과 꽃피고 열매가 열리는 생식생장 및, 잠시 낙화되고 쇠퇴하여 휴면하는 시기가 되풀이된다. 그러나 열대산 식물은 항상 푸르고 생육하며 이와 같은 휴면은 거의 하지 않는다. 이와 같은 휴면기간과 생육기간을 조절하여 단축시키는 것을 촉성재배, 연장시키는 것을 억제재배라고 한다.

　휴면은 종류에 따라서 차이는 있지만 식물은 아무리 좋은 조건에 있더라도 한동안 휴면하는 것이 있으며 이것은 주로 종자, 구근, 싹 등이 그러하다. 열대산 식물도 그렇지만 추위와 더위의 환경조건이 생육에 적당하지 않은 기간이 뚜렷하게 있는 곳이 원산지인것 일수록 휴면이 확실하다. 휴면에는 강제적 휴면과 자발적 휴면, 생리적 휴면이 있다.

　화훼류 중에는 화아분화와 화아의 발달과정에서 온도조건을 달리하는 성질이 있는 것들이 많아 이 두 단계를 사실상 달리 생각해야 한다. 예를 들면 대개 튜립의 화아분화에는 20℃, 화아발달에는 9℃가 알맞으며, 수선화의 화아분화는 13℃, 화아발달은 9℃, 히야신스의 화아분화는 26℃, 화아발달은 13℃, 그리고 화목류인 아잘레아의 화아분화는 25℃, 화아발달은 16℃, 전후에는 촉진된다고 알려져 있는데 이것 역시 식물의 종류와 품종에 따라서 차이가 있다. 수국 같은 것은 13℃ 전후에서 충분한 광선을 받아야 화아분화가 이루어지고 화아의 발달도 20℃ 이상에서 충분한 광선을 받아야 촉진된다.

2) 식물 자체의 내적 조건

　광선이나 온도가 외적 조건으로서 화훼류의 개화에 큰 영향을 끼친다면 식물 자체에서는 이와 같은 외적 조건이 부가될 때 다음과 같은 내적 또는 생리적 변화를 갖게 된다고 짐작 된다.

즉 국화와 같은 단일성 식물은 단일 처리로 개화시키며 이때 광선에 따른 화성 호르몬으로서 플로리겐이라고 하는 가상 물질이 관여한다고 한다. 그런데 이것은 아마 오늘날 잘 알려진 색소 단백질인 피토크롬의 작용에 의한 것이 아닌가 생각되며 저온처리에 의하여 개화하는 튜립과 같은 식물도 화성 호르몬으로서 역시 버날린이라고 하는 가상 물질이 관여한다고 하는데 이것은 아직 무엇인지 밝혀져 있지 않지만 메신저 RNA의 지베렐린 등이 이와 흡사한 역할을 하고 있는 듯하다.

그 밖에 대개의 중성식물은 식물체 내의 탄수화물과 질소성분의 비율에 의해서 개화하는 생식생장 또는 계속적인 영양생장이 결정되며 페튜니아나 철쭉나무와 같은 것은 적당한 온도에서 잎이 건실하고 충분한 광선을 받아 탄수화물이 질소성분보다 약간 많아졌을 때 개화가 잘 된다.

3) 광선

양생식물은 물론 음생의 화훼는 대체적으로 광도를 높여 재배하면 식물체 내의 탄수화물 축적양이 많아지고 광도가 낮은 상태에서보다 꽃이 많이, 그리고 빨리 피는 경향이 있으나 품질은 반드시 좋다고 할 수 없다.

그러나 하루의 일장에 따라 식물체의 크기와 성숙도에 관계없이 다른 환경조건이 갖추어졌을 때 개화하는 종류 또는 품종이 있으며 대개 온대산 식물은 전자의 경우에 해당한다. 온대산 식물의 광주성 외에 저온에 의해서도 개화가 조절된다. 또한 광질면(光質面)에 있어서도 보통 백색은 적선(赤線)이 많지만 백열등은 특히 근적선(近赤線)과 적외선이 많아 형광등보다 월등히 줄기의 생장을 촉진하고, 나아가서는 꽃대의 발생을 촉진하여 그 결과 꽃이 빨리 피게 된다. 이것은 마치 생장조절제인 지베렐린을 식물에 처리했을 때의 생육과도 비슷하며 식물이 웃자라는 경향이 있다. 광도와 더불어 1일 조명시간도 생육은 물론 개화에 보다 도움이 되는 경우가 많아 대체적으로 영양체의 생육과 꽃의 생산량은 강도와 조명 시간이 많을수록 더 많아지는 것이 보통이다.

화훼에 있어서는 하루의 조명시간이나 낮의 길이나 개화에 큰 영향을 끼치는 일이 많아 이것을 인위적으로 조절하여 주년재배 또는 불시재배로 연중 꽃을 생산하고 있다. 해가 짧거나 길 때 각각 꽃이 피는 식물 즉 자연생태에 있어서 가을이나 봄에 피는 식물은 이와 같은 광주성(光週性)에 따라 나누어 보면 다음의 3종류가 있다.

(1) 단일성(短日性) 식물

해가 짧을 때, 즉 밤이 길 때 생장점에 화아가 생겨 그것이 발달하게 되는데 대개 낮의 길이 또는 명기(明期)를 하루 24시간 중 12시간 이하로 유지하면 화아가 생겨 꽃이 피기 시작한다. 따라서 이것을 장암성 식물(長暗性植物)이라고도 하며 국화나 포인세티아 등이 이에 속한다.

(2) 장일성(長日性) 식물

해가 길 때, 즉 밤이 짧을 때 화아가 생겨 그것이 발달하게 되는데 대개 명기를 하루 24시간 중 12시간 이상으로 유지하면 화아가 생겨 꽃이 피기 시작한다. 따라서 이것을 단암성 식물(短暗性植物)이라고도 하며, 데이지와 구근 베고니아 등이 이에 속한다.

(3) 중성(中性)식물

광주성, 즉 하루의 일장과는 거의 관계없이 어느 정도 자라 마디 수가 일정해지면 꽃이 피는 것으로서 가지과(科) 식물의 페튜니아와 꽃이 피기 전에 한동안 저온을 필요로 하는 튜립, 수선화, 히야신스 등과 같은 구근식물이 이에 속한다.

그 밖에 일부 식물에 국한되지만 단일성 식물로서 화아분화가 반드시 앞에서 설명한 장일조건(長日條件)이 선행되어야 하는 소위 장일(長日) 단일성 식물(短日性植物)과, 화아분화가 반드시 앞에서 설명한 단일조건이 성행되어야 하는 소위 단일(短日) 장일성 식물(長日性植物)이 있는데 이들을 촉성재배하기 위하여 하루에 14시간 조명, 또는 낮의 조건과 8시간 차광, 또는 밤의 조건을 상당한 기간 동안 유지해야 꽃이 핀다. 또한 화아분화와 화아발달 과정에서 일조시간을 달리하는 성질을 가진 화훼류가 있다. 이것은 물론 식물의 종류 및 품종에 따라 다를 수도 있다.

① 광주성 반응회로

식물의 종류에 따라 일정한 명기와 암기의 조합(組合)을 몇 번 거듭해야 화아가 생기고 꽃이 피게 된다. 단일성 식물에서 예를 들어보면 미국 도코마리는 하루에 단일조건으로 화아분아가 이루어지고, 국화는 최소한 4일 동안 계속 단일조건을 유지시켜 주어야 화아가 생기며 그 후 계속 단일조건을 유지시켜 주지 않으면 화아가 없는 측아(側芽)가 발생한다. 그리고 포인세티아는 7~20일 동안 단일조건을 유지시켜 주어야 화아가 생기는데 이것도 역시 단일조건이 적어도 40일 이상 계속 되어야 꽃이 정상적으로 발달한다.

② 중성식물의 여러 가지 반응

광주성과 절대적으로 관계가 있는 것은 아니지만 메리골드와 같이 단일조건에서 개화가 촉진되고 장일조건에서 개화가 늦어지는 것이 있고, 반대로 카네이션, 페튜니아, 금어초 등과 같이(식물의 종류나 품종 또는 같은 품종 간이라도 식물의 조건 등에 따라 다소 차이는 있지만) 장일조건에서 개화가 촉진되고 단일조건에서 개화가 늦어지는 수도 있다.

2 생육조절

화훼류가 빨리 또는 늦게 자란다는 것은 첫째 유전성에서 오는 품종의 특성에 의해 좌우되고 그 다음에는 재배할 때의 조건에 따라 많이 좌우된다. 말하자면 목적하는 생육조절에 가장 합당한 품종을 선택하여 그 품종에 알맞는 생육조건을 부여할 경우에는 사람이 원하는 생육조절을 성공시킬 수 있다.

1) 온도

온도도 역시 식물의 종류 즉 온대산 식물인가 또는 열대산 식물인가에 따라서 생육촉진에 있어서의 적온이 달라지는 것은 당연한 일이다. 여름 동안 시원하게 발을 치거나 팬(fan)을 설치하여 전력으로 온실 또는 비닐하우스 내의 열기를 빼내어 더운 외온보다 몇 도 정도 낮게 유지시켜 주고 겨울에는 보온으로 온실 또는 비닐하우스 내의 온도를 식물의 적온에 가깝도록 조절하여 유지시켜 줌으로써 최고의 생육을 기대할 수 있다.

　① 야간온도의 중요성

화훼류를 재배하는데 있어서 낮은 온도도 중요하지만 요즈음 특히 온실이나 비닐하우스 같은 시설원예 조건에서는 밤의 온도가 식물의 생육에 보다 큰 영향을 주어 수량과 품질에 직접 관계한다는 것을 알게 되었다. 뿐만 아니라 낮과 밤의 온도가 교차되는 상태로 생육 및 개화와 큰 관계가 있으니 나아가서는 이 때의 식물의 품종 광조건 및 그 밖의 환경요인(공기 중의 이산화탄소 양, 수분 및 비료조건)도 적지 않게 관련이 있다고 한다. 대부분의 식물은 낮의 온도가 밤의 온도보다 더 높을 경우에 생육이 더 잘 된다고 한다.

2) 광선

식물의 광선에 대한 반응은 종류에 따라 매우 다르다. 광선은 생육 뿐만 아니라 개화도 물론 크게 관여한다. 대부분의 음생식물과 관엽식물은 특히 여름에 고온일 때 직사광선을 받지 않도록 자연광의 40~50%만 차광을 해주면 생육이 더욱 왕성해진다. 많은 온대산 식물도 여름철에 이와 같은 방법으로 햇볕을 차광해주면 고온을 피하게 하는 효과가 있다. 절화용 화훼의 재배에 있어서도 직사광선 하에서 재배하는 것보다 다소 차광한 상태에서 재배하는 것이 꽃도 클 뿐 아니라 꽃대도 길게 자라서 좋다.

우리 나라에서도 대개 흑색 비닐과 차광망을 이와 같은 목적으로 많이 이용하고 있으며 그 밖에 망사나 목재편(木材片)을 이용하는 경우도 있다. 인공광선으로 식물을 재배할 때에는 특히 실내에서 형광등을 가장 많이 이용하고 하루에 14~16시간 정도 조명해준다. 때로는 보다 더 줄기의 생장을 촉진시키거나 개화를 촉진시킬 목적으로 적외선광원의 백열등을 이용하기도 한다.

3) 기타

배양토, 수분공급, 비료사용 등의 차이와 기술로서 화훼류의 생육에 큰 영향을 끼치게 하는 것은 물론 이와 같은 여러 가지 여건을 조절하여 촉성 또는 억제적 생육을 시도하는 일이 종종 있다. 고추를 분식(盆植)재배 할 경우에는 관수량을 줄여 키 생육을 억제함으로써 아담한 모양으로 키울 수 있고, 국화나 포인세티아와 같은 단일성 식물은 줄기의 삽목(揷木) 시기를 늦춤으로써 분식 때의 키를 작게 하여 개화시킬 수 있으며 코레우스와 같은 것은 계속 적심(摘心)해 줌으로써 아담한 포기로 가꿀 수 있다. 대부분의 정원수, 특히 수벽(樹壁) 또는 울타리용 식물은 가지를 가끔 쳐줌으로써 생육을 억제하고 미관을 도모할 수 있다.

화훼류를 수경재배할 때 용액에 산소를 공급해준 것과 그렇지 않은 것과는 생육에 큰 차이가 있다. 그리고 온실이나 비닐하우스 내에서는 이산화탄소의 양이 대기보다 작어질 경우가 많으며 이때 이산화탄소를 공급하면 생육이 촉진됨은 물론 꽃의 품질도 좋아진다.

화학물질인 생장조절제를 이용하여 화훼류의 생육을 촉진시키거나 억제할 수 있지만 이들 약제는 대개 비싸기 때문에 특수한 경우에만 경영을 고려하여 이용한다. 그러나 앞으로는 원예에서 생력재배(省力栽培)에 대한 문제가 대두될 경우에는 영양생장과정 특히 억제재배와 같은 과정에서 생장조절제를 많이 이용해야 할 때가 생기게 될지도 모른다.

시설 내에 이산화탄소를 사용했을 때 국화생육에 미치는 효과

품 종	이산화탄소 처리(ppm)	줄기길이 (cm)	건물무게 (g)	꽃의 지름 (cm)
Good News	무처리 1,500 4,000	44.8 54.3 57.8	3.6 5.6 7.4	11.0 12.5 13.5
Indianapolis White	무처리 1,500 4,000	59.0 83.5 88.0	6.3 9.9 12.8	12.0 14.5 15.0

※ 생육기간 중 매일 오전 8~오후 4시까지 사용시

잔디를 깎아주거나 또는 산울타리용 식물의 가지를 쳐 주는 대신 MH 500ppm을 봄과 가을에 1회씩 살포하거나 Atrinal을 엽면살포(葉面撒布)하여 식물생육을 몇 개월씩 억제시키는 방법을 이용하기도 한다.

호광성 종자(철쭉종자와 같은 미세한 종자)를 암흑 상태에서 발아시키고, 저온을 요구하는 종자를 고온(高溫)에서, 그리고 그 밖의 조건으로서 휴면상태의 종자를 촉성적으로 발아시키기 위하여 지베렐린 액을 침적처리하는 경우가 있다. 또한 카이네틴을 단용(單用)하거나 지베렐린을 혼용하는 경우도 있다. 근래에 와서는 소나무류, 철쭉류 및 난류의 일부 식물뿐만 아니라 여러 가지 화훼류의 용토에 균근(菌根)을 접종시키면 마치 시비한 것과 같이 식물의 생육이 촉진된다.

3. 화학물질에 의한 생육 및 개화조절

　근래에 와서는 소량의 화학약품 처리로 화훼류의 초장을 길게 하거나 짧게 하여 개화기 또는 꽃의 품종에 그다지 변화를 주지 않고 촉성 또는 억제 재배를 할 수 있게 되었으나 특수한 경우를 제외하고는 효과에 비하여 가격이 비싸기 때문에 실용면에 있어서는 숙고 하여 사용하도록 해야 한다. 대체로 생장조절제로서 개화에 영향을 끼치는 것을 촉진제와 억제제로 나눌 수 있는데 사용하는 목적과 용도 및 방법에 따라 사용상 널리 알려져 있는 것으로 Gibberellin, Cycocel, Phosfon, B-9, Ancymidol Ethephon, BOH 등이 있는데 이들 은 모두 촉진제도 될 수 있고 억제제도 될 수 있다.

　식물생장조절제(PGR)란 용어는 미량으로 식물의 생리대사를 촉진 또는 억제하거나 변화 시키는 유기화합물의 여러 종류를 뜻하는데 비타민이나 미량원소들은 제외한다. 현재 사용 되는 PGR들은 크게 다섯 가지로 나누어지는데 , 오옥신(auxins) 류, 지베렐린(gibberellins) 류, 사이토카이닌(cytokinins, kinins) 류, 생장억제제(growth inhibitors), 에틸렌(ethylene)이 다.

1) 오옥신 (auxin)류

　오옥신은 IAA인 것으로 밝혀졌고 이와 같은 작용을 하는 물질들은 다음과 같다.

　NAA, IBA, 2-4D, 2.4.5-T, 2.4.5-TP, MCPA.

① 세포분열촉진 : 식물의 생장과 발육의 기본과정인 세포분열, 분화, 기관형성 등을 촉 진하거나 억제한다.

② 정아우세유도 : 정아를 제거해도 절제부에 IAA를 처리하면 아래쪽 액아의 생장은 억 제된다.

③ 이층(離層) 형성억제 : 낙엽방지를 위해 2.4-D, 25~100ppm을 수확전 살포하면, 낙과 방지를 위해 NAA, 2.4-D 5~10ppm을 살포한다.

④ 개화촉진 : 파인애플에는 NAA가 화아분화를 일으킨다.

⑤ 단위결과(單位結果) 유도 : NAA는 토마토, 오이, 참외, 후추, 포도 등에 씨없는 열매 를 생산할 수 있게 한다.

　※ 오옥신의 생리작용에 중요한 점은 선택성 제초성을 갖는다는 것이다. 합성농도가 높 으면 작물에 해(害)작용이 나타나게 되는데 해작용 정도가 식물의 종류에 따라 해를 미치 지 않지만 잡초에는 치명적인 해를 입히게 된다. 대표적인 것이 페녹시 계통의 화합물인 2.4-D, MCPA가 있는데 2.4-D는 쌍자엽식물에 뚜렷한 제초력이 있다.

2) 지베렐린(gibberellin)류

현재 60여종의 지베렐린 종류가 발견되었는데 대부분 고등식물의 생장 호르몬으로 GA_4가 가장 효과적이다. gibberellin A 1-60.

① 신장생장촉진(身長生長促進) : 지베렐린을 식물에 처리하면 줄기가 현저하게 도장적(徒長的)으로 신장하는데 세포 분열에는 아무런 영향을 주지 않고 세포의 신장(伸張)만을 촉진시킨다.

② 개화에 대한 효과 : 줄기의 키가 작거나 꽃대가 짧은 화훼류에 10~100ppm으로 하여 1회 또는 몇 회 분무기로 뿌려주면 줄기나 화경이 길어져 절화의 상품성을 높일 수 있다. 시클라멘, 철쭉, 게발선인장, 동백 등에 효과를 얻지만 국화나 포인세티아는 개화를 방해하거나 개화시기를 늦추게 된다.

③ 휴면타파 : 동면중인 눈(芽)이나 종자에 지베렐린을 처리하면 일장처리나 저온처리와 같이 휴면타파 효과가 나타난다.

④ 발아촉진 : 호광성 종자라도 지베렐린 처리로 암흑상태에서 발아시킬 수 있다.

⑤ 단위결과(單位結果) 유도 : 포도열매에 5~10ppm으로 처리함으로 씨없는 포도를 생산할 수 있다.

3) 사이토카이닌(Cytokinin)류

처음에는 카이네틴 유사물질(類似物質)을 총칭하여 카이닌이라 불렀으나 후에 사이토카이닌이라고 변경하였다.

① 측아신장(側芽伸張)의 촉진작용 : 눈(芽)을 형성하는데 이런 현상은 여러 가지 식물 조직에서 보게 된다.

② 노화방지(老化防止) : 온도가 낮을수록 현저하고 고온의 경우에 그 반대현상이다.

③ 기공(氣孔)의 개폐(開閉) : 사이토카이닌 처리를 한 잎은 암소(暗所)로 식물을 이동하여도 기공은 가끔 열린다.

4) 생장 억제제(growth inhibitors)류

① 비나인(B-9) : B-9은 미국에서는 Alar라고 하며 학계에서는 SADH, 유럽에서는 Ami-onzol이라 하며, 그리고 일본에서는 B-9라고 하는데, 분말(粉末)의 식물왜화제(植物矮花劑)로서 많은 종류의 화훼류에 이용할 수 있지만 사용농도에 비하여 값이 비싼 편이며 엽면 살포를 할 때 고농도일수록 왜화(矮花) 효과가 크다.

Cycocel의 경우와 같이 화아분화기 직전 철쭉류의 잎에 1000~2000ppm의 B-9를 살포하면 화아분화가 크게 촉진되고 꽃이 많이 피게 된다. 대개 그 약효가 3개월 정도 지속된다.

② MH(maleic hydragide) : MH는 Antiauxin에 속하는 물질(物質)로서 절간을 짧게 하고 특히 곁순(側芽), 맹아를 억제할 수 있는데 주로 IAA의 생성을 억제한다고 알려져 있다.

양파에서는 수확하기 15일 전에 3000ppm의 MH수용액을 잎에 살포하면 발아 억제의 효과가 크다.

③ 포스폰(Phosfon) : 식물의 종류에 따라 다르지만 30㎡의 흙에 Phosfon 1~2g 정도 사용하면 1회 처리로도 초장(草長)이 현저하게 짧아지고 다소 꽃과 꽃송이가 작지만 같은 시기에 꽃이 피게 된다.

④ CCC(Cycoce) : 대체로 B-9와 같은 성질을 가지고 있어 B-9와 비슷하게 사용된다. 포도의 적심대치(摘心代置) 효과나 사과에서 낙과방지 효과는 B-9만 못하나, 국화, 시클라멘, 제라늄 등의 화훼에서는 줄기의 신장을 억제시키는 효과가 크고 토마토에서는 개화를 촉진시키는 효과가 크다.

⑤ Amo-1681 : 국화 등에서 25~100ppm액(液)을 처리하면 키가 월등히 작아지고 개화도 지연된다고 한다.

⑥ Ancymidol : 근래에 개발된 액체의 식물 왜화제이지만 다른 생장조절제가 주로 쌍자엽화훼류에만 왜화시키고 단자엽 화훼류에 대해서는 그와 같은 효과가 적은 반면 Ancymidol은 양자 모두에 대하여 왜화효과가 있다.

⑦ ABA(abscisic acid) : 대표적인 생장억제물질로 생장촉진 호르몬과 상호작용을 가지고 생육을 조절한다. 식물의 노화현상을 유도하며 잎과 열매의 탈락, 휴면유도, 발아억제, 기공폐쇄를 일으킨다.

5) 에트폰(Ethphon)류

Ethphon은 Ethrel이라고도 하며 액체로된 에틸렌가스 발생제로서 과실 또는 식물체의 숙기(熟期)를 촉진하는 물질이다. 파인애플과 식물의 개화를 촉진시키는 데에는 매우 효과적이며 이것 대신에 에틸렌가스를 탱크에서 직접 끌어내어 이용하기도 한다. 아나나스나 파인애플의 개화촉진을 위해 컵모양의 생장점에 물이 고이면 카바이트를 그 속에 넣어 아세틸렌 가스를 발생시켜 에틸렌가스처럼 사용했었다.

① BOH 또는 ACP : 아나나스 과(科) 식물의 화아분화를 촉진시키는 물질이다. 아나나스 생장점통속에 1포기당 0.01%액 40㎖를 넣는다.

4. 휴면타파와 개화조절

① 불시재배

휴면하는 성질을 가진 식물을 휴면에서 깨어나 촉진시키거나, 휴면에 들어가는 것을 억제시키는 방법이다.

㉮ 온육법 : 따뜻한 물로 휴면을 깨우는 방법(개나리, 벚나무, 진달래, 매화 등)으로 절지(切枝) 개화촉진법이다.

㉯ 촉성재배 : 낮의 길이를 단축하여 단일성 식물 개화촉진시키는 방법으로 차광재배가 있다.

※ 낮의 길이가 14시간정도 이하가 되면 꽃이 피는 단일성 식물을 개화촉진시키기 위해 차광하는 것이다.

㉰ 억제재배 : 낮 시간이 짧을 때 전등을 켜서 화아분화를 억제시키는 방법으로 전조재배가 있다(국화의 개화억제).

※ 낮의 길이가 16시간정도 이상이 되면 꽃이 피는 장일성 식물을 개화 억제시키기 위해 전기 조명하는 것이다.

단 단일성 식물(국화, 포인세티아)에서는 전기조명 재배하므로 개화가 억제되는 효과가 있다.

㉱ 냉장법 : 저온처리로 저온기를 만나도록 하여 화아분화를 유도하는 방법이다. 춘화처리(Vernalization)라 하여 개화조절에 이용한다.

② 튜립의 브라인드 현상

구근저장시 고온이 원인이 되어 꽃대가 신장(伸長)하지 못하거나, 꽃을 못 피우는 현상이다.

③ 알뿌리 및 화목류

저온처리로 0~5℃에서 45일 이상 감응받도록 하면 개화촉진이 된다.

※ 관성(Prolification) : 개화 중 중심 또는 꽃 사이로 다시 꽃이 나오는 상태를 말한다.

※ 튜립 : 화아분화(수확 후 6월)후 18℃정도에 저장, 10~15℃로 2주 예비냉장, 0~3℃로 45~50일 본 냉장하여 개화촉진시킨다.

□ 화훼개화 생리 및 조절 예상문제

【문1】 다음 중 장일성 식물은 어느 것인가?
① 나팔꽃 ② 금어초 ③ 포인세티아 ④ 국화

【문2】 단일성 식물은 다음 중 어느 것인가?
① 튜립 ② 팬지 ③ 코스모스 ④ 채송화

【문3】 춘화처리란?
① 저온처리 ② 고온처리 ③ 약품처리 ④ 소독처리

【문4】 상대적 단일식물이란?
① 장일하에서도 화아를 형성하나 꽃의 발달은 늦거나 불완전하다.
② 장일하에서는 화아를 형성치 않는다.
③ 장일하일지라도 온도만 낮으면 화아는 형성된다.
④ 일조시간에 관계없이 온도만 충분하면 화아를 형성한다.

【문5】 다음 식물 중 상대적 단일식물이라고 할 수 없는 것은?
① 봉선화 ② 맨드라미 ③ 나팔꽃 ④ 코스모스

【문6】 국화의 차광처리는 초장이 적어도 몇치 정도 자라야 되나?
① 2~4치 ② 4~6치 ③ 6~8치 ④ 8~10치

【문7】 절화국(切花菊)의 차광촉성재배(遮光促成栽培)에서 차광 개시 후 몇 일 정도이면 꽃눈이 분화하는가?
① 1~3일 ② 4~6일 ③ 7~10일 ④ 8~11일

【문8】 8월 10일경에 국화꽃을 피우려고 계획한다면 언제쯤부터 단일처리하는 것이 좋은가?
① 5월 20일 ② 6월 20일 ③ 7월 10일 ④ 7월 20일

【문9】 국화의 성형(成形)이 된 것이 화아가 형성되려면?
① 9~11시간의 단일로서 1주일간 처리한다.
② 6~7시간의 단일로서 3주일간 처리한다.
③ 12~13시간에 3주일간 일장 처리한다.
④ 온도를 18~23℃로 하고 단일처리 해주면 된다.

【문10】 국화의 억제재배시 100W 백열전구의 배치는 어떻게 하는가? (電照5Lux)

① 전등갓이 있는 백열전구로 10㎥당 1개로 가설한다.
② 전등갓이 있는 백열전구로 13㎥당 1개로 가설한다.
③ 전등갓이 없는 백열전구로 1㎥당 1개로 가설한다.
④ 전등갓이 없는 백열전구로 5㎥당 1개로 가설한다.

【문11】 화훼류 시설 재배에서 전등 조명하는 이유는?
① 장일처리 ② 단일처리 ③ 고온처리 ④ 개화처리

【문12】 국화의 화아분화 온도와 일장이 알맞는 것은?

① 주간(13~15℃) 야간(20~25℃)에 장일조건
② 주간(25~35℃) 야간(10~15℃)에 장일조건
③ 주간(20~25℃) 야간(13~15℃)에 단일조건
④ 주간(13~15℃) 야간(20~25℃)에 단일조건

【문13】 국화 전조재배(電照栽培)에서 조명 중지 후 야간 온도를 15℃ 정도로 유지한다면 몇 일 정도로 꽃눈이 분화되는가?
① 10일 ② 15일 ③ 20일 ④ 25일

【문14】 국화에 100W 백열전구를 사용해서 전조재배를 할 때 식물체 위에서 얼마 정도의 높이에 전구를 달아야 하는가?
① 50~60cm ② 70~80cm ③ 90~100cm ④ 120~150cm

【문15】 국화 전조재배에서 전조를 시작하는 적기는?

① 최종의 적심을 한 4~5일 후, 측지(側枝) 나오기 시작하는 때.
② 최종의 적심을 한 7~8일 후, 측지(側枝)가 2cm정도 되었을 때.
③ 최종의 적심을 한 8~10일 후, 측지(側枝)가 2~3cm 정도 되었을 때.
④ 최종의 적심을 한 10~15일 후, 측지(側枝)가 4~6cm 정도 되었을 때.

【문16】 국화가 화아분화(花芽分化)를 시작한 때 전조를 하면?
① 화아분화가 더욱 촉진된다.
② Rosette 현상이 일어난다.
③ 버들눈(柳芽)으로 변해 버린다.
④ 잠시 발육이 멈추었다가 다시 발육한다.

【문17】 국화에서 춘화처리가 소멸되는 때는?
① 장일냉온(長日冷溫)　　② 단일냉온(短日冷溫)
③ 장일고온(長日高溫)　　④ 단일고온(短日高溫)

【문18】 종자에 버나리제이션(Vernalization)이 되는 것은?
① 스토크(Stock)　　② 국화(Chrisanthemum)
③ 스위트 피이(Sweet Pea)　　④ 백합(Lillium)

【문19】 식물체에서 버나리제이션(Vernalization)이 감응하는 부분은?
① 잎　② 뿌리　③ 생장점　④ 식물전체

【문20】 1년생초에서 디버어나리제이션(Devemalization)이 일어나는 때는?
① 고온　② 저온　③ 다습　④ 건조

【문21】 구근류의 촉성 재배시 저온처리 기간은?
① 15~20일　② 20~25일　③ 35~40일　④ 45~50일

【문22】 다알리아의 휴면기간을 연장시키는 조건은?
① 장일조건　② 고온　③ 습도가 높을 때　④ 단일조건

【문23】 시클라멘 휴면기에 단수 시작은 언제하는가?
① 2월　② 4월　③ 6월　④ 8월

【문24】 강제적 휴면(强制的休眠)을 하는 것은?
① 왓소니아(Watsonia)　　② 프리지아(Freesia)
③ 글라디오라스(Gladiolus)　　④ 튜립(Tulip)

【문25】 튜립 조기 촉성품종인 것은 다음 중 어느 것인가?
① 윌리엄 · 핏트　② 바아치곤　③ 알비노　④ 칸사스

【문26】 튜립의 촉성을 위한 냉장과정이다. 옳은 것을 고르시오.
　　(예비냉장)　　　　　(본냉장)
① (7~9)℃에　　1주간 — (0)~(-1)℃에 5주
② (10~12)℃에 2주간 — (0)~(-3)℃에 3주
③ (13~15)℃에 2주간 — (0)~(-3)℃에 7주
④ (15~16)℃에 3주간 — (0)~(-5)℃에 5주

【문27】 튜립은 수확 후 20℃에서 얼마 정도 있으면 화아가 분화되는가?
　① 2주일　② 3주일　③ 4주일　④ 5주일

【문28】 튜립의 화아 발달기에 가장 알맞은 온도는?
　① 9℃　② 11℃　③ 15℃　④ 20℃

【문29】 휴면을 하지 않는 구근은 어느 것인가?

　① 백합, 튜립　　　　　　② 프리지아, 아시단데라
　③ 수선, 글라디오라스　　④ 아마릴리스, 다알리아

【문30】 튜립 재배에 있어서 브라인드 원인은?
　① 품종　② 온도　③ 습도　④ 병충해

【문31】 구근의 촉성 재배에 있어 아이리스는 대개 언제 개화하는가?
　① 11~3월　② 3~4월　③ 5~6월　④ 7~8월

【문32】 아이리스 묘(苗)를 냉장처리 저장하였다가 정식하면 얼마 후에 꽃이 피는가?
　① 15일　② 30일　③ 50일　④ 60일

【문33】 구근의 촉성 재배에 있어 프리지아는 대개 언제 개화하는가?
　① 1~2월　② 3~4월　③ 5~6월　④ 7~8월

【문34】 구근의 촉성재배에 있어 수선화는 대개 언제 개화하는가?
　① 1~2월　② 3~4월　③ 5~6월　④ 7~8월

【문35】 휴면심도(休眠深度)가 깊은 구근은 어느 것인가?

　① 글라디오라스(Gladiolus)　② 히아신스(Hyacinth)
　③ 수선(Narcissus)　　　　　④ 백합(Lillium)

【문36】 자발적 휴면기를 갖고 있는 것은?

　① 글라디오라스(Gladiolus)　② 튜립(Tulip)
　③ 수선(Narcissus)　　　　　④ 백합(Lillium)

【문37】 알뿌리 억제를 재배하기 위하여 완전 건조 상태에서 냉장했다. 6~7월에 정식하는 화훼는?

① 튜립 ② 백합 ③ 글라디오라스 ④ 프리지아

【문38】 글라디오라스의 휴면타파를 위한 냉장 처리는?

① 30℃의 고온처리를 30일간 하고, 0℃에 10~20일간 냉장
② 35℃의 고온처리를 30일간 하고, 5℃에 20~30일간 냉장
③ 20℃의 고온처리를 20일간 하고, -3℃에 20~30일간 냉장
④ 35℃의 고온처리를 30일간 하고, 0℃에 40~50일간 냉장

【문39】 글라디오라스의 휴면타파에 쓰이는 약품은?

① 지베렐린(Gibberellin)
② 에틸렌클로로히드린(Ethylene chlorohydrin)
③ 카이네틴(Kinetin)
④ 비나인(B-9)

【문40】 글라디오라스는 정식일부터 개화일까지 몇 일이 소요되는가?

① 90~100일 ② 100~120일 ③ 120~150일 ④ 150~180일

【문41】 Gladiolus의 억제재배를 할 때 브라인드(Blind)가 많이 생기는 원인은?

① 시비량의 부족 ② 저온(低溫) ③ 일조시간 과다 ④ 일조시간 부족

【문42】 백합을 촉성하기 위해서 냉온처리를 시작해야 하는 시기는?

① 7월 상순 ② 7월 하순 ③ 8월 하순 ④ 9월 하순

【문43】 백합을 촉성재배할 때 화아는 식재 후 몇 일경에 생기는가?

① 20~30일 ② 40~50일 ③ 60~70일 ④ 80~90일

【문44】 철포백합의 촉성(12월 개화)에는 생육기간이 90~100일인데 온도처리 기간 50~60일이 필요하다면 몇 월부터 대개 준비 처리하나?

① 7월 하순 ② 8월 하순 ③ 9월 하순 ④ 10월 하순

【문45】 스토크의 본잎이 7~8매 되었을 때 몇 ℃에서 10일간 처리하면 그린버나리제이션이 되는가?

① 10℃ ② 20℃ ③ 30℃ ④ 40℃

【문46】 스토크(Stock)의 성형(成形)이 된 것에 어느 정도의 온도를 주면 화아의 분화가 일어나는가?

① -2℃ 전후 ② 5℃ 전후 ③ 8℃ 전후 ④ 10℃ 전후

【문47】 게발선인장의 화아분화(花芽分化)가 되는 조건은?

① 10~18℃의 단일하 ② 10~18℃의 장일하
③ 18~23℃의 단일하 ④ 18~23℃의 장일하

【문48】 게발선인장의 개화에 관한 설명이다. 잘못 설명된 것을 고르시오.

① 21~24℃ 단일하에서 잘 개화된다.
② 12℃정도의 장일하에서도 잘 개화된다.
③ 17~18℃ 단일하에서 잘 개화된다.
④ 잘 자란 포기를 20℃의 8시간 일장에서 화아분화(花芽分化)한다.

【문49】 모란의 촉성시 10월 상순에서 11월 상순 사이에 1개월간 처리하는데 온도는 몇 도로 해야 하는가?

① 6~8℃ ② 10~12℃ ③ 15~20℃ ④ 20~25℃

【문50】 금어초는 몇 ℃정도에서 브라인드(Blind) 현상이 일어나는가?

① 0℃ 전후 ② 5℃ 전후 ③ 10℃ 전후 ④ 15℃ 전후

【문51】 금어초의 브라인드 현상(비화현상)의 원인은?

① 병충해 ② 고온 ③ 저온 ④ 다습

【문52】 금어초 촉성 재배시 9월경 파종하면 몇 월경 개화하는가?

① 1~2월 ② 2~3월 ③ 3~4월 ④ 4~5월

【문53】 아잘레아 류의 화아 형성은 언제쯤 인가?

① 4~5월 ② 5~6월 ③ 6~7월 ④ 7~8월

【문54】 팬지를 봄에 파종하면 어떤 현상이 일어나는가?

① 가을에 파종한 것보다 개화기가 빠르다.
② 가을에 파종한 것보다 생육이 좋다.
③ 가을에 파종한 것보다 개화가 느리다.
④ 아무런 영향이 없다.

【문55】 온대산 식물이 개화와 번식을 제일 잘 하는 시기는?
  ① 봄 ② 여름 ③ 가을 ④ 겨울

【문56】 시네나리아를 X-mas 때 꽃이 피게 하려면 어떻게 파종하여 생육시키는가?

  ① 8월 하순~9월 상순에 파종한다.
  ② 6월에 파종하여 지하 전등 밑에서 생육시킨다.
  ③ 10월에 파종하여 전조재배 한다.
  ④ 11월에 파종하여 단일조건을 유지시켜준다.

【문57】 식물재배에 있어서 고온 상태에 대한 설명이다. 잘못 말한 것은?

  ① 식물의 호흡작용을 촉진시킨다.
  ② 꽃의 빛깔이 더욱 화려하다.
  ③ 식물의 성숙이 빨라진다.
  ④ 개화시기가 빨라진다.

【문58】 저온에서의 식물생리에 대한 설명이다. 잘못된 것은?
  ① 호흡작용이 낮아진다.   ② 탄수화물이 많이 축적된다.
  ③ 꽃의 빛깔이 더욱 뚜렷하다.   ④ 개화와 번식이 빠르다.

【문59】 종자를 습한상태에서 20일 이상 5℃ 이하의 온도에 저장해 두어야만 발아 할 수
  있는 것은?
  ① 벚나무 ② 금어초 ③ 메리골드 ④ 아게라텀

【문60】 식물체에서 성형(成形:adultform)이란?

  ① 개화가 시작 되었을 때 꽃모양을 바로 잡아주는 것이다.
  ② 꽃이 잘 피도록 비료를 합리적으로 주는 것이다.
  ③ 온도의 감응을 받을 수 있는 묘령(苗令)에 달한 것을 말한다.
  ④ 꽃이 반듯하게 피도록 철사로 유인하는 것이다.

【문61】 버들눈(柳芽)이 생기는 화훼는?
  ① 글라디오라스(Gladiolus)   ② 글록시니아(Gloxinia)
  ③ 다이안더스(Dianthus)   ④ 국화(Chrisanthemum)

【문62】 다음 화훼 중 적심을 하지 않고는 재배할 수 없는 것은?
　① 카네이션(Carnation)　　　② 글라디오라스(Gladiolus)
　③ 거어베라(Gerbera)　　　　④ 논브랜칭 계의 스토크(Non-branching stock)

【문63】 다음 중 temperature programing을 이용하여 촉성재배(促成栽培)하는 식물은 어느 것인가?
　① 코스모스, 아마릴리스　　　② 튜립, 백합
　③ 은방울꽃, 루피너스　　　　④ 장미, 프리뮬라

【문64】 다음 중 고온과 건조에서 휴면하는 화훼는?
　① 시클라멘　② 수선　③ 철쭉　④ 튜립

【문65】 개화에 영향을 주지 않으면서 키를 작게 하는 생장 조절제는 다음 중 어느 것인가?
　① 지베렐린　② 카이네틴, ABA　③ CCC, B-9　④ 에틸렌, NAA

【문66】 일장 조절을 개화시키는 화훼는?
　① 카네이션, 튜립　② 다알리아, 수선　③ 국화, 포인세티아　④ 글라디오라스, 백합

【문67】 국화, 카네이션, 포인세티아는 주로 어떠한 방법으로 개화조절을 하나?

　① 온도조절에 의한 개화조절을 한다.
　② 일장조절(日長調節)에 의한 개화조절을 한다.
　③ 장일처리로 개화를 촉진한다.
　④ 수습(水濕)처리로 개화를 촉진한다.

【문68】 다음 설명 중 올바른 것을 고르시오

　① 국화는 개화촉성의 목적으로 춘화처리의 효과가 없다.
　② 튜립 구근의 휴면타파는 고온저장할 때 일어난다.
　③ 국화의 개화억제는 전조재배로 이루어진다.
　④ 온대산 식물의 종자는 충적저장을 하지 않아도 발아한다.

【문69】 글라디오라스의 개화시기를 늦추려면 어떻게 하는가?
　① 구경을 NAA 용액을 담갔다 심는다.
　② 구경을 OED 용액에 담갔다 심는다.
　③ 구경을 MH제에 처리 후 심는다.
　④ 구경을 냉장해서 심는 시기를 늦춘다.

【문70】 오옥신의 작용에 해당되지 않는 것은?

① 발근촉진작용(發根促進作用)
② 발아촉진작용(發芽促進作用)
③ 신장생육촉진(伸張生育促進)
④ 캘루스(Callus) 분화(分化) 억제

【문71】 비교적 특수한 방법으로 재배하여 생육이나 개화가 자연상태에서 보다 빨리 되게 재배하는 방법은?

① 불시재배　② 억제재배　③ 촉성재배　④ 무대재배

【문72】 탄수화물과 질소화합물의 비율을 무엇이라 하는가?
① K-N율　② C-N율　③ C-K율　④ P-N율

【문73】 화분표면에 착생하는 이끼를 방지해 주지 못하는 약품은?
① 나프텐산동　　　　② 카아멕스
③ 만네브다이센　　　④ 스프라사이드

【문74】 카바이트의 작은 덩어리를 잎통 속에 넣어 개화를 촉진시키는 화훼 종류는 어느 것인가?
① 야자류　② 아나나스　③ 싯서스　④ 콜레우스

【문75】 파인애플과 식물 개화 촉진에 사용하는 약품은?
① MH-30　② 지베렐린　③ 아세틸렌　④ 콜히친

【문76】 개화 효과에 관계가 없는 것은?
① N.A.A　② I.A.A　③ 아세틸렌　④ Amo-1618

【문77】 화분 가꾸기에서 왜화 재배로 쓰이지 않은 약제는?
① D.P.C　② Phosfon-D　③ C.C.C　④ B-9

【문78】 지베렐린이란?
① 발근을 억제하는 물질이다.　　② 줄기를 경화시키는데 쓰인다.
③ 발근을 촉진시키는 물질이다.　④ 수분의 증산작용을 억제한다.

【문79】 다음은 발근촉진에 사용되는 홀몬제를 설명한 것이다. 잘못 설명된 것을 고르시오.

① NAA는 생장촉진제로 화훼류 재배에 쓰인다.
② OED, 미크론은 삽수의 절단면에 발라야 발근한다.
③ Rooton은 분말로 된 발근촉진제이다.
④ IAA는 발근촉진제로도 사용하는 생장조절제이다.

【문80】 다음 중 발근을 촉진시키는 물질은 어느 것인가?
① Auxin ② Keinetin ③ Lanolin ④ Antianoxin

【문81】 다음 중 발근촉진제가 아닌 것은 어느 것인가?
① IAA ② NAA ③ EPN ④ IBA

【문82】 우리나라에서 현재 시판(市販)되고 있는 발근촉진제는?
① Atoton ② MH-30 ③ Rooton ④ OED

【문83】 IAA의 발근촉진에 사용되는 농도는?

① 40~200ppm에 24시간 침지
② 200~300ppm에 12시간 침지
③ 400ppm에 6시간 침지
④ 500ppm에 3시간 침지

【문84】 알파 나프탈렌 초산의 약자는?
① α-NA ② NAA ③ ANA ④ NBA

【문85】 다음 중 발근촉진제가 아닌 것은?
① NAA ② IBA ③ B-9 ④ Rooton

【문86】 다음 생장조절제 중 생장억제 물질이 아닌 것은?
① CCC ② PCPA ③ NAA ④ 지베렐린

【문87】 NAA, IBA의 발근촉진에 사용하는 농도는?
① 20~100ppm에 24시간 침지   ② 100~200ppm에 12시간 침지
③ 300~400ppm에 6시간 침지   ④ 500ppm에 3시간 침지

【문88】 다음 약품들은 화훼재배상 무슨 효과가 현저한가?

  NAA · IBA · IAA · 2, 4, 5T

  ① 접목의 활착촉진   ② 개화촉진
  ③ 발근촉진   ④ 과실의 비대와 성숙

【문89】 다음 중 왜화제(矮花濟)가 아닌 것을 고르시오.

  ① Phosfon-D   ② Amo-1618
  ③ MH(Malic hyrazide)   ④ 비나인(B-9)

【문90】 토양에 주입(注入)하면 유해(有害)한 억제제(抑制劑)는?

  ① CCC   ② Amo-1618   ③ Phosfon-D   ④ B-9

【문91】 다음 중 생장억제물질이 아닌 것을 고르시오.

  ① Phosfon-D   ② CCC   ③ PCPA   ④ B-9

【문92】 간접적인 발근촉진재는?

  ① IAA   ② OED   ③ IBA   ④ NAA

【문93】 지베렐린 효과와 관계가 먼 것은?

  ① 저온처리나 장일처리의 효과 대치
  ② 휴면유발
  ③ 휴면타파, 잎과 줄기생장
  ④ 화경의 신장촉진

【문94】 다음 억제제(抑制劑) 중 살포한 뒤 지베렐린을 처리하면 억제작용의 효력이 상실되는 것은?

  ① CCC(Cycocel)   ② Amo-1618   ③ Phosfon-D   ④ B-9

【문95】 분식(盆植)의 포인세티아(Poinsettia)에 탄산가스 처리를 하면 어떻게 될까?

  ① 키가 작아진다.
  ② 2주일 정도 빨리 출하할 수 있다.
  ③ 키가 40~60% 정도 커진다.
  ④ 아무런 변동이 없다.

【문96】 온실내의 식물에 탄산가스를 시여(施與)하는 시기는?

  ① 봄철부터 가을까지이다.   ② 가을철부터 봄철까지이다.

  ③ 여름철에만 시여한다.   ④ 봄철에만 시여한다.

【문97】 선인장 생장에 중요한 것은 온도이다. 발육하는 데는 어떠한 조건이 좋은가?

  ① 밤낮없이 온도가 고온이 되어야 한다.

  ② 밤낮없이 온도가 고온이고 모래땅이어야 한다.

  ③ 밤에는 고온이고 낮에는 저온이 좋다.

  ④ 밤에는 저온이고 낮에는 고온이 좋다.

【문98】 과꽃을 인위적으로 개화시키려면 어떻게 처리하나?

  ① 고온장일 상태로 가꾼다.   ② 고온단일 상태로 가꾼다.

  ③ 저온장일 상태로 가꾼다.   ④ 저온단일 상태로 가꾼다.

【문99】 다음 중 phytochrome와 관계가 먼 것은?

  ① 종자발아(種子發芽)

  ② 생육(生育) 및 화아형성(花芽形成)

  ③ 휴면(休眠) 및 구근형성

  ④ 종자부패(種子腐敗)

【문100】 일장과 일장반응에 대한 설명 중 틀린 것은?

  ① 겨울에는 일장이 짧고 여름에는 일장이 길다.

  ② 봄에 꽃피는 것은 장일성 식물이고 가을에 꽃피는 것은 흔히 단일성 식물이다.

  ③ 12시간보다 긴 일장에서 꽃피는 것은 장일성 식물이고, 짧은 일장에서 꽃피는 것은 단일성 식물이다.

  ④ 한계일장(限界日長)보다 긴 일장에서 꽃피는 것은 장일성 식물이고 짧은 일장에서 꽃피는 것은 단일성 식물이다.

정 답

1. ②	2. ③	3. ①	4. ①	5. ②	6. ④	7. ③	8. ②	9. ④	10. ②
11. ①	12. ③	13. ①	14. ③	15. ④	16. ③	17. ②	18. ③	19. ③	20. ①
21. ④	22. ③	23. ③	24. ④	25. ①	26. ③	27. ④	28. ③	29. ④	30. ②
31. ①	32. ③	33. ①	34. ①	35. ①	36. ①	37. ③	38. ②	39. ②	40. ①
41. ④	42. ②	43. ②	44. ①	45. ①	46. ④	47. ①	48. ①	49. ③	50. ①
51. ③	52. ③	53. ④	54. ③	55. ②	56. ②	57. ②	58. ④	59. ①	60. ③
61. ④	62. ①	63. ②	64. ①	65. ③	66. ③	67. ②	68. ③	69. ④	70. ④
71. ③	72. ②	73. ④	74. ②	75. ③	76. ④	77. ①	78. ③	79. ②	80. ①
81. ③	82. ③	83. ③	84. ②	85. ③	86. ③	87. ①	88. ③	89. ③	90. ④
91. ③	92. ②	93. ②	94. ②	95. ③	96. ②	97. ④	98. ①	99. ④	100. ③

제6장 토양관리와 비료

1. 토양

좋은 토양이란 부식이 풍부하고, 유효수분을 많이 함유하고 토양공극이 커서 공기함량이 많으며, 토양 속에서 생활하는 미생물의 번식이 잘 될 수 있는 흙을 말한다.

1 토양의 종류

토양의 입자의 크기에 따라
  ㉮ 자갈 : 굵기가 2mm 이상
  ㉯ 모래 : 0.2mm 이상 2mm 미만
  ㉰ 점토 : 0.2mm 이상(유기물 사용에 가장 큰 효과)

1) 사토
  ㉮ 공극이 커서 공기 유통은 좋으나 보수력이 약해 한해를 받기 쉽다.
  ㉯ 보비력이 약해 비료유실이 많다. (덩어리 비료(완효성 비료)사용)
  ㉰ 지온이 높다. 공극이 충분(개화촉진)하다.
  ㉱ 토양에 공극율이 높으며 유기물이 잘 분해할 수 있는 토양이다.

2) 사양토
 1,2년 초화류, 구근생산, 관엽식물에 적합한 토양이다.

3) 양토
 밭흙으로 유효수분을 가장 많이 함유하고 있다.
  ㉮ 보수력, 보비력, 통기성이 좋아 작물재배에 적합하다.
  ㉯ 층적토 : 물리적, 화학적 성질이 좋아 노지절화재배, 초화채종에 적합, 알뿌리 생산에 좋다.

2 토양의 구조

1) 단립구조 : 가루흙
  ㉮ 토립 알갱이가 하나하나 독립되어 존재하는 토양이다.

　　ⓝ 특징

　　　ㄱ 공기유동이 나쁘다.

　　　ㄴ 배수가 불량하다.

　　　ㄷ 지온상승이 느리다.

　　　ㄹ 공극량이 적다.

　　　ㅁ 물의 이동이 느리다.

　　　※ 토양의 공극 : 토양 알갱이 사이의 틈.

　　ⓓ 원인

　　　ㄱ 젖은 토양의 경운 작업

　　　ㄴ 옥수수 재배

　　　ㄷ Na이온을 가진 비료(칠레초석, 인분뇨 등) 사용

2) 입단구조 : 알갱이 흙

　독립된 토립알갱이 하나하나가 모여 큰 알갱이로 존재하는 토양이다.

　　㉮ 특징 : 공기유통이 좋다. 배수, 보수, 보비력이 좋다.

　　㉯ 원인 : 점토유기물 시용, 석회시용, 토양개량제(아크릴소일, 클리리움) 시용, 돌려짓기
　　　(목초재배), 퇴구비 시용.

③ 토양의 성분

① 기체성분(토양공기) : 통기성이 중요하다.

　㉮ 작물의 뿌리호흡작용에 필요하다.

　㉯ 작물에 이로운 박테리아 + O_2 → CO_2
　　　　　　　　　　　　　　　　(호흡)

　㉰ 익충들의 호흡작용에도 필요하다.

　※ 토양 속의 공기 유동은 확산에 의해 이루어 진다.

② 액체 성분(토양물)

　㉮ 화합수(화학수, 결합수, 결정수) : 분리되지 않는 물이다.

　㉯ 흡습수 : 가열하면 증발 분리되는 물이다.

　㉰ 팽윤수 : 토립의 표면에 흡착되어 수막층을 이루는 물질이다.

　㉱ 모관수 : 생육중 흡수하는 물로 식물이 이용한다.

　㉲ 중력수(유리수, 자연수) : 중력의 힘에 의해 아래로 이동하는 물이다.

③ 고체성분(고형분) : 광물질

토양의 3이상의 이상적 비율 : 기상(25%), 액상(25%), 고상(50%)

4 토양의 용수량

① 최대 용수량

토립 사이 공극이 전부 물로 차 있을 때 토양 속에 있는 수분량을 말한다.

② 최소 용수량 (포장 용수)

최대 용수량에서 중력수가 제거된 후 토양 속에 남아 있는 수분량을 말한다.

③ 위조계수(위조점)

토양수분이 점차 줄어 식물의 증산작용이 멎을 때 토양 속에 남아 있는 수분량을 위조계수라 하고 그 점을 위조점이라 한다.

④ 유효수분

토양 속에 남아 있는 수분 중 작물이 이용할 수 있는 수분량으로 포장용수량과 위조계수의 차를 말한다.

※ pF : 수분 장력을 나타내는 부호

2 관리

1) 토양의 보전

① 멀칭(Mulching) : 낙엽, 짚, 모래, 비닐, 톱밥, 니탄토 등.

㉠ 비에 의한 토양침식 방지

㉡ 비료분 유실 방지

㉢ 토양산성화 방지 : 알카리성 이온(Na, Ca, Mg)의 유실 방지

㉣ 토양 수분 유지

㉤ 토양입단 구조 유지

㉥ 토양 보온

㉦ 지온상승억제

② 윤작 : 돌려짓기

㉠ 연작의 해 : 연작으로 발생하는 문제점 예방.

㉡ 콩과(科) 작물 : 콩과 작물을 간작으로 이용하여 토양을 살린다.

③ 토양 침식 방지

㉮ 간접적 방법 : 비료시용(유기물), 석회시용, 나지(裸地)를 피복한다.
㉯ 직접적 방법 : 두엄사용

2) 토양반응

① 토양 산도(pH)의 범위
㉮ 작물은 pH 5.5~7.0 사이가 생육이 양호하다.
㉯ 토양의 산도와 작물의 비료분 흡수와의 관계
　㉠ 질소(N) : ・ pH 5.5~8.0 사이 흡수가 잘 된다.
　　　　　　　・ pH 5.5 이하에서는 흡수 불량하다.
　㉡ 인산(P) : ・ pH 7.5 이상 + Ca결합→불용성이 된다.
　　　　　　　(토양에서 인산성분이 빨리 유실되지 않는 이유)
　　　　　　　・ pH5.0 이하 + Al, Fe결합→불용성이 된다.
　　　　　　　・ pH5.0~7일 때 흡수 양호하다.
　　　　　　　(인산의 유효도가 가장 높은 토양은 미산성~중성이다)
　㉢ 칼륨(K) : 　pH 5~8까지 흡수 양호하다.
② 산성 토양의 원인
㉮ CO_2배출 : 작물, 미생물 등이 배출한다.
㉯ 인분뇨 시용 : 토양 속의 Na이 빗물에 용탈→산성화
㉰ 화학비료 시용 : 산기가 남아 산성화
③ 산성 토양의 단점
㉮ 물리적 성질이 나빠진다.
㉯ 토양 미생물의 활동이 줄어든다.
㉰ Fe, Al, Mn의 용해도 증가→독성
㉱ 유효성분인 인산의 감소(Ca + P→불용성<산성일 때>)
④ 산성토양의 개량
㉮ 석회사용 : 생석회, 소석회, 탄산석회
　　(파종시기 15일 전 중화반응을 위하여 시비한다)
㉯ 염기를 공급한다.
㉰ 유효인산을 공급(용성인비시용)한다.
㉱ 두엄을 사용하고 인분사용금지한다.
㉲ 나지상태로 오래 머물지 않게 한다.
㉳ 토양개량제 : 아클릴 소일, 크릴리엄, EB-α을 시용한다.
⑤ 토양 산도별 화훼류의 적응성
㉮ 강산성 : pH5~6에 적응하는 화훼

　　　•철쭉류, 아잘레아, 베고니아, 아나나스, 아게라텀, 꽃치자, 아디안텀, 그레마스티스 등.

㉯ 약산성 : pH6~7 적응하는 화훼
　　　•국화, 장미, 백합, 시클라멘, 포인세티아, 후크시아, 금어초, 심비디움, 카네이션, 스톡크, 페튜니아, 튜립

㉰ pH7에 적응하는 화훼류
　　　•백일홍, 만수국, 프리뮬러, 마가렛트, 과꽃

㉱ pH7이상에 적응하는 화훼류
　　　•시네나리아, 제라늄, 거어베라, 스윗트피, 금잔화, 저먼아이리스, 선인장, 루피너스

⑥ 인조용토 (비료성분이 전혀 없다)

㉮ 버미큐라이트(Vermiculite) : 질석
　㉠ 삽목 용토로 사용
　㉡ 운모를 고온으로 가열하여 만든 것
　㉢ 무균 인조토양

㉯ 퍼라이트(Perlite) : 모래 대용으로 사용한다.
　㉠ 모래보다 85% 가볍고 습도를 필요로 하는 구근류의 층적 재료
　㉡ 진주암(화산용암)을 고온, 가열해 낸 인조용토
　㉢ 건축용으로 쓰이는 단열재
　㉣ 회백색의 가볍고 다공질의 입자

㉰ 오스먼더 루트(Osmunda root) : 고사리뿌리, 양란류의 식재재료이다.

㉱ 피트(peat) : 습지에 퇴적한 니탄토로서 산선반응을 띤다. 보수력과 흡비력이 뛰어나다.

3) 토양소독

　토양 중에는 해충, 병원균, 바이러스 등 식물생육에 해를 입히는 생물이 많아서 작물이 큰 해를 입게 된다. 따라서 포르말린과 메틸브로마이드, 클로로피크린 등의 화학약품을 처리하여 토양살균을 하기도 한다.

　고온처리는 가장 완벽한 살균만이 아니라 해충과 잡초까지도 전부 죽이는 철저한 소독이 된다. 소규모의 것은 흙을 볶는 전열상에 흙을 넣고 전기를 통하여 가온한다. 규모가 좀 큰 것은 프레임 틀을 쌓아 올리고 그 안에 전선을 통하여 33~36시간 전류를 통해서 60℃로 지속하면 완전소독 된다.

① 토양소독 : 병원균 특히 네마토다(선충) 구제가 필요하다.

㉮ 소토법 : 흙을 85℃에서 10분간 가열하여 파종토에 이용하는데 토양구조가 파괴되기 쉽고 노력과 연료비가 많이 든다.

㉯ 증기소독법 : 고압증기를 이용 86℃에서 10분간 가열하는데 능률적이고 토양구조도 변하지 않는다.

㉰ 약제처리법 : 훈증제(클로피크린, 메틸브로마이드, D-D(선충구제). 호르마린)를 처리한다.

4) 토양 미생물

토양미생물의 종류와 형태는 복잡하고 생육과 밀접한 관계가 있다.

① 토양미생물이 식물생육에 유리한 점

㉮ 유기물을 분해하여 암모니아를 생성한다.

㉯ 유리질소를 고정 : Azotobacter, Azotomonas 등은 호기(好氣) 상태에서, Clostridium 등은 혐기(嫌氣)에서 단독으로 유리질소를 고정한다.

㉰ 암모니아태 질소를 질산태 질소로 변화시킨다.

㉱ 무기성분을 변화시킨다(인산의 용해도를 높이는 것),

㉲ 가용 무기성분을 동화하여 유실을 적게 한다.

㉳ 균사 등의 점질물에 의해서 토양의 입단을 형성한다.

㉴ 미생물간의 길항(拮抗)작용을 통하여 유해작용을 경감한다.

㉵ 호르몬성의 생장촉진물을 분비한다.

5) 토양 장해문제

① 연작의 피해

화훼류의 종류에 따라서는 매년 같은 작물을 계속하여 생산하면 연작으로 인한 장해를 가져온다. 따라서 노지에서는 매년 포장을 바꾸어 재배하지만 온실에는 토양을 갈아 넣어야 하므로 이에 대한 특별한 배려가 필요된다.

· 연작장해의 원인을 열거하면

㉮ 동일 종류의 뿌리에서 생육을 저해하는 유해물질이 나와 같은 종류의 생산이 불가능하게 되는 경우.

㉯ 토양염기나 황산근이 과잉 축적되어 장해를 일으키는 것.

㉰ 동일 종류를 재배하므로 선충(네마토타), 뿌리 응애, 기타 토양 병해의 밀도가 높아져서 피해를 주는 것.

㉱ 특정의 미량원소 결핍으로 생육이 불량하게 되는 경우가 있다.

여기서 ㉰의 경우가 가장 많으므로 이 경우는 토양소독을 해야한다.

② 염류 축적에 의한 피해

비교적 장기간 같은 곳에 온실이나 비닐하우스를 연용하면 작물의 생육이 나빠져 황화(黃化)된 식물의 모습을 볼 수 있다.

이것은 Na, Ca, Mg, Cl, K 등 염류(鹽類)가 식물에 이용되지 않고 토양에 흡착되어 소위 전기전도가 높아져 삼투압이 발달함으로써 식물이 자라기에 부적당한 조건이 된다.

이들 염류 중에서 K는 큰 문제가 되지 않지만 다른 성분들은 관수에 의한 수세(水洗), 객토(客土)를 하여 탈염 대책을 강구해야 한다.

3. 비료

1) 비료와 화훼

① 비료성분

· 다량성분 : N, P, K, Ca, Mg

· 미량성분 : Fe, Mn, S, Cu, Cl, B, Mo, Zn

㉮ 비료는 주로 이온의 형태로 흡수된다.

㉯ 수량체감의 법칙 : 비료를 많이 주면 줄수록 소출이 많아진다. 그러나 어느 한도가 지나면 소출이 적다.

㉰ 비료의 ┌ 적극적 흡수 - 이온
└ 소극적 흡수 - 확산

② 질소(N) : 흡수상태 - NO_3^+, NH_4^+

화훼의 성장을 왕성하게 하고 개화수도 많게 한다. 재배에 있어서 질소가 부족하면 성장에 가장 큰 지장을 가져와서 잎이 황색으로 변하고 꽃줄기가 낮고 개화도 제대로 못한다.

질소가 과다하면 병충해에 약해지고, 잎과 줄기가 약해진다.

③ 인산(P) : 흡수상태 - Po_4

인산이 결핍되면 생육이 나쁘고 경엽이 경화하게 되며 생육이 저하되고 잎과 줄기가 작게 된다. 일반적으로 개화결실에 많이 요구되는 비료이다. 과잉시 잎이 두터워진다.

④ 칼리(K) : 흡수상태 - K^+

칼리는 탄수화물과 일부 질소 대사에 관하여는 효소에 붙어 이들 물질의 이동과 저장에 도움을 주고 특히 줄기의 형성층 부근에 인산과 더불어 많이 집결되어 있다. 과다시 뿌리의 발육이 나빠진다.

칼리가 결핍되면 잎 주변이 황화되면서 마르고 이와 같은 증상이 묵은 잎에서 젊은 잎으로 확대되며 생육이 억제된다.

⑤ 석회(Ca) : 흡수상태 - Ca_2^+

석회는 세포를 튼튼하게 하며 웃자라는 것을 막고 체내의 유기산과 화합하여 이것을 중화하고 특히 화아형성(花芽形成)을 좋게 한다. 토양의 입단구조를 만들고 물리적 구조를 좋게 하며 토양을 중화시키고, 비료 효과도 있다.

석회가 결핍되면 식물의 생장점 또는 그 부근의 잎과 눈(芽) 및 꽃봉오리가 말라죽고 생장이 억제된다.

⑥ 기타(미량원소)

철(Fe)은 엽록소의 구성에 필요한 성분이고 온도가 낮으면 흡수가 불가능하다. 철의 결핍 증상은 배수가 잘 되지 않는 곳에서 자라는 어린 잎에서 가끔 볼 수 있고 호산성 식물이 알카리성 토양에서 자라거나 토양에 석회 또는 염분이 많을 때에도 철분 결핍이 나타난다. 철분 결핍시 잎맥만 녹색으로 남고 잎 전체가 황색이 된다. 철분은 산성 토양에서 결핍되기 쉽다.

마그네슘(Mg)도 엽록소의 구성 성분으로 결핍되면 역시 철분 결핍과 같이 잎이 혼동될 때가 많지만 화훼류에서는 중요성이 적다.

붕소(B) 결핍현상으로는 어린 잎의 기부의 발육이 약화되고 병반이 생긴다.

몰리브덴(Mo)은 토양 반응이 산성일수록 용출량이 크다.

2) 중요한 비료

① 무기질 비료

㉮ 황산암모니아 : 질소 단일 성분의 속효성 비료로 인산과 칼리와 동시에 이용하는 것이 좋다. 초목회 석회와의 사용은 안되지만 기비와 추비로 쓰인다.

㉯ 요소(尿素) : 질소 단일 성분의 비료(질소성분 46%)로 물에 잘 녹으며, 토양 중에서는 중탄산암모니아로 변한다. 과다시 암모니아 가스가 발생한다.

　추비로 적당하고 물에 타서 사용하는 것이 좋다,

　급속한 질소 결핍을 회복하려면 엽면살포를 하는 것이 좋다.

㉰ 석회질소 : 석회를 주성분으로 되어 있는 알카리성 비료로 60%의 석회를 함유하고 있는 질소 비료이다.

㉱ 용성인비 및 용과린 : 인산비율의 성분이 높은 알카리성 비료이므로 화훼재배에는 과린산석회보다 좋다. 마그네슘 석회규산철을 약간 함유하고 있다.

㉲ 염화칼리 : 칼리 함량이 51~58% 정도로 칼리성 비료인데 화학적으로는 중성이지만 생리적으로는 산성이다. 식토에는 기비로 사토에는 추비로 사용한다.

② 유기질비료

유기질비료는 대개 지효성이며 주로 식물성 및 동물성 비료가 이에 속한다.

㉮ 성분에 따른 비료의 분류

㉠ 질소질 비료 : 황산암모니아(유안), 요소, 질산암모니아, 석회질소

㉡ 인산질 비료 : 과린산석회, 중과린산석회, 용성인비

㉢ 칼리질 비료 : 염화칼리, 황산칼리

㉯ 비료 반응에 따른 비료의 분류

㉠ 생리적 중성, 화학적 중성 : 요소

ⓛ 생리적 산성, 화학적 산성 : 황산암모니아

ⓒ 생리적 알카리성, 화학적 알카리성 : 석회질소, 용성인비

㉺ 엽면살포의 이점

㉠ 뿌리의 기능이 쇠약해졌을 때 잎으로 비료분을 공급한다.

ⓛ 특정한 작물에만 시비 가능하다.

ⓒ 약제 살포와 병행할 수 있으므로 시비 노력을 절감할 수 있다.

㉣ 비료 효과가 속히 나타난다.

㉻ 엽면시비 농도

비료명	농 도	물1ℓ당 용량
요소 (N)	0.4%~0.8%	4~8g
인산 (P)	0.2%~0.3%	2~3g
염화칼슘 (Ca)	0.5%	5g

비료명	농 도	물1ℓ당 용량
황화철 (Fe)	0.2%~0.3%	2~3g
황화망간 (Mn)	0.2%~0.5%	2~5g
붕소 (B)	0.1%~0.3%	1~3g

□ 토양관리와 비료 문제

【문1】 배양토의 재료 중 뿌리발육에 좋지 않는 낙엽은?
　① 참나무　② 떡갈나무　③ 밤나무　④ 잣나무

【문2】 구근 화훼류가 좋아하는 토질은?
　① 점질토　② 사질양토　③ 사토　④ 찰흙

【문3】 토양의 역할이 아닌 것은?
　① 식물체에 양분을 공급한다.　② 식물체에 수분을 공급한다.
　③ 식물체에 고정한다.　　　　④ 양분을 생산한다.

【문4】 왕겨 훈탄의 배지(soil medium)에 있어 전공극율 80%이다. 함공기 공극량은 대략 몇 %나 될까?
　① 10%　② 20%　③ 30%　④ 40%

【문5】 용토의 배지(soil medium)에 있어 부엽토는 전공극율이 76.2%이다. 함공기 공극량은 대략 몇 %나 될까?
　① 26.5%　② 36.5%　③ 46.5%　④ 56.5%

【문6】 파종용 부엽토는 조제시 부엽 : 밭흙 : 개울모래를 몇 대 몇으로 하면 좋은가?
　① 5 : 3 : 2　② 1 : 4 : 5　③ 2 : 5 : 3　④ 3 : 5 : 2

【문7】 배양토를 만들 때 여러 가지 재료를 퇴적해서 얼마 정도 경과한 다음 사용 하는가?
　① 3~4개월　② 7~8개월　③ 10~12개월　④ 2년

【문8】 화목류의 삽목묘 배양토조합률은 부엽 : 밭흙 : 개울모래를 몇 대 몇으로 하면 좋은가?
　① 4 : 4 : 2　② 3 : 5 : 2　③ 1 : 7 : 3　④ 2 : 2 : 6

【문9】 다육식물 배양토 조제시 부엽 : 밭흙 : 개울모래를 몇 대 몇으로 하면 좋은가?
　① 3 : 6 : 7　② 4 : 4 : 2　③ 4 : 5 : 1　④ 1 : 2 : 7

【문10】 삽목용토로 다음 중 부적당한 것은 어느 것인가?
　① 모래　② 수태　③ 세사　④ 점질양토

【문11】 미스트 장치의 삽상(挿床)에 적합한 흙이 될 수 없는 것은?
　① 미세한 가루를 제거한 적토(赤土)
　② 약간 거친 모래
　③ 미세한 모래
　④ 퍼라이드(Perlite) 또는 피이트(Peat)

【문12】 배양토(培養土)란?

　① 낙엽을 퇴적(堆積)해서 썩힌 것을 말한다.
　② 토양을 퇴적 중화시킨 것에 유기물, 각종 거름을 섞어서 발효시킨 것이다.
　③ 떼알화(圍粒化)한 논바닥 흙을 말한다.
　④ 퇴비를 퇴적해서 4~5년 부숙시켜 체로 친 것을 말한다.

【문13】 부엽토의 재료로 적당치 못한 것을 고르시오.
　① 떡갈나무잎　② 참나무잎　③ 소나무잎　④ 밤나무잎

【문14】 노지절화재배나 초화채종재배에 적합한 토양은?
　① 충적토　② 사토　③ 점토　④ 이탄토

【문15】 난류의 착생용으로 쓰이는 종류는 어느 것인가?
　① 오스먼다　② 이끼　③ 톱밥　④ 점질토

【문16】 아나나스류·안스리움 심기에 알맞는 것은?
　① 부엽토　② 수태　③ 피이트　④ 왕모래

【문17】 이탄지의 하층에 있는 토탄으로 화훼류 재배에 적당한 것은?
　① 배양토　② 피이트　③ 수태　④ 오스만다

【문18】 선인장, 다육식물 등의 재배에 적합한 토양은?
　① 피트모스　② 경석(輕石)　③ 바아크(Bark)　④ 버미큐라이트

【문19】 다음 중 잘못 설명 된 것을 고르시오.
　① 화산회토(火山灰土)는 무기물과 유리알미늄이 많이 함유되어 산성이 되기 쉽다.
　② 황산암모니아는 황산기(黃酸基)를 남겨서 토양의 산성도를 높인다.
　③ 토양의 산성화는 유기물의 부패로 탄산이 생겨서 일어난다.
　④ 염화암모니아는 화학적 중성비료이기 때문에 토양을 산성화하지 않는다

【문20】 다음은 연작장해(連作障害)의 원인들이다. 이중 가장 큰 장해요인은?
　① 뿌리에서 유해물질 분비
　② 토양염기 및 황산근(黃酸根)의 과잉축적(蓄積)
　③ 동일 종류 재배로 인한 각종 해충의 밀도 증가
　④ 특정의 미량요소 결핍과 생육 불량

【문21】 연작(連作)을 해도 괜찮은 화훼는?
　① 튜립(Tulip)　② 과꽃(Aster)　③ 국화(Chrisanthemum)　④ 칸나(Canna)

【문22】 물이끼(수태)로 심는 것이 좋은 것은?
　① 선인장　② 시클라멘　③ 극락조화　④ 아나나스

【문23】 연작(連作) 피해의 원인이 아닌 것은?
　① 토양 중의 어떤 필요한 양분이 결핍되었을 때
　② 토양 물리성의 악화
　③ 유독물질의 축적
　④ 호기성 미생물의 증식

【문24】 장미재배에 알맞는 흙은?
　① 점토질이 많은 논흙
　② 점토질이 많은 밭흙
　③ 유기질과 인산질이 많은 부엽토
　④ 유기질이 약간 함유된 화산회토

【문25】 모래보다 86% 가벼우며 습도를 필요로 하는 구근류의 저장재료(貯藏材料)로 많이 쓰이는 것은 어느 것인가?
　① 피이트(Peat)　　　　　　② 퍼라이트(Perlite)
　③ 버미큐라이트(Vervmiculite)　④ 오스먼다(Osmunda)

【문26】 버미큐라이트(Vermiculite)의 무게는?
　① 모래보다 조금 무겁다.　　② 모래와 같다.
　③ 모래의 1/3 무게이다.　　④ 모래의 1/15 무게이다.

【문27】 버미큐라이트(Vermiculite)는 어느 정도의 물을 흡수할 수 있는가?
　① 모래와 같은 양　② 모래의 ½　③ 모래의 2배　④ 모래의 3배

【문28】 다음 중 가볍고 보수성(保水性)이 좋아 삽목이나 미세종자의 파종용토(播種用土)로 많이 쓰이는 것은?

① 바아크(Bark) 　　② 피이트(Peat)
③ 오스먼다(Osmunda) 　　④ 버미큐라이트(Vervmiculite)

【문29】 질석을 900℃의 고온에 처리하여 만든 것으로 모래의 1/15의 무게로 수분은 모래의 3배 가량 머금고 있는 원예용토는?

① 바아크 ② 버미큐라이트 ③ 경석 ④ 퍼라이트

【문30】 버미큐라이트(Vermiculite)가 아닌 것은?

① 진주암(眞珠岩)이라는 화산용암(火山溶岩)을 부수어서 만든 것이다.
② Montana 산의 운모상(雲母狀)의 토양으로 2000°F의 고온처리가 되어 있다.
③ 소성규토(燒成珪土)라고도 하며 건축용 재료로 사용하기도 한다.
④ 2차 대전 후 미국에서 화훼재배에 많이 쓰여지고 있다.

【문31】 버미큐라이트(Vervmiculite)란?

① 비료분이 전혀 없다.
② 질소 성분만 조금 있다.
③ 칼리 성분이 다소 있기 때문에 삽목의 발근이 잘 된다.
④ 인산 성분이 조금 들어 있다.

【문32】 습지에 초본류가 퇴적되어 생긴 것은?

① 바아크(Bark) 　　② 버미큐라이트(Vervmiculite)
③ 퍼라이트(Perlite) 　　④ 피이트(Peat)

【문33】 오스먼다 루-트(Osmunda root)란?

① 흰전나무, 붉은전나무의 뿌리이다.
② 꿩고비라는 양치식물의 뿌리를 건조한 것이다.
③ 습기 많은 산지(山地)에 야생하는 수태를 말한다.
④ Peat에 섞여 있는 수목의 뿌리를 말하는 것이다.

【문34】 바아크(Bark)가 잘못 설명된 것은?

① 물리적 성질이 Osmunda와 흡사하다.
② 선인장류를 심는 재료로 쓰인다.

③ 흰전나무 껍질과 붉은전나무 껍질로 되어 있다.
④ 바아크(Bark)는 수피(樹皮)라는 말이다.

【문35】 Perlite가 아닌 것은?

① 단열재료(斷熱材料)로 건축에 쓰이기도 한다.
② Peat나 수태 등의 산성재료와 혼합해서 중화시켜 사용도 한다.
③ 흑색의 가벼운 입자이다.
④ 진주암(眞珠岩)이라는 화산용암(火山溶岩)으로 만든 것이다.

【문36】 지피 포트(Jiffy pot)가 아닌 것은?

① 노르웨이에서 처음 만든 가식용분이다.
② 분 안쪽이 매끄러우므로 식물을 뽑기 쉽다.
③ 분재료에는 비료분도 함유되어 있다.
④ 수피(樹皮)의 파쇄편과 피트(Peat)를 혼합해서 압축 성형(成形)한 것이다.

【문37】 대부분의 화훼류에 적당한 토양산도는?
① pH 5.0~5.5 ② pH 5.5~7.0 ③ pH 7.0~7.2 ④ pH 7.3~7.5

【문38】 수국의 꽃 색깔은 어떤 토양에서 핑크색으로 되는가?
① 산성토양 ② 중성토양 ③ 알카리성 토양 ④ 비옥한 토양

【문39】 철쭉 재배에 알맞는 토양 산도는(pH)?
① 4.5~5.5 ② 5.5~6.0 ③ 6.0~6.5 ④ 6.5~7.0

【문40】 강산토양성(pH5~6)에서 잘 자랄 수 있는 화훼는?
① 백일홍, 메리골드
② 프리뮬러, 과꽃
③ 스위트 피이, 저먼 아이리스
④ 치자, 파인애플

【문41】 알카리성 토양(pH7~8)에서 잘 자랄 수 있는 화훼는?
① 철쭉, 진달래   ② 금잔화, 시네나리아
③ 아게라텀, 칼라   ④ 아디안텀, 치자

【문42】 강산성 토양에서 잘 자라는 화훼는?
　① 거베라(Gerbera)　　　② 스위트 피이(Sweet pea)
　③ 치자나무(Gerdenia)　　④ 저먼 아이리스(German lris)

【문43】 금어초의 토양반응도에서 최적반응도는 어느 정도인가?
　① pH 4~5　② pH 5~6　③ pH 6~7　④ pH 7~8

【문44】 알카리성 토양을 좋아하는 것은?
　① 철쭉　② 야자　③ 은방울꽃　④ 저먼아이리스

【문45】 국화 재배시 토양 pH 농도는 어느 정도가 알맞는가?
　① pH 3.0　② pH 4.0　③ pH 5.0　④ pH 6.0

【문46】 토성에 따라 꽃색이 달라지는 것은?
　① 루피너스　② 알리섬　③ 수국　④ 장미

【문47】 알카리성 토양에서 잘 자라는 화초는?
　① 스위트 피이(Sweet pea)　　② 아디안텀(Adiantum)
　③ 프테리스(Pteris)　　　　　④ 베고니아(Begonia)

【문48】 산성 토양을 교정 하는데 어떤 것을 사용하는가?
　① 용성인비　② 소석회　③ 황산암모늄　④ 질산나트륨

【문49】 산성토양의 장해가 아닌 것은?
　① Fe는 수용성으로 된다.
　② 양분 용탈이 심하다.
　③ 보수력이 상실된다.
　④ Al과 Mn의 과다현상이 나타난다.

【문50】 우리나라 농토의 평균 토양산도는 얼마인가?
　① pH 3.8　② pH 4.5　③ pH 5.6　④ pH 6.7

【문51】 구근류 생산에 알맞는 토양은?
　① 점질토　② 메마르고 건조한 땅　③ 충적토　④ 구릉지

【문52】 다음 중 토양 개량제가 아닌 것은?

① 버미큐라이트 ② 크릴리엄 ③ 아클릴소일 ④ EB-a

【문53】 톱밥에 대한 설명으로 맞지 않는 것은?

① 다공성(多孔性)이다.
② 보수력이 있다.
③ 수개월 부숙시키면 알카리성이 된다.
④ 보비력이 있다.

【문54】 토양 중에 산소의 함량이 얼마일 때 식물 생육이 가장 좋은가?

① 5~10% ② 10~20% ③ 20~30% ④ 30~40%

【문55】 특수토양으로서 화분이나 하우스 내의 표토건조 방지로 쓰이는 것은?

① 제오라이트 ② 퍼라이트 ③ 수태 ④ 부엽토

【문56】 질소를 고정하는 토양미생물이 아닌 것은?

① 뿌리혹 박테리아(근류균)　② 아조토박타
③ 글로스트리듐　④ 바이러스

【문57】 다음 질소비료의 형태 중에 시아나미트태 질소에 속하는 것은?

① 석회질소 ② 초산 칼리 ③ 황산암모늄 ④ 완숙퇴비

【문58】 스위트 피이(Sweet pea)에 칼리가 과잉하게 되면 어떠한 증상이 나타나는가?

① 잎에 자주 또는 갈색 무늬가 생긴다.
② 뿌리가 왜소화하고 잎이 황화(黃化)한다.
③ 잎이 농록색으로 되고 연약해 지고 성숙이 늦어진다.
④ 잎이 가장자리로부터 밑부분으로 말라 들어간다.

【문59】 비료분의 요구도가 가장 낮은 화훼는?

① 국화(Chrisanthemum)
② 장미(Rose)
③ 프리믈러 오브코니카(Primula obconica)
④ 거베라(Gerbera)

【문60】 비료분의 요구도가 많은 화훼는?
　① 아디안텀(Adiantum)
　② 아스파라거스 프로모서스(Asparagus Plumosus)
　③ 치자나무(Gardenia)
　④ 카네이션(Carnation)

【문61】 국화에 요소(尿素)를 엽면 살포하는 경우 몇 % 액을 뿌리는 것이 안전한가?
　① 0.3%　② 0.4%　③ 0.5%　④ 0.6%

【문62】 질소・인산・칼리 3성분을 혼합해서 부패 발효시켜 건조할 때 물을 부어 밤알 크기의 덩어리로 만들어 쓰는 거름이 있다. 무엇이라고 하는가?
　① 치비(置肥)　② 기비(基肥)　③ 괴비(塊肥)　④ 원비(元肥)

【문63】 토양수에는 식물성장에 쓰이는 물이 있다. 바르게 짝지어 진 것은?
　① 화합수-중력수　　　　② 흡착수-화학수
　③ 모관수-중력수　　　　④ 흡습수-팽윤수

【문64】 식물이 생장하는데 적당한 토양수분의 함유량은 토양용수량의 어느 정도인가?
　① 30~40%　② 40~50%　③ 50~65%　④ 60~75%

【문65】 화훼재배를 위해서 토양소독을 하려고 한다. 토양습도가 어느 정도인 때 하는 것이 좋은가?
　① 10%　② 20%　③ 30%　④ 40%

【문66】 분식용토(盆植用土)를 건열법(乾熱法)에 의해서 소독하고저 한다. 철판 위에 축축한 흙을 얹어놓고 뚜껑을 덮고, 가열하는데 알맞는 온도와 시간은?
　① 65~75℃에 30분간　　　　② 75~82℃에서 20분간
　③ 83~93.3℃에 10분간　　　　④ 95~100℃에 15분간

【문67】 토양개량제를 사용해서 분흙을 떼알조직(團粒組織)으로 만들면 그 효과가 얼마정도 유지되는가?
　① 1~2개월　② 2~3개월　③ 4~6개월　④ 8개월

【문68】 토양의 소토소독(燒土消毒)에서 병균, 해충, 및 잡초종자의 소멸에 알맞는 온도와 시간은?
　① 70℃에서 20분간　② 80℃에서 10분간　③ 90℃에서 8분간　④ 100℃에서 5분간

【문69】 다음 토양소독제 중 자극성이 강하고 최루성(催淚性)이 있는 약품은?

① 클로로피크린(Chloropicrin)
② 석회질소
③ 메틸브로마이드(Methylbromide)
④ 유황제

【문70】 클로피크린(Chloropicrin)의 토양소독 방법을 쓴 것이다. 잘못 설명된 것을 고르시오.

① 저온기일수록 효과가 높으므로 서늘한 때 사용한다.
② 60㎡당 5㎖씩 주입(注入)한다.
③ 주입 후에는 7~10일간 비닐로 덮어둔다.
④ 비닐을 거둔 뒤에는 잘 갈고 7~10일간 가스를 날려 보낸다.

【문71】 포르말린(Formalin)으로 토양소독을 하는 과정을 설명한 것이다. 잘못 설명된 것을 고르시오.

① 포르마린(40%) 20~50배액을 뿌리고 거적으로 덮는다.
② 포르마린 희석액을 뿌린 1~2주 뒤에 2~3회 흙을 헤치고 가스를 뺀다.
③ 토양소독 후 4~5일 후이면 파종해도 좋다.
④ 포르마린은 피부에 닿아서는 안된다.

【문72】 토양살균에 쓰이는 약품은?
① 크롤피크린 ② 에틸렌클로로하이드린 ③ 헵타 ④ 다이아지논 입제

【문73】 공기보다 3.2배 무겁고 네마토다나 곤충의 사멸력(死滅力)은 높으나 살균력은 없으며 잡초의 종자도 죽일 수 있는 토양 소독제는?

① DD
② 클로로피크린(Chloropicrin)
③ 포르말린(Formalin)
④ 메틸브로마이드(Methylbromide)

【문74】 메틸브로마이드(Methylbromide)로서 상토 소독을 하고져 한다. 30㎠당 어느 정도의 처리를 하면 효과가 있는가?
① 3cc ② 5cc ③ 10cc ④ 15cc

【문75】 다음 비료 과잉시비에서 꽃봉오리의 낙뢰, 악할의 원인이 되는 것은?
① 질소(N) ② 인산(P) ③ 칼리(K) ④ 칼슘(Ca)

【문76】 인산 비료의 생리작용으로 해당하지 않는 것은?

① 세포핵 구성 ② 에너지 전달효소의 생성

③ 엽록소 생성 ④ 결실 저해

【문77】 토양의 이화학적 성질을 좋게 하여 비료분 흡수를 돕고 토양미생물 활동을 도와주는 비료는?

① 철(Fe) ② 석회(Ca) ③ 구리(Cu) ④ 아연(Zn)

【문78】 엽록소 생성에 관여하고 광합성, 호흡, 뿌리의 이온흡수 등을 저해하기도 하는 원소인데, 산성토양에서는 독(毒)작용이 나타나고 결핍은 석회과용이나 석회질 비료에서 나타나는 비료는?

① 망간(Mn) ② 철(Fe) ③ 모리브덴(Mo) ④ 염소(Cl)

【문79】 붕소(B)에 대한 설명으로 올바르게 된 것은?

① 질소고정균에 작용하고 조직 중에 인산대사를 정상화시킨다.

② 탄수화물대사, 단백질합성에 관여하며 생장점 분열에 작용한다.

③ 내병성을 높이며 인산흡수를 도와준다.

④ 광합성에서 물의 분해와 질소대사의 질소환원에 관계하며 비타민 C의 합성에 관계한다.

【문80】 철 결핍현상에서 황산철로 엽면시비코자 한다. 알맞는 농도는?

① 0.1~0.3% ② 0.2~0.5% ③ 0.5~0.7% ④ 1.0~2.5%

【문81】 비료의 3요소는 무엇인가?

① N.I.K ② N.P.K ③ S.P.K ④ F.N.K

【문82】 생장과 관계되는 비료는 어느 것인가?

① N ② P ③ K ④ Ca

【문83】 다음 중 유기질 비료가 아닌 것은 어느 것인가?

① 어박 ② 유박 ③ 질산암모니아 ④ 초목회

【문84】 화훼류에서 인산성분이 결핍되면 어떠한 증상이 나타나는가?
　① 생육이 저해되고 잎과 줄기가 경화된다.
　② 위축된 생육을 한다.
　③ 묵은 잎과 낙엽이 된다.
　④ 잎이 작아지고 황변(黃變)한다.

【문85】 뿌리 형성층의 세포에 많이 들어 있는 비료는 어느 것인가?
　① 질소　② 인산　③ 칼리　④ 칼슘

【문86】 꽃눈 분화와 관계가 비교적 적은 요소는?
　① 햇볕　② 온도　③ 수분　④ 미량요소

【문87】 식물체의 원소중 C.H.O는 대개 몇 %정도 되는가?
　① 65% 이상　② 75% 이상　③ 85% 이상　④ 95% 이상

【문88】 계분에 많이 들어 있는 비료 성분은 무엇인가?
　① N.K　② N.P　③ P.K　④ N.S

【문89】 초목회에 많이 들어 있는 비료성분은 무엇인가?
　① N　② P　③ K　④ S

【문90】 종자·열매·꽃에 함량이 많은 비료는 어느 것인가?
　① 질소　② 인산　③ 칼리　④ 유황

【문91】 화학 비료나 약제의 분해물이 축적되어 염과잉 현상이 나타난다. 이에 가장 강한 것은?
　① 국화　② 장미　③ 스토크　④ 동백

【문92】 절화의 질이 좋아지고 구근의 수량이 많아지는 비료는?
　① N　② P　③ K　④ Mg

【문93】 분식(盆植)한 프리뮬러, 시네나리아 등에 질소분이 많으면 어떻게 되는가?
　① 잎의 크기에 비하여 꽃 수가 적다.
　② 아주 건실하게 자란다.

③ 꽃이 늦게 핀다.
④ 잎이 반대쪽으로 말린다.

【문94】 화훼의 종류에 따라 시비율은 일정하지 않으나 대체로 3요소의 비율은?
① 3 : 2 : 1　② 3 : 1 : 1　③ 1 : 3 : 1　④ 1 : 2 : 3

【문95】 국화 재배시 유기질 비료로 적당하지 않은 것은?
① 골분　② 깻묵　③ 쌀겨　④ 어비

【문96】 화초 생육에 알맞도록 각종 성분을 고루 섞은 특수 비료는?
① 하이포넥스　② 오.이.디　③ 제오라이트　④ 바아크

【문97】 화초 재배시 요소비료의 엽면시비에 알맞는 농도는?
① 0.3%　② 0.03%　③ 0.003%　④ 3%

【문98】 이산화탄소의 거름주기 방법으로 적당한 것은?
① 카바이트 분해　　　　② 석회 엽면시비
③ 기름의 완전연소　　　　④ 계분의 발효

【문99】 화초의 물거름을 깻묵 3 : 쌀겨 2 : 물 10의 비율로 만들었다. 몇 배액으로 희석하여 주는 것은 좋은가?
① 3~5배　② 10~20배　③ 50~100배　④ 100~200배

【문100】 꽃, 열매, 종자의 비료라 불리우는 비료 성분은?
① 질소　② 인산　③ 칼리　④ 붕소

정 답

1. ④ 2. ② 3. ④ 4. ④ 5. ② 6. ① 7. ① 8. ① 9. ④ 10. ④
11. ③ 12. ② 13. ③ 14. ① 15. ① 16. ② 17. ② 18. ② 19. ④ 20. ③
21. ④ 22. ④ 23. ④ 24. ② 25. ② 26. ④ 27. ④ 28. ④ 29. ② 30. ①
31. ① 32. ④ 33. ② 34. ② 35. ③ 36. ② 37. ② 38. ② 39. ① 40. ④
41. ② 42. ③ 43. ② 44. ④ 45. ④ 46. ③ 47. ① 48. ② 49. ① 50. ③
51. ③ 52. ① 53. ③ 54. ③ 55. ③ 56. ④ 57. ① 58. ② 59. ③ 60. ④
61. ② 62. ③ 63. ③ 64. ④ 65. ② 66. ③ 67. ③ 68. ② 69. ① 70. ①
71. ③ 72. ① 73. ④ 74. ② 75. ① 76. ④ 77. ② 78. ② 79. ② 80. ②
81. ② 82. ① 83. ③ 84. ① 85. ③ 86. ④ 87. ④ 88. ② 89. ③ 90. ②
91. ① 92. ③ 93. ① 94. ③ 95. ① 96. ① 97. ② 98. ③ 99. ② 100. ②

제7장 화훼 수확과 이용

1. 채종

추파종자의 채종은 6~7월, 춘파종자의 채종은 8~10월이 채종적기인데 채종지는 비가 적은 지방이 적합한다. 세계적인 3대 채종지는 캘리포니아의 로스앤젤레스, 덴마크의 코펜하겐, 일본의 북해도 삿뽀로인데 6~8월에 기온이 20℃내외, 강수량도 100㎜미만이며 개화기(開化期)에서 등숙기(登熟期)가 가까워지므로 강우량과 공중습도가 적기 때문에 초화종자 채종지로 자리를 잡게 되었다.

난지(暖地)에서는 여름 채종을 할 경우 고랭지 중에 강우량이 적은 지역을 선정해야 하는데 이는 산악지대의 기온이 낮에는 매우 높으나 밤에는 낮기 때문에 수정된 종자는 성숙이 충실해지기 때문이다.

1) 채종 기술

1대 잡종 채종에서는 인공교배를 필요로 하는데 제웅(除雄) 및 수분(授粉)에 경제성의 논란이 일어나므로 웅성불임성이나 자가불화합성을 이용하는 일이 필요하다.

자가수정에 의해 내혼약세(內婚弱勢)가 일어나는 구근 베고니아, 글록시니아, 렉스베고니아 등은 자가수정을 피하는 것이 좋다.

2) 품질열변(劣變)의 방지

고정품종의 순도를 계속 유지하여 품질열변을 방지하려면 우량한 원종의 보존과 함께 품종 간의 격리재배로 자연교잡을 방지하고 자가수분화훼는 우량계통 및 개체간의 교배로 내혼약세를 방지하여 환경적으로 교배가 가능한 시기에 채종하도록 한다.

백일홍은 단일조건하에서 설상화(舌狀花)의 비율이 감소되고 장일조건하에서는 그 비율이 높아지며 10월 이후가 되면 완전히 겹피기도 관상화(管狀花)가 나타나서 겹피기가 동지간(同志間)에 교잡이 가능해진다.

그러므로 6~7월의 장일간에는 홑피기와 반겹피기는 도태하고 10월 이후에 개화하는 것을 채종하는 것이 안전하다.

① 자연교잡 방지

분리격리재배하여 채종하고 타화수분화훼(他花受粉花卉)는 모본을 엄선하여 채종해야 한다.

자연교잡 방지를 위한 격리거리는 다음과 같다.

·50~70m 거리 : 과꽃, 팬지, 샐비어, 페튜니아, 채송화

·400m 거리 이상 : 백일홍, 맨드라미, 메리골드, 코스모스, 금잔화

② 내혼약세 방지

자가수분화훼는 우량계통 및 개체간의 교배를 하여 세력을 회복시켜가며 채종하면 된다.

③ 환경과 적지에서 채종

백일홍의 10월 이후 개화주 채종 때 완전겹꽃도 관상화가 나타나기 때문에 교배가 가능하다.

3) 채종재배와 방법

종자를 대량 채종하려면 생육 중에 적당한 시비가 필요한데 특히 인산과 칼리의 겹핍이 되지 않게 한다. 채종방법으로는 적취법(摘取法)과 예취법(刈取法)이 있다.

① 적취법

종자가 성숙하면 비산(飛散)하기 쉬워 적기에 채종해야 되는 것으로 팬지, 플록스, 채송화, 봉선화는 종자의 꼬투리가 성숙하면 비산열개(飛散裂開)하고 샐비어는 동요(動搖)에 의해 낙하하며 클레피스는 관모(冠毛)에 의해 비산한다.

② 예취법

종자꼬투리가 강우나 안개로 병해를 입거나 때로는 건조로 배아(胚芽)가 고사할 염려가 있어 종자가 80% 정도 성숙하면 낫으로 베어 건조한 후 조제해야 되는 것으로 과꽃, 금잔화, 금어초, 백일홍, 코스모스, 백합이 있다.

4) 채종지의 환경조건

① 온도

개화결실기에 15~20℃ 전후가 좋은데 채종지로서는 도서(섬) 또는 해변지역, 고랭지가 알맞다.

② 비료

영양생장을 충실하게 시비하고 화아형성기에는 인산, 칼리를 위주로 시비를 한다.

③ 개화기와 채종

춘기화훼는 여름철에 채종하고 하기와 추기에 개화하면 가을철에 채종한다. 시클라멘, 거베라, 시네나리아. 프리뮬라, 칼세오나리아 등은 온실이나 망실내에서 춘~하기에 채종한다. 가을철 채종은 8월 하순부터 평균기온 15~20℃가 되어 10월까지 계속하고 강우량이 적은 지역이 좋다.

5) 조제와 저장

채종된 종자는 음건하여 강우 및 다습에 의해 부패와 발아력 감퇴를 줄여야 한다. 종자의 장기 저장에는 1~5℃의 일정한 온도가 필요하며 습도는 45~50%로 유지한다. 용기는

종이주머니나 상자 또는 건조기나 양철통이 쓰인다.

종자건습제로는 염화석회, 생석회, 목탄, 산성백토, 황산, 글리세린, 아도솔 따위를 넣어 저장한다. 일반적으로 45%정도의 공중습도에서 종자의 함수량은 4.5~10%이며 80%에서는 12~16%이고 보통 풍건종자의 함수량은 10%내외이다.

6) 구근의 수확 및 저장

추식하여 겨울동안 생장하고 봄철에 개화하는 튜립, 수선, 히야신스, 칼라, 라난큘라스, 시클라멘, 빈틈나리 등은 늦은 봄에서 초여름에 굴취하고, 춘식하여 봄에 발아하여 생육한 뒤 가을철 기온이 낮으면 휴면하는 글라디오라스, 칼라디움, 다알리아, 아마릴리스, 칸나, 글록시니아, 구근베고니아 등은 가을철에 굴취한다.

일반적으로 일찍 굴취하면 수량이 감소되고 외피가 얇고 여린 색이며 외피가 코르크질인 것은 열피(裂皮)가 잘 되고 화아분화기가 빨리 오나 저장양분이 적어 꽃이 빈약하다. 늦게 굴취하면 수량이 많고 외피가 두껍고 짙은 색이며 병해의 피해가 많고 화아분화가 늦게 오나 꽃은 우량하다.

   ㉮ 초여름에 캐는 구근은 지상부 잎이 마르기 시작하여 1/2~1/3정도 황변할 때인데 구근촉성재배가 목적이므로 한 달 정도 차이를 둘 때는 조기촉성용 구근은 일찍 굴취한다.

   ㉯ 가을에 캐는 구근은 3℃정도 기온이 수회 반복될 때 굴취한다.

① 수확시 주의점

아이리스나 글라디오라스와 같은 구경과 수선 같은 인경은 굴취할 때 잎을 붙여 캐고 건조는 음건 또는 풍건을 하되 늦가을 햇볕이 약할 때는 햇볕에 건조한다.

수확된 구근 중에 튜립, 히야신스, 수선, 글라디오라스, 프리지아는 공기 중에 습도가 낮아도 위축되지 않으므로 얕은 상자에 펴서 풍건시키고 백합, 칸나, 진저어 같은 구근은 습도가 낮으면 위축하므로 음건시켜 흙이 마르면 털어버리고 빨리 습기 있는 버미큐라이트 또는 모래나 톱밥 속에 묻어 저장한다.

② 저장시 주의점

저온에서 휴면하는 다알리아, 칸나 등은 알맞는 온도(4.4~7.2℃)와 습도(75%)에 저장하고 여름에 저장하는 구근은 저장실이나 실내에서 선반에 펼쳐 통풍이 잘 되게 한다.

참고 튜립은 잎과 꽃의 분화가 저장 중에 일어나므로 저장온도는 20~30℃가 좋다. 구근의 일반적인 저장온도는 5℃에 습도 75~80%이다.

③ 큐어링(curing) 법

구근의 본저장에 앞서 굴취 중에 입은 상처를 코르크화하여 병균의 침입을 방지하는 주피형성(周皮形成) 작업으로 22~37℃로 90~95%습도에 3~4일 처리한다.

④ 저장방법

움저장, 실내선반저장, 온실내 음지저장, 노지 방임저장 등 일반적인 저장법과 파라핀코팅 법, 큐어링 법 등이 있다.

7) 절화의 수확과 저장

① 절화의 채화시기 온도

식물의 호흡율 및 기타 대사작용은 온도에 비례함으로 수확 후 저장 및 수송은 가능한 낮은 온도라야 한다.

② 저온저장

일반적으로 4~10℃로 유지시켜 주며 절화 용기에 꽂아서 3cm정도로 잠기게 한다. 장미, 카네이션, 튜립 등은 4~7℃ 기타 1년초는 10℃정도에 저장한다.

저온저장의 효과는 저장 후 출하시의 신선도를 유지시켜줄 뿐만 아니라 절화가 가지고 있는 수명 자체도 연장시켜 준다. 최근의 절화 저온저장의 경향은 4~10℃보다 더 낮추어 꽃이 동해를 입지 않는 정도의 온도까지 낮춘다.

참고 습도가 90~95%인 경우 꽃잎이 많은 것은 곰팡이가 피기 쉽다. 습도가 70~75%의 경우 꽃잎이 마르므로 80%를 표준으로 한다.

③ 저온건조저장

절화의 출하기를 성수기에 맞추어야 할 경우 부득이 상당 기간을 저장해 두어야 할 필요가 생긴다. 이 방법은 저온저장과는 달리 물에 꽂아놓지 않고 0~0.5℃의 온도에 보관한다. 즉 채화 후 즉시 큰 용기에 담아 0~0.5℃의 저장실에 밀봉한 상태로 둔다.

출하시에는 저장실에서 꺼내어 절단부를 약 3cm 가량 자른 후 따뜻한 물에 꽂아 물을 흡수시킨다. 이렇게 하면 2~3시간 후면 꽃이 싱싱하게 되살아난다. 소국은 1개월, 장미, 카네이션은 약 3주간 보관할 수 있다.

④ 주요 절화류의 채화 방법

구분	종 류	채 화 방 법	채화 길이
노 지	과 꽃	7~80% 핀 것을 지표에서 자름.	50cm
	거베라	개화 2일째날 지표에서 자르고 잎은 따로 자름.	35
	금잔화	1~2월은 80%개화, 3월은 60%개화.	35
	국 화	중형 : 70%, 대형 : 80~90% 소형 : 50~60% 개화	80
	글라디오라스	1번화가 약간 착색될 때	85
	작 약	개화 직전	80
	다알리아	반쯤 핀 것.	40~50
시 설	아이리스	봉오리가 착색될 때	45
	아마릴리스	화경 밑부분을 자르며 잎은 별도로 채취	50
	금어초	겨울 : 90% 개화, 봄 : 70% 개화	55
	칼 라	한 대에 5~6송이가 필 때	75
	백 합	20%정도 피었을 때	80
	튜 립	1번화의 개화 전날	70

⑤ 절화의 수명연장

절화는 계속적인 수분의 공급이 있어야 생명을 유지할 수 있다. 절화의 수분 흡수는 거의 전량이 절단부분을 통하여 흡수되며 흡수량 및 절화에 의한 증산량은 온도에 비례한다. 절화의 수명 연장을 위해서는 수분의 흡수를 도와주고 호흡량을 줄이며 호흡에 의하여 소모되는 양분을 공급해 줌으로써 가능하다.

또는 절화를 꽂은 물에 병균이 증식되어 절단면에 침입을 하게 되면 도관조직이 막혀서 수분의 흡수가 어려워져 결과적으로 꽃이 시들게 되므로 항상 병균이 없는 상태로 꽃의 물을 갈아주어야 한다.

가장 중요한 설탕의 농도는 절화의 종류에 따라 흡수율이 다르므로 조정이 필요하나 대부분의 경우 2~5%선이다. 상품으로 나와 있는 절화수명 연장제로서는 에비브름, 플로라라이프, 로오즈라이프 등이 있다.

참고 CA저장(controlled atomosphere storage) : CO_2의 양을 늘리거나 100% 질소가스로 채우는 방법으로 3주간 저장해도 품질이 떨어지지 않는다.

⑥ 절화의 흡수 조장

㉮ 기계적 방제법 : 포인세티아, 양귀비 등 즙액이 많이 나오는 종류는 절단부분을 두

들겨 주거나 불에 태워서 꽂으면 수분의 흡수가 용이하다.

㉯ 열탕처리 : 포인세티아, 양귀비 등의 꽃이 시들었을 경우 절단부분부터 1㎝정도를 1 ~3분간 끓는 물에 처리하면 회복이 빠르다. 처리시에 윗부분은 신문지 등으로 싸서 열기를 받지 않도록 한다.

㉰ 온수처리 : 다알리아는 손을 담글 수 있을 정도의 따뜻한 물에 담구었다가 찬물에 1 시간 정도 옮겨 꽂으면 일시 시들은 꽃이 소생한다.

⑦ 절화 가공

㉮ 절화의 염색 : 카네이션의 경우에는 0.1g의 라이트그리인 액(液)으로 온실에서 약 1 시간 이내에 꽃잎이 잘 염색되며 가끔 이용하는 꽃 물감으로는 청록색, 청자색, 청색, 적자색, 담록색 등이 이용된다.

⑧ 건조화(乾燥化)

건조화는 가공화(加工化)로서, 자연화 또는 식물체를 단순히 건조시켜 그대로 불결한 부분을 제거시키는 등의 손질을 하고 이용하거나, 건조시킨 재료에 콜로이드이온, 비닐, 발삼 등을 녹여 저온에서 송풍건조(送風乾燥)시키면서 살포하여 보기 좋게 광택을 낼 수 있다.

또한 표백제 재료를 그대로 이용하기도 하는데 이 때에는 표백액으서 전체를 100으로 보았을 경우 80℃내외의 물 90~94 차아염소산소오다 5~9와 빙초산 1의 비율로 혼합한 액을 계속 80℃를 유지하면서 10~30분간 표백하고 물로 잘 씻는다.

2. 화단 조성

1) 평면화단

① 양탄자 화단(모전화단)

키작은 식물로 밀식하되 다른 색 꽃으로 장식하여 꽃으로 무늬를 만든 화단이다.

2) 입체화단

① 기식화단(모둠화단)

중앙에 키가 큰 식물을 심고 점차로 낮은 식물을 심어 사방에서 감상할 수 있다. 그러므로 도로의 중앙에 설치하는 것이 알맞다.

② 경재화단(살피화단)

좁은 통로나 건물을 따라 폭 1~2m 정도의 공간에, 뒤쪽은 키 큰 식물(관목 사용 가능)을 심고 앞쪽에는 키 작은 초화를 심는다.

③ 옹벽 화단과 테라스 화단

비탈진 곳에 돌로 축석을 한 후 그 틈에 자랄 수 있는 강한 종류를 심어 꾸미는 옹벽화단과 계단 모양으로 축석을 한 후 꾸미는 화단을 테라스 화단이라 한다. 이 화단에는 페튜니아, 스위트피, 알리섬, 바베나, 왜성 맨드라미 등 키가 낮은 종류를 심는다.

3. 육 종 (育種)

1) 수정 (受精)

암수 두 배우자가 합체하여 접합자를 이루는 것을 수정이라고 한다. 화분립 안에 1개의 영양핵과 1개의 생식핵 즉 2개의 핵이 들어 있는 화훼류(장미과, 백합과, 붓꽃과, 가지과, 콩과 등) 및 1개의 영양핵과 2개의 정핵 즉 3개의 핵이 들어 있는 3핵성 화분의 화훼류(국화과, 태극과, 벼과 등)가 있다.

피자식물에서는 수분이 되면 꽃가루가 발아하여 꽃가루 관이 뻗어나와 암술대를 통과하여 주공으로부터 배낭에 들어간다. 꽃가루에 있던 2개의 정핵 중 1개는 난세포와 결합하여 배(胚)가 되고 다른 1개는 극핵과 결합해서 배젖(胚乳)이 된다. 이와 같이 파자식물에서 난핵과 극핵의 수정이 함께 이루어지는 현상을 중복수정이라고 한다. 염색체의 조성은 배가 2n(n + n) 배젖이 3n(n + n + n)으로 된다. 수정을 할 때 자가수분에 의해서 수정되는 것을 자가수정이라고 하며 자가수정으로 생식하는 것을 자식(白殖)이라 한다.

자식을 하는 식물을 자가수정작물 또는 자식성작물이라고 한다. 한편 타가수정으로 생식하는 것을 타가수정(他家受精)이라고 하고 타가수정으로 생식하는 것을 타식(他殖), 타식하는 작물을 타가수정작물 또는 타식성 작물이라고 한다.

처음에는 잡종성이 심한 혼계집단이라도 자가수정을 주로 할 경우에는 세대가 경과함에 따라서 점차로 개체의 유전자형이 순수해지지만 타가수정을 할 경우에는 세대를 경과하더라도 개체의 유전자형은 그대로 잡종성으로 남는다. 따라서 육종에 있어서는 그 식물의 수정양식이 문제가 된다.

2) 불임성과 불화합성

수분을 하여도 수정, 결실하지 못하는 현상을 불임성(不稔性)이라고 하며 일반적인 임성을 보이는 범위 안에서는 불임성이 나타날 때에 문제가 된다. 생식기관이 건전한 것끼리 근연간에 수분을 할 때 다른 경우에는 정상적으로 수정결실이 되지만 어떤 경우에는 수정결실하지 못하는 경우가 있는데 이것을 불화합성이라고 하며 불임성의 큰 원인이 된다. 식물간의 유연관계가 멀기 때문에 보이는 불화합성을 불친화성(不親和性)이라 하기도 한다. 생식기관의 이상도 불임성의 원인이 된다.

불임성의 원인으로 중요한 것은 다음과 같다.

① 자성기관에 이상이 있을 경우

② 웅성기관에 이상이 있을 경우
③ 자가불화합성일 경우
④ 이형불화합성일 경우
⑤ 교잡불화합성일 경우

3) 육종목표

① 화 형

㉮ 대륜성 : 꽃의 대륜화는 자연적인 배수체 육성뿐 아니라 대부분의 원예품종을 대륜의 방향으로 도태한 결과에서 착출한다.

㉯ 중변화(겹피기종) : 식물학적으로는 기형이지만 화편의 증가 및 화편화한 상태에 따라 화형에 변화를 가져온 결과에서 착출한다.

참고 수술이 꽃잎으로 변한 것 : 카네이션, 양귀비, 모란, 작약 화포가 착색되어 꽃잎화 한 것 : 포인세티아, 안스리움, 스파트필럼

② 화색과 방향성

㉮ 화색(花色) : 자연계의 단조로운 화색에서 다양한 화색을 착출한다.
   ㉠ 안토시안 : 홍, 청, 자, 중간색소(페라라고니움, 장미, 아네모네)
   ㉡ 카로티노이드 : 선황, 심홍(금잔화, 한련화, 캘리포니아 포피)
   ㉢ 프라본 : 유백색, 황색(프리뮬라 백화(百花), 코스모스 백화(白花), 다알리아 황화(黃花)
㉯ 방향성(芳香性) : 개화기에 꽃이 가지는 향기를 높이 평가한다.
   ·장미, 서향, 치자, 백목련, 라일락, 히야신스, 프리뮬라, 백합

4) 육종방법

① 품종 도입법
타 지방에서의 품종을 가져와 새로운 품종으로 보급시키는 방법이다.
   ㉮ 순치법(順致法) : 타지방 품종을 재배지 환경에 맞게 차츰 적응시키는 방법이다.
   ㉯ 도태법(淘汰法) : 재배지방 환경에 적응 안 되는 것은 죽어버리고, 스스로 적응되는 것만을 신품종으로 삼는 방법이다.
   ㉰ 육종재료 이용법 : 도입한 품종을 육종재료로 삼는 방법이다.
② 변이 육종법
작물이 일으키는 변이를 육종에 이용하는 방법이다.
인자변이 : 유전인자의 성질이 변해지는 것.
염색체변이 : 염색체 수가 변화를 일으키는 것.

세포질변이 : 세포가 질적인 변화를 일으켜 식물체 모양이나 성질이 변하는 것.

[참고] 돌연변이의 원인은 물리적인 원인, 고온, 저온, 광선 등의 자극과 화학적인 원인, 토양, 비료, 약품 등의 자극이 있다.

㉮ 인공변이법 : 인공적으로 돌연변이를 유발시키는 방법이다.

방사선 : X선, 중성자, 자외선 등과 같은 방사선을 식물체에 쪼이는 방법이다.

온 도 : 저온, 고온으로 식물체에 자극을 주는 방법이다.

약 품 : 콜히친, 아세나프텐과 같은 화학약품을 식물체에 처리하는 방법이다.

부정아 : 줄기 중간을 잘라 부정아 중에 변이를 찾는 방법이다.

[참고] 콜히친을 작물에 처리하는 방법 중 효과적인 것으로,
· 점적법 : 콜히친 용액을 생장점에 주사기로 떨어뜨리는 방법이다.
· 침지법 : 종자나 싹틔운 종자를 콜히친 용액에 일정시간 담가두는 방법이다.
· 라노린도말 법 : 라노린(Lanolin)이라는 양털기름에다 콜히친을 섞어 고약처럼 생장점에 발라 주는 방법이다.

㉯ 돌연변이 육종법 : 화훼류는 그 종류가 다양함에 따라 과수나 채소류보다 돌연변이의 빈도가 높다고 할 수 있겠다. 화훼류의 돌연변이는 자연적 또는 인위적 돌연변이가 있는데 자연적 돌연변이는 화훼류가 생육도중에 우연히 식물 전체 또는 일부조직이 변이를 일으키는 경우가 있다.

이때 잎이나 가지만이 일부 변이를 나타낼 때 아조변이(芽條變異)라고 하는데 이는 그 원인이 밝혀져 있지 않으나 유전인자의 변이로 추측된다.

그외 인공적인 돌연 변이는 채소에서처럼 Co, X선 등을 방사선 처리하거나 화학적 방법으로 콜히친 처리를 한다. 일반적으로 국화, 장미, 튜립, 다알리아 같은 영양번식류는 품종의 성립이 헤테로(hertero) 상태인 것이기 때문에 방사선 처리에 그 효과가 다른 것보다 크다고 한다.

㉰ 기타 육종법 : 요즈음 조직배양 중에 변이개체가 발견되는 경우가 있어 그것을 증식시켜 새로운 품종을 육성하기도 한다. 방사선을 쬐면 돌연변이가 많이 발생하지만 유효하고 실용성이 있는 개체가 적게 나오며 조직배양의 경우에는 돌연변이의 발생 빈도가 식물의 종류와 배양조건(식물의 연령)에 따라서 차이가 있으나 대체적으로 방사선을 쬐일 경우보다 매우 적고 또한 유효한 변이체의 발생도 적다.

화분(花粉)이 들어 있는 꽃밥을 무균상태에서 조직배양을 하여 염색체 수가 보통의 반인 개체 즉 반수체를 얻고 그것을 배양토에 심어 개화 시킨 후 상호교배와 콜히친 처리로 동질배수체를 얻어 새로운 방식의 육종을 다른 작물에도 시도하고 있으나 화훼계에서는 아직 연구단계에 있을 뿐 실용화되지 못하고 있다.

㉘ 자연변이법 : 자연계에서 일어나는 변이체를 찾아내어 신품종으로 이용하는 방법이다.

③ 분형 육종법

혼형되어 있는 품종들 중 우수한 인자형을 분리시켜 독립된 순계 품종을 만드는 방법이다.

㉮ 집단도태법 : 잡종상태에서 품종의 고유형질을 가진 것만 남기고 도태를 거듭해 순계를 분리시키는 방법이다.

㉯ 순계분리법 : 고정된 개체를 기본재료로 삼아 순계를 분리시키는 방법이다.

　•자가 수정법 : 자가수정 작물 중에 고정된 순계를 분리해 내는 방법이다.

　•이주 교배법 : 타가수정 작물 중에 형질이 비슷한 것끼리 교배해 순계를 분리해 내는 방법이다.

　•자가이주 겸용법 : 타가수정 작물 중 여러 해 동안 자가수정을 하면 생식불능의 경우가 생기므로 중간에 이주교배로 세력을 회복시키는 방법이다.

④ 교잡 육종법

두 품종 사이에 단점을 버리고 장점만을 합치는 방법이다.

㉮ 계통, 품종, 종, 속 간의 교잡법

㉠ 계통간 교잡법 : 같은 품종 중 계통 사이를 교잡시키는 방법이다.

㉡ 품종간 교잡법 : 두 품종 사이의 교잡으로 새 품종을 육성하는 방법이다.

㉢ 종간 교잡법 : 염색체 수가 같거나 유전적 형질을 가진 종(種)이라는 무리끼리의 교잡 방법이다.

㉣ 속간 교잡법 : 같은 속(屬) 안에 염색체 수가 다른 종 사이를 교잡시키는 방법이다.

㉯ 여교배법 : 백크로스(back cross)라 하며 [{(CA×B)×A}×A]식으로 A를 어미로 F_1을 여러 대에 걸쳐 교배하는 방법으로 B가 가진 어떤 형질의 인자는 A의 품종에 꼭 옮겨 넣어야 할 경우인데, 옮겨 넣고자 하는 인자가 열성으로 좀처럼 상대방에 옮겨지지 않을 때 이 방법을 쓴다.

㉰ 핵 치환법 : 근연종 사이에 여교배를 거듭하므로 상대 작물의 핵을 바꾸어 넣는 방법이다.

㉱ 접목 잡종법 : 접목한 것에서 받은 종자는 대목과 접수의 형질이 섞이며 새로운 품종이 되며 유전된다.

㉲ 교잡집단 선발법 : 두 가지 이상의 계통과 품종들을 교배해 몇 해 동안 자연방임했다가 그 중 형질이 우수한 것을 골라 분리 고정시키는 방법이다.

㉳ 교잡계통 선발법 : 품종 사이 교잡을 실시한 후에 제2대(F_2)에서부터 계층분리를 시작해 완전순계가 될 때까지 계속되는 방법이다.

㈊ 일 대 잡종(F_1) 육성방법 : 생물계는 잡종 제1대(F_1)가 순계에 비해 세력이 강해지는 현상으로 잡종강세를 출현시키는 방법이다.

일 대 잡종은 고정품종이 아니므로, 품종으로서의 영속성이 없기 때문에 F_1 종자생산을 계속해야 되는 것이 곤란한 점이다.

㉠ 인공교배법 : 꽃가루를 인공으로 수분하는 방법이다.

㉡ 무대교배법 : 꽃이 피기 전에 수술을 따주고 봉지를 씌우지 않는 방법이다.

㉢ 자가불화합성 이용법 : 자가 꽃가루받이를 하지 않는 성질을 이용하는 방법이다.

㉣ 웅성불임성 이용법 : 수술과 꽃가루가 불완전해서 수정이 되지 않는 현상을 이용하는 방법이다.

참고 웅성불임성 이용법에는,

① 꽃가루불임성   ② 상업용 F_1종자생산
③ 수술불임성   ④ 웅성불임성 인위적 유기
⑤ 웅성불임의 안정성   ⑥ 선택수정성 이용법 등이 있다.

□ 화훼수확 및 이용 예상문제

【문1】 미개화일 때 절화하는 화훼 종류는 어느 것인가?
　① 스위트피이　② 장미　③ 카네이션　④ 스토크

【문2】 절화화훼의 저온건조 저장온도는 얼마인가?
　① 4~5℃　② 0~3℃　③ 0~0.5℃　④ 1~5℃

【문3】 절화 저장 중의 관계습도는 얼마 정도가 표준으로 되어 있는가?
　① 90%　② 80%　③ 70%　④ 60%

【문4】 꽃꽂이 꽃으로 사철 출하가 어려운 화훼는?
　① 카네이션　② 국화　③ 장미　④ 튜립

【문5】 절화(切花) 후에 물올림(吸水)을 하지 않아도 괜찮은 화훼는?
　① 작약(Paeony)　　　　　② 거베라(Gerbera)
　③ 나팔백합(Lillium)　　　④ 국화(Chrisanthemum)

【문6】 꽃꽂이 꽃의 물올림을 방해하는 원인이 아닌 것은?
　① 자른 뒤 물관 속에 공기가 들어갔을 때.
　② 박테리아·미생물이 늘어나 물관을 막았을 때.
　③ 식물의 호흡량이 증가되었을 때.
　④ 즙액이 나와 물관을 막았을 때.

【문7】 절화보존을 좋게 하는데 쓰이지 않는 것은?
　① 초산가리　② 아스피린　③ 포도당 또는 자당(蔗糖)　④ 지베렐린

【문8】 절화의 수명 연장제를 만들 때 고려하지 않아도 되는 것은?
　① 호흡원으로서의 설탕 첨가
　② 용액 내의 살균효과를 가진 약품 첨가
　③ 호흡억제제의 배합
　④ 유기물을 첨가

【문9】 절화의 시든 꽃을 소생시키는 방법이 아닌 것은?
　　① 기계적 방법　② 열탕처리법　③ 온수처리법　④ 유살법

【문10】 절화에 영향을 끼치는 에틸렌의 함량은?
　　① 0.1ppm　② 1ppm　③ 4ppm　④ 5ppm

【문11】 절화시 동해(冬害)에 가장 강한 화훼류는 어느 것인가?
　　① 포인세티아　② 아이리스　③ 사스타테이지　④ 백합

【문12】 절화 후의 보존기간 중 화판의 변화가 적은 것은?
　　① 튜립　② 양란　③ 카네이션　④ 장미

【문13】 개화직전(화색이 약간 나타났을 무렵)에 절화를 해야 하는 것은?
　　① 스토크(Stock)　　　　② 스위트 피이(Sweet pea)
　　③ 글라디오라스(Gladiolus)　　④ 튜립(Tulip)

【문14】 꽃이 만개되었을 때(작은 꽃이 1~2송이 핀 때) 절화해야 하는 것은?
　　① 프리지아(Freesia)　　② 스위트 피이(Sweet pea)
　　③ 금잔화(Calendula)　　④ 포인세티아(Poinsettia)

【문15】 90%정도 개화가 진행되었을 때 절화해야 하는 것은?
　　① 백합(Lillium)　　　② 작약(Paeonia)
　　③ 아이리스(Iris)　　　④ 카네이션(Carnation)

【문16】 우리나라에서는 어느 꽃에 가장 많이 염색화를 이용하는가?
　　① 제라늄　② 칸나　③ 아마릴리스　④ 카네이션

【문17】 타트라진(Tartrazine), 라이트그린(Light green)은?
　　① 카네이션의 생화(生花)를 착색시키는 약품이다.
　　② 절화보존을 오래 하는데 쓰이는 약이다.
　　③ 절화의 품질을 향상시키는데 쓰이는 약이다.
　　④ 화훼류의 내한성(耐寒性)을 돕는데 쓰이는 약이다.

【문18】 카네이션의 염색에 이용하는 염료(染料)는 어느 것인가?
　　① 크레파스　② 포스타칼라　③ 라이트그린　④ 그림물감

【문19】 건조하여도 색채와 모양이 변하지 않는 화초로 여러 가지 장식에 많이 쓰이는 화
　　　훼는?
　　　① 나팔꽃　② 루퍼너스　③ 종이꽃　④ 금어초

【문20】 건조화(Dry flower)의 재료로 쓰이지 않는 것은?
　　　① 밀집꽃(Helichrysum)　　　② 헬리프테륨(Helipterum)
　　　③ 카네이션(Carnation)　　　④ 로단데(Rhodanthe)

【문21】 외국에서 Dry storage 법으로 절화 저장을 할 때 그 온도는 얼마 정도인가?
　　　① 0 ~ -3℃　② 0.5 ~ 1℃　③ 2 ~ 5℃　④ 5 ~ 7℃

【문22】 여름에는 몇 시쯤 절화(切花)하는 것이 좋은가?
　　　① 오전 8시　② 오전 10시　③ 오후 1시　④ 오후 18시

【문23】 겸업 및 복합화훼재배의 형태에 속하지 않는 것은?
　　　① 전작과 화훼 재배형　　　② 기업의 경영과 화훼재배형
　　　③ 답작과 화훼재배형　　　④ 채소재배와 화훼재배형

【문24】 종묘생산재배 양식을 세분화할 때 속하지 않는 양식은?
　　　① 화단종묘생산　　　② 노지종묘생산
　　　③ 절화종묘생산　　　④ 분식재배 종묘생산

【문25】 다음 화훼류 중 재배기간이 짧고 생산비(生産費)가 적게 드는 것은?
　　　① 카네이션　② 시네나리아　③ 아마릴리스　④ 거어베라

【문26】 다음 화훼재배의 경영방식에서 수익을 제일 많이 올릴 수 있는 방식은 어느 방식
　　　인가?
　　　① 노지화훼재배　　　② 정원화훼재배
　　　③ 시설화훼재배　　　④ 조경화훼재배

【문27】 한랭지 구근생산성인 화훼류는 어느 것인가?
　　　① 튜립　② 글록시니아　③ 프리지아　④ 구근 베고니아

【문28】 절화용 화훼류를 생산하는데 가장 보편화된 재배 방식은?
　　　① 노지재배　② 비닐하우스재배　③ 온실재배　④ 특수재배

【문29】 고랭지에서 육묘하여 수송공급하는 재배양식은?

① 채종재배　② 구근생산재배　③ 종묘생산재배　④ 절화재배

【문30】 노지재배가 거의 불가능한 화훼류는?

① 국화　② 금잔화　③ 금어초　④ 고무나무

【문31】 초화류를 채종하는데 적당한 조건이 아닌 것은?

① 여름에 고온이 아니어야 한다.
② 비교적 건조한 날씨가 좋다.
③ 바람이 좀 불어야 한다.
④ 맑은 날씨가 계속되어야 한다.

【문32】 노지 채종재배보다는 온실 및 망실의 집약적인 채종재배를 하는 것은 어느 것인가?

① 시클라멘　② 과꽃　③ 채송화　④ 카네이션

【문33】 우리나라 1,2년생 초화류의 채종이 잘 안되는 이유는?

① 기후적으로 불리한 조건　　② 병충해가 심하다.
③ 기술이 모자란다.　　④ 종자가 팔리지 않는다.

【문34】 세계 3대 채종지가 아닌 곳은?

① 캘리포니아의 로스앤젤레스　② 덴마크의 코펜하겐
③ 일본의 북해도에 삿뽀로　　④ 한국의 남해안에 진도

【문35】 노지 씨받이 가꾸기에 알맞지 않은 화훼는?

① 시네나리아　② 백일홍　③ 샐비어　④ 메리골드

【문36】 노지재배 여름철 꽃꽂이꽃 생산에 알맞지 않은 화훼는?

① 과꽃　② 집소필라　③ 숙근 플록스　④ 샐비어

【문37】 채종(採種) 재배지역으로 적당하지 않은 것은?

① 대도시 근교 지역　② 산간지역　③ 도서지역　④ 해안지역

【문38】 초화류(草花類)는 언제 채종하는 것이 가장 좋은가?

① 5~6월　② 7~8월　③ 8~9월　④ 9~11월

【문39】 추파종자의 채종시기는?

　　① 10월　② 9월　③ 6~7월　④ 4~5월

【문40】 다음 구근류 중 종자 파종하여 당년에 개화할 수 있는 것은?

　　① 히야신스　② 수선화　③ 튜립　④ 다알리아

【문41】 적취채종(摘取採種)을 해야 하는 것은?

　　① 샐비어(Salvia)　　　　② 백일홍(Zinnia)
　　③ 과꽃(Aster)　　　　　④ 코스모스(Cosmos)

【문42】 다음 채종 중 적취법으로 채종하는 것이 아닌 것은?

　　① 샐비어　② 팬지　③ 봉선화　④ 스토크

【문43】 적취채종(摘取採種)방법으로 채종하지 않는 것끼리 짝지어 진 것은?

　　① 팬지-채송화　　　　　② 봉선화-샐비어
　　③ 금어초-코스모스　　　④ 플록스-분꽃

【문44】 다음 화훼류 중 예취채종(刈取採種) 방법으로 채종하지 않는 것은?

　　① 과꽃　② 플록스　③ 금잔화　④ 백일홍

【문45】 종자의 저장방법이 아닌 것은 어느 것인가?

　　① 건조저장　② 수분저장　③ 냉건저장　④ 냉습저장

【문46】 화훼류 종자의 냉건저장시 습도는 몇 %가 가장 좋은가?

　　① 30%　② 35%　③ 45%　④ 50%

【문47】 종자의 냉건저장시 장기저장하려면 몇도가 가장 알맞은가?

　　① -3℃　② 0℃　③ 2℃　④ 5℃

【문48】 화훼종자의 이상적인 저장온도와 습도는?

　　① -1℃ ~ -3℃의 온도에서 50% 정도의 습도.
　　② 1~2℃의 실온에서 45% 이하의 습도.
　　③ 3~5℃의 실온에서 60% 정도의 습도.
　　④ 6~8℃의 실온에서 70% 정도의 습도.

【문49】 꽃씨 갈무리에 건습제로 쓰이지 않는 것은?
　　① 마그네슘　② 염화칼슘　③ 생석회　④ 실리카겔

【문50】 꽃가루 저장을 하려고 한다. 조건은?
　　① 저온조건　② 저온다습　③ 고온다습　④ 고온건조

【문51】 화분(꽃가루) 보존시 글라디오라스는 습도 44~55%와 10℃에서 몇 개월이나 보존
　　가능한가?
　　① 50~60일　② 60~70일　③ 70~100일　④ 100~200일

【문52】 화분(꽃가루) 보존시 아마릴리스는 습도 35~65%와 10℃에서 몇 개월이나 보존 가
　　능한가?
　　① 3개월　② 5개월　③ 7개월　④ 9개월

【문53】 우리나라에서는 추식구근(秋植球根)을 늦어도 언제까지 갈무리해야 하는가?(백합류 제외)
　　① 6월 상순　② 6월 중순　③ 6월 하순　④ 7월 상순

【문54】 구근 수확기가 늦었을 때는?
　　① 대체적으로 화아분화가 빠르다.
　　② 빈약한 꽃이 된다.
　　③ 종류에 따라서는 경엽(莖葉)에 병해를 입기 쉽다.
　　④ 외피(外皮)가 엷거나 담색(淡色)으로 된다.

【문55】 공중 습도가 적은 상태에서 거의 시들지 않고 실내에서 안전하게 휴면할 수 있는
　　구근은?
　　① 프리지아　② 칸나　③ 백합　④ 진저어(꽃생강)

【문56】 저장 중 어느 정도의 습도를 갖지 않으면 점차 시들어서 차기(次期)의 활동이 나빠
　　지는 구근은?
　　① 튜립　② 글라디오라스　③ 히야신스　④ 진저어(꽃생강)

【문57】 가을철 다알리아, 칸나의 구근을 굴취하는 적기는?
　　① 한 차례 서리에 닿게 한 다음 캐낸다.
　　② 2~3차례 서리에 닿게 한 다음 캐낸다.

③ 서리가 내리기 직전에 캐낸다.

④ 2~3회 3℃정도의 저온이 계속된 뒤에 캐낸다.

【문58】 글라디오라스에 큐어링을 실시하여 코르크화하는데 알맞는 조건은?

① 15℃ 온도에 80~85%의 습도　② 20℃ 온도에 90~95%의 습도

③ 23℃ 온도에 80~85%의 습도　④ 25℃ 온도에 90~95%의 습도

【문59】 글라디오라스 구경(球莖)의 굴취 적기는?

① 잎 전채가 황변(黃變)했을 때

② 잎이 반 정도 황변했을 때

③ 잎이 ⅓정도 황변했을 때

④ 잎이 ¼정도 황변했을 때

【문60】 Curing(皮殼處理)에서 틀린 사항은?

① 습도 50%　② 온도 30℃　③ 1~2주 처리　④ 수확 직후

【문61】 글라디오라스 구경(球莖)의 저장 적온은?

① 1~5℃　② 5~10℃　③ 10~15℃　④ 15~20℃

【문62】 다음 구근 중에 가을철 기온이 낮아지면 휴면을 하므로 가을철에 굴취해야 하는 것은?

① 튜립　② 아마릴리스　③ 히야신스　④ 칼라

【문63】 다알리아 괴근(塊根) 저장 적온과 적당한 습도는?

① 4℃에 관계습도 70~80%　　② 6℃에 관계습도 20~30%

③ 8℃에 관계습도 30~40%　　④ 10℃에 관계습도 50~60%

【문64】 최근 다알리아에 파라핀 코오팅 법을 많이 하는 이유는?

① 병충해 방지　② 건조방지　③ 발아촉진　④ 수송편리

【문65】 칸나 뿌리의 저장 적온과 적당한 습도는?

① 1~2℃에 관계습도 80~90%　　② 3~4℃에 관계습도 70~80%

③ 5~6℃에 관계습도 70~80%　　④ 7~8℃에 관계습도 40~50%

【문66】 CA 저장에 있어 중요한 3가지 요소가 아닌 것은?

① 온도　② 습도　③ 공기조성　④ 양분의 공급상

【문67】 구근 저장 중 구근응애의 피해가 큰 것은?
　① 칸나(Canna)　② 백합(Lillium)　③ 튜립(Tulip)　④ 수선(Narcissus)

【문68】 양탄자 꽃밭(모전 화단)에 알맞지 않은 화훼는?
　① 팬지　② 데이지　③ 윳카　④ 페튜니아

【문69】 모전화단이나 리본 화단에서 꽃색의 배합이 중요하다. 다음 중에서 냉색은?
　① 빨간색　② 주홍색　③ 황색　④ 남색

【문70】 여러 가지 꽃을 모아서 심고 사방에서 관상을 할 수 있는 화단은?
　① 경재 화단　② 기식 화단　③ 침상화단　④ 리본화단

【문71】 다음 중 수재 화단에 심는 종류가 아닌 것은?
　① 마름　② 수련　③ 물옥잠　④ 폴리안서스

【문72】 영구화단의 재료로 짝지어진 것은 어느 것인가?
　① 1년초화, 회양목　　　　② 장미, 튜립
　③ 향나무, 샐비어　　　　④ 향나무, 라일락

【문73】 중심을 높게 표시되도록 만든 화단을 무엇이라 하는가?
　① 경재 화단(살피화단)　　　② 기식 화단(모둠화단)
　③ 모전 화단(양탄자화단)　　④ 침상 화단(구덩이화단)

【문74】 겨울에도 잎이 마르지 않고 상록인 잔디는 어느 것인가?
　① 서양 잔디　② 고려 잔디　③ 비로드 잔디　④ 한국 잔디

【문75】 수초원에 심는 재료가 아닌 것은?
　① 연　② 워터칸나　③ 네피로네피스　④ 수련

【문76】 잔디의 이식 적기는 언제인가?
　① 3~4월　② 4~5월　③ 5~6월　④ 6~7월

【문77】 기식화단에서 다음 중 중심에 심는 화훼 종류는 어느 것인가?
　① 채송화　② 금어초　③ 한련화　④ 다알리아

【문78】 화훼의 주요 육종목표와 관계가 먼 것은?
　① 향기를 좋게 한다.　　　　② 홑피기 방향으로 육종
　③ 취기의 제거　　　　　　　④ 대륜의 방향으로 육종

【문79】 같은 품종끼리의 수분으로서는 수정과 결실이 잘 않되는 화훼류에서 실시하는 육종 방법은?
　① 분리육종법　　　　　　　② 돌연변이 육종법
　③ 교잡육종법　　　　　　　④ 잡종강세 육종법

【문80】 유전인자가 1쌍인 경우 즉 P가 AA×aa에서 F_2에서 고정형 수는 얼마나 되나?
　① 2　② 4　③ 6　④ 8

【문81】 계통분리법에 속하지 않은 것은?
　① 집단선발법　　　　　　　② 계통집단선발법
　③ 혼합육종법　　　　　　　④ 성군집단선발법

【문82】 1대 잡종강세 육종방법에서 지키지 않아도 되는 것은?
　① 우량교배 조합선택에 힘써야 한다.
　② 교배에 쓰일 양친의 순도를 유지한다.
　③ 교배종자의 대량 생산
　④ 자식(自植)할 수 있는 품종을 육성하는 것.

【문83】 다음 육종법 중 분리육종법에 속하지 않는 것은?
　① 순계 분리법　② 계통분리법　③ 영양계 분리법　④ 교잡육종법

【문84】 배수체 육종방법에서 염색체를 배로 증가시키는 방법은?
　① 지베렐린 처리법　　　　　② 콜히친 처리법
　③ IAA 처리법　　　　　　　④ BA 처리법

【문85】 화훼류에서 콜히친 처리의 효과가 아닌 것은 어느 것인가?
　① 꽃이 비대하고 종자 수가 많아진다.
　② 생육이 왕성하고 꽃도 많이 핀다.
　③ 내한성과 내서성이 강해진다.
　④ 생육이 촉진되고 개화와 결실이 빨라지는 효과가 있다.

【문86】 배수체 식물의 특성이 아닌 것은?

① 싹트기가 빠르다.
② 떡잎과 배줄기가 살찐다.
③ 숨구멍 주위의 세포가 커진다.
④ 꽃가루의 크기가 커진다.

【문87】 콜히친 육종에서 유묘에 처리하는 것을 무엇이라 하는가?
① 종자침지　② 적하법　③ 주사법　④ 유묘침지

【문88】 배수체 육종법으로 번식시키는 화훼류가 아닌 것은?
① 페튜니아　② 히야신스　③ 칸나　④ 튜립

【문89】 배수체 중에서 종자생산이 제일 좋은 배수체는?
① 4배체　② 8배체　③ 16배체　④ 32배체

【문90】 불임성인 배수체는 어느 것인가?
① 2배체　② 3배체　③ 4배체　④ 8배체

【문91】 3배체는 불임성이다. 어떤 것이 3배체인가?
① 2배체와 4배체의 1대　　② 2배체와 6배체의 1대
③ 4배체와 8배체의 1대　　④ 2배체와 4배체의 2대

【문92】 Hybrid Tea 장미는?
① 3배체이다.　② 5배체이다.　③ 6배체이다.　④ 4배체이다.

【문93】 자생종 사이에서 배수체가 발견된 화훼류는?
① 수국　② 국화　③ 포인세티아　④ 스토크

【문94】 친화성이 좋은 종류로 짝지어진 것은 어느 것인가?
① 고무나무, 무궁화　　② 동백, 장미
③ 목련, 박태기　　④ 탱자, 귤

【문95】 팬지를 인공교배하면 얼마 후 채종 할 수 있는가?
① 80일　② 90일　③ 60일　④ 30일

【문96】 구근 베고니아는 어느 때 개화되어 있을 때 수분수정이 잘되는가?
　① 봄　② 여름　③ 가을　④ 겨울

【문97】 스토크의 에버스포팅(Everspoting)은?
　① 품종 이름　　　　　　　　② 분지성
　③ 겹피기율의 높은 계통　　　④ 병의 이름

【문98】 화훼의 품종 수가 가장 많은 것은?
　① 장미　② 국화　③ 다알리아　④ 아이리스

【문99】 다음 중 속간 잡종에서 얻어진 것은?
　① 철포백합　② 아이리스　③ 아마크리넘　④ 카틀레아

【문100】 화훼류에서 황색을 나타내는 이유는?
　① 카로티노이드 색소가 있기에
　② 플랜본 색소 때문에
　③ 빛의 파장 때문에
　④ 광합성을 하기 때문에

정　답

1. ②	2. ③	3. ②	4. ④	5. ④	6. ③	7. ④	8. ④	9. ④	10. ①
11. ④	12. ②	13. ③	14. ①	15. ④	16. ④	17. ①	18. ③	19. ③	20. ③
21. ②	22. ②	23. ②	24. ②	25. ②	26. ③	27. ①	28. ②	29. ③	30. ④
31. ③	32. ①	33. ①	34. ④	35. ①	36. ④	37. ①	38. ④	39. ③	40. ④
41. ①	42. ④	43. ③	44. ②	45. ②	46. ③	47. ②	48. ②	49. ①	50. ②
51. ③	52. ②	53. ②	54. ③	55. ①	56. ④	57. ④	58. ④	59. ②	60. ①
61. ②	62. ②	63. ①	64. ②	65. ③	66. ④	67. ④	68. ③	69. ④	70. ②
71. ④	72. ④	73. ②	74. ①	75. ③	76. ②	77. ④	78. ②	79. ③	80. ①
81. ③	82. ④	83. ④	84. ②	85. ③	86. ①	87. ②	88. ①	89. ①	90. ②
91. ①	92. ④	93. ②	94. ④	95. ④	96. ③	97. ③	98. ①	99. ③	100. ①

제8장 화훼 병충해 방제

현재 지구상에서 재배되고 있는 식물만도 3,000종에 가까우며 이 중에 우리나라에서는 약 500여종의 식물을 재배하고 있으며 이 식물들은 각각 여러 종류의 병을 가지고 있다. 보통 한 식물이 10여종 이상의 병을 가지고 있는데 야생종일수록 그 병의 수는 줄어들고 원예종일수록 병의 수는 늘어나는 추세이며 현재 알려져 있는 병의 종류는 벼나 보리가 30여종 감자가 20여종, 토마토가 25종, 오이가 16종, 국화가 13종, 튜립이 10종, 진달래 철쭉이 14종 등이 된다고 한다.

이들 식물의 병에는 박테리아나 바이러스에 의해서 일어나는 병해, 공해에 의해서 일어나는 병해, 비, 바람, 사람 등에 의해서 잎이나 가지가 꺾여서 상처가 나 발생하는 병해 등 동물의 병과 다를 것이 없다.

1. 병원(病原)

식물이 병을 일으키는데는 세 가지 큰 요인이 있다. 예를 들어 벼의 도열병은 일기가 불순한 해에 많이 발생하며, 그 원인은 주병인 병균을 주인(主因)으로 본다. 식물 병의 원인을 대별하면 생물성 병원, 비생물성 병원 바이러스 성 병원의 셋으로 나눌 수 있는데 비생물성 병원은 전염이 되지 않으므로 비전염성 병해 또는 생리병이라고 한다.

1) 비생물성 병원

① 토양조건

토양습도와 과부족, 보수력, 통기성 등의 과부족, 산소, 토양산도(산성, 알카리 성)의 과부족이 그 원인이 된다.

② 기상조건

일조부족, 고온, 저온, 건조, 과습, 풍해, 수해(우박, 눈, 비), 벼락 등이 원인이다.

③ 농작업

농기구, 살균, 살충, 제초제에 의한 역피해 등을 말한다.

④ 공업

연해, 오염된 물, 매연공해, 약품공해 등이 이에 속한다.

⑤ 식물대사산물

식물 자체내의 축적된 유해물에 의한 피해를 말한다.

2) 생물성 병원

① 동물

곤충, 선충, 진드기(응애), 고등동물

② 식물

세균, 사상균(곰팡이), 조류, 기생식물

3) 바이러스 병원 ― 각종 병을 일으키는 바이러스

-각종 병을 일으키는 바이러스-

생물성 및 바이러스 병원에 의한 병은 모두 전염성이므로 전염성병해라고 한다.

1 전염병

식물병의 병원체에는 무수히 많으며 식물의 종류도 많다. 따라서 병징도 각양각색이며 기본적으로 식물 세포조직의 괴사, 발육불량, 이상발육의 세 가지가 기본병징이다.

곰팡이나 박테리아는 식물의 조직에 침투하여 세포조직의 영양을 빼앗아 먹으면서 증식을 한다. 식물의 세포는 곰팡이나 박테리아에 의해 영양을 빼앗기게 되는 이외에 병원균이 분비하는 유독물질이 세포의 기능을 저해하여 세포가 죽게 된다. 이 죽은 세포가 모여서 조그만 반점이 되고 이것이 점점 확대되어 큰 병반을 형성하게 된다. 이처럼 병징의 발현이 식물체의 일부기관에 한정된 경우를 국부병징(局部病徵)이라고 한다. 그런데 이렇게 병원균이 침입한 곳에서 병징이 나타나는 것만은 아니다. 뿌리나 줄기 또는 잎의 상처로부터 식물체 내에 들어간 병원균이 물이나 양분을 타고 멀리 떨어진 곳에까지 이동하여 그곳에서 증식하며 발병하여 병징을 일으키는 경우도 있으나, 병원균이 이동하지 않더라도 병징이 식물전체에 퍼지는 경우도 있다. 이처럼 병징이 식물 전체에 미치는 경우를 전신병징(全身病徵)이라고 한다.

이에 대하여 병원체가 식물체의 병환부에 모습을 나타내어 육안이나 확대경으로 볼 수 있는 경우를 표징(標徵)이 있다고 한다. 일반적으로 표징이 나타나는 경우는 병원체가 곰팡이인 경우이다. 표징도 병징과 마찬가지로 고유한 병의 특징을 나타내므로 병의 진단상 중요한 단서가 된다. 그런데 병원체가 감염되었으면서도 병징이나 표징이 나타나지 않는 경우가 있는데 이를 무증상감염(無症狀感染) 또는 잠복감염(潛伏感染)이라고 하며 식물인 경우에는 보균식물(保菌植物)이라고 한다.

식물의 조직에 병원균이 침입하여 병징이 나타날 경우 처음에 침입부위에 조그만 황록색점이 생기고 이것이 점점 퍼져서 황색을 띠게 되며 그후 중앙으로부터 갈색으로 변하며 갈색점은 점점 번져서 괴사하고 만다.

1) 전체적 증상

― 외형 또는 생육의 이상이 전체에 나타나는 증상 ―

① 위조

뿌리나 줄기의 땅언저리(뿌리턱) 부분이 상하여 수분이 상승하지 못하고 잎과 줄기가 시드는 경우로 입고병, 청고병, 윤부병 등이 있다.

② 위축

식물체의 일부 또는 전체가 정상적으로 발육하지 않는 경우로 바이러스에 의한 병, 위축병, 오갈병 등이 있다.

③ 변색

엽록소 형성이 방해되어 백색에 가까운 색으로 변하거나 세포 사이에 공기가 들어가 은색으로 보이는 경우로 위황병, 저온, 철, 탄수화물 부족, 은엽병, 광화학 스모그의 장해 등이 있다.

2) 부분적 증상

―외형 또는 생육의 이상이 식물체 일부에 나타나는 증상―

① 증식

혹, 암, 도장 등의 이상한 모양이 줄기, 잎, 뿌리에 달리는 경우로 뿌리혹병, 새둥지병, 근두암종병, 키다리병 등이 있다.

② 고사

가지, 줄기, 과실 등이 갈색으로 시들거나 줄기 외피에 금이 생겨서 갈라져 말라 죽거나 과실이 미이라 모양으로 말라죽거나 갑자기 갈색으로 되어 시드는 경우로 선고병, 동고병, 미이라병, 역병, 무늬마름병 등이 있다.

③ 부패

고사한 조직이 썩어서 부서지는 경우로 상태에 따라 건부와 연부로 나뉘는데 묘부병, 근부병, 주부병 등이 있다.

④ 변형

줄기나 꽃이 정상적인 모양에서 벗어난 이상형이 되는 경우로 줄기의 대화, 잎말림병 등이 있다.

3) 국부적 증상

―병반의 번짐이 국한되어 나타나는 증상―

① 딱지형성

식물체 잎에 사마귀 모양의 돌기가 생겨 선단이 파열되어 딱지가 되는 경우로 창가병 등이 있으며, 돌기부 조직이 파괴되어 중앙부가 함몰되어 주위 조직이 부푸는 경우의 흑두병 등이 있다.

② 천공

잎의 병반부가 탈락되어 구멍이 뚫리는 경우로 천공병 등이 있다.

③ 반점, 반문

세포조직이 죽어 색깔이 변한 조그만 병반이 생기는 경우인 엽고병 등이 있으며, 조직이 파괴되어 병반이 불규칙적으로 번져 흙탕이 뿌려진 것처럼 더럽혀진 경우 같은 운형병, 약간 큰 병반으로 엽록소의 옅고 짙음에 의하여 반문이 보이는 모자이크 병의 경우와 잎, 줄기에 가늘고 긴 줄기모양의 얼룩이 생기는 경우인 조반병, 반입병 등이 있다.

4) 표징

― 병원체 자신이 나타나는 증상 ―

① 영양기관

균사체나 균핵 등의 증상이 나타나는 경우로 자문우병, 균핵병, 흑점병, 푸른 곰팜이병, 흰가루병, 노균병 등이 있다. 이에 대한 진단방법으로는 다음과 같다.

㉠ 육안의 관찰로 병징을 진단한다.

㉡ 현미경 관찰로 해부진단을 한다.

㉢ 병원균을 분리배양하여 진단한다.

㉣ 병식물의 이화학적인 검사를 한다.

㉤ 면역학적인 방법 즉 혈청학적 진단을 한다.

㉥ 건전한 식물에 발병을 시켜본다.

육안으로만은 아무래도 불확실하므로 확실한 진단은 현미경 검사를 해보는 것이 정확하다. 현미경으로 보면 병원체 자체 또는 병 특유의 조직변화를 파악할 수 있다. 그러나 현미경으로 보아도 어떤 병원균에 의하여 일어난 것인지는 알 수 없는 경우가 많다. 예를 들어서 묘입고병은 토양전염성병이라는 것을 알아내어도 묘입고병을 일으키는 병원균 중에는 리족토니아(Rhizoctonia) 피티움(Phytium) 푸사리움(Fusarium) 등 여러 종류가 있기 때문에 어떤 것이 직접적인 병을 일으키게 된 병원균인지 알아 내기가 쉽지 않다.

그러므로 병환부에 있는 미생물을 가지고 간단히 그것이 병원체라고 단정하는 것은 위험하다. 이러한 잘못을 피하기 위하여 병원체를 단정하는 코호(Koch)의 법칙을 알아둘 필요가 있다.

② 곰팡이에 의한 병

식물에 병을 일으키는 세균은 약 250여종이 있는데 지금까지 알려진 병원이 되는 곰팡이는 약 8,000여종에 달한다. 곰팡이는 식물의 세포를 자기 힘으로 파괴하여 구멍을 뚫고 침입할 수 있는 힘을 가지고 있다.

또 세균은 환경의 급격한 변화에 견디는 힘이 약해 곧 죽어버리지만 곰팡이는 환경의 변화에 따라 균핵(菌核)이나 포자(胞子) 같은 특수한 조직을 만들어 급격한 상황에 대처해 있다가 환경이 좋아지면 균사를 뻗쳐 식물체에 침입하게 된다.

1) 곰팡이의 정체

곰팡이는 분류학상 균류(菌類)로 분류되며, 균류는 일반식물처럼 엽록소를 갖고 있지 않은 것이 다르다. 그러므로 살아나가기 위해서 탄소화합물을 만들어야하는데 엽록소가 없으므로 다른 것이 만들어 놓은 영양을 빼앗아 먹고 생활을 하는 종속영양생물(從屬營養生物)이다.

어떤 곰팡이는 죽은 동식물체에 기생하기도 하지만 살아 있는 식물에 기생하여 생활하는 것도 있는데 바로 이것이 식물병의 원인이 되는 것이다. 곰팡이는 굵기 10마이크론 정도의 가늘고 긴 실 같은 가지를 뻗는 균사를 가지고 있다. 이것이 곰팡이의 영양기관으로 식물이나 다른 유기물에 침입하여 영양을 흡수한다. 또 곰팡이는 변식기관으로 포자(홀씨)를 가지고 있다.

곰팡이는 포자나 균사의 모양에 따라 조균류, 자낭균류, 담자균류, 불완전균류로 나누어지는데 이들 중에는 맥류의 흑수병(黑銹病)균처럼 밀과 보리 두 종류에만 침입하는 것이 있는가 하면 리족토리아 균 같이 300종 이상의 식물에 병을 일으키는 것도 있는데 이런 곰팡이를 특히 다범성(多犯性) 곰팡이라고 한다. 곰팡이의 종류에 따라 침범할 수 있는 식물의 기생범위가 결정되는가는 현재로서는 알 수 없다. 하지만, 지금까지 알려진 곰팡이에 의한 주된 식물의 병은 다음과 같다.

① 조균류에 의한병

㉮ 근류병 : 배추, 순무우(Turnip), 올리브

㉯ 역병 : 감자, 토마토, 담배, 가지 등의 가지과 작물, 오이, 박 등의 박과 작물, 포도, 미나리, 조 , 장미 등.

㉰ 백수병 : 무우, 유채, 배추 등의 십자화과 작물.

② 자낭균류에 의한 병

㉮ 흰가루병 : 보리, 밀, 박과 작물, 팥, 사과, 장미 등의 장미과 작물, 포도, 오이 등.

㉯ 매병 : 감귤, 상록수류

㉰ 타프리나 병 : 양치류, 소철, 생강 등.

㉠ 흑성병 : 사과, 배 등의 장미과 작물, 오이

㉡ 균핵병 : 장미과 작물, 콩과 작물, 백합과 작물

㉢ 동고병 : 장미과 작물

㉣ 맥각병 : 맥류

③ 담자균류에 의한 병

㉮ 흑수병 : 맥류 등의 벼과 작물, 양파 등.

㉯ 수병 : 보리, 밀, 파, 박하, 배 잠두 등.

㉰ 사문우병 : 과수류, 차, 고구마, 아스파라거스

㉱ 고약병 : 수목류

㉲ 백견병 : 박과 작물, 가지과 작물 등.

㉳ 라족토니아 병 : 감자, 비트(Beet), 목화

㉴ 설부균핵병 : 맥류, 유채, 연, 잔디 등의 다년생 식물

④ 불완전균류에 의한 병

㉮ 반점병 : 아스파라거스, 콩, 고구마, 비트

㉯ 탄저병 : 장미과 작물, 박과 작물, 가지과 작물

㉰ 창가병 : 포도, 장미, 콩

㉱ 도열병 : 벼과 작물

㉲ 회색미병 : 야채류, 과일류

㉳ 엽미병 : 가지과 작물

㉴ 엽고병 : 벼과 작물

㉵ 흑반병 : 십자화과 작물, 가지과 작물, 백합과 작물, 목화, 배 등.

㉶ 후사리움 병 : 가지과의 위조병, 벼과의 키다리병, 강남콩의 근부병 등.

곰팡이가 살아 있는 식물에 기생하여 영양을 취하는 방법은 기생영양, 살생영양, 부생영양의 세 가지로 나누어지며 그 형에 따라 병의 모양도 다르다.

2) 기생영양(寄生營養)

살아 있는 세포로부터 영양을 얻는 경우이다. 이러한 균을 기생균이라고 한다. 이 기생균은 다시 절대적 기생균과 조건적 기생균으로 나누어 지는데 장미의 흰가루병이나, 국화의 수병 같이 균사의 끝을 식물의 세포 속에 찔러넣어(吸器) 식물의 생활에 큰 손해를 입히지 않을 정도로 천천히 영양을 취하는 균이 절대적 기생균 종류이며 인공적으로 만들어진 조건에서는 생육하지 않는 특징이 있다.

감자역병이나 벼의 도열병 같이 식물에 침입하여 영양을 취하는데 이때 식물에게 해로운 물질을 분비해 식물의 조직이 죽게 되고 균사는 조직내로 침입해 양분을 흡수하고 사는데 이러한 곰팡이는 식물이 없어도 생활할 수 있으므로 인공적으로 기를 수가 있다.

3) 살생영양(殺生營養)

기생균이 독소를 생산하여 살아 있는 식물조직을 자기 힘으로 죽여 영양을 취하는 경우이다. 이러한 곰팡이는 비교적 강한 독소를 내고 있으며 배의 흑반병균(黑斑病菌) 등이 이에 속한다.

4) 부생영양(腐生營養)

완전히 죽은 물체의 조직으로부터 영양을 취하는 경우로 목재 부후균(腐朽菌) 등이 이에 속한다. 식물의 병도 전염원을 먼저 알고나서 그것을 차단하는 것이 병을 방제하는데 무엇보다 중요하다. 보통 곰팡이는 한 식물체 위에 홀씨인 상태로 오염되어서 그 식물체 위에서 발아하여 다시 자손에 해당하는 홀씨를 만들 때까지의 일생을 한 싸이클(生活史 : Life Cycle)이라고 한다.

이 홀씨는 다시 바람이나 곤충에 의해서 다른 식물에 옮겨서 새로운 일생을 갖게 되는 것이다. 그런데 두 종류의 식물에 기생을 하여야만 한 싸이클을 마치는 곰팡이가 있다. 그러니까 두 가지 식물 중에 어느 한쪽이 없으면 생활장소를 잃고 죽게 되는 것이다.

이 두 식물 중에 경제적인 손해가 적거나 경제 가치가 낮은 쪽의 식물을 중간기주(中間寄主) 식물이라고 하며 이러한 식물도 병의 전염원이 된다. 우리 주변에 있는 예로는 사과, 배, 모과 등의 장미과 작물에 큰 피해를 주는 병 중에 적성병(赤星病)이 있다. 이 병의 곰팡이는 가을에 홀씨가 되어 중간기주인 향나무에 기생했다가 거기서 겨울을 난 홀씨가 봄에 발아하여 향나무에서 살다가 여름에 다시 홀씨가 되어 장미과 작물에 옮겨 가게 되는 것이다. 향나무는 정원에 많이 심지만 이상과 같은 이유로 과수원 부근에 향나무를 심는 것은 금물인 것이다.

그래서 정원에 향나무를 심은 곳에 과실수—장미과 과실은 사과, 배, 복숭아, 모과, 살구, 벚, 매실 등—를 심으면 이 적성병이 심하게 발생하며 향나무에도 비가 올 때 자세히 보면 주황색의 묵같은 것이, 먼 곳에서 보면 주황색 꽃이 핀 것 같이 보이기도 하는데 이것이 바로 적성병균의 덩어리인 것이다. 이와 마찬가지로 과수원 주위에 아카시아나무는 탄저병의 중간기주로 알려져 있어 전에는 과수원 주위를 아카시아나무로 심었는데 지금은 캐어내고 있는 것도 잘 알려진 사실이다. 병에 걸린 식물은 여러 가지 형태의 병징을 나타내는데 단순히 영양만을 빼앗는다고만 설명할 수 없다. 왜냐하면 도열병에 걸린 묘는 왜소화하여 자라지 못하고 키다리병에 걸린 묘는 이상적으로 키가 커지기 때문이다. 그렇다면 이러한 현상은 어떻게 해서 일어나는가, 곰팡이가 분비하는 물질이 식물의 조직 내에 영향을 미쳐 성장조절을 하게 되는 것이다.

토마토의 위조병에 걸린 줄기를 쪼개 보면 관다발이 막혀 있어서 물이 통과하지 못하고 말라 죽게 되는데 이는 병원균인 푸사리움 옥시스포람(Fusarium—Oxisporam)이 생산하는 효소가 관다발 안에 축적되어 물의 흐름을 막아서 생기는 병이며, 벚나무나 철쭉류, 느티나무 등에 잘 생기는 새둥지병(떡병이라고 하는 것도 이에 속하는 병이다)은 '타프리나 균'이 생산하는 '인돌아세트산'이 식물에 작용하여 마치 잎에 바람을 불어 넣어 풍선 같은 모양을 하거나 가지가 뭉쳐서 나오게 되는 것이다. 이외에도 옥수수의 흑수병에서 이삭이 이상 비대하는 것이나, 차나무의 떡병(餠病)도 이와 같은 현상으로 생각되고 있다.

하지만 키다리병을 일으키는 지베레라 후지쿠로이(Gibberella fujikuroii)와 같이 식물에게는 전혀 해가 없고 단지 키만 크게 하는 병을 일으키는 것도 있는데 이는 병원균이 생산하는 지베렐린의 작용 때문인데 이것을, 일본에서는 연구하여 지금은 생장조절제(흔히 생장촉진제라고 한다)로서는 없어서는 안 될 중요한 약품을 만들어 낸 것도 있다.

우리가 흔히 씨없는 포도라고 하는 것이 바로 처음부터 씨가 없는 포도가 맺히는 것이 아니라 일반포도에다가 이 지베렐린을 뿌려서(그러니까 지베레라 균이 생산한 분비물을 접종시켜서) 씨를 자라지 못하게 한 것이다. 또 키를 크게, 꽃이 빨리 피게, 휴면중인 식물을 깨우는데 등등 여러 곳에 이용되기도 한다.

③ 세균에 의한 병

1878년 미국 '일리노이' 대학의 부릴 교수는 배의 화상병(火傷病)이라는 제목의 논문을 발표하였는데 이것이 세균에 의하여 일어나는 식물의 병에 대한 최초의 연구 보고였다. 이것은 '균학(菌學)'의 원조로 알려져 있는 '앤톤드버리' 박사에 의하여 많은 곰팡이의 연구가 있었으나 세균병의 연구가 꽤 늦게 시작된 것은, 세균은 식물의 병원이 될 수 없다는 생각을 하고 있었기 때문이다.

그후 20세기초에 미국 농무성의 '스미드' 박사에 의하여 식물 병원세균의 연구가 성행하게 되었다. 근래에는 미국과 일본에서 매우 활발하게 연구되고 있다. 하나의 병원세균은 소수의 식물에만 병을 일으키는 것이 보통이나 어떤 것은—예를 들면 과수의 '근두암종병균(根頭癌腫病菌)'은 170여종의 식물에 기생하는 것으로 알려져 있다—다수의 식물에 같은 증상의 병을 일으키는 것도 있다.

1) 세균분열

세균은 비교적 간단한 형태를 하고 있으며 크기도 곰팡이에 비해 훨씬 작다. 식물병 병원균의 대부분을 차지하는 간균(稈菌—ba cilli)은 보통 길이가 2~3마이크론(1마이크론은 1,000분의 1㎜), 폭이 0.5마이크론 정도인데 1㎝ 길이에 세로로 약 3,000개 정도를 늘어 놓을 수 있는 크기이다.

세균은 1Cycle(1세대)이 보통 1시간 전후인데, 증식력이 매우 왕성하여 만약 1개의 세균이 30분에 한 번씩 분열한다고 할 때 24시간 후에는 2조억 마리가 넘게 된다. 식물의 병원균은 침입하는 장소에 따라 '유조직병(柔組織病)', '도관병(導管病)', '증생병(增生病)'의 세 가지 형이 있으며 이 형에 따라서 전염 경로가 다르다.

반점병, 연부병, 부란병, 화상병 등은 식물의 유조직 내에 침입하여 세포 사이에서 번식하며 세포 사이에 있는 펙틴 질을 분해시켜 세포를 흐트러지게 한다. 이 때문에 세포는 상호간의 영양공급이 끊어지거나, 세균이 분비한 독소에 의하여 세포가 괴사하게 된다(유조직병). 또 박과 식물이나 가지과 작물에 발생하는 '청고병'의 균은 관다발 내에 침입하여 번식하고 주위의 조직을 파괴하여 수분의 상승을 방해하므로 식물이 시들어서 죽게 된다(도관병).

또 과수나 채소의 '근두암종' 병처럼 병원균이 생산하는 호르몬의 작용으로 침입부위의 조직이 이상비대하여 혹모양이 되기도 한다(증생병). 식물병을 일으키는 병원세균은 일광을 몹시 싫어하며 건조에도 약하다. 그래서 외기에 접한 곳에서는 생활하지 못하며, 병원균이 가장 좋아하는 곳은 토양 속 또는 곤충의 내부이다. 토양 속에서 식물체 내(잎, 줄기, 뿌리, 종자)에 침입하면 꽤 오랫동안 생활력을 가지며, 또 오염된 잎이나 줄기, 열매가 땅에 떨어지면 흙 속에 들어가 흙 속에서 양분을 가지는데 일반적으로 2~3년간 마른 종자 안에서 생존한다.

또 매개 곤충의 체내에 잠복하여 월동하기도 하는데 연부병을 일으키는 균은 매개곤충이 산란할 때 알 속으로 들어가 다시 애벌레에 전해진다. 식물의 병원세균은 곰팡이와 달라 홀씨가 없고 환경변화에 약하므로 곰팡이의 번식방법과는 다르다.

곰팡이는 건조에 강해서 건조할 때는 홀씨가 되어 날아 다니다가 조건이 맞는 곳에서 번식을 시작하지만 세균은 건조하면 곧 죽어 버리므로 건조에는 매우 약한데 식물체가 비에 젖은 상태에서 상처를 입으면 비나 바람에 의해서 꺾이였을 때 식물체에 쉽게 오염된다.

이외에 종자나 곤충에 의하여 전해지는 경우도 있으며, 세균에 오염된 꽃이나 식물체 내에서 세균점액을 묻힌 개미나 벌, 나비가 이꽃, 저꽃으로 꿀을 찾아다닐 때 세균을 옮기기도 한다. 곰팡이는 건강한 식물체 표면의 조직에 기생하여 번식을 할 수 있지만 세균은 그런 능력이 없기 때문에 반드시 상처가 난 곳이거나, 잎의 숨구멍, 꽃의 꿀샘 등으로 침입한다. 식물 조직 내에 침입한 병원세균은 빠른 속도로 증식을 하여 병징을 나타내는데 침입한 후 병징이 나타날 때까지의 기간을 잠복기간이라고 하며, 병원균의 종류와 식물의 종류에 따라 어느 정도 기간이 정해진다. 채소의 연부병은 감염 후 약 24시간 후에 나타나며 근두암병은 3주일 정도가 걸린다. 같은 병원균도 침해식물에 따라 다른데 청고병균은 감자에서는 2일, 토마토에서는 4일, 담배에서는 6일이 걸린다.

④ 바이러스에 의한 병

바이러스는 인간의 최대의 적이라고 알려져 있는데 이는 식물의 세계에서도 최대의 적이며 한 번 바이러스에 오염되면 매년 반복하여 발병하고 아직까지는 치료할 수 있는 확실한 방법이 없으므로 바이러스를 매개하는 곤충을 구제하는 간접적인 예방밖에는 할 수가 없다.

바이러스는 병의 종류도 많고 그에 의한 농작물의 피해는 막대하여 바이러스만 퇴치 할 수 있다해도 세계의 농산물은 단번에 30~50% 이상 증산되어 세상은 풍요로와 질 수 있을 정도이니 세상은 그야말로 바이러스와 인간과의 싸움이라고 할 수 있다.

그러므로 이 바이러스에 대한 연구는 빠른 속도로 진행되고 있으며 근래에는 전자현미경의 도움으로 하나 둘 그 모습을 볼 수 있고 내부구조도 밝혀지게 되었다. 아직까지 바이러스 자체의 연구는 성과를 거두고 있으나 바이러스 병에 대해서는 유감스럽게도 아직 초보단계를 벗어나지 못하고 있는 실정이다. 식물이 바이러스에 감염되면 여러 가지 병징이 나타난는데 병징은 바이러스의 종류, 계통, 침해받는 식물의 종류, 품질, 감염시기, 기온, 비료 등의 조건에 따라 변하는데 이 병징을 보고 병원 바이러스의 종류를 어느 정도 추정할 수 있다. 이 바이러스병의 병명은 그 특징적인 증상에 따라 붙여진다. 대표적인 병징을 나타내는 병명은 다음과 같다.

- ㉮ 위황병 : 줄기, 잎의 일부, 전체가 노랗게 마른다.
- ㉯ 위축병 왜화병 : 식물체가 위축되거나 왜화한다.
- ㉰ 모자이크 병 : 잎에 녹색과 황색부분이 마치 모자이크 무늬 같이 된다.
- ㉱ 엽권병 : 잎이 숟가락 모양으로 뒤집히거나 안으로 말린다.
- ㉲ 윤문병 : 황색 또는 황록색의 윤문을 만든다.

이런 증상이 가장 많이 나타나는 것이 바이러스의 일반적인 증상이므로 잎이나 줄기를 자세히 관찰하면 세균에 의한 병인가를 어느 정도 구별할 수 있으리라 생각한다.

바이러스(Virus)라는 말은 1898년 네델란드의 식물학자 '바이에링크'가 라틴어로 '독(毒)'을 의미하는 바이러스(Virus)라고 명명한 것이 그 시초이며, 크기는 세균에 비교가 안될 정도로 작고, 전자현미경이라야만 그 존재와 형태를 알 수 있다.

1) 바이러스 매개하는 곤충

자연계에서 식물 바이러스의 반 이상이 곤충에 의하여 매개된다. 매개하는 곤충에 따라 비영속매개(非永續媒介)와 영속매개 곤충이 있는데 비영속매개는 진딧물이 주역이 되며, 진딧물은 바이러스에 오염된 식물로부터 즙을 빨아먹으면 체내에 바이러스를 갖게 되고 이 진딧물이 다시 건전한 식물의 즙을 빨아먹을 때 바이러스를 오염시킨다.

진딧물이 바이러스에 오염된 식물의 즙을 빨아 먹을 때 5초간 즙을 빨아 먹은 후에 다시 다른식물의 즙을 빨아먹으면 바이러스에 오염이 되는데 만약에 오랫동안 즙을 빨아먹거나 30분 이상 있다가 다른 식물의 즙을 빨아먹으면 바이러스의 전파력이 없어지고 만다.

그러니까 진딧물이 계속 건전한 식물의 즙을 빨아먹으며 돌아다닌다 해도 최초의 1~2개의 식물에만 바이러스를 전파하게 되며 그렇기 때문에 영속적이 아닌 비영속매개 곤충이 되는 것이다. 그런데 멸구류나 매미충 같은 것은 일단 바이러스를 체내에 보균하면 대부분 일생동안 전파능력을 지니는데 이것이 진딧물과 다르며 이런 곤충을 영속매개 곤충이라 한다.

2) 예방책

바이러스 병에는 정확한 치료법도 없는 실정이므로 그 예방은 특히 중요한 문제가 된다. 바이러스의 예방도 다른 병원 미생물과 마찬가지로 전염원을 없애는 것이 첫째이며, 그 다음에 바이러스를 매개하는 곤충을 퇴치한다. 그러니까 매개 곤충의 발생기에 재배를 하지 않는다면 좋은 효과를 볼 수 있다. 또 건전한 종자(바이러스에 오염되지 않은)를 사용하고 흙 속의 감염원에는 토양을 소독하여 주고 바이러스의 저항성 품종(내병성 품종)을 육성, 재배한다.

5 마이코 플라즈마

바이러스에 오염된 식물을 전자현미경으로 보아도 바이러스가 보이지 않는다. '동경' 대학의 '요라' 교수가 바이러스 병에 걸린 식물을 관찰하는데 아무리 봐도 바이러스 병원균은 없었는데 자세히보니 원형, 타원형을 한 여러 가지 입자가 가득차 있는 것이었다. 이 입자가 식물 병원체인 '마이코 플라즈마'라고 판명되었는데 이것이 세균과 '바이러스와 같은 매개체에 의하여 전염되어 병징도 같음을 알아냈다.

특히 이 마이코 플라즈마는 인체에 병을 일으키는 미생물과 그 모양과 상태가 거의 같음을 알았는데 지금으로서는 동물에 병을 일으키는 마이코 플라즈마와 같은 것인지 아닌지는 확실치 않은데 아직 그 배양에 성공하지 못하고 있어 결론을 내릴 수는 없으나 식물 재배를 오랫동안 해온 경험에 의하여 거의 틀림없이 이 부류에 속하는 병원균 중에서 식물과 인간 양쪽 모두에게 병을 일으키는 균이 존재할 수 있다는 생각을 하게 된다. 어쨌든 지금까지는 이 계통의 병원균에 '테트라사이클린' 계의 항생물질이 치료효과가 있다는 것을 알게 되었으므로 약제 방제의 가능성은 있으며, 가까운 미래에 인간이 이러한 병원균을 정복할 수 있을 것이다.

6 내병성

똑같은 식물을 같은 장소에 심었을 때 어떤 식물은 병에 걸리고 어떤 식물은 안 걸리는 경우가 있다. 같은 식물도 이렇게 차이가 있다. 즉 내병성이 강한 품종과 약한 품종이 있기 때문이다. 그런데 식물에는 병원균의 침입을 저지하는 침입저항성과 몸에 침입은 되지만 침입한 병원균의 균사 등이 만연되는 것을 방해하는 확대 저항성이 있다. 침입저항인 경우는 대개 식물체 표피의 세포벽이 튼튼해서 병원균이 침입하지 못하는 경우이며 확대 저항성인 경우는 병원균이 침입해도 세포 속에 포함되어 있는 화학물질이나 원형질의 힘이 세포의 확대를 억제하여 저항력이 있는 것 같은 효과를 나타나는 경우가 있다. 어느 것이든 병원균의 발생, 번식이 다른 품종보다 적거나 병원균이 발생, 번식했을 경우에도 경제적인 피해가 적은 식물을 내병성이 강한 품종이라고 한다.

7 병충해 방제

사람의 전염병이 생활환경의 비위생적인 것에서 퍼지는 것처럼 밭에 잡초가 무성하든가 병에 걸린 식물이 남아 있으면 이것이 전염원이 되거나 다음해 1차 발생원이 되는 것이다.
사과·배의 적성병은 향나무류가 중간숙주이며 전염원이 된다. 그래서 과수원 주위 향나무를 제거하면 대부분 방지할 수가 있다. 현재 곰팡이 중에서 중간숙주로 알고 있는 것은 '녹균류' 뿐으로 그중 중요한 것은 다음과 같다.

병 명	녹홀씨시대	여름, 겨울 홀씨시대
배 적 성 병	배, 사 과	향나무
소 나 무 혹 병	육송, 해송	졸참나무, 떡갈나무
보 리 흑 녹 병	매발톱나무	보 리, (맥류)
밀 적 녹 병	좀꿩의 다리	밀
귀 리 녹 병	매화나무	귀 리
옥 수 수 녹 병	괭이밥	옥수수
봉 숭 아 녹 병	개구리발톱	복숭아

8 마이코독신(Mycotoxin)의 공포

채소, 과일 같은 것은 수분이 많아서 부드러운 것은 상처를 입기 쉽다. 특히 출하 전에 이미 병에 걸려 있든가, 상처를 입은 것을 제거하지 않고 그대로 출하하면 운반과정에서 병원균이 침투하여 소비단계에 병이 퍼져 쓸모없는 쓰레기가 되는 경우가 많다.

곡물이 변한 것을 사람이나 가축이 먹으면 부패할 때 생기는 균의 독소가 유해하여 피해를 주게 되는데 이와 같이 곰팡이가 생산하는 물질 중에서 사람이나 가축(동물)에 유해한 물질을 '마이코톡신(Mycotoxin)'이라 부른다. 지금까지 알려진 마이코톡신은 약 100여종에 달하며 대부분 발암성인 것으로 알려져 있다.

9 내병성 품종

식물을 건강하게 기르는 것은, 병에 대한 저항성을 충분히 발휘하게 하는 제일 조건이다. 만약 병에 강한 품종만 만들어내면 모든 문제가 해결되는 걸까? 벼를 예로 들어보면 저온에 대한 저항성 품종, 도열병에 대한 저항성 품종이 있는데, 이런 품종의 벼는 맛이 나쁘며 고온이나 다른 병해에는 약한 결점이 있다.

1966년 미국의 '위스콘신' 대학의 '스태먼' 교수는 에틸렌 가스를 이용하여 흑반병에 약한 고구마 품종을 밀폐된 용기 내에서 에틸렌 가스에 일정한 시간 동안 놓아두면 저항성이 증가하는 것을 알아내었다. 이것은 '에틸렌' 처리에 의하여 저항성으로 작용하는 '페놀' 물질과 이에 관련하는 효소의 작용으로 저항성이 높아지는 것이라고 알려져 있는데 최근에는 식물에서의 생리작용으로 식물 호르몬의 일원이 되어 생장조절이나 낙엽현상을 일으키는 성질을 가지고 있음이 알려져 앞으로의 연구 결과에 따라 많은 이용이 될 것으로 기대된다.

그외에 식물 호르몬으로는 '나프탈렌 아세트산(NAA)', '인톨 아세트산(IAA)', '2.4-D' 등이 있으며 토마토의 '위조병'이나 벼 등의 '입고병'을 가볍게 하는 것으로 알려져 있다.

2 충해

1) 노린재목

① 깍지벌레과

깍지벌레는 작은 조개를 뒤집어 놓은 모습으로 통풍이 잘 안되는 그늘에서 잘 번식한다. 분식귤나무, 포인세티아 및 관상식물에서 많이 발견된다. 장미과 식물류의 나무껍질이나 초화류(草花類)의 줄기에서 백색의 아주 짧은 털을 발생시키는 것도 역시 깍지벌레이다. 깍지벌레과에는 여러 종류가 있으며 이들은 연간 1~2회 발생하고 환경 조건이 나쁘면 알 상태로 지내며 수컷이 많지 않아 단위생식을 하는 경우도 있다.

주로 잎 뒤에 기생하고 꿀을 분비하여 아랫잎을 더럽히며 그 곳에 그을음병을 발생시킨다. 깍지벌레를 방제하기 위해서 Dimethoate나 Spracide와 같은 액제(1000~1500배 액)을 발생초기에 1~2회 살포하면 된다.

② 진딧물과

진딧물은 종류도 많고 여름에 기온이 높으면 발생도 다른 것보다 여러 번 발생하지만 방제하기가 쉽다. 진딧물은 알 상태로 월동하며, 애벌레는 생장점 부근의 줄기나 나무 잎 경우에 따라서는 성숙한 잎 뒤에서 집단을 이루어 발생하며 꿀을 분비하여 개미를 유인하고 잎을 더럽힌다. 장미과나 국화과 식물에 많이 발생한다. 방제법으로는 메치온, 메타시톡스 등의 액제(液劑 : 1000~1500배 액)를 발생 즉시 살포한다.

③ 거품벌레과

거품벌레는 봄에 한 차례 발생하며 특히 소나무, 사철나무 등의 어린 잎과 생장점에서 애벌레가 즙액(汁液)을 빨아 먹고 거품을 내놓는 것을 볼 수 있다. 이 거품 벌레는 큰 피해를 입히지 않을 뿐만 아니라 원예작물에서는 심히 발생하지도 않으며 진딧물의 경우와 비슷한 농도 및 요령으로 메타, 마라티온 등을 살포하여 방제할 수 있다.

④ 방패벌레과

방패벌레는 화훼에서는 6월부터 장마기에 들어가기 전의 건조기에 발생하고(특히 철쭉류) 날개의 모양이 방패 같으며 흑백의 작은 벌레가 잎 뒷면에 운집하여 그 즙액을 빨게 되면 녹색이던 잎이 희끗희끗해지면서 식물이 쇠퇴한다. 방제법은 디프테렉스나 마라티온을 2~3회 살포하여 방제한다.

2) 나비벌레목

나비벌레는 연간 2회 발생하며 식물의 잎이 비교적 성숙하고 다즙(多汁)한 상태일 때 그리고 비교적 공기가 건조할 때 완전변태하여 어미가 된다.

잎을 잘라 입에서 거미줄 같은 것을 내어 몸을 싸고 숨긴 상태에서 가해하는 잎말이나방, 줄기에 구멍을 뚫고 그 속에 들어가서 식해하는 심식나방, 털벌레이지만 쉽게 움직이지 않고 사람 몸에 닿으면 쏘는 듯 아픈 쐐기나방 잎에 큰 피해를 입히는 불나방, 잎과 줄기의 표피(表皮) 바로 밑을 파고 들어가 굴을 만드는 굴나방, 및 독나방 등이며, 털벌레류는 많은 화훼류 특히 화목(花木)을 가해한다. 그 밖에 배추과(科) 및 한련화과(科)의 잎을 가해하는 배추흰나비도 볼 수 있다. 이들은 발생 초기 또는 발생기에 DDVP를 살포하고 비교적 저독성(低毒性)의 유기인제를 살포하면 사멸시킬 수 있다.

3) 파리목

이들이 극성하여 심한 피해를 입는 수도 있지만 예방 또는 방제(防除)하여 비교적 문제가 되지 않도록 할 수 있다. 화훼류에는 주로 혹파리와 고자리파리가 피해를 입힌다. 즉 국화의 잎에 기생하는 국화잎혹파리와 엽면에 뾰쪽한 돌출물을 많이 형성하여 생육을 억제한다.

그리고 수선화과와 백합과 식물 특히 튜립에서 종종 볼 수 있는 양파고자리파리는 주로 양파와 마늘 등에 심한 피해를 입힌다. 국화나 스위트피와 같은 식물에서 볼 수 있는 굴파리는 잎 표면에 산란하고 애벌레가 표피(表皮) 바로 밑에 잠복하여 그림을 그리듯 온 잎을 돌아다니며 식해하며 얕은 백색 흔적을 남긴다. 굴파리는 피해가 심하기 전에 DDVP나 EPN의 액제(1000~1500배 액)를 가끔 살포하여 방제하면 피해가 더 이상 진전되지 못한다.

4) 딱정벌레목

주로 풍뎅이과(科)의 벌레가 여기에 속하며 이들 중에는 장미와 같은 식물의 꽃봉우리에 파고 들어가서 꽃을 식해하는 꽃무지, 봄에 지표(地表)에서 새싹이 나오는 것을 식해하는 콩풍뎅이 등이 있는데 이들은 발생하기 전 또는 후에 즉시 EPN 등의 약제(1000~1500배 액)를 가끔 살포하여 방제한다.

5) 거미목

거미목(目)에 속하는 응애는 애벌레의 경우 다리가 6개이지만 어미벌레가 되면서 다리가 8개로 되어 곤충과 다르며, 또한 변태를 하지 않는 특징이 있고 보통 우리 주위에서 볼 수 있는 거미보다 작아서 눈에 겨우 보일 정도이다. 항상 꽁무늬에서 거미줄을 내어 잎과 어린 줄기에 쳐서 가해하여 엽록색을 백색으로 변화시키고, 알이 부화되어 크면서 탈피하기 때문에 흰가루와 같은 것이 피해를 입은 잎에 남아 있는 것을 볼 수 있다.

응애는 습기를 싫어하며 주로 고온건조할 때 장미과, 국화과, 백합과 등 많은 화훼류에 피해를 입히고 각종 해충 중에서 농약에 대한 저항력을 가장 많이 지닌 벌레로 알려져 있으므로 보통 여러 가지 농약을 번갈아 가면서 살포해야 효과가 있다.

특히 거미줄이 있기 때문에 털벌레류의 경우와 같이 다만 접촉효과만 있는 농약보다는 방향(方芳)에 의해서 살충할 수 있는 농약을 살포하는 것이 효과가 있다. 그러므로 전착제를 가용하여 농약살포의 효율을 높이는 것이 좋다. 발생시에는 비교적 저항성 또는 면역성이 적게 생기는 켈센이 효과가 있고 수 일에 한 번씩 번갈아 가면서 효과가 확인될 때까지 살포하는 것이 좋다.

6) 기타

① 귀뚜라미

메뚜기목에 속하는 귀뚜라미는 보통 해충은 아니지만 습기가 많은 야간에 Germaniris의 노출된 근경을 가끔 갉아먹어 구멍을 냄으로써 연부병을 발생시키고 심한 경우에는 식물이 고사하게 된다. 이와 같은 경우에는 피해부(被害部)를 흙으로 덮고 Dimercron, Diorex 등의 농약(1500배 액)을 그 주위에 살포한다.

② 땅강아지

역시 메뚜기목에 속하는 땅강아지도 식물을 식해(喰害)하지는 않지만 묘상(苗床)이나 채종(採種), 상토(床土), 표토(表土) 바로 밑에 줄을 남기며 굴을 뚫어 발아를 방해하는 경우가 있다. 이때에도 귀뚜라미의 경우과 같이 그 주위에 농약을 살포하여 예방한다.

③ 나무이

온실이나 비닐하우스 내에서 나무를 흔들면 미세한 흰파리와 같은 것이 많이 비산(飛散)하는 것을 가끔 볼 수 있는데 이것은 건조한 조건에서 관엽식물에 발생하는 노린재목에 속하는 나무이의 어미벌레이다. 이와 같은 나무는 DDVP나 Malathion 등의 약제를 가끔 살포하여 방제한다.

④ 삽주벌레

삽주벌레는 총채벌레 목에 속하며 크기가 2㎜ 정도로서 작고 흑색이며 어미벌레만 날개가 있다. 이 벌레는 국화 또는 장미과 식물과 같이 겹이 심한 꽃의 깊은 곳에 살면서 점(點)무늬를 이루며 가해하는 것을 종종 볼 수 있다. 이 벌레도 역시 DDVP나 Malathion 등으로 방제한다.

⑤ 달팽이류

벌레류는 아니지만 화훼를 재배할 때 식물을 가해하거나 사람을 괴롭히는 하등동물(下等動物)인 달팽이와 민달팽이 들은 습한 온실, 비닐하우스 또는 포장(圃場)에서 주로 야간에 나타나 잎과 연한 줄기에 구멍을 내면서 갉아 먹는다. 이들은 다육식물(多肉植物)이나 백합과 식물 등에 잘 달라붙고 이들이 지나간 자국을 보고 그 피해를 알 수 있다. 달팽이를 발견했을 때에는 절단한 무우나 오이를 많이 발생한 곳에 두어 야간에 모여드는 달팽이 들을 포살(捕殺)하거나 또는 Name Keel, Nameko 등의 달팽이 약을 피해 식물의 주위에 흩어 놓아 유인 살포 한다.

⑥ 파랑새 쐐기나방

감나무, 수목류, 과수류는 파랑새 쐐기나방의 기주식물이다. 성충은 체장이 15㎜ 내외이고 전신은 녹색이며 외연과 후신은 담황갈색이다. 유충의 체색은 황록색이고 각 환절(環節)에 반구형의 육질돌기(肉質突起)가 4개 있는데 그 4개에는 강한 강모가 있어 사람이 쏘이면 수일 동안 염증이 생긴다. 연1회 발생하며 월동시는 유충으로 되어 자신이 석회질액을 분비하여 새알 모양을 만들어 나무가지에 붙이고 그 속에서 겨울을 지낸다. 암컷은 기주식물에 수십 개씩의 알을 낳는다.

부화약충 시기에는 수십 마리씩 집단가해 하는데 점차 성숙함에 따라 분산한다. 유충이 어릴 때에는 표피를 남기고 엽육만 먹다가 성숙하면 엽맥만 남기고 엽육과 표피를 모두 먹는다. 방제법은 나무껍질 사이에 있는 고치를 처치하고 낙엽 등은 불에 태운다. 약제는 메프유제, 다이아지논유제, 파프유제 1000~1500배 액을 살포한다.

⑦ 애초록꽃묻이

딱정벌레목, 풍뎅이과에 속한다. 기주식물은 장미, 작약, 사과나무인데 성충은 체장이 10~15cm정도이고 체색은 녹색이다. 비교적 납작한 소형의 갑충으로 색채변이가 심하여 다른 곤충으로 오해하는 경우도 있으며 특징으로서 날개에는 백색의 점이 많이 있다.

유충의 경우 두부는 처음에 암갈색 몸이 유백색으로 된다. 연1회 발생하고 월동태는 유충으로 땅 속에서 겨울을 보낸다. 월동 유충은 다음 해 봄에 식해를 하다가 5~6월에 성충으로 출현한다. 성충은 지하에 산란하며 유충은 지하에서 부식물을 먹으며 식물 뿌리를 가해하지 않는다. 유충시절에는 지하에서 부식을 먹고 자람에 따라 식물 뿌리에는 해가 없으며 성충이 되면 꽃잎과 신소를 식해한다.

방제법은 꽃의 만개 시기가 지나서 수분(受粉)이 끝난 후 약제를 살포한다. 즉 비산연수화제 20~400배액, 지오릭스 유제 600~800배액, 이나 토스벨, 바렉슨 등을 살포한다.

⑧ 회양목 명나방

기주는 회양목이다. 체장은 18mm 정도로 체색은 회색이다. 가슴과 배 및 날개는 은백색이고 전신과 후신은 회흑색이다. 유충의 길이는 21mm정도이며 몸은 황록색이다. 배는 암록색이고 아배선(亞背線)은 2개의 검은 점이 있다. 연1~2회 발생하나 우리나라에서는 보통 2회 발생한다. 유충은 5월에 발생하는데 식물의 잎은 연약하기 때문에 피해가 1년 중 제일 크다. 6월경 성충으로 되고 8월에 2회기 유충이 가해한다. 보통 잎이나 신초를 몇 개씩 철하고 그 속에서 생활한다. 유충이 엽육과 엽피를 식해하는데 보통 잎이나 신초를 철하고 그 속에서 식해한다. 방제법으로는 유충이 발생하면 약제를 살포한다. 즉 다이아제논 유제 1000~1500배 액, 메프 유제 1000~1500배 액, 메프수화제 1000배 액을 살포한다.

⑨ 흰띠명나방

나방목 명나방과이다. 기주식물은 채소류, 오이류, 옥수수, 조 등이며 몸 길이는 9mm 내외의 나방인데 가슴 및 배면은 흑색 또는 갈색의 털로 덮여 있다. 촉각은 흑갈색이고 날개는 안날개이며 전연각의 부근에는 크고 긴 백색의 무늬가 있으며 그 아래에도 위의 무늬와 같은 점이 있다. 유충의 길이는 14~17mm 정도이며 색갈은 담록색이고 머리는 담갈색으로 많은 갈색무늬가 있다.

연 3~4회 발생하며 월동태는 유충이다. 잎의 뒷면에 알을 낳는데 1개씩 열을 지어 낳는다. 역시 부화유충시에는 표피만 먹고 크면 엽육을 모두 먹는다. 성숙하면 지하에서 번데기가 된다.

성충 1회의 발생은 7월초순, 2회의 발생은 7월하순, 3회는 8월, 4회 발생시에는 9월 중순이 된다. 약 3주일 동안에 1세대를 마친다. 부화유충시에는 엽육만을 먹다가 점차 커가면서 엽육과 엽피를 식해한다. 방제법은 소량발생시에는 손으로 잡아 죽이고 많이 발생하면 약제를 살포한다. 약제는 다이아지논 유제 1000~1500배 액이나 파프 유제, 메프 유제 등을 살포한다.

3. 해충의 예찰과 방제

1) 발생예찰

해충의 발생을 빨리 발견하고 대책을 강구하면 방제효과가 크며 따라서 자재면으로나 노력에서 상당히 절약될 것이다. 구미 선진국에서는 전국을 하나의 방제 단위로 실시하기 위하여 조직과 기구가 제도화되었고 이 같은 방식은 실적을 올리고 있다. 병충해는 조기에 예찰하며 해충발생시기 발생량까지도 미리 예견하여 방제를 계획적으로 실행하기에까지 이르렀다. 이처럼 효과를 얻기 위해서는 운영조직을 확대하여 개인이 아닌 국가나 지방자치 단체에서 이루어져야 될 것이다.

① 예찰의 방법

㉮ 그 해의 발생 범위에 따라 소장(消長)이 심한 것과 그렇지 않은 것 등, 상습적인 발생 지역의 광협에 따라 구분한다.

㉯ 도내에 발생하는 해충의 종류를 조사하고 중요 해충별로 분류한다.

㉰ 상기의 해충에 대하여 각각 발생 분포도 발생 소장도를 작성하고 이들의 평년치를 파악하는 동시에 해마다 발생변이를 추가해 나아간다.

② 발생시기의 조사

유아등(誘蛾燈) 조사, 포충망에 의한 채집조사, 포장에 발생상황 조사와 함께 지방별 도별의 조사치(調査値)를 가지고 발아초기, 발아최성기, 발아 종기 별로 평년치를 파악한다.

2) 해충방제법(害蟲防除法)

방제라 함은 예방과 구제(驅除)를 뜻하는데 예방은 해충의 발생을 억제하거나 피해가 없게 하는 것을 말하고, 구제는 발생 후에 조치하는 것을 뜻한다. 그러나 그 목적하는 바는 어느 쪽이나 해충에 의한 피해를 경감시키자는 것이다. 해충을 방재하는 데는 여러 가지 방법이 있겠으나 개인 단체 국가적 입장이나 경우에 따라 그 대상과 방법이 달라질 것은 물론이다.

(1) 화학적 방제법

약제의 화학적 적용을 이용하여 방제하는 방법인데 일반적으로 약제방제라고도 부른다. 이 방법은 효과가 확실하고 빠르며 적용면적이 넓은 것이 특징이다. 살충제에 관한 연구는 점차 과속화되며 새로운 농약이 계속하여 나오므로 사용자들은 오히려 그 선택의 어려움을 겪고 있다. 그리하여 농수산부에서는 같은 계열의 성분을 가진 농약들을 통폐합하였다. 살충제를 사용할 시기에 미리 그 약제의 성질 사용법, 해충의 형태, 경과, 습성 및 작물의 종류를 잘 파악한 후에 사용토록 해야한다.

살충제는 작용점에 따라 독제(毒劑), 접촉제, 침투제, 훈증제, 유인제, 기피제로 구별된다.

(2) 기계적 방제

물리적 방제법이라고도 한다. 기계적이라 함은 손 또는 간단한 기계나 기물(器物)을 사용하여 방제하는 것을 뜻한다. 그런데 이 방법은 경험이 풍부하며 노임이 싸고 해충의 발견이 용이하며 해충의 동작이 활발치 못하고 발생이 국부적일 때에 실행이 가능한 것이다. 즉 살포법(撒布法), 유살법(誘殺法), 차단법(遮斷法), 경운(耕耘) 청결과 같은 방법이 있고, 물리적 방제는 물리적 방법을 응용한 것으로 보통은 물(水), 광(光), 고압전기, 고주파, 초음파 등이 이용된다.

　㉮ 온도처리

가열 냉각 등, 온도를 이용하여 방제하는 방법이다. 일반적으로 곤충은 60~65℃의 온도에 이르면 단시간에 죽게 된다. 그러므로 태양광선, 온탕(溫湯), 열탕(熱湯), 불, 적외선 등을 이용하여 구근류의 해충을 방제하는 것이다.

예로서 쌀바구미나, 콩의 바구미 종류는 수일 동안 강한 햇볕에 쪼이면 죽거나 기피한다. 대체로 해충은 5~15℃에는 활동이 둔하고 -27℃에서는 죽게 된다. 그리고 저온→고온→저온과 같이 온도의 변화가 심하면 사망율이 높으므로 이를 이용하여 구제한다. 자연의 저온처리 방법은 겨울철에 논이나 밭에서 효과를 거둘 수 있고, 전기처리 방법은 해충이 들어 있는 피해물을 일정한 용기에 넣어 진공펌프로 내부 공기를 빼어 기압을 저하시킴으로써 해충을 죽이는 방법이다.

　㉯ 점화유살

곤충의 주광성을 이용하여 유아등을 설치하여 성충시기에 구제하는 방법이다. 날아오는 종류는 많으나 대상 해충은 주로 답작해충이며 실제포장에서 살충효과보다는 예찰효과로 많이 이용하는 실정이다. 실제 포장에서는 단독사용보다 공동유살법이 효과적임을 지적한다. 유아등 설치는 관리하기 좋은 곳을 선택하되 지상 1.5m 높이로 설치한다. 단위면적당 표준설치 등 수는 60W 전구는 1정보, 청색, 형광등은 5정보에 1개씩 한다.

　㉰ 포살(捕殺)

해충의 알, 유충, 번데기, 성충 등을 직접 손으로 또는 간단한 기구를 써서 잡아 죽이는 방법이다. 수간(樹幹)에 든 하늘소 유충을 구멍 속에 철사나 꼬챙이를 넣어 찔러 죽이거나 도둑나방이나 깎지벌레 등을 잡아 죽이는 방법, 또는 풍뎅이류, 됫박벌레 등은 나무를 갑자기 흔들면 놀라 떨어지는 성질을 이용하여 잡아 죽이는 방법 등이 살포에 속한다.

㉣ 유살(誘殺)

해충의 특유의 습성을 이용하여 유인물(誘引物)이나 유살기구(誘殺器具)를 사용하여 죽이는 방법이다. 과수 심식충류는 과즙(課汁) 당밀액을 초자포 병충해 넣어 나무에 걸어두면 유충을 유살할 수가 있다.

㉤ 차단(遮斷)

해충의 통로에 장애물을 사용하여 침입 가해하는 것을 미연에 방지하는 방법이다. 봉지 씌우기 그물치기, 비닐하우스 피복, 거적덮기 등이 있다.

㉥ 경운(耕耘) 및 청소

경운은 토양의 물리적, 화학적 상태를 이용하여 토양서식 해충의 생활사를 바꾸는 방법이다. 이렇게 함으로써 해충의 생육, 번식 등은 억제되고 초겨울 경운시에 밖으로 나온 해충은 죽거나 조류의 먹이가 되어 없어진다. 청소는 포장 또는 주위에 있는 수확물의 뒷처리며, 잡초 및 마른 잎을 제거함으로써 해충들의 잠복장소 산란장소 또는 월동장소를 제거하는 방법이다.

(3) 생태적 방제법

해충의 생태를 연구하여 식물의 피해를 최소한 줄이도록 환경조건을 변경하거나 또는 농작물 자체가 지향성을 갖게 하는 방법이다. 즉 재배기술의 변경, 윤작, 재배시기의 조절, 내충성 품종 이용, 소식(疎植) 등 여러 가지 방법이 있다.

① 서식환경(棲息環境)의 변화

㉮ 윤작 : 한 식물을 계속하여 심으면 병해가 심하게 발생하므로 윤작하여 심는다.

㉯ 재식밀도 조절 : 해충의 대책으로만 보면 밀식보다 소식(疎植)하는 것이 유리하다. 하지만 전체적인 생육과 경제성을 볼 때 소수 재배를 하고 방제를 철저하게 하는 것이 유리하다.

㉰ 기상조건의 변경 : 해충이 살고 있는 포장 내의 세밀한 기상을 변경하여 해충구제에 효과를 보는 방법으로, 밭이랑을 넓게 하면 지온이 상승되어 해충으로부터 구제된다.

㉱ 토성 개량 : 토양곤충을 대상으로 하는데 포도뿌리혹 벌레는 모래땅에서 발생이 적으므로 개원시 모래를 많이 섞는다.

② 내충성의 강화

우선 관리를 철저하게 하여 피해를 경감시킨다.

㉮ 혼작과 윤작을 철저하게 한다.

㉯ 재배밀도를 적당하게 조절한다.

㉰ 내충성 품종을 이용한다.

㉱ 재식시기를 변경하여 작물과 해충간의 접촉 기회를 멀리한다. 즉 해충의 발아 최성기를 피하여 조생종이나 반조생종을 택한다.

(4) 생물학적 방제

생물학적 방제는 천척을 이용하는 방법이다. 천적의 이용방법은 상당히 오래 전부터 이용되어 왔으며 최근에는 많은 열의를 갖고 적극적으로 연구조사 중이다. 생태계의 먹이사슬은 그 수효가 균형 있게 유지된다고 한다. 어떠한 환경적 요인으로 익충이 감소되면 해충은 아주 많이 발생하게 되어 식물에 많은 피해를 가져온다. 따라서 우리는 해충을 먹고 사는 익충을 보호해야 한다. 천척으로 이용하는 생물은 다음과 같다.

① 곤충류

㉮ 기생성 곤충, 기생벌, 기생 파리와 같이 다른 곤충의 체내에 산란하여 유충이 그 속에서 먹고 자란다. 기생충에는 공기생(共寄生)의 3가지 형으로 구분한다.

㉯ 포식성(飽食性) 곤충 : 어떤 곤충이, 종류가 다른 곤충을 잡아 먹는 것을 이용한 것이다. 예를 들면 됫박벌레나 풀잠자리는 애벌레 진딧물을 먹고 산다.

② 미생물류

㉮ 균류(菌類) : 어떤 곤충이 균의 기생에 의하여 죽게 되는 것. 나비목 유충에는 백강균 또는 황강균이 기생한다.

㉯ 세균류(細菌類) : 어떤 곤충이 세균의 기생에 의하여 죽게 되는 것. 미국에서는 나비목 유충을 죽이기 위해서 나비균을 배양한다.

㉰ 비루스 : 어떤 곤충이 비루스의 기생에 의하여 죽게 되는 것. 나비목 유충에서 볼 수 있다고 한다.

(5) 법률적(法律的) 방제법

외국으로부터 종자를 들여올 때나 인적, 물적 교류를 통하여 병충해의 침입의 우려가 있다든가 만연의 염려가 있을 경우 철저한 방제를 할 수 없기 때문에 국가에서 이에 대한 법령을 제정한 것이다. 국내 해충을 대상으로 하는 해충구제 방법이라든가 국제적 이동을 방지하기 위한 수출입 식물 채취법, 또는 식물검역제, 농약채취법 등이 제정되어 있다.

☐ 병충해와 농약

1. 주요병해

병 명	병 징	대상작물	방 제 법
입고병 (立枯病) 모잘록병	묘상의 어린 묘나 이식 묘가 말라죽는 증상으로 뿌리에서 침입한 균이 도관으로 상승한다.	백합, 카네이션, 과꽃, 작약	종자는 캡탄제로 소독, 발병시 에이원 살포, 토양은 크로로피크린으로 상토에서 방제.
균핵병 (菌核病)	저온다습시 식물체가 시들며 뿌리턱이 연화되어 유조직이 없어지고 유관속만 남는다. 그후 퇴색되어 회색으로 변하고 피해부에 흑색 균핵과 균사가 생긴다.	수선, 튜립, 글라디오라스, 거베라, 스톡크, 루피너스, 스위트피, 스토케시아, 카네이션, 도라지, 모란, 작약	연작을 피하고 시비 후 소일신이나 시밀톤 유제를 비온 후 살포.
녹병 (銹病)	잎 뒷면에서 회백색, 갈색, 흑색 등 작은 병반이 생긴다.	아이리스, 국화, 팬지, 과꽃, 장미, 철쭉, 프리뮬라	질소과다, 밀식, 과다분무를 피하고 만코지 또는 바리톤 수화제를 살포.
탄저병 (炭疽病)	잎, 줄기, 꽃, 과실에 검은 색의 반점이 생긴다. 병반 중심의 회백색으로 약간 움푹 파이는 형태이다.	고무나무, 선인장, 코스모스, 거베라, 팬지, 스톡크, 백합, 모란, 스위트 피	병반을 제거하도록 하고 캡타폴 또는 보르도액을 살포.
흰가루병 (白澁病)	잎이나 어린 가지 등에 백색의 반점이 차츰 퍼지며 흰곰팡이가 되어 퍼져나간다. 줄기나 꽃봉오리까지 피해를 입게 된다.	장미, 국화, 작약, 다알리아, 스위트피, 해바라기, 봉선화, 백일홍	통풍과 광선이 잘 들게 한다. 수화유황제 또는 캡탄, 베노밀수화제 살포

병 명	병 징	대상작물	방 제 법
노균병 (露菌病)	잎표면에 불규칙한 회백색의 반점이 생기고 뒷면에 흰곰팡이가 발생되며 잎이 고사하고 낙엽이 된다.	해바라기, 장미 팬지	통풍을 좋게 하고 병들은 잎은 제거시킨다. 만코지, 만네브다이센을 살포.
흑반병 (黑斑病)	원형 또는 부정형의 흑갈색 병반이 주로 아래 잎에서 발생되며 낙엽의 원인이 된다.	팬지, 국화, 아이리스	질소과용을 금하고 배수가 잘 되게 한다. 프로피 또는 포리옥신을 살포.
흑성병 (黑星病)	잎에 초기 담갈색의 얼룩반점이 생겨 흑갈색의 둥근 병반으로 진행된다. 줄기, 꽃봉오리, 과실에도 생기며 낙엽의 원인이 된다.	장미, 국화, 카네이션, 매화	병든 낙엽을 소각하고 알맞는 전정으로 통풍을 유도한다. 캡타폴 또는 캡탄을 살포.
역병 (疫病)	뿌리, 줄기, 잎, 과실 등에 발생하는 암갈색의 병반으로 차츰 썩어 곰팡이가 생긴다.	카네이션, 거베라, 작약, 백합, 선인장	연작을 피하고 토양소독, 내병성 품종 식재한다. 코사이드 또는 안트라콜을 살포.
회색곰팡이 (Botoritis)	잎, 꽃, 과실, 줄기 등에 담황색의 둥근 반점이 생기며 회색의 곰팡이 덩어리가 생긴다.	카네이션, 팬지, 프리뮬라, 튜립, 스톡크, 시네나리아, 베고니아	배수와 통풍이 잘 되게 하고 병든 잎은 제거한다. 트리아진 또는 유파렌을 살포.
모자이크병 (Virus)	잎에 농담의 반점, 주름이 생기고 모양이 부정형, 위축형이 되고 생육이 불량해지는데 곤충이 매개하는 경우도 많다.	백합, 튜립, 글리디오라스, 과꽃, 페튜니아, 스톡크, 코스모스, 프리뮬라, 금잔화, 팬지, 백일홍, 국화, 작약	이 병주를 제거하고 진딧물 구제하는 이외는 유효한 약제가 없다.

※ 보호살균제 : 병이 점염되기 전에 살포, 강우 전후에 살포

2. 주요해충

병 명	병 징	대상작물	방 제 법
진딧물	유충이 어린 잎이나 가지에 붙어 즙액을 흡수해 생육을 해치고 잎에 피해를 준다. 바이러스를 전파하고 분비물이 그으름병을 유발시킨다.	무궁화, 장미, 튜립, 시크라멘, 백합, 메리골드, 코스모스, 봉선화, 국화, 대다수의 작물	천적인 무당벌레를 보호하고 메타시스톡스 또는 코니도를 살포하고 개미를 구제.
개각충 (깍지벌레)	딱딱한 각 또는 솜 같은 물질을 쓰고 잎, 줄기, 과실 등에 붙어 즙액을 흡수한다. 그을음병 발생시킨다.	고무나무, 소철, 관음죽, 군자란, 몬스테라, 양란, 아나나스, 크로톤, 감귤류, 치차, 쉐플레야	이른 봄에 석회유황합제, 겨울에는 기계 유제로 예방하고 발생기에 스프라사이드 또는 디메토를 살포.
응 액 (붉은 거미)	잎 뒤나 어린 가지 등에 거미줄을치고 살아가며 즙액을 흡수하므로 엽록소가 없어진다.	국화, 카네이션, 팬지 프리뮬라, 스톡크, 스위트피, 나팔꽃, 관음죽	잎 뒷면을 강력한 시린지하고 켈센 또는 데티온을 살포.
선 충 (네마토마)	땅 속에서 살아가며 작물의 뿌리에 들어가 혹을 만드는 근류선충, 뿌리에 기생하는 근부선충 등으로 가느다란 실지렁이 같이 생겼다.	봉선화, 팬지, 다알리아, 베고니아, 칸나, 아스파라거스, 장미, 루피너스, 국화, 백합, 수선, 코레우스, 양치류	토양소독제로 베이팜, D,D, 크로로피크린, 메틸부로마이드, DBCP를 사용.
야도층 (거심이)	잡식성으로 봄, 가을 2회 발생되며 보호색을 가지고 낮에는 땅 속에 있다 밤에만 작물의 잎을 식해한다. 뿌리를 잘라 먹는다.	다알리아, 카네이션, 국화, 꽃양배추	포살하든가, 비산연(물 1ℓ에 비산연 56~75g)을 1주일 간격으로 2~3회 살포.

병 명	병 징	대상작물	방 제 법
심식충 (心食虫)	나방이 종류가 작물의 생장점에 산란을 하여 부화된 애벌레가 줄기나 가지속을 파먹고 살아간다.	다알리아, 과꽃, 국화, 꽃창포, 스톡크, 벚나무	산란한 구멍을 찾아내어 이·피·엔유제 원액을 주사기로 주입하고 밀봉.
총채벌레 (스립스)	성충은 1mm정도의 담황갈색의 벌레로 유충은 날개가 없다. 주로 잎을 갉아 먹어 기형잎을 만드는데 먼지가 붙은 것 같이 보인다.	백합, 카네이션, 국화, 시클라멘, 스톡크	습기를 싫어하므로 강력한 시린지를 하고 약제로는 메프 또는 나크수화제 살포.
배추벌레 (털벌레)	나비나방의 유충으로 여러 종류가 있는데 주로 잎을 식해하는 것들이다.	페튜니아, 프리뮬라, 꽃양배추	비산연 또는 스미치온 살포.
뿌리진드기 (구근진드기)	모길이가 0.7mm내외의 단타원 또는 난형으로 유충은 3쌍의 발을 가지나 성충은 4쌍의 발을 갖는 작은 동물로 유백색 또는 약간의 적갈색을 띤다. 1년에 10세대를 되풀이하며 뿌리, 구근을 식해한다.	백합, 수선, 히야신스, 튜립, 아마릴리스, 글라디오라스, 크로커스, 다알리아 기타 분식물.	구근소독으로 황산 니코틴에 10분간 침지소독 또는 코니도 분제에 분의소독하고 생육중에는 알드린유제 살포.

※ 농약의 병뚜껑/살균제 - 분홍색/살충제 - 녹색/제초제 - 밤색/종자소독제 - 백색

□ 화훼의 병충해 예상문제

【문1】 식물병의 원인 중 전염되지 않는 비전염성 병해는 어느 것인가?
　　① 매연공해　② 바이러스　③ 곰팡이　④ 박테리아

【문2】 쇠붙이의 녹과 같은 포자가 생기는 병해를 무엇이라 하는가?
　　① 입고병　② 수병　③ 균핵병　④ 매병

【문3】 스위트 피의 근부병의 원인이 아닌 것은?
　　① 고온다습　② 저온처리시　③ 미숙퇴비과용　④ 관수과다

【문4】 철쭉류를 건조한 토양에서 재배할 경우 어느 원소의 부족을 일으키는가?
　　① 망간　② 철분　③ 질소　④ 석회

【문5】 고온다습할 때 시들음병에 비교적 강한 화훼류는?
　　① 맨드라미　② 백합　③ 수선　④ 과꽃

【문6】 적성병(赤星病)의 중간기주 식물은 어느 것인가?
　　① 고무나무　② 향나무　③ 무궁화나무　④ 박태기나무

【문7】 군자란의 역병은 어떤 농약을 살포하는가?
　　① 유기수은제　② 동수은제　③ 지네브제　④ 석회유황합제

【문8】 토양수분이 과습하면 어린 잎이 황화되는 것은?
　　① 수선　② 백일홍　③ 장미　④ 금잔화

【문9】 잘록병(입고병)은 주로 어느 때 많이 발생하는가?
　　① 파종상에서　② 가식상에서　③ 정식한 후　④ 개화할 무렵

【문10】 금어초의 병충해에서 탄저병이 걸렸을 때 쓰이지 않는 농약은?
　　① 이피엔제　② 마네브 수화제　③ 지네브수화제　④ 트리아진제

【문11】 근두암종병이 발생하기 쉬운 화훼는?
　　① 다알리아　② 튜립　③ 글라디오라스　④ 수선

【문12】 겨울철 온실 재배하는 팬지에서 특히 발생하기 쉬운 병은?
　① 가지마름병(줄기마름병)　　② 잿빛곰팡이병(회색곰팡이병)
　③ 근두암종병(뿌리혹병)　　④ 흰가루병(밀가루병)

【문13】 개각충이나 잔딧물이 분비한 당분을 가진 액체 위에 잘 퍼지는 병해는?
　① 입고병　② 보토리티스 병　③ 수병　④ 그을음병

【문14】 석회유황합제로 방제할 수 있는 병해는?
　① 근두암종　② 비루스　③ 밀가루병　④ 균핵병

【문15】 알뿌리의 온탕침지법에 알맞는 온도는?
　① 30℃에서 20~30분　　② 40℃에서 20~30분
　③ 50℃에서 20~30분　　④ 60℃에서 20~30분

【문16】 스토크의 균핵병은 어디에 심었을 때 많이 발생하는가?
　① 비닐하우스 재배시　② 담수 재배시　③ 노지 재배시　④ 온실 재배시

【문17】 뿌리진드기와 관계가 적은 화훼 종류는 어느 것인가?
　① 바베나　② 튜립　③ 백합　④ 히아신스

【문18】 다음 병해 중에 자낭균에 의한 병이 아는 것은?
　① 밀가루병(흰가루병)　② 매병(그을음병)　③ 동고병(줄기마름병)　④ 수병(녹병)

【문19】 밀가루병이 제일 심한 화훼 종류는 어느 것인가?
　① 장미　② 군자란　③ 철쭉　④ 문주란

【문20】 저온 다습할 때 병이 많이 발생하는 화훼는?
　① 카네이션　② 관엽식물　③ 국화　④ 장미

【문21】 바이러스에 대한 설명으로 적당하지 않은 것은?

　① 반듯이 생체(生體) 내에서 기생한다.
　② 바이러스는 전염하지 않는다.
　③ 개체변이가 많아 학명도 없다.
　④ 바이러스에 의한 병징은 꽃잎에 줄무늬 얼룩이 생긴다.

【문22】 비루스 병해가 심한 구근류들이다. 이 중 병해가 덜한 것은?
　① 백합　② 다알리아　③ 튜립　④ 진저어

【문23】 바이러스에 감염되지 않은 무균구근을 생산할 수 있는 곳은?

　① 다습한 지역　　　　② 기온이 높은 평야 지대
　③ 고랭지나 해안　　　④ 고온 건조한 산간지방

【문24】 바이러스의 매개충이 아닌 것은 어느 것인가?
　① 심식충　② 애멸구　③ 매미　④ 진딧물

【문25】 세균에 의해서 매개되는 화훼류의 병이 아닌 것은?
　① 연부병　② 덩굴쪼김병　③ 풋마름병　④ 모잘록병

【문26】 과꽃의 생장부위(生長部位)가 황화되고 생육이 정지되는 원인은 어느 병원균 때문인가?
　① 바이러스　② 마이코플라즈마　③ 세균류　④ 담자균류

【문27】 여름철 날씨가 더우면 세균이나 곰팡이의 침해가 심한 화훼류는?
　① 팬지　② 과꽃　③ 해바라기　④ 맨드라미

【문28】 아마릴리스의 모자이크 병은 무엇에 의한 병징인가?

　① 바이러스　② 세균　③ 곰팡이　④ 자낭균

【문29】 0.01% 용액은 몇 배를 말하는가?
　① 10배액　② 100배액　③ 1,000배액　④ 10,000배액

【문30】 진딧물 구제 농약으로 적당한 것은?
　① 다이센　② 마네브제　③ 메타시스톡스　④ 보르도 액

【문31】 다음 훈증제가 아닌 것은?
　① 메틸부로마이드　② 이산화탄소　③ 크롤로피크린　④ 스프라사이드

【문32】 봄에 지표로 싹이 나오는 것을 식해하는 것은?
　① 고자리파리　② 메뚜기　③ 콩풍뎅이　④ 나무이

【문33】 고온건조할 때 제일 많이 발생하는 해충은?
　　① 응애　② 솜벌레　③ 깍지벌레　④ 거품벌레

【문34】 응애의 피해가 적은 화훼류는 어느 것인가?
　　① 장미과　② 국화과　③ 십자화과　④ 백합과

【문35】 주로 국화의 잎에 기생하는 해충은?
　　① 삽주벌레　② 딱정벌레　③ 귀뚜라미　④ 국화잎 혹파리

【문36】 개각충이 제일 많이 번식하는 화훼종류는 어느 것인가?
　　① 군자란　② 철쭉　③ 유도화　④ 금어초

【문37】 장미나 카네이션에 많은 선충은 어디에 침범하나?
　　① 뿌리　② 줄기　③ 잎　④ 꽃

【문38】 토양선충에 대하여 잘못 설명한 것은?
　　① 육안(肉眼)으로는 아주 미세하게 보인다.
　　② 항상 수분을 좋아한다.
　　③ 건조한 토양에서는 다즙(多汁)한 식물체(植物體)에 흔히 기생한다.
　　④ 토양 선충은 뿌리만 가해한다.

【문39】 온실 내에 응애(레드 스파이더)가 잘 생기는 이유는 무엇 때문인가?
　　① 공중 습도와 과부족　② 과습　③ 고온　④ 저온

【문40】 메타유제는 어떤 해충에 특히 좋은가?
　　① 거미류　② 나비류　③ 고자리파리　④ 진딧물류

【문41】 건조기에 발생하는 방패벌레는 어느 화훼류에 제일 피해를 많이 주는가?
　　① 철쭉나무　② 카네이션　③ 장미　④ 아스파라거스

【문42】 진딧물의 설명으로 해당이 되지 않는 것을 고르시오.
　　① 진딧물은 화훼류에서 제일 발생이 심한 곤충이다.
　　② 알 상태로 월동을 한다.
　　③ 봄과, 가을 비교적 건조기에 많이 발생한다.
　　④ 애벌레는 줄기나 잎을 가해하지 않고 뿌리만 가해한다.

【문43】 응애를 방제하기 위하여 어떤 종류의 약제를 뿌리는가?
　① 살비제　② 기피제　③ 전착제　④ 살균제

【문44】 선충 구제에 쓰이는 약제는?
　① D-D　② OED　③ 2.4-D　④ VS 34

【문45】 깍지벌레는 어떤 식물을 가해하는가?

　① 한두해 살이 초하류　　② 구근화훼류 및 숙근초
　③ 선인장과 다육식물　　④ 과수류 또는 목본식물

【문46】 다음 화훼류 중 바이러스의 감염에 문제시 되지 않는 화훼류는?
　① 금어초　② 글라디오라스　③ 백합　④ 튜립

【문47】 습한 온실이나 비닐하우스 등에서 주로 야간에 발생하는 해충은?
　① 실지렁이　② 거미목　③ 달팽이류　④ 삽주벌레

【문48】 온실 비닐 하우스의 화훼재배시 식물체에 가장 많이 피해를 주는 가스는 어느 것 인가?
　① 아황산가스　② 질산가스　③ 이산화탄소　④ 탄산수소

【문49】 연탄을 쓰는 비닐하우스에서 피해를 주는 가스는?
　① 탄화수소　② 이산화탄소　③ 에틸렌　④ 아황산

【문50】 SO_2 가스에 대한 저항성이 강한 화훼류는 어느 것인가?
　① 프라지아　② 철쭉류　③ 국화　④ 글라디오라스

【문51】 작물의 병방제에 제일 효과적인 방법은?
　① 약제살포　② 병예방　③ 매개곤충구제　④ 윤작

【문52】 탄저병균이 형성하는 것은?
　① 소생자　② 분생포자　③ 하포자　④ 유주포자

【문53】 기생성인 병해의 침입 경로가 아닌 것을 고르시오.
　① 기공　② 수공　③ 상구　④ 줄기

【문54】 잿빛곰팡이 병을 발병시키는 병원균을 고르시오.
　　① 세균　② 점균　③ 진균　④ 불완전균사

【문55】 모잘록병을 발병시키는 병원균은?
　　① 조균류　② 담자균류　③ 자낭균류　④ 불완전균사

【문56】 해충이 유충시 허물을 벗는 것을 무엇이라 하나?
　　① 탈피　② 영기　③ 용화　④ 우화

【문57】 곤충이 어떠한 자극에 끌리거나 피하는 성질은?
　　① 식성　② 주성　③ 이동　④ 월동

【문58】 해충방제법으로 알맞지 않는 것은?

　　① 입지선정과 개선　　　② 해충분산유도
　　③ 내충성품종선택　　　④ 재배시기변경

【문59】 과꽃의 입고병이나 회색곰팡이병이 잘 발생되는 시기는?
　　① 저온다습　② 고온건조　③ 저온건조　④ 온난다습

【문60】 온실재배시 장미에 발생되기 쉬운 병해는?
　　① 흰가루병　② 근두암종병　③ 흑반병　④ 가지마름병

【문61】 다음 중 바이러스의 특징에 속하는 것은?

　　① 일반 현미경으로 관찰이 가능하다.
　　② 살아 있는 세포에만 증식한다.
　　③ 실모양, 막대기모양, 공모양이 있다.
　　④ 포자를 형성하여 공기전염한다.

【문62】 진달래 떡병을 일으키는 병균의 종류는?
　　① 조균류　② 담자균류　③ 자낭균류　④ 불완전균사

【문63】 부패병에 피해를 많이 입는 화훼가 아닌 것은?
　　① 백합　② 튜립　③ 시클라멘　④ 샐비어

【문64】 세균의 잠복기간을 가장 짧게 하는 침입 통로는?
　　① 기공침입　② 상구침입　③ 수공침입　④ 밀선침입

【문65】 하루 중 형성된 병원균 포자가 비산이 가장 왕성하는 시각은?
　　① 아침 이슬 때　② 점심 건조 때　③ 저녁 서늘한 때　④ 밤중

【문66】 적성병의 중간기주식물은 어느 것인가?
　　① 향나무　② 대추나무　③ 아카시아나무　④ 떡갈잎나무

【문67】 자낭균에 의한 그을음병에 걸리기 쉬운 화훼가 아닌 것은?
　　① 유도화　② 동백　③ 야자　④ 군자란

【문68】 진딧물구제에 생물학적 방제로 이용할 수 있는 곤충은?
　　① 됫박벌레　② 좀벌　③ 꿀벌　④ 굴파리

【문69】 서양란에 발생하는 모자이크병의 병원체는?
　　① 곰팡이　② 마이코플라즈마　③ 세균　④ 바이러스

【문70】 훈증제로 가장 많이 쓰이는 농약은?
　　① 디프테렉스　② 클로로피크린　③ 풋솔　④ 트리아진

【문71】 구근류재배에서 특히 발생이 많은 병은 어느 것인가?
　　① 덩굴쪼김병　② 바이러스병　③ 갈반병　④ 역병

【문72】 병균의 침입을 막고, 침입된 병균을 죽이는데 쓰일 수 없는 약제는?
　　① 파라치온　② 크로로피크린　③ 포르마린　④ 석회유황합제

【문73】 절화하기 전에 많이 사용되는 살균제는?
　　① 퍼메이드　② 다이센(만코지)　③ 보르도 액　④ 석회유황합제

【문74】 생물학적 병충해 방제법이 아닌 것은?
　　① 천적이용　　　　　　② 균류 및 바이러스에 의한 병충해 방제
　　③ 식충동물에 의한 방제　　④ 중간 숙주제거

【문75】 다음 농약 중 보호살균제에 속하지 않는 것은?

　① 동제　② 수은제　③ 아연제　④ 유황제

【문76】 다음 농약 중 직접 살균제에 속하는 것은?

　① 수은제　② 동수은제　③ 비소제　④ 훈증제

【문77】 직접 살균제란?

　① 작물에 침입한 병균을 직접 죽이는 약제
　② 작물을 병으로부터 보호하는 약제
　③ 종자에 병균을 죽이는 약제
　④ 토양에 병균을 죽이는 약제

【문78】 작물의 잎이나 줄기 등에 약제를 부착시켜 해충을 죽이는데 쓰이는 약제는?

　① 독제　② 접촉제　③ 훈증제　④ 유인제

【문79】 주제의 살균살충의 효과를 높이기 위해 작물에 부착을 돕는 약제는?

　① 증량제　② 전착제　③ 협력제　④ 조정제

【문80】 입제에서 규제하고 있는 입자의 크기는?

　① 90~60메쉬　② 60~70메쉬　③ 30~10메쉬　④ 10~1메쉬

【문81】 농약 500배 희석시 물 20ℓ에 대한 원액은?

　① 40㎖　② 5㎖　③ 4㎖　④ 0.4㎖

【문82】 살포한 농약이 식물체나 충체표면을 적시는 성질은?

　① 습윤성　② 확전성　③ 부착성　④ 고착성

【문83】 농약에 있어 물에 녹지 않는 주제를 카올린이나 벤터나이트 등에 희석한 후 계면
활성제를 혼합해 물에 희석하면 고루 분산해 현탄액이 되는 것은?

　① 용제　② 유제　③ 수화제　④ 수용제

【문84】 보르도 액, 구리제는 어디에 속한 농약인가?

　① 보호살균제　② 직접살균제　③ 방부제　④ 항생제

【문85】 보호살균제의 특성에 속하지 않는 것은?
① 비나 이슬에 잘 씻겨 내리지 않는 것.
② 가수분해가 일어나지 않을 것.
③ 침투성이 특히 커야 할 것.
④ 햇볕에 잘 산화되지 않을 것.

【문86】 살균제가 살균작용의 발동을 나타내는 말 중 틀린 것은?

① 대부분 병원균은 호수성이다.
② 살균제는 수용성이어야 한다.
③ 살균제는 물에 불용성이나 살균작용시 수용성이어야 한다.
④ 살균제는 비, 이슬, 병원균이나 식물체 분비물에 의해 용해되어 살균효과를 나타낸다.

【문87】 보르도 액 조제시 주의 사항은?

① 석회수를 유산동액에 붓는다.
② 유산동액을 석회수에 붓는다.
③ 석회수와 유산동액을 동시에 붓는다.
④ 유산동액을 석회수에 천천히 붓는다.

【문88】 아라산, 스페르곤은 어디에 쓰이는 약제인가?
① 목본장미의 흰가루병　　② 구균류의 분의 소독제
③ 희색곰팡이나 입고병　　④ 근두암종 예방

【문89】 석회유황합제, 수화유황, 유황분말, 크로로피크린, 이황화탄소, 메틸부로마이드 등의 농약은 다음 어디에 속하는 농약인가?
① 침투성 살충제　② 살균살충제　③ 훈증제　④ 훈연제

【문90】 다음 농약 중 살충제가 아닌 것을 고르시오.
① 스프라사이드　② 메타시스톡스　③ 벤레이트　④ 메치온

【문91】 수화제(水和劑)는?
① 물에 타서 뿌리는 가루 약이다.
② 가루로 뿌리는 약이다.
③ 물에 타서 뿌리는 물약이다.
④ 액체이다.

【문92】 유제(乳劑)는?
① 물에 타서 뿌리는 가루 약이다. ② 가루로 뿌리는 약이다.
③ 물에 타서 뿌리는 물약이다.　④ 기체이다.

【문93】 농약의 구비조건이 아닌 것을 고르시오
① 효력이 확실하고 농작물 약해가 낮을 것.
② 인축, 기타 어류에 대한 독성이 낮을 것.
③ 다른 약제와 혼용범위가 넓을 것.
④ 약효의 잔류기간이 길고 공기 중에 분해가 빠를 것.

【문94】 농약의 구비조건이 아닌 것을 고르시오.
① 물에 잘 희석되고 수입품이 아닐 것.
② 품질이 일정하고 저장중 변질이 안될 것.
③ 값이 싸고 사용법이 간편할 것.
④ 대량생산이 가능하고 물리적 성질이 양호할 것.

【문95】 농약 25%짜리 100cc를 0.05%로 하려면 물을 얼마나 첨가해야 하나?
① 39,900 ② 49,900 ③ 59,900 ④ 69,900

【문96】 농약 조제시 주의사항이 될 수 없는 것은?
① 피부노출 부분을 줄일 것.
② 손이나 약병 표면에 약이 묻지 않도록 주의할 것.
③ 유제는 소량의 물과 희석한 후 정량의 물을 가하고 수화제는 소량의 물과 반죽한 후 정량의 물을 가해 희석할 것.
④ 약액이 쏟아진 것은 물로 세척한다.

【문97】 작물의 잎, 줄기에 약제를 부착시켜 저작구 해충을 구제하는데 쓰이는 농약이 아닌 것은?
① 유기제 ② 불소제 ③ 비소제 ④ 동제

【문98】 식물을 병균으로부터 보호해 주는 목적으로 사용하는 보호살균제가 아닌 것은?
① 동제 ② 아연제 ③ 항생제 ④ 유기제

【문99】 물에 용해되지 않는 유효성분을 유기용매에 녹여 유화제와 섞은 것은?
① 용액 ② 분제 ③ 수화제 ④ 유제

【문100】 유효성분을 증량제와 함께 혼합해 알맹이 상태로 제조한 농약은?

　① 입제　② 분제　③ 수화제　④ 유제

정　답

1. ①	2. ②	3. ②	4. ②	5. ①	6. ②	7. ②	8. ②	9. ①	10. ①
11. ①	12. ②	13. ④	14. ③	15. ③	16. ③	17. ①	18. ④	19. ①	20. ②
21. ②	22. ④	23. ③	24. ①	25. ④	26. ②	27. ①	28. ①	29. ④	30. ③
31. ④	32. ③	33. ①	34. ③	35. ④	36. ③	37. ①	38. ④	39. ①	40. ④
41. ①	42. ④	43. ①	44. ①	45. ④	46. ①	47. ③	48. ①	49. ④	50. ③
51. ②	52. ④	53. ④	54. ②	55. ①	56. ①	57. ②	58. ②	59. ④	60. ①
61. ②	62. ②	63. ④	64. ②	65. ①	66. ①	67. ④	68. ①	69. ④	70. ②
71. ②	72. ①	73. ②	74. ④	75. ④	76. ③	77. ①	78. ①	79. ②	80. ②
81. ①	82. ①	83. ③	84. ①	85. ③	86. ②	87. ④	88. ②	89. ②	90. ③
91. ①	92. ③	93. ④	94. ①	95. ②	96. ④	97. ④	98. ④	99. ④	100. ①

제2편

화훼재배사 예상문제

제1장 화훼재배사 예상문제

☐1 화훼 재배사 예상문제－분류

【문1】 다음 알뿌리 중에서 구슬줄기를 고르시오.
① 백합　　　② 칸나
③ 다알리아　　④ 글라디오라스

【문2】 덩굴(만성) 식물로 짝지어진 것은?
① 시계초, 부우겐빌레아
② 명자나무, 황매화
③ 포인세티아, 풍선초
④ 담쟁이, 영산홍

【문3】 벌레잡이(식충식물)은 어느 것인가?
① 카랑코애, 끈끈이주걱
② 알로애, 사라세니아
③ 네펜더스, 변경초
④ 다링토니아, 사라세니아

【문4】 다음 난 중에서 줄기가 분지하지 않는 단경성은?
① 팔레노프시스　② 덴드로비움
③ 온시디움　　④ 심비디움

【문5】 뿌리를 토양에 뻗고 생육하는 지생란이 아닌 것은?
① 카틀레야　　② 심비디움
③ 파피오페딜럼　④ 한란

【문6】 다음 화목류 중에 키가 작은 저목성인 것은?
① 배롱나무　　② 모란
③ 목련　　　④ 남경도

【문7】 가을에 심는 알뿌리를 고르시오
① 칸나　　　② 아네모네
③ 다알리아　　④ 글라디오라스

【문8】 토양 중의 수분다소에 따라 습생 화훼인 것은?
① 꽃창포　　② 수련
③ 시페루스　　④ 물옥잠

【문9】 광선에 따른 화훼 분류 중에 양성화훼는?
① 진달래　　② 옥잠화
③ 샐비어　　④ 은방울꽃

【문10】 그늘에서도 비교적 생육이 잘 되는 음성화훼는?
① 무궁화　　② 장미
③ 치자　　　④ 석류

【문11】 다음 화훼 중에 단일성을 고르시오.
① 국화, 시네나리아
② 코스모스, 프리뮬라
③ 포인세티아, 칼세오나리아
④ 나팔꽃, 가재발선인장

【문12】 관엽식물로 재배되는 양치류는?
① 아스프레니움　② 안스리움
③ 아나나스　　④ 칼라디움

【문13】 노지월동이 불가능한 불내한성 여러해살이는?
① 석죽　　　　② 꽃창포
③ 부용　　　　④ 국화

【문14】 파종한 당년에 꽃이 피고 죽는 한해살이는?
① 종꽃　　　　② 마아가렛
③ 집소필라　　④ 꽃베고니아

【문15】 다음 식물 중에 관엽으로 취급 되지 않는 것은?
① 산스베리아　② 아페란드라
③ 아제리아　　④ 엽란

【문16】 다음 화훼 중 온실용 추파로 절화재배하는 것은?
① 꽃양귀비　　② 스톡크
③ 페튜니아　　④ 팬지

【문17】 다년생 초화가 아닌 것을 고르시오.
① 작약　　　　② 국화
③ 과꽃　　　　④ 도라지

【문18】 온실용 화목류로 주로 분재배 되는 것은?
① 구근배고니아　② 포인세티아
③ 스위트피　　　④ 촉규화

【문19】 온실용 구근초화가 아닌 것은?
① 시클라멘　　　② 글록시니아
③ 구근베고니아　④ 다알리아

【문20】 다음 화훼 중 관실화목으로 짝 지어 진 것은?
① 백량금, 피라칸타
② 석류나무, 동백
③ 귤나무, 꽃치자
④ 매자나무, 명자나무

【문21】 다음 알뿌리에 덩이줄기(괴경)은?
① 히야신스　　② 글록시니아
③ 진저어　　　④ 저먼아이리스

【문22】 다음 난들 중에 착생하는 난을 고르시오
① 파피오페딜럼　② 칼란테아
③ 파이어스　　　④ 덴드로비움

【문23】 다음 화훼 중 관화화목으로 짝 지어 진 것은?
① 능소화, 서향
② 모란, 식나무
③ 히비스커스, 필로덴드롱
④ 부우겐빌레아, 아레카 야자

【문24】 온실용 추식구근을 고르시오.
① 수련　　　　② 시클라멘
③ 백합　　　　④ 리코리스

【문25】 다음 화훼 중에 야자과 무리가 아닌 것은?
① 피닉스　　　② 관음죽
③ 아레카　　　④ 알로카시아

【문26】 페튜니아는 어느과(科)에 속하는가?

① 앵초과　　　② 가지과
③ 천남성과　　④ 콩과

【문27】 다음 화훼 중 온실 화훼가 아닌 것은?

① 칼세오나리아　② 시네나리아
③ 프리뮬라　　　④ 센토레아

【문28】 다음 식물 중 다육식물이 아닌 것은?

① 윳카　　　　② 포인세티아
③ 제라늄　　　④ 소철

【문29】 난과 식물 분류학상 고온종에 속하는 난은?

① 심비디움　　　② 덴드로비움
③ 파피오페딜럼　④ 반다

【문30】 여러해살이인 숙근초로 이어진 것은?

① 샤스타 데이지, 페튜니아
② 데이지, 백일홍
③ 디기탈리스, 거어베라
④ 접시꽃, 카네이션

【문31】 콩과 화훼를 고르시오.
① 아디안텀, 프레리스
② 아스파라거스, 안스리움
③ 루피너스, 스윗트피
④ 프라티세리움, 네프로네피스

【문32】 건생식물이 아닌 것을 고르시오.
① 유프로비아　　② 알로에
③ 사라세니아　　④ 제라늄

【문33】 춘파 1년초를 고르시오.
① 팬지　　　　② 아릿섬
③ 빈카　　　　④ 프록스

【문34】 가을에 심는 알뿌리가 아닌 것은?
① 시클라멘　　② 알리움
③ 프리지아　　④ 아마릴리스

【문35】 다음 씨앗 중에 미세종자인 것은?
① 석죽　　　　② 팬지
③ 센토레라　　④ 스네프드레곤

【문36】 우리나라 남해안 원생화훼는?
① 등나무　　　② 철쭉
③ 개나리　　　④ 올동백

【문37】 덩굴로 자라는 포복성 식물을 고르시오.
① 한련화　　　② 스윗트 피
③ 나팔꽃　　　④ 누홍초

【문38】 낙엽성 관목을 고르시오.
① 쥐똥나무　　② 만병초
③ 식나무　　　④ 서향

【문39】 상록성 목련과 식물로 상록교목인 것은?
① 산목련　　　② 백목련
③ 태산목　　　④ 백합나무

【문40】 내한성이 있는 한해살이는?
　① 스카비오사　　② 아게라텀
　③ 시네라리아　　④ 로벨리아

【문41】 반입(斑入) 식물이란?
　① 덩굴로 자라는 식물
　② 단자엽식물의 무리
　③ 잎에 2가지 이상 색이 있는 것
　④ 쌍자엽 식물

【문42】 다음 화훼 중 알뿌리 화초가 아
　닌 것은?
　① 루드베키아　　② 작약
　③ 아이리스　　　④ 산나리

【문43】 반입식물이 아닌 것을 고르시오.
　① 꽃양배추　　　② 식나무
　③ 마란타　　　　④ 몬스테라

【문44】 내한성이 강한 초화는 어느 것
　인가?
　① 샐비어　　　　② 팬지
　③ 백일홍　　　　④ 코스모스

【문45】 화훼습성에 의한 분류 중 장일
　성인 것은?
　① 금잔화　　　　② 프리지아
　③ 나팔꽃　　　　④ 코스모스

【문46】 화훼습성에 의한 분류 중 단일
　성인 것은?
　① 금어초, 칼세오나리아
　② 센토레아, 금잔화
　③ 델피니움, 코스모스
　④ 포인세티아, 국화

【문47】 주로 분식물용 화훼로 다루어
　지는 것은?
　① 시네라리아　　② 글록시니아
　③ 프리뮬라　　　④ 팬지

【문48】 절화용으로 다루어지는 화훼는?
　① 글라디오라스　② 아제리아
　③ 꽃창포　　　　④ 모란

【문49】 드라이 프라워(건조화)로 쓰이는
　화훼가 아닌 것은?
　① 천일홍　　　　② 헬리크로섬
　③ 스타티스　　　④ 함박꽃

【문50】 다음 비늘줄기 중에 무피인경은?
　① 백합　　　　　② 수선화
　③ 리코리스　　　④ 튜립

【문51】 상대적 단일식물이 아닌 것은?
　① 맨드라미　　　② 샐비어
　③ 백일홍　　　　④ 코스모스

【문52】 노지재배 1년초가 아닌 것은?
　① 백일홍　　　　② 프리뮬라
　③ 페튜니아　　　④ 샐비어

【문53】 노지추파 1년초의 특성이라 볼
　수 없는 것은?

　① 반드시 가을에 파종하되 단일에
　　서 개화된다.
　② 저온에서 정상적인 생육을 한다.

③ 가을에 파종하여 단일을 거쳐 장일에 개화한다.
④ 겨울철에는 약간의 보온이 필요한 경우가 있다.

【문54】 일장에 대해 중간성에 해당하는 화훼가 아닌 것은?
① 메리골드　　② 프리지아
③ 시클라멘　　④ 히야신스

【문55】 추식구근에 대한 설명 중 잘못된 사항은?
① 가을에 심는다.
② 고온에 휴면한다.
③ 온도관리를 해야 잘 자란다.
④ 휴면타파는 고온을 처리한다.

【문56】 절화용으로 많이 이용되는 화훼는?
① 글라디오라스, 국화
② 카네이션, 페튜니아
③ 장미, 샐비어
④ 수선, 메리골드

【문57】 코레우스는 화훼 분류상 어디에 속하는가?
① 노지관엽　　② 춘파1년초
③ 다육식물　　④ 식충식물

【문58】 온실용 숙근초로 분류할 수 없는 화훼는?
① 거어베라　　② 제라늄
③ 가량코애　　④ 국화

【문59】 숙근 아이리스는 구근분류상 어디에 해당하나?
① 구경　　② 괴경
③ 근경　　④ 괴근

【문60】 화단용으로 많이 이용되고 있는 화훼는?
① 카네이션　　② 글라디오라스
③ 메리골드　　④ 거어베라

1. ④	2. ①	3. ④	4. ①	5. ①
6. ②	7. ②	8. ①	9. ③	10. ③
11. ④	12. ①	13. ③	14. ③	15. ③
16. ④	17. ③	18. ②	19. ④	20. ①
21. ②	22. ④	23. ①	24. ②	25. ④
26. ②	27. ④	28. ④	29. ④	30. ④
31. ③	32. ③	33. ③	34. ④	35. ④
36. ④	37. ①	38. ①	39. ③	40. ③
41. ③	42. ①	43. ④	44. ②	45. ①
46. ④	47. ①	48. ①	49. ④	50. ①
51. ②	52. ②	53. ①	54. ②	55. ④
56. ①	57. ①	58. ④	59. ③	60. ③

② 화훼 재배사 예상문제 — 번식

【문1】 일반종자를 저장하는데 알맞은 온도는?
① 1~0℃　　② 5~10℃
③ 15~20℃　④ 25~30℃

【문2】 미세종자는 파종시 어느 방법이 효과적인가?
① 점파(점뿌림)
② 산파(흩어뿌림)
③ 조파(줄뿌림)
④ 직파(곧뿌림)

【문3】 다음 종자 중에 미세종자가 아닌 것은?
① 시클라멘　　② 구근베고니아
③ 글록시니아　④ 프리뮬라

【문4】 산스베리아의 잎꽂이에 노란줄무늬가 없어지는 이유는?
① 로젯트 현상
② 브라인드 현상
③ 키메라 현상
④ 미스트 현상

【문5】 다음 화훼류 중에 영양번식이 어려운 것은?
① 고무나무　　② 아나나스
③ 야자류　　　④ 양란

【문6】 숙근초화이지만 종자번식을 주로 이용하는 것을 고르시오.
① 국화　　　　② 꽃창포
③ 꽃베고니아　④ 군자란

【문7】 히야신스 인공번식시 스쿠우핑법으로 얻을 수 있는 자구는?
① 10~20개　② 20~30개
③ 30~40개　④ 40~50개

【문8】 프리지아 종자 채종시 파종 후 개화까지 소요기간은?
① 1~2년　② 2~3년
③ 3~4년　④ 4~5년

【문9】 높이떼기로 번식이 용이한 화훼는?
① 아레카야자　② 공작선인장
③ 아나나스　　④ 벤자민 고무나무

【문10】 철쭉류 꺾꽂이는 종삽(踵挿)이 유리하다. 시기는?
① 3월　② 4월
③ 5월　④ 6월

【문11】 국화삽아(挿芽)시 발근에 걸리는 기간은?
① 1주　② 2주
③ 3주　④ 4주

【문12】 거베라는 몇 년에 1번 정도 분주하는 것이 좋은가?
① 1~2년　② 2~3년
③ 3~4년　④ 4~5년

【문13】 프리뮬러는 몇 월경에 생산되는 초화인가?
① 11~12월   ② 1~2월
③ 3~4월   ④ 5~6월

【문14】 아마릴리스 종자파종시 개화까지는 몇 년 걸리나?
① 1~2년   ② 2~3년
③ 3~4년   ④ 5~6년

【문15】 글라디오라스를 5월 상순에 심으면 언제 꽃피나?
① 7월 중순   ② 9월 상순
③ 9월 하순   ④ 10월 상순

【문16】 국화 현애대국재배시 분주하는 시기는?
① 동지   ② 3월
③ 5월   ④ 6월

【문17】 알뿌리 아랫부분에 단단하게 형성된 부위는?
① 크라운   ② 디스크(단축경)
③ 정아   ④ 부정아

【문18】 모란의 가지 접목은 몇 월이 적기인가?
① 8월 중순   ② 9월 중순
③ 9월 하순   ④ 10월 상순

【문19】 할접(짜개접)이 유리한 종류는?
① 선인장   ② 단풍나무
③ 장미   ④ 소나무

【문20】 삽수조제시 하삽(여름삽목)에서 재료로 가능한 것은?
① 전년생가지
② 성숙한 햇가지
③ 묵은 가지와 햇가지를 함께 붙여 사용
④ 아무 곳이나

【문21】 겨울철(12~3월) 개화하지 않는 화훼는?
① 시클라멘   ② 군자란
③ 시네나리아   ④ 히비스커스

【문22】 군자란의 종자 파종시 알맞은 파종방법은?
① 점파   ② 산파
③ 조파   ④ 직파

【문23】 매화나무 접목시 알맞은 시기와 방법은?
① 3월 절접   ② 4월 할접
③ 5월 안접   ④ 6월 눈접

【문24】 분구, 삽목, 접목, 실생 모든 방법으로 번식되는 화훼는?
① 칸나   ② 다알리아
③ 히야신스   ④ 백합

【문25】 눈접을 주로 하는 화훼를 고르시오.
① 동백   ② 장미
③ 고무나무   ④ 철쭉

【문26】 접목에 가장 많이 쓰이는 접목방법은?
① 짜개접   ② 마주접
③ 깍기접   ④ 부름접

【문27】 다음 그림에서 번식이 잘못된 것을 고르시오.

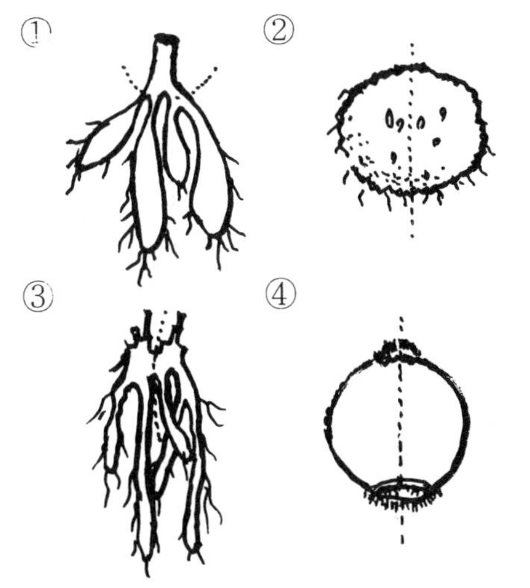

【문28】 줄기꽂이에서 일반적인 삽수의 길이는?
① 3~6cm　　② 6~9cm
③ 9~12cm　　④ 12~15cm

【문29】 잎눈 꽂이로 번식되는 화훼는?
① 세인트포리아
② 글록시니아
③ 렉스베고니아
④ 동백

【문30】 주아(走芽)로 번식이 가능한 알뿌리는?
① 글라디오라스　② 산나리
③ 수선화　　　④ 튜립

【문31】 인편번식으로 자구를 발생시킬 수 있는 것은?
① 튜립　　　② 아네모네
③ 백합　　　④ 아마릴리스

【문32】 다음 알뿌리 중 단축경부분인

크라운을 함께 분리하여 심어야 새 싹이 자랄 수 있는 것은?
① 칸나　　　② 다알리아
③ 아마릴리스　④ 진저어

【문33】 가을에 분주 이식하는 것이 좋은 화훼는?
① 라이락　　② 황매
③ 수국　　　④ 모란

【문34】 다음 씨앗 중 제일 미세한 것은?
① 베고니아　　② 칼세오나리아
③ 카틀레야　　④ 채송화

【문35】 꺾꽂이의 이점이 아닌 것을 고르시오
① 생육과 개화가 빠르다.
② 변이로 새로운 품종을 얻는다.
③ 같은 형질을 이어 받는다.
④ 겹꽃으로 결실이 되지 않아도 쉽게 번식시킬 수 있다.

【문36】 녹지삽이 가장 적당한 화훼는?
① 개나리　　② 덩굴장미
③ 동백　　　④ 무궁화

【문37】 철쭉류의 번식방법으로 가장 적당한 것은?
① 높이떼기　　② 묻어떼기
③ 끝묻이　　　④ 파상취법

【문38】 창포 또는 저먼아이리스의 분주 시기는?
① 3~4월　　② 4~5월
③ 6~7월　　④ 9~10월

【문39】 채종 즉시 파종해야 좋은 종자
는?
① 루드베키아   ② 아마릴리스
③ 팬지   ④ 코스모스

【문40】 종피가 단단한 경실종자를 고르
시오
① 천일홍   ② 루피너스
③ 아네모네   ④ 백합

【문41】 종자 수명이 가장 긴 화훼종자는?
① 백합   ② 봉선화
③ 샐비어   ④ 과꽃

【문42】 잎꽂이 번식에서 잎맥에 따라
잎을 잘라 꽂는 분절삽이 가능한 화
훼는?
① 페페로미아
② 글록시니아
③ 렉스베고니아
④ 세인트폴리아

【문43】 인공분구 번식으로 주로 번식
되는 구근은?
① 다알리아   ② 칸나
③ 시클라멘   ④ 히야신스

【문44】 접목시 주의할 사항을 고르시오
① 목질부끼리 맞춘다.
② 형성층과 목질부를 맞춘다.
③ 형성층끼리 맞춘다.
④ 겉껍질끼리 맞춘다.

【문45】 철쭉이나 아제리아의 삽목용토
로 적당한 것은?

① 모래와 진흙   ② 밭흙과 모래
③ 수태와 모래   ④ 논흙

【문46】 관음죽 번식방법으로 많이 쓰이
는 것은?
① 취목   ② 접목
③ 삽목   ④ 분주

【문47】 유성번식과 관계가 있는 것은?
① 포자   ② 삽목
③ 접목   ④ 분주

【문48】 스쿠우핑, 코오링 노칭법인 히아
신스 인공번식의 공통점이 아닌 것은?
① 생장정억제
② 구근종류
③ 처리방법
④ 자구발생

【문49】 장미의 개화는 몇 년생 가지에
서 되는가?
① 당년   ② 2년생
③ 3년생   ④ 무관하다.

【문50】 종자파종 후 저면관수를 하는
것이 좋은 것은?
① 미세종자   ② 관엽종자
③ 구근종자   ④ 대립종자

【문51】 혐광성 종자가 아닌 것을 고르
시오
① 맨드라미   ② 백일홍
③ 델피니움   ④ 로벨리아

【문52】 종자 휴면의 원인이라 볼 수 없는 것은?
① 배(씨눈)미성숙
② 두꺼운 종피
③ 식물 Hormone의 불균형
④ 수분부족

【문53】 발근을 촉진시키는데 쓰이는 약제가 아닌 것은?
① 지베레린　　② ABA
③ NAA　　④ 오옥신

【문54】 눈접에 대한 사항 중 올바른 것은?
① 봄에만 한다.
② 가을에만 할 수 있다.
③ 기술적으로 어렵다.
④ 조작이 쉽고 잘 된다.

【문55】 화훼류 조직배양으로 번식할 때의 제일 이로운 점은?
① 무병개체 획득
② 종자, 삽목이 불가능한 화훼번식에 이용
③ 대량번식
④ 특수설비, 기술이 필요

【문56】 휘묻이 번식을 하는 이유는?
① 종자번식이 잘 안되므로 이용한다.
② 삽목번식이 잘 안되므로 화훼에 이용한다.
③ 숙근초에 이용하므로 개체의 수를 늘린다.
④ 난의 번식방법이므로 대량생산할 수 있다.

【문57】 수액을 제거한 후 꺾꽂이 해야 되는 화훼는?
① 인도고무나무, 포인세티아
② 윳카, 알로애
③ 선인장, 다육식물
④ 몬스테라, 크로톤

【문58】 화훼 육종목표 중에 꽃에 대한 육종이 아닌 것은?
① 화색, 화형
② 꽃의 크기, 개화기간
③ 꽃잎강약, 꽃의 수
④ 개화시기, 꽃의 노화

【문59】 종자저장방법으로 좋지 못한 것은?
① 건조저장　　② 충적저장
③ 노천매장　　④ 방임저장

【문60】 30℃이상 고온에서 발아되는 종자가 아닌 것은?
① 코레우스　　② 아스파라거스
③ 봉선화　　④ 꽃양귀비

1. ②	2. ②	3. ①	4. ③	5. ③
6. ④	7. ④	8. ③	9. ④	10. ④
11. ①	12. ③	13. ②	14. ④	15. ①
16. ①	17. ②	18. ②	19. ④	20. ②
21. ④	22. ①	23. ①	24. ②	25. ②
26. ③	27. ①	28. ③	29. ④	30. ②
31. ③	32. ②	33. ④	34. ③	35. ②
36. ③	37. ②	38. ④	39. ②	40. ②
41. ②	42. ③	43. ④	44. ③	45. ③
46. ④	47. ①	48. ③	49. ①	50. ①
51. ④	52. ④	53. ②	54. ④	55. ①
56. ②	57. ①	58. ④	59. ④	60. ③

③ 화훼 재배사 예상문제—시설과 자재

【문1】 시설내 난방방법 중 직접난방의 효과가 아닌 것은?
① 소형, 중형시설에 알맞다.
② 사용이 간편하다.
③ 시설비용이 적게 든다.
④ 가스피해가 생기지 않는다.

【문2】 모란을 가지치기로 바르게 설명된 사항은?
① 이른 봄 아랫쪽에 달린 굵은 눈을 1 ~2개만 남기고 그 이상은 자른다.
② 꽃이 피고 지는 즉시 그 가지의 윗부분의 굵은 눈을 남기고 그 이상은 자른다.
③ 가을에 가지에 있는 제일 굵은 눈을 찾아 그 윗부분을 자른다.
④ 이른봄에 아랫부분에서 40cm길이만 남기고 그 이상은 자른다.

【문3】 화훼의 종류에 따라 다르나 재배시 제일 많이 쓰이는 화분의 크기는?
① 9~10cm　　② 12~15cm
③ 18~20cm　　④ 24~30cm

【문4】 채종한 씨앗을 저장할 때 건습제로 사용하지 않는 것을 고르시오.
① 생석회　　② 시리카겔
③ 염화칼슘　　④ 유황

【문5】 수태(물이끼)만으로 심어도 잘 자라는 화훼는?
① 시클라멘　　② 선인장
③ 아나나스　　④ 소철

【문6】 분갈이 할 때 새로운 화분은 먼저 심었던 화분보다 어느 정도 큰 것을 사용하는 것이 좋은가?
① 3cm　　② 6cm
③ 9cm　　④ 12cm

【문7】 화분에 식물을 심을 때 용토는 화분 전체 높이에 어느 정도까지 넣는 것이 좋을까?
① 10분의 5　　② 10분의 6
③ 10분의 7　　④ 10분의 8

【문8】 미세립 종자를 파종코자 한다. 잘못된 것은?
① 상토는 2~4mm 굵기의 체로 쳐서 사용한다.
② 미세한 모래와 혼합해서 흩어 뿌린다.
③ 저면관수나 분무관수 후 유리 덮고 신문 덮는다.
④ 상토를 고르고 줄을 맞추어 뿌리고 물을 준다.

【문9】 대형온실을 가온할 때 알맞는 난방법은?
① 전열난방　　② 온풍난방
③ 증기난방　　④ 난로난방

【문10】 여름철 꽃꽂이꽃 생산에 노지재배하려고 한다. 알맞지 않는 종류는?
① 샐비어
② 과꽃
③ 안개꽃
④ 숙근 프록스

【문11】 절화 재배로 알맞는 화훼는?
① 시클라멘
② 칼라
③ 글록시니아
④ 베고니아

【문12】 노지 알뿌리 생산으로 적합하지 않은 화훼는?
① 다알리아
② 글라디오라스
③ 백합
④ 시클라멘

【문13】 일조법으로 개화조절을 할 수 없는 화훼는?
① 국화
② 코스모스
③ 금어초
④ 카네이션

【문14】 화훼삽목(꺾꽂이) 용토로 부적당한 것은?
① 배수성
② 통기성
③ 보수성
④ 보비성

【문15】 튜립 알뿌리 냉장에 있어 예비 냉장온도는?
① 0~3℃
② 3~5℃
③ 5~10℃
④ 15℃

【문16】 춘화(春花) 처리란?
① 고온처리
② 저온처리
③ 약품처리
④ 소독처리

【문17】 휴면타파에 제일 좋은 방법을 고르시오.
① 관수법
② 탈수법
③ 온욕법
④ 단수법

【문18】 탄수화물과 질소화합물의 비율은 어떻게 표기하나?
① K/N율
② C/K율
③ C/N율
④ P/N율

【문19】 양열온상에서 열원재료가 될 수 없는 것은?
① 톱밥
② 왕겨
③ 모래
④ 볏짚

【문20】 6월에 꽃이 한 번 피는 덩굴 장미의 알맞는 전정은?
① 가을
② 이른봄
③ 꽃질 무렵
④ 아무때나

【문21】 국화억제 재배와 관계깊은 사항은?
① 차광
② 전등조명
③ 고온처리
④ 저온처리

【문22】 저온기를 만나면 휴면이 타파되는 알뿌리는?
① 글라디오라스
② 수선화
③ 다알리아
④ 칸나

【문23】 다음 그림은 장미전정이다. 바르게 된 것은?
①

②

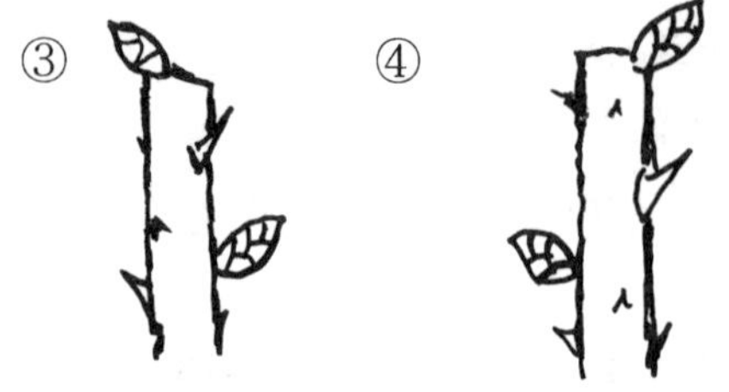

【문24】 반드시 휴면하는 화훼를 고르시오.

① 시네나리아　② 글라디오라스

③ 국화　　　　④ 금어초

【문25】 개화에는 영향을 주지 않으나 키만 억제하는 약품은?

① 지베레린

② CCC, B-9

③ 에틸렌, IBA

④ 카네이틴

【문26】 절화저장시 알맞는 습도는?

① 60%　　　　② 70%

③ 80%　　　　④ 90%

【문27】 절화 채화시 아침에 꽃을 자르면?

① 수분이 적어서 잘 시든다.

② 꽃색이 변색이 안된다.

③ 잎이 잘 시든다.

④ 꽃의 수명이 짧아진다.

【문28】 알뿌리 저장시 젖은 모래나 톱밥 속에 묻어야 되는 것은?

① 글라디오라스　② 튜립

③ 칸나　　　　④ 히야신스

【문29】 국화꽃이 세계적인 절화로 이용되는 이유는?

① 꽃이 아름답다.

② 색깔이 다양하다.

③ 꽃이 오래 피어 있다.

④ 숙근성이라 재배가 쉽다.

【문30】 일반적인 환경에서 유리와 비닐의 광선 통과율은 어느 정도 되는가?

① 70%, 30%　　② 40%, 80%

③ 80%, 50%　　④ 90%, 70%

【문31】 겨울철 비닐하우스에 섬피나 가마니를 한 겹 피복하면 시설내 기온은 어느 정도 상승효과가 있나?

① 2℃　　　　② 3℃

③ 5℃　　　　④ 10℃

【문32】 선인장과 다육식물은 건생식물들이다. 이들이 체내에 함유하고 있는 수분의 양은 어느 정도인가?

① 10~20%　　② 40~50%

③ 70~80%　　④ 90~95%

【문33】 식물이 생육하는데 알맞는 토양 속의 용수량은?

① 40%　　　　② 50%

③ 60%　　　　④ 70%

【문34】 온실 설치장소로 중요성이 적은 요소는?

① 생산물 유통처리가 편리한 곳.

② 수리시설이 용이한 곳.

③ 토질이 작물재배에 적합한 곳.

④ 풍해의 장해가 없는 곳.

【문35】 온실규모가 직업적일 때와 취미일 때 평수는?

① 직업적 500평, 취미 100평
② 직업적 300평, 취미 50평
③ 직업적 100평, 취미 50평
④ 직업적 1000평, 취미 100평

【문36】 온상은 온실면적의 어느 정도 크기를 확보해야 하나?

① 10%　　　② 20%
③ 30%　　　④ 40%

【문37】 비닐하우스의 정점이 아닌 것을 고르시오.

① 광선투과율이 좋다.
② 보온력이 좋다.
③ 시설비가 적게 든다.
④ 이동이 간단하고 손질이 덜 간다.

【문38】 작은 면적의 온실에서 온탕난방을 할 때 방열 파이프의 굵기는 어느 정도가 알맞는가?

① 1인치　　　② 2인치
③ 3인치　　　④ 4인치

【문39】 날개직경이 50㎝ 이상 환풍기를 설치할 때 필요한 온실 면적은?

① 60㎡　　　② 80㎡
③ 130㎡　　　④ 150㎡

【문40】 다음 화훼 중 적심을 하지 않고는 재배할 수 없는 것은?

① 글라디오라스　② 카네이션
③ 백합　　　　　④ 거어베라

【문41】 파종상에 필요한 상토의 두께는?

① 5~7㎝　　　② 7~8㎝
③ 9~10㎝　　　④ 10~12㎝

【문42】 화분식물 재배시 호스관수 때 수압은 어느 정도 되어야 정상적인 관수가 되는가?

① 1kg/㎠　　　② 2kg/㎠
③ 3kg/㎠　　　④ 4kg/㎠

【문43】 국화가 화아분화(花芽分化)가 시작했을 때 전기조명을 하면 어떠한 현상이 발생하는가?

① 화아분화가 촉진된다.
② Rosette현상이 된다.
③ 柳芽(버들눈)로 변한다.
④ 잠시 생장이 멎는다.

【문44】 국화전조 재배시 100W 백열전구 사용 방법은?

① 높이 90~100㎝, 간격 1.8~ 2.0m
② 높이 70~80㎝, 간격 3m
③ 높이 50~60㎝, 간격 1.2~1.5m
④ 높이 60~70㎝, 간격 2m

【문45】 알뿌리 노지재배시 정식거리가 넓고 복토도 가장 깊게 해야 하는 것은?

① 프리지아　　② 튜립
③ 백합　　　　④ 글라디오라스

【문46】 멀칭(mulching)의 효과가 아닌 것은?

① 지온상승　　② 병충해방지
③ 잡초 억제　　④ 비료공급

【문47】 육모의 목적이 아닌 것은?
① 조기수확　　② 생육기간 단축
③ 집약관리　　④ 토지이용

【문48】 상토의 구비조건에 해당하지 않는 사항은?
① 비옥도　　② 무균도
③ 보수력　　④ 색감도

【문49】 멀칭에 주로 쓰이는 유기질 재료가 아닌 것은?
① 볏짚　　② 톱밥
③ 모래　　④ 니탄토

【문50】 직접난방 방법에 속하지 않는 것은?
① 연탄난로　　② 전열기난로
③ 가스난방　　④ 스토브

【문51】 불시재배에 가해지는 방법이 아닌 것은?
① 온욕법　　② 약액법
③ 냉장법　　④ 관수법

【문52】 절지개화 촉진법으로 불가능한 화훼는?
① 목련　　② 매화
③ 모란　　④ 개나리

【문53】 국화 차광 재배시 그늘을 지워주는 시간은?
① 오후 5시～아침 8시까지
② 오후 6시～아침 10시까지
③ 오후 5시～아침 9시까지

④ 오후 7시～아침 11시까지

【문54】 생장점 배양으로 널리 쓰이지 않는 화훼는?
① 카네이션　　② 국화
③ 다알리아　　④ 글라디오라스

【문55】 여름철 시설내에 기온을 내려주는 방법이 아닌 것은?
① 차광　　② 통풍
③ 전조　　④ 시린지

【문56】 상록수 이식 시기로 적당한 것은?
① 눈트기 직전　② 눈튼 직후
③ 장마철　　④ 겨울철

【문57】 토양소독법으로 부적당한 것은?
① 소토법　　② 약제소독
③ 증기소독　　④ 환기소독

【문58】 프라스틱 하우스의 특징이 아닌 것은?
① 건조방지
② 열전도율 낮다.
③ 농약에 강하다.
④ 열에 강하다.

【문59】 프라스틱 하우스에서 가꾸기에 적합한 화훼는?
① 백합　　② 나팔꽃
③ 채송화　　④ 촉규화

【문60】 온상의 이용도가 아닌 사항은?

① 모종가꾸기
② 알뿌리눈 틔우기
③ 절화가꾸기
④ 양란가꾸기

1. ④	2. ②	3. ②	4. ④	5. ③
6. ①	7. ④	8. ④	9. ③	10. ①
11. ②	12. ④	13. ④	14. ④	15. ④
16. ②	17. ③	18. ③	19. ③	20. ③
21. ②	22. ②	23. ②	24. ②	25. ②
26. ③	27. ④	28. ③	29. ③	30. ④
31. ③	32. ④	33. ③	34. ③	35. ①
36. ②	37. ④	38. ②	39. ③	40. ②
41. ②	42. ②	43. ②	44. ①	45. ③
46. ④	47. ②	48. ④	49. ③	50. ③
51. ④	52. ③	53. ①	54. ④	55. ③
56. ③	57. ④	58. ④	59. ①	60. ④

4 화훼 재배사 예상문제 — 토양

【문1】 다음 원소 중에 작물에 필요한 미량원소는?
① Cu, Mo
② S, P
③ Mg, Mo
④ K, Ca

【문2】 식물의 뿌리에서 흡수되는 질소의 형태는?
① $CaCN_2$
② NO_3
③ $CO(NH_2)_2$
④ N_2

【문3】 토양 속에 입단구조를 만들고 물리적 구조를 좋게 하는 것을 고르시오.
① N
② Na
③ Ca
④ K

【문4】 입단구조를 만드는데 도움이 되지 않는 것은?
① 퇴구비 시용
② 점토물 시용
③ 인분 시용
④ 석회 시용

【문5】 다음 토양에서 공극률이 가장 높은 것은?
① 식토
② 사토
③ 양토
④ 사양토

【문6】 완효성 비료의 효과가 잘 나타날 수 있는 토양은?
① 모래가 많은 토양
② 유기물이 많은 토양
③ 진흙이 많은 토양
④ 수분이 많은 토양

【문7】 모래가 많이 섞인 토양의 단점인 것은?
① 공기유통이 느리다.
② 배수가 좋지 않다.
③ 지온 상승이 느리다.
④ 양분을 지니는 힘이 적다,

【문8】 단립(홑알)구조인 토양 설명에서 틀리는 사항은?
① 공극량이 많다.
② 물의 이동이 느리다.
③ 공기유통이 느리다
④ 건조하면 갈기가 힘들다.

【문9】 다음 토양 중에 유효수분을 가장 많이 함유한 것은?
① 사토
② 양토
③ 사양토
④ 식토

【문10】 봄철에 땅의 지온을 올리는데 효과적인 방법은?
① 짚을 약간 덮어준다.
② 땅을 잘 밟아준다.
③ 물을 넣어 준다 .
④ 배수가 되게 한다.

【문11】 봄철에 지온이 올라가기가 유리한 토양은?
① 진흙이 많아 수분이 많은 토양
② 남쪽이 높고 북쪽이 낮은 지역
③ 유기물과 수분 함량이 높은 토양
④ 모래가 많고 수분 함량이 낮은 토양

【문12】 토양에서 모관수 양이 가장 적을 때는?
① 온도가 높을 때
② 입자가 미세할 때
③ 입단구조로 되어 있을 때
④ 비료분이 많을 때

【문13】 염기의 포화도가 적은 토양은?
① 산성　　　　② 염기성
③ 중성　　　　④ 산도와 무관

【문14】 다음 원소 중에 산도(pH)가 강할 때 많은 것은?
① H^+　　　　② Ca^{2+}
③ K^+　　　　④ Mg^{2+}

【문15】 토양에 산도가 높을수록 결핍되기 쉬운 비료는?
① 질소　　　　② 인산
③ 붕소　　　　④ 칼리

【문16】 산성토양을 개량할 때 불필요한 것은?
① 염기를 공급한다.
② 유효인산을 공급한다.
③ 알맞은 양의 석회를 공급한다.
④ 유효황산을 공급한다.

【문17】 pH가 5인 것과 pH가 6인 것은 H^+이온의 농도가 몇 배의 차이가 나는가?
① 1배　　　　② 10배
③ 100배　　　　④ 1000배

【문18】 약산성이라 하며 pH범위가 어느 정도인가?
① 5.0~5.5　　　② 5.5~6.0
③ 6.0~6.5　　　④ 6.5~7

【문19】 토양을 중화하기 위해 석회사용 시 석회양이 많을 때 생기는 피해가 있다. 관계가 없는 것은?
① 망간겹핍　　　② 붕소결핍
③ 인산의 불용　　④ 토양단립화

【문20】 강산성 토양에서도 유기물을 분해할 수 있는 미생물은?
① 박테리아　　　② 비루스
③ 사상균　　　　④ 곰팡이

【문21】 토양 중에서 미생물이 번식하기 알맞는 온도는?
① 10~20℃　　② 20~30℃
③ 30~40℃　　④ 40~50℃

【문22】 토양미생물이 활동하기 알맞는 토양의 수분 함량은 토양 최대 용수량의 몇 % 정도인가?
① 10%　　　　② 20%
③ 40%　　　　④ 60%

【문23】 유기물이 완전분해 되었을 때 최종 산물은?
① 아질산　　　② 암모늄
③ 이산화탄소　　④ 아미노산

【문24】 뿌리 혹은 박테리아(근류균)의 설명이 잘못된 것은?
① 유리질소를 식물이 이용하게 한다.

② 질소고정능력은 해가 갈수록 떨어진다.
③ 석회사용은 질소고정에 좋다.
④ 질소비료를 주어서 질소고정력을 증가시킨다.

【문25】 토양반응이 산성일수록 용출량이 큰 것은?
① Mo
② Cl
③ Fe
④ P

【문26】 염(鹽) 과잉 현상에 제일 약한 화훼는?
① 카네이션
② 장미
③ 스토크
④ 국화

【문27】 토양 미생물 중에 분해 후에 많이 생기는 것은?
① 세균
② 사상균
③ 방사상균
④ 원생동물

【문28】 토양 중에 미생물의 에너지 공급은?
① C
② N
③ O
④ H

【문29】 유기물이 분해되기 가장 적당한 탄질비는?
① 5~10
② 10~15
③ 15~20
④ 20~25

【문30】 토양의 지력을 보존하기 위한 가장 좋은 것은?
① 철분을 공급한다.

② 석회를 알맞게 준다.
③ 자주 갈아 준다.
④ 두엄과 풋거름을 자주 준다.

【문31】 토양의 침식을 방지하는데 간접 방법이 아닌 것은?
① 비료를 준다.
② 석회를 사용한다.
③ 두엄을 사용한다.
④ 나지(裸地)로 둔다.

【문32】 경사가 15° 이상이거나 계단식 경작이 힘든 곳의 토양을 보존 하려 한다. 적당한 것은?
① 초지를 조성
② 과수원 개원
③ 뽕나무 식재
④ 나지로 두어 풀이 자라게 한다.

【문33】 작물재배시 토양의 pH가 얼마 이하일 때 양분 흡수가 감소되는가?
① 4.5
② 5.0
③ 5.5
④ 6.0

【문34】 산성토양에서 잘 자랄 수 있는 화훼를 고르시오.
① 거어베라
② 수국
③ 베고니아
④ 금잔화

【문35】 점토의 홑알맹이를 떼알조직으로 만드는 토양 개량제로 사용 할 수 없는 것은?
① 아크릴 소일(acrisoil)
② 크릴리엄(krilium)

③ vlxm(peat)

④ EB-a

【문36】 아마릴리스 인공번식인 분체시 사용하는 용토는?

① 점질토　　　② 모래

③ 부엽토　　　④ 밭흙

【문37】 다음 원예용 흙 중에 비료분이 전혀 없는 것은?

① 부엽토　　　② 밭흙

③ 버미큐라이트　④ 피트모스

【문38】 양란 또는 식충식물 재료 용토로 부적당한 것?

① 부엽토　　　② 오스먼더

③ 목탄　　　　④ 수태(물이끼)

【문39】 수국을 중성토양에 심으면 꽃색은?

① 분홍　　　　② 백색

③ 남색　　　　④ 주황색

【문40】 알카리 성 토양에서 잘자라는 화훼는?

① 아제레아　　② 장미

③ 거어베라　　④ 국화

【문41】 배양토 조제시 알카리성 토양으로 개량하고자 사용 할 수 없는 것은?

① 석회　　　　② 골분

③ 재　　　　　④ 부엽

【문42】 양란 식재용토인 오스먼더(osmu-nd) 원료는?

① 분말수태

② 야자껍질

③ 양치과 식물뿌리

④ 운모(질석)

【문43】 삽목(꺾꽂이)용토로 부적당한 재료는?

① 황토　　　　② 개울 모래

③ 질석　　　　④ 부엽토

【문44】 파종용토로 수태를 사용하는 것이 좋은 것은?

① 철쭉　　　　② 백합

③ 시클라멘　　④ 시네나리아

【문45】 양치과(고사리과) 포자(홀씨)를 파종할 때 파종용토는?

① 모래+양토　　② 오스먼더+수태

③ 질석+모래　　④ 황토+수태

【문46】 수분장력을 나타내는 부호를 고르시오.

① pF　　　　　② pH

③ CH　　　　　④ CF

【문47】 다음 토양의 종류 중에 수분장력이 가장 큰 것은?

① 양토　　　　② 사양토

③ 식토　　　　④ 식양토

【문48】 산성토양에서 잘 자라는 화훼가 아닌 것은?

① 다육식물　　② 식충식물

③ 난류　　　　④ 철쭉

【문49】 토양 속의 공기 유동은 어떻게 일어나는가?
① 확산　　　　② 산화
③ 교환　　　　④ 삼투압

【문50】 토양의 색깔을 검게 하는 것이 아닌 것은?
① 부식　　　　② 유기물
③ 망간　　　　④ 철분

【문51】 탄질비(C/N)율이 얼마 이상에서 질소기아가 되나?
① 10이하　　　② 10이상
③ 15이상　　　④ 20이상

【문52】 산성토양에 잘 녹아 나오는 원소가 아닌 것은?
① Mn(망간)　　② Fe(철)
③ Mo(몰리브덴)　④ Al(알미늄)

【문53】 산성토양에서 잘 자라는 화훼는?
① 아이리스　　② 치자
③ 스윗트피　　④ 거어베라

【문54】 토양에 가장 많이 존재하는 미생물은?
① 박테리아　　② 사상균
③ 원생동물　　④ 조균류

【문55】 근류균의 질소 고정에 중요한 성분은?
① Fe(철)　　　② Cu(구리)
③ Mo(몰리브덴)　④ Mn(망간)

【문56】 원예용토로 쓰이는 피트모스의 원료는?
① 충적토　　　② 풍적토
③ 이탄토　　　④ 붕적토

【문57】 알뿌리 생산에 알맞는 토양은?
① 충적토　　　② 점질토
③ 부식토　　　④ 사질토

【문58】 윤작의 효과와 관계가 깊은 것은?
① 양분소모가 많다.
② 토양의 입단화 형성
③ 병충해가 심하다.
④ 토양의 단립구조 형성

【문59】 산성토양이 작물 생육에 나쁜 영향을 끼친다. 관계가 없는 내용은?
① 토양의 물리적 성질이 불량해진다.
② 토양에 미생물의 활동이 왕성해진다.
③ Fe, Al, Mn 등의 용해도가 증가한다.
④ 유효성분이 적어진다.

【문60】 작물이 생육하는데 필요한 조건은?
① 빛, 온도, 미생물, 수분, 양분
② 빛, 온도, 공기, 수분, 양분
③ 부식, 유기물, 성분, 공기, 온도
④ 부식, 수분, 미생물, 공기, 유기물

1. ①	2. ②	3. ③	4. ③	5. ②
6. ①	7. ④	8. ①	9. ②	10. ④
11. ④	12. ②	13. ①	14. ①	15. ②
16. ④	17. ②	18. ②	19. ④	20. ④
21. ②	22. ④	23. ②	24. ②	25. ①
26. ②	27. ①	28. ②	29. ②	30. ④
31. ③	32. ②	33. ②	34. ③	35. ③
36. ②	37. ③	38. ①	39. ①	40. ③
41. ④	42. ③	43. ④	44. ①	45. ②
46. ①	47. ③	48. ①	49. ①	50. ④
51. ③	52. ③	53. ②	54. ①	55. ③
56. ③	57. ①	58. ②	59. ②	60. ②

5 화훼 재배사 예상문제 — 비료

【문1】 작물 생육상 필수원소의 설명으로 부적당한 것은?

① 정상생장과 발육에 꼭 필요.
② 많은 양이 필요하다.
③ 다른 화학원소와 대체가 불가능.
④ 생장에 직접관련.

【문2】 생장점 고사하는 원인이 되는 비료는?

① 칼슘　　　② 인산
③ 질소　　　④ 망간

【문3】 식물의 호흡작용에 중요한 역할을 하는 원소는?

① Mo(모리브텐)
② Mg(마그네슘)
③ Fe(철)
④ S(유황)

【문4】 식물체의 무게가 늘어나기 시작한 때의 광선 세기는?

① 광보상점　　　② 광포화점
③ 광분해점　　　④ 광발아점

【문5】 식물의 광합성이 제일 활발할 때의 기온은?

① 5~15℃　　　② 20~35℃
③ 35~45℃　　　④ 45℃이상

【문6】 CO_2의 농도가 어느 정도일 때 광합성이 많은가?

① 0.03%　　　② 0.15%
③ 0.3%　　　④ 4.5%

【문7】 알카리 성 토양에서 인산과 잘 결합하는 원소는?

① 철분　　　② 칼슘
③ 알미늄　　　④ 망간

【문8】 수용성 칼리의 함량이 가장 많이 들어 있는 것은?

① 염화칼리　　　② 황산칼리
③ 초목재　　　④ 칼리장석

【문9】 구용성 인산비료 성분이 주로 들어 있는 비료는?

① 용인성비　　　② 중과석
③ 과린산석회　　　④ 퇴비

【문10】 다음 비료 중에 화학적으로 산성인 것은?

① 석회질소　　　② 칠레초석
③ 과석　　　④ 요소

【문11】 다음 비료 중에 알카리 성분이 가장 많은 것은?

① 요소　　　② 석회질소
③ 질산석회　　　④ 칠레초석

【문12】 유안비료와 혼용할 수 없는 비료는?

① 염화칼리　　② 깻묵
③ 초목　　　　④ 요소

【문13】 다음 비료혼용시 불가능한 것은?

① 요소 + 뒷거름
② 용성인비 + 뒷거름
③ 과석 + 뒷거름
④ 용성인비 + 염화칼리

【문14】 다음 비료 혼용시 인산이 불용성으로 되는 작용은?

① 과석 + 중과석
② 요소 + 중과석
③ 중과석 + 용성인비
④ 유안 + 소석회

【문15】 비료를 혼합할 때 중요한 사항이 아닌 것은?

① 비중　　　　② 흡습성
③ 화학적 형태　④ 반응

【문16】 질소비료 형태 중 식물이 가장 빨리 흡수하는 것은?

① 시안아미드태　② 요소태
③ 무기태　　　　④ 단백태

【문17】 요소가 탄산암모니아로 될 때 작용되는 원소는?

① S(유황)　　　② B(붕소)
③ Mo(모리브텐)　④ Fe(철)

【문18】 질소성분을 46%가지는 요소 비료는 무엇에서 얻어지나?

① 석탄　　　　② 석유
③ 공기　　　　④ 물

【문19】 추비로 사용했을 때 제일 좋지 못한 비료는?

① 요소　　　　② 유안
③ 용성인비　　④ 석회질소

【문20】 석회질소에 들어 있는 질소의 형태는?

① 질산태　　　　② 요소태
③ 시안아미드태　④ 암모니아태

【문21】 질소성분을 가진 비료로 살균·살충·제초의 효력이 있는 비료는?

① 석회질소　　② 요소
③ 유안　　　　④ 과린산 석회

【문22】 석회질소를 사용하면 토양 내에서 어떻게 변화되어 식물이 흡수하는가?

① 물에 녹은 상태로 뿌리가 흡수.
② 요소로 변한 뒤 다시 탄산암모니아로 변해서 흡수.
③ 물에 잘 녹지 않아 그대로 이용된다.
④ 암모늄으로 변한 뒤 질산으로 변해서 뿌리가 흡수한다.

【문23】 물에 잘 녹으며 토양과 작물에 잘 흡수되는 질소 형태는?

① 질산태　　　　② 요소태
③ 단백태　　　　④ 암모늄태

【문24】 다음 비료 중에 구용성인 인산
이 주성분인 것은?
① 과린산석회　② 용성인비
③ 인산 암모늄　④ 증과석

【문25】 다음 비료 중에 수용성 인산인
것은?
① 과린산석회　② 용과린
③ 용성인비　　④ 인광석

【문26】 다음 비료 중에 불용성 인산은
어느 것인가?
① 과린산석회　② 인광석
③ 용성인비　　④ 중과석

【문27】 구용성 인산이란 인산이 어느
것에 녹는다는 것인가?
① 염산　　　　② 질산
③ 시트르 산　 ④ 진한 황산

【문28】 다음 비료 중에 가장 안정된 중
성비료는?
① 유안　　　　② 요소
③ 소석회　　　④ 황산 칼리

【문29】 염기성(알카리성) 비료에 속하지
않는 것은?
① 중과석　　　② 용성인비
③ 석회질소　　④ 칠레 초석

【문30】 다음 비료를 서로 배합하면 좋
지 못한 것은?
① 인분+과석　② 골분+퇴비
③ 깻묵+초목재　④ 소석회+과석

【문31】 시비상에 주의사항이 아닌 것은?
① 작물종류와 사용시기
② 비료의 형태
③ 비료의 비중
④ 토양과 기상조건

【문32】 다음 비료 중에 흡수율이 가장
낮은 것은?
① 요소　　　　② 인산
③ 칼리　　　　④ 질소

【문33】 비료의 선택조건 중에 알맞지
않는 것은?
① 비료가 높아야 한다.
② 부성분이 많아야 한다.
③ 값이 저렴해야 한다.
④ 다루기가 편해야 한다.

【문34】 다음 비료 중에서 엽면시비를
해도 좋은 것을 고르시오.
① 용성인비　　② 과석
③ 요소　　　　④ 유안

【문35】 작물 재배시 양분흡수가 감소되
는 pH의 범위는?
① 5.0 이하　　② 5.5 이하
③ 3.0 이하　　④ 4.0 이하

【문36】 뿌리에서 양분흡수가 확산작용
에 의한 경우는?
① 적극적인 흡수일 때
② 소극적인 흡수일 때
③ 선택적인 흡수일 때
④ 염류 축적에 의한 흡수

【문37】 작물의 생장점이 말라 죽는다면 어느 결핍인가?

① N와 P　　② Ca와 Mg
③ Ca와 B　　④ N와 B

【문38】 결핍증의 설명을 바르게 하지 못한 것은?

① 질소 : 아래 묵은 잎부터 황백색으로 변색된다.
② 인산 : 외떡잎 식물은 엽맥을 따라 길게 황변한다.
③ 칼리 : 잎 가장자리가 황화되며 적자색으로 변색한다.
④ 칼슘 : 묵은 잎의 잎맥 사이에 엽육 부분이 황변한다.

【문39】 질소 과용시 나타나는 현상이 아닌 것은?

① 도장하기 쉽다
② 마디가 길어진다.
③ 잎은 진한 녹색이며 커진다.
④ 줄기는 굵기만 키가 커진다.

【문40】 과다시 생장은 왕성하지만 내병성이 약해지는 것은?

① 질소(N)　　② 인산(P)
③ 칼리(K)　　④ 칼슘(Ca)

【문41】 광합성과 호흡대사에 꼭 필요한 미량원소는?

① Mo(모리브텐)　② Zn(아연)
③ Fe(철)　　④ B(붕소)

【문42】 인산질비료지만 인산 외에 고토 등의 미량원소도 함유하고 있는 비료는?

① 과석　　② 용성인비
③ 골분　　④ 중과석

【문43】 석회비료의 효과로 옳지 않은 것은?

① 유기물 분해가 촉진된다.
② 염기포화도 커진다.
③ 직접 토양의 입단화 된다.
④ 토양산도를 중화한다.

【문44】 탄수화물의 대사, 단백질합성에 관계되고 칼슘이용율을 높이고 세포분열,수분대사 등에 도움을 준다. 특히 결핍하면 생장점 분열이 정지되고 유관속이 파괴되는 미량원소는?

① 질소(N)　　② 마그네슘(Mg)
③ 칼슘(Ca)　　④ 붕소(B)

【문45】 화학적으로나 생리적으로 알카리성인 것은?

① 중과석　　② 석회질소
③ 염화암모늄　④ 염화칼슘

【문46】 풋거름(녹비) 시비시기로 적당한 것은?

① 꽃이 만개되기 직전
② 꽃이 피기 직전
③ 열매가 달린 후
④ 꽃이 지기 직전

【문47】 질소 10kg을 주려고 할 때 요소는 몇 kg 필요한가?

① 48kg ② 31kg
③ 22kg ④ 17kg

【문48】 요소 비료로 엽면시비코자 한다. 올바른 것은?

① 개화 직전
② 채종 직전
③ 발아 직후
④ 뿌리가 상했을 때

【문49】 영양생장과 개화수를 많게 하는 데 관계가 많은 것은?

① N(질소) ② P(인산)
③ K(칼리) ④ Ca(칼슘)

【문50】 비료 요구도가 낮은 화훼를 고르시오.

① 수국 ② 카네이션
③ 글라디오라스 ④ 국화

【문51】 비료 요구도가 높은 화훼를 고르시오.

① 아제리아 ② 수국
③ 프리뮬라 ④ 동백

【문52】 세포를 튼튼하게 하고 꽃눈형성을 좋게 하고 체내 유기산을 중화하여 웃자라는 것을 막아주는 역할을 하는 것은?

① Ca(칼슘) ② P(인산)
③ N(질소) ④ K(칼리)

【문53】 다음 비료 중 부족시 엽액만 녹색이고 잎이 황변하는 것은?

① Mg ② Fe
③ S ④ B

【문54】 부족시 탄수화물 형성과 세포분열이 억제되고 신아형성이 불량해지고 개화결실이 특히 불량해지는 비료는?

① N ② P
③ K ④ Fe

【문55】 비료 요구도가 중간요구도를 가진 화훼가 아닌 것은?

① 프리지아 ② 거베라
③ 시클라멘 ④ 카네이션

【문56】 국화 재배시 요소 비료로 엽면시키고자 한다. 0.4%액이 가장 안전한데 요소 18ℓ에 물의 양은?

① 74g ② 45g
③ 108g ④ 36g

【문57】 화분재배용 프리뮬라나 시네나리아 재배시 질소성분 비료가 많으면 어느 현상이 일어나는가?

① 잎의 크기에 비해 꽃의 숫자가 적어진다.
② 건실하게 잘 자란다.
③ 꽃이 늦게 핀다.
④ 잎이 반대편으로 말리면서 색깔이 진해진다.

【문58】 화훼류 재배시 인산성분이 부족하면 어떤 증상이 나타나는가?

① 잎이 작아지고 누렇게 변색이 된다.

② 묵은 잎이 낙엽이 되고 성숙이 늦어진다.

③ 생육이 저하되고 잎과 줄기가 딱딱해 진다.

④ 잎 가장자리로부터 아랫부분에 말라들어간다.

【문59】 어비에 가장 많이 들어 있는 비료성분은?

① 질소 ② 인산

③ 칼리 ④ 칼슘

【문60】 다음 비료 중 가장 속효성인 것은?

① 용과린 ② 석회질소

③ 유안 ④ 용성인비

1. ②	2. ①	3. ③	4. ①	5. ②
6. ②	7. ②	8. ①	9. ①	10. ③
11. ②	12. ③	13. ②	14. ④	15. ①
16. ③	17. ③	18. ③	19. ④	20. ③
21. ④	22. ②	23. ④	24. ②	25. ①
26. ②	27. ③	28. ②	29. ①	30. ④
31. ③	32. ②	33. ②	34. ③	35. ①
36. ②	37. ③	38. ④	39. ④	40. ①
41. ③	42. ②	43. ③	44. ④	45. ②
46. ①	47. ③	48. ④	49. ①	50. ③
51. ②	52. ①	53. ②	54. ②	55. ④
56. ①	57. ①	58. ③	59. ①	60. ③

6 화훼 재배사 예상문제 - 농약

【문1】 농약의 저장법으로 알맞지 않은 사항은?
① 습기가 찬 것은 가열하여 말린다.
② 습기가 적은 곳에 저장한다.
③ 쓰다 남은 농약은 밀봉해서 보관한다.
④ 직사광선을 피하는 곳에 보관한다.

【문2】 흡수성 해충구제에 효과적인 약제는?
① 접촉제
② 침투제
③ 훈증제
④ 협력제

【문3】 종자나 종묘 소독법으로 알맞는 방법은?
① 약제분무
② 침지분의
③ 가스 훈증
④ 침투이행

【문4】 씨없는 포도(무핵과)생산에 사용되는 약제는?
① MH_{30}
② B-9
③ 지베레린
④ 오옥신

【문5】 농약 사용시 약해가 일어나지 않는 때는?
① 사용방법이 잘못되었을 때.
② 살포시기가 안 맞을 때.
③ 잘못 혼용했을 때.
④ 사용농도보다 희석농도가 낮을 때.

【문6】 다음 농약 중에 보호살균제인 것을 고르시오.
① 유기수은제
② 항생제
③ 살비제
④ 보르도 액

【문7】 약제 살포로 방제할 수 없는 병을 고르시오.
① 흰가루병
② 탄저병
③ 근두암병
④ 역병

【문8】 약제 살포 후 살충효과가 지속되는 기간은?
① 잔류기간
② 효과기간
③ 잔효기간
④ 살충기간

【문9】 잔류기간이란 농약 살포시 해당사항이다. 올바른것은?
① 살충효과가 없으면서 약제가 자연계에 일부가 남는 기간.
② 살충효과가 있으면서 약제가 자연계에 일부가 남는 기간.
③ 살충효과가 지속되는 기간.
④ 살충효과가 강력할 때까지 지속되는 기간.

【문10】 농약의 구비조건에 알맞지 않는 것은?
① 물리적 성질이 양호할 것.
② 등록되어 있는 농약일 것.
③ 성질이 균일하고 저장이 가능할 것.
④ 약제와 혼용범위가 좁을 것.

【문11】 살충제의 병뚜껑이나 상표의 색깔은?
① 초록색　　　② 분홍색
③ 흰색　　　　④ 밤색

【문12】 다음 농약과 해당 병충해와 짝지어진 것은?
① 살비제 : 선충류
② 살균제 : 병원 미생물
③ 살서제 : 응애류
④ 생장조절제 : 잡초류

【문13】 직접 살균제가 아닌 것은?
① 수은제　　　② 항생제
③ 구리제　　　④ 석회유황합제

【문14】 다음 농약 중 살비제가 아닌 것을 고르시오
① 켈센제　　　　② 메타유제
③ 로벤젤레이트제　④ 테디온제

【문15】 다음 농약 중 살선충제가 아닌 것은?
① D-D　　　　　② DBCP(네마콘)
③ 클로로피크린　④ 벤자단

【문16】 농약을 3~5배로 진하게, 약량은 1/3-1/5로 줄여서 살포할 수 있는 방법은?
① 살분법　　　② 분무법
③ 미스트 법　　④ 분의법

【문17】 진딧물 구제 농약으로 적당한 것은?

① 다이센 M45　② 보르도 액
③ 메타시스톡스　④ 지네브

【문18】 석회유황제, 수화유황제, 클로로피크린, 메틸부로마이드, 이황화탄소 등의 농약이 지닌 공통점은?
① 침투성 살충　② 살균살충
③ 훈증　　　　④ 훈연

【문19】 다음 농약 중 살충제가 아닌 것을 고르시오.
① 풋솔　　　　② 메타시스톡스
③ 만코지　　　④ 디프테렉스

【문20】 메틸부로마이드, 클로로피크린은 어디에 속하나?
① 훈증제　　　② 훈연제
③ 기피제　　　④ 유인제

【문21】 메타 유제 50%를 100배로 희석해야 10a당 4말을 살포하려할때 필요한 농약의 양은?
① 144cc　　　② 100cc
③ 70cc　　　　④ 50cc

【문22】 농약 사용시 약해를 받기 쉬운 경우와 관계없는 것은?
① 비오기 전후
② 한발이 계속되는 경우.
③ 태풍이 심하게 온 후.
④ 기온이 낮은 경우.

【문23】 농약 살포시기가 적합하지 않은 것은?

① 보호살균제 : 병의 침입 전
② 직접살균제 : 발병 초기
③ 석회유황합제 : 잎이 무성할 때
④ 살충제 : 발생 초기

【문24】 작물의 발육시기 중에 약해를 받기 쉬운 시기는?
① 휴면기　　② 영양 생장기
③ 개화 결실기　④ 정식기

【문25】 석회 유황합제 살포시 보르도액을 사용하려는 경우 며칠 지나야 좋은가?
① 2주일 이상　② 1달
③ 1~2주　　④ 3주일

【문26】 깍지벌레, 진딧물, 매미충류, 파리 등 흡즙성 곤충구 제에 효과적인 유기인제는?
① 메카밤(Mecarbam)
② 살리티온(Salithion)
③ DMTP(Supracide)
④ PMP(Imidan)

【문27】 유기염소계 살충제의 가장 큰 단점은?
① 저항성 해충유발
② 유용천적 살해
③ 어류에 대한 독성
④ 인축에의 잔류독성

【문28】 1000ppm이란?
① 10배　　　② 100배
③ 1,000배　④ 10,000배

【문29】 생장조절제에 속하지 않는 것은?
① 오옥신　　　② 인돌초산
③ 나프타렌 초산　④ 카로틴

【문30】 석회 유황합제의 액성(液性)은?
① 강산성　　　② 약산성
③ 알칼리 성　　④ 중성

【문31】 시마진(Simazine)은?
① 살충제
② 살균제
③ 선택성 제초제
④ 비선택성 제초제

【문32】 클로로피크린이란 토양 살균제는?
① 독제　　　② 훈증제
③ 보호살균제　④ 연무제

【문33】 농약에서 수화제(水和劑)는?
① 물에 타서 쓰는 가루약
② 가루로 뿌리는 약
③ 물에 타서 쓰는 물약
④ 가루를 작은 덩어리로 쓰는 약

【문34】 농약에서 유제(乳劑)는?
① 가루로 사용하는 약
② 물에 섞어 사용하는 물약
③ 물에 섞어 사용하는 가루약
④ 입자로 사용하는 약

【문35】 보르도 액은?
① 동(銅)제　　② 수은제
③ 유황제　　　④ 석회제

【문36】 응애를 구제할 수 있는 농약이 아닌 것은?

① 디코폴 수화제(켈센)
② 아씨틴 수화제(페로팔)
③ 메타 유제(메타시스톡스)
④ 지노멘 수화제(모레스탄)

【문37】 다음 제초제 중에 밭 잡초약이 아닌 것은?

① 부타 유제(마세트)
② 마라톤 유제(마라치온)
③ 알라 입제(라쏘)
④ 메리진 수화제(센코)

【문38】 농약살포 작업 후 주의사항이 아닌 것은?

① 사용한 옷은 비누세척한다.
② 음주를 삼간다.
③ 잠을 충분히 잔다.
④ 흡연을 삼간다.

【문39】 농약 살포시 약액이 눈으로 들어 갔을 때 처치는?

① 식염수로 세척한다.
② 흐르는 물로 5분 이상 계속 세척.
③ 눈을 감고 휴식을 취한다.
④ 눈물을 흘리도록 한다.

【문40】 구근 소독약으로 부적당한 것은?

① 부산 30   ② 치우람
③ 치아염소산 칼슘   ④ 엔드린

【문41】 농약살포시 병, 해충, 병균에 잘 붙도록 섞는 것은?

① 카올린
② 트라이톤 · 마제인석회
③ 기름
④ 점토

【문42】 보르도 액의 살충 살균효과는 어느 성분 때문인가?

① 산성 황산동   ② 염기성 황산동
③ 중성   ④ 석회살균력

【문43】 응애 구제약이 지녀야 할 조건이 아닌 점은?

① 성충과 유충만 구제
② 선택으로 응애만 효과가 크다.
③ 응애류에 광범위하게 작용
④ 약효잔효가 길다.

【문44】 50%의 약을 10a당 1000배액으로 160ℓ 뿌릴 때의 약량은?

① 160cc   ② 8cc
③ 80cc   ④ 16cc

【문45】 증량제가 아닌 것을 고르시오.

① 고령토   ② 벤토나이트
③ 지오릭스   ④ 활석

【문46】 살균제 사용방법으로 잘못된 것을 고르시오.

① 전염 전에 살포
② 전염기간 중에 계속 살포.
③ 식물 전체 골고루 살포한다.
④ 비온 후 살포한다.

【문47】 살균제의 알맞는 살포 횟수는?
① 매일 살포한다.
② 3일 간격으로 살포한다.
③ 1주일 간격으로 살포한다.
④ 보름 간격으로 살포한다.

【문48】 메타시스톡스(Metasystox)의 설명으로 옳지 않은 것은?
① 침투성이다.
② 흡즙해충을 구제한다.
③ 잔효성 길다.
④ 인축에 독성이 강하다.

【문49】 해충의 직접피해가 아닌 것은?
① 식해　　　　② 즙액흡수
③ 산란　　　　④ 병원균매개

【문50】 다음 농약 중 살균능력이 없는 것은?
① 보르드 액　　② 지네브 수화제
③ 석회유황합제　④ 디메트

【문51】 다음 농약 중 살충제는?
① 톱신M　　　　② 벤레이트
③ 발코트　　　　④ 디프테렉스

【문52】 침투성이 강한 살충제로 깍지벌레에 유효한 것?
① 만코지　　　　② 지네브
③ 이프로　　　　④ 메가팜

【문53】 적성병(붉은 별무늬병)이 오는 시기는?
① 봄　　　　　　② 여름
③ 가을　　　　　④ 겨울

【문54】 포도에 단위결과(씨없는 포도)에 효과 있는 물질은?
① B-9　　　　　② Rootone
③ Gibberellin　④ OED

【문55】 B-9의 효과로 잘못된 것은?
① 신장생장 억제
② 체내 오옥신 생성이 억제된다.
③ 영양생장 억제
④ 열매의 착색제이다.

【문56】 항생물질을 가지는 살균제를 고르시오.
① 벤레이트　　　　② 발코트
③ 스트렙토마이신　④ 마네브

【문57】 살충제 사용법으로 잘못된 것을 고르시오.
① 독제 살포시 바람 없는 날 빠짐없이 골고루 살포한다.
② 흡수성 해충 구제시 접촉제 살포는 해충 몸에 묻도록 살포.
③ 침투성 살충제는 대강 살포해도 식물에 흡수된다.
④ 해충이 발생하기 전에 골고루 살포해 둔다.

【문58】 농약법으로 규정한 농약용기에의 명시사항 아닌 것은?
① 등록번호　　　② 제조 연월일
③ 저장장소　　　④ 적용병해충

【문59】 농약 사용시 주의점이 아닌 것은?

① 기상조건
② 작물종류의 생육상태
③ 타약제 혼용
④ 경영방식

【문60】 다음 약해와 관계가 없는 것을 고르시오.

① 엽소(葉燒)　　② 반점(斑點)
③ 낙엽(落葉)　　④ 도장(徒長)

1. ①	2. ②	3. ③	4. ③	5. ④
6. ④	7. ③	8. ③	9. ①	10. ④
11. ①	12. ②	13. ③	14. ②	15. ④
16. ③	17. ③	18. ②	19. ③	20. ①
21. ③	22. ④	23. ③	24. ③	25. ③
26. ①	27. ④	28. ③	29. ④	30. ①
31. ④	32. ②	33. ①	34. ②	35. ①
36. ③	37. ②	38. ④	39. ②	40. ③
41. ②	42. ②	43. ①	44. ①	45. ③
46. ④	47. ③	48. ③	49. ④	50. ④
51. ④	52. ④	53. ①	54. ③	55. ④
56. ③	57. ④	58. ③	59. ④	60. ④

7 화훼 재배사 예상문제 — 병충해

【문1】 다음 해충 중에 곤충류가 아닌 것을 고르시오.
① 깍지벌레　　② 진딧물
③ 응애　　　　④ 유리나방

【문2】 다음 중 사상균(곰팡이) 종류에 속하지 않는 것은?
① 조균류　　　② 세균류
③ 담자균류　　④ 불완전균류

【문3】 진딧물이 겨울을 지나는 월동태는?
① 알　　　　　② 애벌레
③ 번데기　　　④ 성충

【문4】 진딧물의 간모에 관하여 잘못된 사항은?
① 단성생식을 한다.
② 양성생식으로 낳은 알에서 부화한 것.
③ 월동한 알에서 부화한 것.
④ 월동 후에 여름철 하기주로 이동하여 번식한 첫 개체.

【문5】 병의 진단에 이용되는 식물을 무엇이라 하나?
① 진단식물　　② 실험식물
③ 지표식물　　④ 표적식물

【문6】 비루스는 주로 어떠한 경로로 전염되는가?
① 즙액전염　　② 종묘전염
③ 토양전염　　④ 충매전염

【문7】 밤에 활동하는 해충으로 잎이나 줄기, 가지 등을 잘라 버리고 낮에는 땅 속에 숨어 사는 것은?
① 잎말이나방
② 거세미나방
③ 총채벌레
④ 됫박벌레

【문8】 초화인 팬지 육묘시 제일 문제가 되는 병해는?
① 입고병　　　② 보토리티스
③ 흰가루병　　④ 탄저병

【문9】 겉으로는 이상 없는 것 같으나 체내에 비루스를 지니고 있는 식물을 무엇이라 하는가?
① 보균식물　　② 보독식물
③ 병원식물　　④ 지표식물

【문10】 병충해 방제법으로 가장 적극적인 방법은?
① 생태적 방제
② 생물적 방제
③ 화학적 방제
④ 저항성 품종이용

【문11】 병원균 배양을 위한 고체배지 조제시 영양액에 넣는 것은?
① 증류수　　　② 녹말
③ 한천　　　　④ 육즙

【문12】 병충해 방제법으로 가장 이상적인 방법은?
① 저항성 품종이용
② 종자소독
③ 약제 살포
④ 윤작

【문13】 접목재배로 완전방제 될 수 있는 병해는?
① 풋마름병　　② 노균병
③ 덩굴쪼김병　④ 흰가루병

【문14】 진딧물의 단성(단위)생식 시기는?
① 4월 이후　　② 6월 이후
③ 8월 이후　　④ 10월 이후

【문15】 유인제나 기피제를 사용하는 것은 곤충의 어느 성질을 이용하는 것인가?
① 주광성　　② 주화성
③ 주수성　　④ 주향성

【문16】 생물학적 해충방제시 단점은?
① 영구적이다.
② 자연적으로 해충과 천적은 균형이 유지된다.
③ 부작용이 없다.
④ 효과가 늦게 나타난다.

【문17】 해충 방제시 화학적 방제의 장점이 아닌 것은?
① 약제 대량생산이 가능하다.
② 효과가 빠르고 정확하다.
③ 사용과 저장이 편리하다.
④ 효과가 높고 부작용이 없다.

【문18】 사상균병의 대부분 침입 통로는?
① 피목　　　② 기공
③ 화기　　　④ 표피

【문19】 병의 방제를 위한 점염원 제거 수단이 아닌 것은?
① 피해포기 제거
② 부산물 제거
③ 중간숙주 제거
④ 생육중 발병원에 농약 살포.

【문20】 다음 병 중에 충매전염이 아닌 것은?
① 마이코 플라스마
② 근두암
③ 모자이크
④ 오갈병

【문21】 관엽식물이나 정원수 등에 그을음병의 유인이 아닌 것은?
① 깍지벌래　　② 진딧물
③ 거세미　　　④ 응애

【문22】 생태적(농업적) 병해 방제법이 아닌 것은?
① 재배작물 종류 변경
② 식재 밀도조절
③ 천적 이용
④ 내충성 품종이용

【문23】 다음 해충 중에 침입 해충이 아닌 것은?
① 흰불나방　　② 솔나방
③ 재선충　　　④ 밤나무순혹벌

【문24】 살비제란 어느 해충에 독특한 작용을 하는가?

① 잎말이나방　② 면충
③ 진딧물　④ 응애

【문25】 약제살포시 주의사항이 아닌 것은?

① 접촉살충제나 살비제 살포시는 약액이 가는 물방울이 되도록 뿌린다.
② 살균제는 특히 잎 뒷면도 잘 뿌린다.
③ 노즐을 식물에서 30~60㎝ 거리를 유지한다.
④ 침투성 살충제는 고루 살포하지 않아도 된다.

【문26】 적성병의 중간 숙주와 적성병 행동 반경은?

① 향나무, 2km
② 아카시아, 1km
③ 국화과 식물, 3km
④ 소나무, 2.5km

【문27】 국화 하늘소가 가해하는 부위는?

① 꽃 속　② 줄기 속
③ 잎　④ 뿌리

【문28】 귤나무에 많이 기생하는 해충은?

① 야도충　② 진딧물
③ 깍지벌레　④ 응애

【문29】 접목에서 발병할 수 있는 병은?

① 근부병　② 근두암종
③ 탄저병　④ 녹병

【문30】 탄저병의 중간숙주는?

① 아카시아　② 향나무

③ 소나무　④ 탱자나무

【문31】 식물의 병 중에서 가장 발생율이 적은 것은?

① 박테리아　② 곰팡이
③ 바이러스　④ 선충

【문32】 토양 전염으로 발생되는 병은?

① 덩굴쪼김병　② 흰가루병
③ 녹병　④ 탄저병

【문33】 다음 곤충 중에 해충이 아닌 것은?

① 진딧물　② 깍지벌레
③ 응애　④ 잎벌

【문34】 병충해의 피해가 아닌 것은?

① 방사상균　② 근류균
③ 질산균　④ 사상균

【문15】 해충 방제법으로 유아등을 설치해야 되는 해충은?

① 선충　② 나방종류
③ 응애　④ 깍지벌레

【문36】 근류균이 착생(着生)하는 식물체는?

① 양치과 식물
② 화본과 식물
③ 콩과 식물
④ 십자화과 식물

【문37】 저항성 품종을 이용한 병충해 방제법은?

① 생물학적 방제　② 물리적 방제
③ 상태적 방제　④ 화학적 방제

【문38】 온도 처리에 의한 병충해를 방

제하는 방법은?

① 생태적 ② 생물적
③ 물리적 ④ 화학적

【문39】 물리적인 병충해 방제법이 아닌 것은?

① 점화유살 ② 농약 살포
③ 고온 처리 ④ 봉지 씌우기

【문40】 근두암종 병에서 혹이 생기는 부위가 아닌 곳은?

① 삽목 하단부 ② 뿌리 절단면
③ 접목부위 ④ 생장점

【문41】 작물의 병에 대한 저항력을 높이는 토양 조건은?

① 사질토 ② 점질토
③ 저온토양 ④ 과습토양

【문42】 다음 해충 중에 단식성인 것은?

① 송충이 ② 배추흰나비
③ 거세미나방 ④ 흰불나방

【문43】 다음 해충 중에 잡식성인 것은?

① 도둑나방 ② 송충이
③ 감꼭지나방 ④ 배추흰나비

【문44】 주광성이 가장 없는 것에 해당하는 해충은?

① 나방류 ② 풍뎅이류
③ 나비류 ④ 무당벌레류

【문45】 흡즙 해충 중에 즙액 흡수와 함께 독을 주입하여 식물에 중독까지 일으키는 것은?

① 진딧물류 ② 방패벌레류
③ 총채벌레류 ④ 매미류

【문46】 해충의 번식상 환경 저항요소에 속하지 않는 것은?

① 기상 ② 토양
③ 암수의 성비 ④ 천적

【문47】 다음 해충 중에 삽자화과 잎을 주로 식해하는 것은?

① 유리나방 ② 흰나비
③ 진딧물 ④ 응애

【문48】 병해의 발생부위가 잎에 국한된 것은?

① 갈반병 ② 적성병
③ 흑성병 ④ 흑반병

【문49】 질소질비료 과용으로 발병이 유인되는 병은?

① 탄저병 ② 갈반병
③ 반점 낙엽병 ④ 적성병

【문50】 해충 먹이 유살에 사용하지 않는 재료는?

① 흑사탕 ② 식초
③ 청주(술) ④ 쌀밥

【문51】 유살대(잠복소) 설치가 적당한 시기는?

① 8월 하순 ② 7월 하순
③ 9월 하순 ④ 10월 하순

【문52】 유살대(짚방석) 설치로 효과가 없는 해충은?

① 응애 ② 면충
③ 잎말이나방 ④ 복숭아순나방

【문53】 점화 유살법에서 광원으로 가장 좋은 것은?
① 석유등　② 백열등
③ 형광등　④ 에틸렌가스 등

【문54】 물리적 병충해 방제로 지양되어야 하는 것은?
① 점화 유살　② 봉지 씌우기
③ 포살　④ 유살대 설치

【문55】 다음 중 방동산이과에 속하는 잡초는?
① 바랭이　② 강아지풀
③ 띠　④ 개망초

【문56】 다음 잡초 중에 광엽잡초에 속하는 것은?
① 향부자　② 바람하늘지기
③ 명아주　④ 방동산이

【문57】 다음 중 잡초의 해가 아닌 것을 고르시오.
① 병원균이나 해충들의 은신처가 되기도 한다.
② 기생식물은 작물에 기생하며 피해를 준다.
③ 생장 억제물질 분비로 일부 작물에는 생장을 방해하기도 한다.
④ 수로에 발생하는 잡초는 작물의 거름작용으로 생산력이 증대되기도 한다.

【문58】 다음 잡초 중에 동계 잡초와 하계 잡초가 알맞게 짝짓기가 된 것을 고르시오.
① 냉이-명아주
② 피-방동산이
③ 물달개비-가래
④ 바랭이-사마귀풀

【문59】 다음 잡초 방제에 효과가 가장 크고 좋은 것은?
① 기계적인 방제
② 화학적인 방제
③ 생물학적인 방제
④ 경종적인 방제

【문60】 비루스(Virus)의 특징에 잘못된 사항은?
① 형체가 아주 작아 광학현미경으로 볼 수 없다.
② 인공배지에는 배양되지 않고 산 세포 내만 증식한다.
③ 비루스란 라틴어로 독이란 뜻이다.
④ 모든 생물체 내에 침입하여 병을 일으킬 수 있다.

1. ③	2. ②	3. ①	4. ④	5. ③
6. ④	7. ②	8. ②	9. ②	10. ③
11. ③	12. ①	13. ③	14. ③	15. ②
16. ④	17. ④	18. ②	19. ④	20. ②
21. ③	22. ③	23. ②	24. ④	25. ③
26. ①	27. ②	28. ③	29. ②	30. ①
31. ③	32. ①	33. ④	34. ②	35. ②
36. ③	37. ①	38. ③	39. ②	40. ④
41. ②	42. ①	43. ①	44. ③	45. ③
46. ③	47. ②	48. ①	49. ①	50. ④
51. ①	52. ③	53. ③	54. ②	55. ③
56. ③	57. ④	58. ①	59. ②	60. ④

8 화훼 재배사 예상문제 ─ 화단·기타

【문1】 여러 가지 꽃을 모아 심고 사방에서 관상할 수 있게 꾸미는 화단은?
① 리본화단　　② 경재화단
③ 기식화단　　④ 침상화단

【문2】 수재 화단을 심을 수 있는 종류가 아닌 것은?
① 수련　　　　② 마름
③ 시페루스　　④ 창포

【문3】 기식(모둠) 화단 중심에 심을 수 있는 꽃은?
① 금어초　　　② 채송화
③ 한련화　　　④ 다알리아

【문4】 화단 종류 중에 중심을 높게 해야 하는 것은?
① 경재화단　　② 노단화단
③ 기식화단　　④ 침상화단

【문5】 수재화단에 적합지 않는 화훼는?
① 연꽃　　　　② 워터칸나
③ 네프로네피스　④ 수련

【문6】 영구화단재료로 짝지어진 것을 고르시오.
① 채송화, 회양목
② 장미, 튜립
③ 향나무, 샐비어
④ 향나무, 라일락

【문7】 양단지 화단(모전화단)에 알맞지 않은 화훼는?
① 팬지　　　　② 데이지
③ 웃카　　　　④ 페튜니아

【문8】 다음 설명 중에 꽃이 시드는 것과 관계가 적은 것은?
① 미생물이 도관을 막기 때문.
② 양분의 소모
③ 수분 부족현상
④ 양분의 과다

【문9】 절화재배시 여름철 채화에 최적인 시기는?
① 오전 8시　　② 오전 10시
③ 오후 2시　　④ 오후 6시

【문10】 겨울 절화재배시 채화의 최적 시기는?
① 오전 6시　　② 오후 3시
③ 오후 4시　　④ 오후 6시

【문11】 채화를 이른 아침에 하면?
① 수분이 적어 잘 시든다.
② 꽃의 수명이 짧아진다.
③ 꽃의 변색이 잘 안된다.
④ 잎이 시들어버린다.

【문12】 절화 수명 연장으로 적당하지 않은 것은?
① 비스듬이 자른다.

② 가능한 신선한 바람을 쏘인다.

③ 43℃ 온수에 담가 물을 흡수시킨다.

④ 설탕 1~5% 첨가

【문13】 절화 수명과 관계가 적은 것을 고르시오.

① $AgNo_3$ ② 설탕

③ 소금   ④ 구연산 100ppm

【문14】 화색이 나타날 무렵에 채화해야 하는 것은?

① 스토크   ② 글라디오라스

③ 튜립   ④ 스윗트피

【문15】 90% 정도 개화가 진행되었을때 채화하는 것은?

① 작약   ② 백합

③ 카네이션   ④ 아이리스

【문16】 꽃이 1-2송이 만개될 때 채화하는 화훼는?

① 프리지아   ② 스윗트피

③ 금잔화   ④ 포인세티아

【문17】 절화용으로 많이 이용하는 화훼는?

① 다알리아, 안개꽃, 크로커스

② 국화, 백합, 카네이션

③ 장미, 글라디오라스, 칸나

④ 금잔화, 팬지, 튜립

【문18】 코사지 재료로 사용할 수 없는 화훼는?

① 카네이션   ② 치자꽃

③ 나팔꽃   ④ 카틀레야

【문19】 건조화(드라이플라워) 재료로 많이 쓰이는 것은?

① 루피너스   ② 금어초

③ 샐비어   ④ 헬리크레섬

【문20】 인위적인 배수체를 유도할 수 있는 물질은?

① 콜히친   ② 지베레린

③ 사이토카이닌   ④ 에스렐

【문21】 다음 중에서 생리적 형질에 속하는 것은?

① 내병성   ② 분얼의 다소

③ 잎의 크기   ④ 꽃의 대륜

【문22】 배수체를 이용하여 단위 결과를 유도하는 작물은?

① 포도   ② 수박

③ 토마토   ④ 사과

【문23】 경실종자 발아촉진법으로 제일 알맞게 된 것은?

① 종피 상처   ② 습윤 처리

③ 건열 처리   ④ 습열처리

【문24】 종피의 불투성으로 장기간 휴면하는 종자는?

① 형숙   ② 후숙

③ 경실   ④ 종실

【문25】 저장중에 종자가 발아력을 상실하는 큰 이유는?

① 저장 양분 소모와 유해물질 발생.

② 효소의 활력 감퇴.

③ 저장물질 소모와 변질.

④ 종자의 원형질의 주성분인 단백
응고.

【문26】 고급종자 파종이나 집약관리가
필요한 파종방법은?

① 점(點)파　　② 조(條)파
③ 산(散)파　　④ 상(床)파

【문27】 채종 후 파종을 즉시 하면 발아
하지 않는 것은?

① 국화
② 메리골드, 맨드라미
③ 과꽃, 페튜니아
④ 봉선화, 아스파라거스

【문28】 다음 사항 중 솎음과 관계가 적
은 것은?

① 밀생하는 부분은 솎는다.
② 불량한 묘, 병든 묘, 웃자란 묘 등
을 솎는다.
③ 종류가 다른 묘를 솎는다.
④ 가능한 솎음을 피하는 것이 좋다.

【문29】 김매기(중경)와 거리가 먼 사항은?

① 제초
② 토양개선
③ 수분 증발억제
④ 병충해 방지

【문30】 이식(가식)과 관계가 적은 사항은?

① 식물체 간의 경합으로 도장되는
것을 막는다.
② 세근의 발달을 도와준다.
③ 출하시기를 조절하여 경영을 유
리하게 한다.

④ 잡초 발생이 억제되어 재배가 편
리해진다.

【문31】 다음 화훼 중 저장양분만으로도
개화가 되는 것은?

① 시클라멘　　② 구근 베고니아
③ 튜립　　　　④ 글록시니아

【문32】 다음 화훼 중 이식해도 좋은 것은?

① 팬지　　　　② 촉규화(접시꽃)
③ 루피너스　　④ 꽃양귀비

【문33】 다음 채종시 적취법으로 해야
하는 것은?

① 샐비어　　　② 팬지
③ 봉선화　　　④ 스토크

【문34】 다음 화훼 중에 절화재배에 이
용하지 않는 것은?

① 국화　　　　② 카네이션
③ 시네나리아　④ 백합

【문35】 절화 소비가 가장 많은 나라는?

① 미국　　　　② 일본
③ 덴마크　　　④ 서독

【문36】 종자저장에 건습제로 쓰이지 않
는 것은?

① 생석회　　　② 초목재
③ 실리카겔　　④ 유황가루

【문37】 잡종강세와 거리가 먼 현상은?

① 생산증대
② 내병충성 증대
③ 채종 용이
④ 성숙기 균일

【문38】 도시 근교에서 생산이 가장 유리한 것은?
　① 절화　　　　② 정원수
　③ 분식물　　　④ 종묘생산

【문39】 절화 후 보존기간 중에 꽃잎의 변화가 가장 적은 것은?
　① 튜립　　　　② 카네이션
　③ 양란　　　　④ 장미

【문40】 다알리아 알뿌리 저장 중의 습도 유지는?
　① 90%　　　　② 70~80%
　③ 50~60%　　④ 30~40%

【문41】 포인세티아의 꽃이란?
　① 꽃잎　　　　② 꽃받침
　③ 수술　　　　④ 씨방

【문42】 추파종자의 채종시기는 어느 때 하는가?
　① 4-5월　　　② 6-7월
　③ 8-9월　　　④ 10월

【문43】 다음 종자 중에 수명이 가장 짧은 것은?
　① 금어초　　　② 거어베라
　③ 시네나리아　④ 페튜니아

【문44】 CA(controlled atmospherestarage) 저장이란?
　① 공기중의 탄소와 산소의 농도를 조절하여 호흡작용을 억제하여 장기 저장하는 방법.

　② 강전정을 하여 저장의 변질을 막는 방법.
　③ 밀폐하여 저장하는 방법.
　④ 건조제인 시라카겔을 이용하여 저장하는 방법.

【문45】 절화재배시 네트(net)를 설치하는 이유는?
　① 충해 방지　　② 광선 조절
　③ 도복 방지　　④ 동물 방비

【문46】 종자 발아력이 시일이 지나면 발아세가 감퇴되는 현상은?
　① 효소활력 감퇴
　② 종피의 경실화
　③ 저장양분 소모
　④ 종피의 물리, 화학적 변질

【문47】 층적저장을 필요로 하는 식물의 종자는?
　① 열대성 종자　② 온대성 종자
　③ 아열대 종자　④ 다육 종자

【문48】 종자 파종시 종피기 벗겨지지 않고 발아될 때는?
　① 건조　　　　② 저온
　③ 고온　　　　④ 다습

【문49】 경실종자의 발아촉진과 관계가 없는 것은?
　① 저온, 변온 처리
　② MH_{30} 침지 처리
　③ 농황산 처리
　④ 종피 파상법

【문50】 채파하여야 하는 종자는?
① 단풍　　　　② 남천
③ 모란　　　　④ 만량금

【문51】 종피가 두꺼워 파종시 수분흡수 처리가 필요한 것은?
① 스윗트피　　② 채송화
③ 팬지　　　　④ 천일홍

【문52】 F_1의 초화류 종자가 나타날 수 있는 특성이 아닌 것은?
① 우수한 유전성을 갖는다.
② 포기의 생육이 왕성하다.
③ 개화, 성숙이 촉진된다.
④ 외부 저항성이 강하다.

【문53】 알뿌리를 길이로 6-8등분하여 인편을 2-3장 붙여 모래나질석에 꽂아 번식하는 인공분구는?
① 아마릴리스 분체번식
② 백합 인편번식
③ 히야신스 스쿠우핑
④ 시클라멘 분할번식

【문54】 예취(刈取)를 하여야 하는 화훼는?
① 채송화　　　② 봉선화
③ 샐비어　　　④ 백일홍

【문55】 다음 화훼 중에 방향(芳香)을 중요시하는 것은?
① 히야신스　　② 튜립
③ 시클라멘　　④ 국화

【문56】 절화포장 출하시 카네이션 한 단의 개수는?
① 10송이　　　② 20송이
③ 30송이　　　④ 40송이

【문57】 절화착색은 타트라진이나 라이트그린을 사용해 절구를 담는다. 착색화를 하는 것은?
① 튜립　　　　② 장미
③ 카네이션　　④ 글라디오라스

【문58】 화훼에서 일대잡종(F_1) 육성 이용 방법은 1대 (F_1)가 순계에 비해, 세력이 강한 잡종 강세를 출현시키는 방법이다. 따라서 고정 품종은 아니나 종자생산에 필요한데, 생산방법으로 잘못된 사항을 고르시오.
① 인공교배법
② 무대재배법
③ 자가불화합성 이용
④ 웅성불임성 이용

【문59】 도로보다 1m정도 낮게 꾸미는 화단은?
① 테라스화단　　② 수재화단
③ 침상화단　　　④ 기식화단

【문60】 브라이들 재료로 사용할 수 없는 꽃은?
① 백합　　　　② 샐비어
③ 국화　　　　④ 튜립

1. ③	2. ④	3. ④	4. ③	5. ③
6. ④	7. ③	8. ④	9. ④	10. ②
11. ②	12. ②	13. ④	14. ②	15. ③
16. ①	17. ②	18. ③	19. ④	20. ①
21. ①	22. ②	23. ①	24. ③	25. ④
26. ④	27. ④	28. ④	29. ④	30. ④
31. ③	32. ①	33. ③	34. ③	35. ②
36. ④	37. ③	38. ①	39. ③	40. ③
41. ②	42. ②	43. ②	44. ①	45. ③
46. ①	47. ②	48. ①	49. ②	50. ③
51. ①	52. ①	53. ①	54. ④	55. ①
56. ②	57. ③	58. ②	59. ③	60. ②

제2장 화훼재배사 예상문제(문제와 해설편)

【문1】 다음 화훼 중에서 춘파(春播) 1년 생이 아닌 것은?
① 칼세오나리아　② 코스모스
③ 일일초(빈카)　④ 아게라텀

참고 대표적인 춘파 1년생은 맨드라미, 메리골드, 채송화, 샐비어, 백일홍, 페튜니아, 버베나, 천일홍, 콜레우스, 분꽃, 해바라기 등이 있다.

【문2】 다음 화훼 중에서 추파(秋播) 1년 생이 아닌 것은?
① 델피티움　② 스위트피
③ 밀짚꽃　④ 스타티스

참고 대표적인 추파 1년생은 물망초, 팬지, 금잔화, 루피너스, 스톡크, 시네나리아, 칼세오나리아 등이 있다.

【문3】 내한성에 약한 숙근초를 고르시오.
① 모스핑크　② 거어베라
③ 작약　④ 은방울꽃

참고 내한성에 약한 숙근초는 거어베라, 군자란, 극락조화, 세인트폴리아, 꽃베고니아 등이 있다.

【문4】 내한성에 간한 숙근초를 고르시오.
① 제라늄　② 접시꽃
③ 카네이션　④ 클레마티스

참고 내한성에 간한 숙근초는 국화, 꽃창포, 부용, 복수초, 사스타데이지, 접시꽃, 은방울꽃, 원추리, 작약, 모스핑크 등이 있다.

【문5】 다음 구근초화 중에 봄에 심는 알뿌리는?

① 알리움　② 칼라
③ 아마릴리스 · ④ 프리지아

참고 춘식구근은 다알리아, 글라디오라스, 아마릴리스, 수련, 칸나, 진저어, 상사화 등이 있다.

【문6】 다음 구근초화 중에 가을에 심는 알뿌리는?
① 칸나　② 아마릴리스
③ 시클라멘　④ 글라디오라스

참고 추식구근은 알리움, 칼라, 크로커스, 시클라멘, 프리지아, 히야신스, 익시아, 무스카리, 수선화, 튜립, 라난큘라스 등이 있다.

【문7】 구근류 번식은 주로 영양(營養) 번식을 하는 데 다음 알뿌리 중에는 실생(實生)번식을 주로 하는 것을 고르시오.
① 히야신스　② 글라디오라스
③ 시클라멘　④ 칸나

참고 시클라멘, 아네모네, 글록시니아, 백합은 실생번식으로도 번식한다.

【문8】 다음 구근 중에 유피인경(有皮鱗莖)이 아닌 것은?
① 수선화　② 백합
③ 아마릴리스　④ 튜립

참고 땅속에 퇴화된 잎이 육질인편상(肉質鱗片狀)으로 변하여 알뿌리가 된 인경은 유피인경에는 알리움, 수선, 아마릴리스, 히야신스, 튜립, 구근 아이리스, 무스카리 등이 있다.

【문9】 다음 구근 중에 무피인경(無皮鱗莖)을 고르시오.

① 리코리스　　② 스노우드롭

③ 실라　　　　④ 프리틸라리아

참고　인경은 외피를 가지는 유피와 외피를 가지지 않는 무피가 있는데 무피인경은 백합과 프리틸라리아가 있다.

【문10】 인경은 생육상 모구(母球)가 완전히 소멸하고 신구(新球)가 형성되는 것이 있다. 그것은 다음에서 어느 것인가?

① 튜립　　　　② 백합

③ 수선화　　　④ 히야신스

참고　인경 중에 모구가 완전히 소멸하고 신구가 형성되는 것으로는 튜립, 구근 아이리스가 있고 일부만 소멸하는 것으로는 수선, 히야신스, 백합이 있다.

【문11】 다음 구근 중 구경(球莖)에 대한 설명으로 알맞은 것은?

① 줄기가 단축 비대하여 구상(球狀) 또는 반구상을 이루는 것으로 엷은 외피에 싸여 있다.

② 줄기가 단축비대하여 외형이 불규칙하고 외피(外皮)는 가지지 않고 흔적만 가지고 있다

③ 지하경(地下莖)이 특별히 발달 하여 비대한 것으로 각절(節)마다 눈(芽)이 생겨 있다.

④ 뿌리의 변형태(變形態)로 양분을 저장한 비대한 뿌리이다.

참고　①은 구경　②는 괴경　③은 근경　④는 괴근

【문12】 다음에서 구경에 해당하지 않는 알뿌리는?

① 크로커스　　② 글라디오라스

③ 프리지아　　④ 칼라디움

참고　칼라디움은 괴경이다.

【문13】 다음 구근 중 괴경이 아닌 것은?

① 시클라멘　　　② 글록시니아

③ 저먼아이리스　④ 아네모네

참고　괴경에는 칼라디움, 시클라멘, 칼라, 글록시니아, 아네모네, 구근 베고니아 등이 있다

【문14】 견인근(牽引根)이 있는 알뿌리는?

① 인경　　　　② 구경

③ 괴경　　　　④ 근경

참고　구경은 일반적으로 매년 모구(母球)가 소멸하고 신구가 상부에 착생하는데 견인근은 신구가 충실해짐에 따라서 점차 수축해진다.

【문15】 근경에 속하는 알뿌리가 아닌 것은?

① 칸나　　　　② 다알리아

③ 저먼아이리스　④ 진저어

참고　근경은 칸나, 저먼아이리스, 진저어 등인데 번식은 마디마다 눈을 붙여 분구(分球)하면 새싹과 새 뿌리를 얻어 독립된 개체로 성장시킬 수 있다.

【문16】 다음 구근 중에 괴근(塊根)에 속하는 것은?

① 히야신스　　② 칸나
③ 라난큘라스　④ 저면 아이리스

참고　괴근은 구근 자체에는 눈이 없고 괴근선단부인 관부(冠部)에서 발아하는 눈을 가지고 있는데, 예를 들면 다알리아 같은 알뿌리는 괴근과 줄기의 연결부분인 크라운(冠部-Crown)에서만 발아한다.

【문17】 다음 화목류 중에 열매를 관상하는 관실화목은?

① 서향　　　② 피라칸타
③ 명자나무　④ 칠엽수

참고　관실화목은 남천, 귤나무, 피라칸타, 백량금 등이 있고 관엽화목은 칠엽수, 꽝꽝나무, 식나무 등이 있다.

【문18】 다음의 난(蘭)종류 중에 지생란(地生蘭)을 고르시오.

① 덴드로비움　② 카틀레야
③ 심비디움　　④ 반다

참고　토양에서 생육하는 지생란은 심비디움, 파피오페딜럼 등이 있다.

【문19】 다음의 난(蘭)중에 착생란(着生蘭)을 고르시오.

① 팔레노프시스
② 카틀레야
③ 파파오페딜럼
④ 마스데발리아

참고　나무나 바위에 착생하여 생육하는 착생란에는 카틀레야, 덴드로비움, 반다, 팔레노프시스 등이 있다.

【문20】 난의 생장상태에 따라 단경성(單莖性)인 것은?

① 심비디움　　② 카틀레야
③ 반다　　　　④ 덴드로비움

참고　분지성(分枝性)이 적거나 분지하지 않는 난으로 근경(根莖)과 의구경(疑球莖)을 형성하지 않는 것들을 단경성이라 하는데 팔레노프시스, 반다, 안크레컴 등이 있다.

【문21】 난의 생장상태에 따라 복경성(複莖性)인 것은?

① 안크레컴　　② 덴드로비움
③ 팔레노프시스　④ 반다

참고　생장기마다 새싹이 나와 분지하는 난으로 근경(根莖)과 의구경(疑球莖)을 형성하는 것들을 복경성이라 하는데 카틀레야, 덴드로비움, 심비디움 등이 있다.

【문22】 꽃과 함께 아름다운 잎을 관상할 수 있는 관엽식물은?

① 아스파라가스　② 드라세나
③ 고무나무　　　④ 아나나스

참고　잎과 꽃을 함께 관상할 수 있는 관엽식으로는 아나나스, 아페란드라, 포인세티아 등이 있다.

【문23】 식충식물이 아닌 것을 고르시오

① 네프로네피스　② 네펜더스
③ 다링토니아　　④ 사라세니아

참고　식충식물에는 네펜더스, 다링토니아, 사라세니아, 디오네아, 끈끈이주걱, 핀지쿨라 등이 있다.

【문24】 선인장과(科) 식물을 고르시오.

① 용설란　　② 알로에
③ 꽃기린　　④ 윳카

참고　다육(多肉)식물에는 용설란, 알로에, 윳카 등이 있다

【문25】 잎에 반입(斑入)을 가지는 식물이 아닌 것은?

① 식나무　　② 만년청

③ 잎 맨드라미　④ 나팔꽃

참고　반입식물로는 식나무, 잎 맨드라미, 페페로미아, 용설란, 산스베리아 꽃양배추 등이 있다.

【문26】 다음 화훼 중에 만성(蔓性) 식물이 아닌 것은?

① 스위트피　　② 클레마티스

③ 드라세나　　④ 빈카

참고　대표적인 덩굴식물은 나팔꽃, 스위트피, 덩굴장미, 으름, 클레마티스, 등나무, 시계초, 부우겐빌레아, 마삭줄, 빈카 등이 있다.

【문27】 다음에서 야자과(科) 식물이 아닌 것을 고르시오.

① 관음죽　　② 네펜더스

③ 아레카　　④ 피닉스

참고　야자과 식물로는 관음죽, 켄티아, 아레카, 피닉스, 코코스, 와싱토니아, 테블야자 등이 있다.

【문28】 다음 화훼 중에 장일성(長日性)을 고르시오.

① 국화　　　② 금잔화

③ 코스모스　④ 나팔꽃

참고　일조(日照)시간이 야간보다 긴 경우

개화하는 화훼가 장일성으로 금잔화, 스톡크, 칼세오나리아, 시네나리아, 페튜니아, 글라디오라스 등이 있다

【문29】 다음 화훼 중에 단일성(短日性)을 고르시오.

① 포인세티아　② 시네나리아

③ 금잔화　　　④ 스톡크

참고　일조시간이 야간보다 짧은 경우에 개화하는 화훼로는 국화, 코스모스, 카랑코애, 포인세티아, 메리골드, 게발선인장, 나팔꽃, 프리지아가 있다.

【문30】 다음 화훼 중에 중간성(中間性)을 고르시오

① 카네이션　　② 나팔꽃

③ 금잔화　　　④ 프리지아

참고　일조시간에 관계없이 개화하는 중간성 화훼로는 카네이션, 제라늄, 튜립, 수선, 팬지, 장미, 베고니아셈파플로렌스, 히야신스, 프리뮬러오브코니카, 칼라, 무스칼리 등이 있다.

【문31】 양성(陽性)화훼를 고르시오.

① 은방울꽃　　② 아스파라거스

③ 채송화　　　④ 치자

참고　햇볕이 잘 비치는 장소에서 생육하는 양성화훼로는 나팔꽃, 맨드라미, 채송화, 샐비어, 페튜니아, 색비름, 백일홍, 복숭아나무, 박태기나무, 배롱나무, 자귀나무, 장미, 매화 등이 있다.

【문32】 음성(陰性)화훼를 고르시오.

① 박태기나무　② 철쭉

③ 배롱나무　　④ 자귀나무

참고　반음지에서 생육하는 음성화훼로는

은방울꽃, 아스파라거스, 양치식물, 옥잠화 달개비 종류, 철쭉, 백량금, 관음죽, 치자나무 등이 있다.

【문33】 건생(乾生)식물을 고르시오.

　① 물망초　　　　② 붓꽃

　③ 세인트폴리아　④ 선인장

참고　건생식물에는 다육식물을 비롯하여 선인장, 채송화 등이 있다.

【문34】 수생(水生)식물을 고르시오.

　① 시페루스　　　② 옥잠화

　③ 붓꽃　　　　　④ 관음죽

참고　수생식물에는 수련, 연, 시페루스 등이 있다.

【문35】 습생(濕生)식물을 고르시오.

　① 사라세니아　② 연꽃

　③ 수련　　　　④ 알로애

참고　습생식물에는 꽃창포, 붓꽃, 물망초, 세인트폴리아, 칼라, 사라세니아, 양치식물 등이 있다.

【문36】 신열대원산 화훼가 아닌 것을 고르시오.

　① 칸나　　　　② 클록시니아

　③ 안스리움　　④ 다알리아

참고　구열대원산 화훼로는 맨드라미, 봉선화, 색비름, 산스베리아, 코레우스, 나팔꽃, 아레카야자, 덴드로비움, 팔레노프시스, 반다, 세인트폴리아 등이 있고, 신열대원산 화훼로는 칸나, 글록시니아, 아마릴리스, 칼라디움, 안스리움, 아나나스, 몬스테라, 카틀레야, 밀토니아, 온시디움 등이 있다.

【문37】 지중해성 기후형에 속하는 화훼는?

　① 시클라멘　　　② 옥잠화

　③ 무궁화　　　　④ 동백

참고　지중해성 기후형 화훼는 금어초, 금잔화, 샐비어, 안개초, 스윗트피, 루피너스, 아네모네, 튜립, 히야신스, 수선, 크로커스, 시클라멘, 아이리스, 라난큘러스 등이 있다.

【문38】 대륙동해안 기후형에 속하는 화훼는?

　① 샐비어　　　　② 개나리

　③ 금어초　　　　④ 금잔화

참고　대륙동해안 기후대에는 한국, 중국, 일본도 포함되는데 한국에 자생하는 개나리 , 명자나무, 병꽃나무, 미선나무, 홍매, 무궁화, 해당화, 산수유, 불두화, 수국, 단풍나무, 자금우, 백량금, 호랑가시나무, 문주란, 상사화, 원추리, 작약, 풍란, 파초일엽, 옥잠화, 석곡, 붓꽃 등이 있다.

【문39】 절화(切花)용 화훼로 널리 쓰이는 것은?

　① 카네이션　　　② 샐비어

　③ 베고니아　　　④ 나팔꽃

참고　절화용 화훼는 카네이션, 스톡크, 천일홍, 빈카 등이 있다.

【문40】 분식(盆植)용 화훼로 널리 쓰이는 것은?

　① 스톡크　　　　② 금잔화

　③ 옥잠화　　　　④ 시클라멘

참고　분식용 화훼는 시클라멘, 후크샤, 글록시니아, 구근 베고니아, 칼라디움 등이 있다.

【문41】 화단(花壇)용 화훼로 널리 쓰이는 것은?

① 시클라멘　　② 카네이션
③ 샐비어　　④ 글록시니아

참고　화단용 화훼는 칸나, 샐비어, 꽃잔디, 해바라기 등이 있다.

【문42】 종자번식의 단점인 것은?

① 방법이 용이하다.
② 대량증식할 수 있다.
③ 품종이 악변한다.
④ 개화시일이 빨라진다.

참고　유성(有性)번식은 종자번식과 포자번식이 있는데 종자번식의 장점은 방법이 용이하고 대량증식할 수 있고 우량품종을 착출할 수 있지만 단점은 품종이 악변하고 잡종이 되는 일이 있다.

【문43】 종자가 발아하는데 필요한 조건이 아닌 것은?

① 수분　　② 온도
③ 산소　　④ 광선

참고　광선은 식물의 종류에 따라 필요한 것과 불필요한 것이 있다.

【문44】 종자가 발아하는데 필요한 수분은 어느 정도인가?

① 10%　　② 30%
③ 70%　　④ 90%

참고　일반적으로 건조한 종자의 수분함량은 10% 내외이다.

【문45】 종자발아에 고온을 요구하는 화훼는?

① 시네나리아

② 아스파라거스
③ 금어초
④ 스톡크

참고　발아에 30℃ 이상의 고온을 필요로 하는 화훼로는 코레우스, 아스파라거스, 오리엔탈포피 등이 있다.

【문46】 호광성　종자(광발아종자)를　고르시오.

① 맨드라미　　② 델피니움
③ 글록시니아　　④ 백일홍

참고　종자가 발아하는데 광선을 필요로하는 호광성 종자로는 글록시니아, 프리뮬러, 칼세오나리아 등이 있다.

【문47】 혐광성　종자(음발아종자)를　고르시오.

① 백일홍　　② 프리뮬러
③ 칼세오나리아　④ 글록시니아

참고　종자가 발아하는데 광선을 필요로 하지 않는 혐광성 종자로는 캘리포니아 포피, 맨드라미, 델피니움, 백일홍, 니겔라, 스키잔더스, 달맞이꽃 등이 있다.

【문48】 종자의 저장수명이 가장 긴 장명(長命)종자는?

① 칼세오나리아　② 봉선화
③ 토레니아　　④ 물망초

참고　종자수명이 1년 미만인 단명종자는 칼세오나리아, 토레니아, 물망초 등이 있고 5년 정도인 장명종자는 봉선화가 있다.

【문49】 파종방법으로 점파(點播)할 수 없는 종자는?

① 나팔꽃　　② 페튜니아

③ 시클라멘 ④ 스윗트피

참고 점파는 대립종자의 파종방법으로 루피너스, 나팔꽃, 스윗트피, 시클라멘 등에 쓰인다.

【문50】 이식을 싫어하여 본밭에 직파(直播)하는 종자는?

① 해바라기 ② 맨드라미
③ 루피너스 ④ 코스모스

참고 이식이 곤란하여 직파하는 화훼로는 양귀비, 루피너스, 스윗트피, 락스퍼 등이 있지만, 성질이 강하고 이식하지 않아도 생장에 지장이 없고 종자값이 싼 것들도 직파하는 화훼인데 해바라기, 코스모스, 맨드라미 등이 이에 속한다.

【문51】 미세종자 파종방법으로 알맞는 것은?

① 산파(흩어뿌림)
② 조파(줄뿌림)
③ 점파(점뿌림)
④ 직파(직접뿌림)

참고 칼세오나리아, 베고니아, 글로시니아, 프리뮬러, 페튜니아 등과 같은 미세종자는 산파한 후 복토를 하지 않고 손으로 가볍게 눌러 진압한다.

【문52】 미세종자를 화분에 파종 후 관수방법으로 알맞는 것은?

① 점적관수 ② 저면관수
③ 살수관수 ④ 분무관수

참고 미세종자 분파(盆播)에는 저면관수가 좋으나 이랑에는 분무관수가 좋다.

【문53】 모종을 이식(移植)하므로 얻는 장점은?

① 분근력(分根力)이 왕성해지고 세근(細根)발생이 많아져 도장(徒長)이 억제된다.
② 경쟁력을 피해주므로 키가 커지고 세근(細根)발생이 억제된다.
③ 새로운 토양에서 새로운 양분을 얻게 되므로 생육이 왕성해 지고 분근력(分根力)이 약해진다.
④ 여러 장소로 이동되어 환경에 적응하는 능력이 많아져 모종이 도장(徒長)된다.

참고 일반적으로 이식시기는 본잎이 2~3배 나왔을 때가 좋다.

【문54】 모종을 이식할 때 주의사항이 아닌 것은?

① 이식하는 날씨는 바람이 없고 흐린날 아침이 좋다.
② 이식하기 2시간전에 충분히 물을 주고 뿌리에 흙이 붙어 있도록 모종을 뜬다.
③ 이식한 후 2~3일 정도는 반그늘에 둔다.
④ 되도록 깊게 심기지 않도록 한다.

참고 이식은 흐린날 저녁때가 좋고 뿌리에 흙이 많이 붙도록 하여야 한다.

【문55】 난(蘭)종자가 가지고 있지 않은 부분은?

① 종피(種皮) ② 배유(胚乳)
③ 배(胚) ④ 자엽(子葉)

참고 난종류 중에 카틀레야는 한 개의 이삭 속에 50만개~75만개 정도의 종자를 가지는 미세종자로 배(胚)와 종피(種皮)로만 형성되어 있다.

【문56】 난종자 무균파종시 종자소독 약품은?

① 크롤칼키 ② 우스프롱
③ 지베렐린 ④ 카이네틴

참고 난종자는 한천배양액에 파종할 때 크롤칼키 용액에 살균소독하여 파종한다.

【문57】 삽목(挿木)의 장점이 아닌 것을 고르시오.

① 실생보다 생장과 개화가 빠르다.
② 동일형질의 개체를 단기간 내에 얻을 수 있다.
③ 종자가 없거나 늦은 식물을 증식할 수 있다.
④ 삽목의 경우에 일어나는 변이(變異)의 우려가 있다.

참고 삽목은 뿌리가 천근성(淺根性)이 되고 수명이 짧아지는 단점도 있다.

【문58】 화목류(花木類)의 경우 상록성을 가지는 것은 어느 시기에 삽목하면 좋은가?

① 3~4월 ② 6~7월
③ 9~10월 ④ 12~2월

참고 삽목시기에서, 낙엽수는 3~4월, 상록활엽수는 6~7월, 상록침엽수는 9~10월이 좋다.

【문59】 잎꽂이(葉挿)의 특성이 아닌 것을 고르시오

① 번식수단이 비교적 간단하다.
② 어미(成株)가 되기까지는 오랜 기간이 걸린다.
③ 반입(斑入)성 식물은 반입이 소실되는 결점이 있다.
④ 모든 식물에 다 이용되는 방법이다.

참고 잎꽂이는 초화중에서 엽육(葉肉)이 두꺼운 것 중에 잎에 서 부정아(不定芽)와 부정근(不定根)이 발생하는 종류에 한하여 행할 수 있다.

【문60】 잎꽂이 방법 중에 잎자루꽂이(葉柄挿)이 가능하지 않은 것은?

① 산스베리아 ② 글록시니아
③ 페페로미아 ④ 세인트폴리아

참고 잎자루꽂이는 당년에 뿌리가 내리고 이듬해 싹이 형성되어 발아하는데 글록시니아, 페페로미아, 세인트폴리아, 카란코애, 구근 베고니아 등이 있다.

【문61】 잎조각꽂이(葉片挿木) 중에 분절삽(分切挿)을 하는 화훼는?

① 렉스베고니아
② 글록시니아
③ 세인트폴리아
④ 구근 베고니아

참고 분절삽은 잎의 잎맥에 분지점을 기점으로 삼각형으로 잘라서 사삽(斜挿)하는 것으로 렉스베고니아가 있다.

【문62】 잎조각꽂이(葉片挿木)중에 평행삽(平行挿)을 하는 화훼는?

① 렉스베고니아 ② 산스베리아
③ 세인트폴리아 ④ 글록시니아

참고 평행삽은 잎의 잎맥을 가로로 절단하되 길이는 7cm 정도 되게 잘라꽂는 방법으로 알로애, 공작선인장, 게발선인장, 산스베리아 등이 있다.

【문63】 산스베리아의 평행삽에서 잎에 반입(斑入)을 가진 산스베리아 로우렌티이는 전부 잎이 청엽(靑葉)인 산스베리아 제이나리카로 된다. 이 원인은 무엇이라 하는가?

① 주연키메라 현상
② 로젯트 현상
③ 브라인드 현상
④ 우성분리 현상

참고 산스베리아의 반입종을 유지시키려면 잎을 세로로 절단하되 기부(基部)의 부분을 어느 잎에든 붙여서 삽목하는데 잎 1장으로 12개 정도 삽수를 얻을 수 있다.

【문64】 숙지삽(熟枝揷)을 주로 하는 화훼가 아닌 것은?

① 개나리　　② 동백
③ 무궁화　　④ 덩굴장미

참고 숙지삽은 낙엽수의 휴면기인 가을에서 이른 봄에 걸쳐 삽목하는 것으로 개나리, 명자나무, 무궁화, 쥐똥나무, 덩굴장미 등이 있다.

【문65】 녹지삽(綠枝揷)을 주로 하는 화훼가 아닌 것은?

① 동백　　② 서향
③ 꽃치자　　④ 개나리

참고 녹지삽은 상록수나 낙엽수의 신초(新梢)가 굳어지기 전에 삽목하는 것으로 상록수로는 동백, 서향, 꽃치자, 철쭉 등이 있고 낙엽수로는 라이락, 목련 등이 있다.

【문66】 삽목방법 중 잘못 설명된 것을 고르시오.

① 종삽(踵揷)은 삽수의 기부에 전년

생의 묵은 조직을 약간 붙여 떼어내 삽수로 쓰는 방법으로 철쭉삽목에 쓰인다.
② 단자삽(團子揷)은 삽수의 기부에 진흙으로 경단을 붙여 꽂는 방법으로 동백, 포인세티아, 국화 등에 쓰인다.
③ 당목삽(撞木揷)은 전년생의 묵은 조직을 'T'자 모양으로 삽수를 조제하는 방법으로 동백에 쓰인다.
④ 근삽(根揷)은 땅속 뿌리를 잘라 삽수로 쓰면 부정아와 부정근을 얻는 방법으로 주로 1년초에 쓰인다.

참고 근삽은 명자나무, 산사나무, 버드나무, 프리뮬러, 아디안텀, 등나무, 작약, 라이락 등 목본이나 초본류에 적용된다.

【문67】 천삽(天揷)에 의해 번식하는 화훼는?

① 국화　　② 고무나무
③ 산스베리아　　④ 공작선인장

참고 초본(草本)류의 삽목방법으로는 생장점에서 5~6cm 길이로 잘라 삽목하는 천삽을 주로 하는데 국화, 제라늄, 메리골드, 페튜니아 등에 쓰인다.

【문68】 삽목시 눈의 형성을 촉진시키는 물질은?

① 오옥신　　② 카네이틴
③ 카루스　　④ 슈베린

참고 카네이틴은 눈의 형성을 촉진하고 뿌리의 형성은 억제하나, 오옥신은 반대로 뿌리의 형성을 촉진하고 눈의 형성을 억제한다.

【문69】 삽목시 알맞는 온도는?
① 10~15℃　　② 15~20℃
③ 20~25℃　　④ 25~30℃

참고 기온보다는 지온이 약간 높은 것이 삽목시 발근에 유리하므로 삽상의 상토는 20~23℃가 좋고 25℃ 이상에서는 부패균이 발생한다.

【문70】 초화류는 삽목전에 물에 담그었다 사용하는 것이 좋은데 물에 어느 정도 담그어 두는가?
① 2~3시간　　② 하룻밤
③ 48시간　　④ 이틀밤

참고 삽목전 절단된 부분은 물에 담그었다 사용하는데 화목류는 하룻밤정도, 초화류는 2~3시간 정도이다.

【문71】 삽목시 절단면을 2~3일 음건(陰乾)시켰다 사용하는 것이 발근에 유리한 화훼가 아닌 것은?
① 제라늄　　② 포인세티아
③ 선인장　　④ 산스베리아

참고 포인세티아나 고무나무, 크로톤과 같이 절단면에서 유즙이 나오는 것을 물에 담가 유즙을 제거 한 후 사용한다.

【문72】 삽목에 발근 촉진제로 사용되지 않는 호르몬제는?
① 1AA　　② 1BA
③ NAA　　④ CCC

참고 시판되는 호르몬제는 루톤, 트랜스플랜톤 등이 있다.

【문73】 삽목시 증산을 억제시키는 약품이 아닌 것은?

① 크라우드커버　② 그린너
③ OED　　　　④ MH

참고 국내 시판되는 증산억제제는 오이디그린과 그린너가 있다.

【문74】 삽목시 습도를 높이기 위한 습도조정시설은?
① 미스트　　② 스프링쿨러
③ 살수　　　④ 점적

참고 미스트번식(Mist propagation)은 인위적인 습도조정 시설이다.

【문75】 화훼류에 이용되는 호르몬제 처리방법이 아닌 것은?
① 주사법　　② 침지법
③ 분무법　　④ 도말법

참고 여러 종류의 호르몬제 처리는 라노린 연고법 주사법, 침지법, 분제도말법으로 이용되고 있다.

【문76】 접목번식 때 접목체의 하부인 뿌리부위를 무엇이라 하는가?
① 접수(椄穗)　　② 대목(臺木)
③ 공대(共臺)　　④ 삽수(揷穗)

참고 접목은 개체가 다른 2개의 식물을 조직적으로 연합시켜 활동할 수 있도록 공동체를 만드는 기술이다.

【문77】 접목의 장점이 아닌 것을 고르시오.
① 품종의 특성을 보존할 수 있다.
② 개화와 결실이 빨라진다.
③ 내병성, 왜성, 토양적응력을 얻는다.
④ 다수확을 유도할 수 있다.

참고 접목은 삽목이 곤란한 화훼를 증식할 수 있고 품종을 갱신시키고 수세를 회복할 수도 있다.

【문78】 봄철 접목인 춘접시기로 알맞는 것은?
① 1~2월
② 2~4월
③ 4~5월
④ 5~6월

참고 추접은 9월, 하접은 6~7월이 적기이다.

【문79】 접목시 제일 중요한 것을 고르시오.
① 대목의 우량도
② 양자의 형성층
③ 접수의 충실도
④ 정확한 품종

참고 접목은 대목과 접수가 친화성이 있어야 하며 양자의 형성층이 꼭맞게 결합하여 단단히 묶어야 한다.

【문80】 대목을 밭에서 뽑아 접목한 후 다시 심는 방법은?
① 거접(据椄)
② 양접(揚椄)
③ 고접(高椄)
④ 복접(腹椄)

참고 대목이 심어진 상태로 제자리에서 하는 접목을 거접이라 하고 고접이나 복접은 접목부위에 따른 명칭이다.

【문81】 절접(切椄)을 주로 하는 화훼가 아닌 것은?
① 소나무
② 장미
③ 목단
④ 매화

참고 절접은 깍기접으로 화목류에 널리 쓰이는 방법이고 소나무는 할접(割椄-짜개접)을 주로 한다.

【문82】 뿌리가 있는 두 식물을 접목하는 방법으로 알맞은 것은?
① 안접(鞍椄)
② 호접(呼椄)
③ 합접(合椄)
④ 설접(舌椄)

참고 호접은 일명 기접(寄椄)이라고도 하는데 일반적으로는 부름접이라하여 단풍나무접목에 널리 쓰인다.

【문83】 선인장 접목방법에 많이 쓰이는 것은?
① 안접
② 호접
③ 합접
④ 설접

참고 합접은 굵기가 같은 양자를 비스듬히 깍아 접목하는 방법으로 모란, 동백, 철쭉 등에 쓰이고 설접은 합접과 비슷하나 절단면에 층을 두어 서로 맞추는 접목방법으로 포도, 호도 등에 쓰인다.

【문84】 눈접은 장미나 벚나무, 매화, 꽃복숭아 등에 많이 이용하는 접목방법인데 알맞는 시기는?
① 5~6월
② 7~8월
③ 9 ~10월
④ 11~12월

참고 눈접의 종류는 'T'자 눈접, 삭아접(削芽椄), 관아접(菅芽椄)으로 나눈다.

【문85】 눈접(芽椄)의 장점을 고르시오..
① 접수가 많이 들어가지 않는다.
② 실패 즉시 다시 할 수 있다.
③ 접아(椄芽)하는 기간이 길다.
④ 양접(들접)을 하므로 간편하다.

참고 눈접은 가지접에 비해 생육이 늦고

거접(제자리접)을 하므로 관리가 약간 어려운 단점도 있다.

【문86】 눈접은 며칠정도면 활착여부를 알수 있는가?

① 2~3일 　　　② 7일

③ 10~15일 　　④ 30일

참고 　눈접은 7일정도면 성패를 판단할 수 있고 결속한 비닐테이프는 25~30일 후에는 제거 한다.

【문87】 작약의 접목시기가 제일 적합한 시기는?

① 2~3월 　　　② 4~5월

③ 6~7월 　　　④ 9~10월

참고 　모란의 접목은 모란뿌리에 모란을 접붙이는 공대(共臺)와 작약뿌리를 대목으로 하는 작약대가 있다.

【문88】 녹지접(綠枝楼)을 주로 하는 화훼가 아닌 것은?

① 동백 　　　　② 백목련

③ 목서 　　　　④ 장미

참고 　실생 1년생의 어린대목에 생장중인 어린가지를 접붙이기 하는 녹지접은 6~7월에 한다.

【문89】 접목 후의 관리사항으로 잘못된 것은?

① 접목이 된 묘목은 식재 후 끝 눈만이 보일정도까지 흙을 덮는 성토를 한다.

② 접목이 된 묘목은 식재 후 충분한 물주기를 한다.

③ 접목이 된 묘목은 약 2주간 가마

니로 덮어 어둡게 한다.

④ 접목이 된 묘목은 야간에 보온을 위해 멀칭을 한다.

참고 　접목을 시도한 묘목은 식재 후 전연 물을 주지 않는다.

【문90】 해마다 분주(分株)하는 화훼가 아닌 것은?

① 국화 　　　　② 거어베라

③ 카네이션 　　④ 아르메리아

참고 　거어베라, 작약, 붓꽃 같은 숙근초들은 3~5년에 1번씩 분주(分珠-포기나누기) 한다.

【문91】 추기분주인 9월경에 분주하는 화훼는?

① 작약, 수국, 철쭉

② 수련, 은방울꽃, 옥잠화

③ 거어베라, 프록스,아스파라거스

④ 황매화, 남천, 명자나무

참고 　분주는 원칙적으로 봄에 꽃이 피는 것은 가을에, 가을에 꽃이 피는 것은 봄에 분주한다.

【문92】 구근의 번식으로 목자(木子)번식을 주로 하는 것이 아닌 것은?

① 글라디오라스 　② 크로커스

③ 시클라멘 　　　④ 프리지아

참고 　구근은 땅속에 작은 새끼알뿌리를 만드는데 이를 목자(木子)라하며 목자번식하는 구근은 글라디오라스 크로커스, 백합, 프리지아 등이 있다.

【문93】 구근의 번식으로 주아(珠芽) 번식이 가능한 것은?

① 튜립　　　　② 히야신스
③ 산백합　　　④ 수선화

참고 줄기의 엽맥에 소구가 형성되고 이를 분리식재하면 증식할 수 있는 주아번식은 산백합, 참나리가 있다.

【문94】 백합의 번식방법으로 불가능한 것은?
① 실생　　　　② 목자
③ 접목　　　　④ 인편번식

참고 백합은 목자번식인 자연번식과 인공번식인 인편번식을 주로 하지만 실생번식과 주아번식까지도 가능하다.

【문95】 다알리아의 구근을 번식시키고자 할 때 잘 설명된 것을 고르시오.
① 다알리아는 괴근이므로 분구(分球)할 때 묵은 줄기에 연결된 구근의 윗부분인 단축경에 눈(芽)을 2~3개 붙도록 분할해야 증식할 수 있다.
② 다알리아는 고구마와 같이 생긴 구근이므로 구근눈틔 우기를 하여 발생한 새눈을 꺾꽂이를 하여 분할증식 할 수 있다.
③ 다알리아는 괴근이므로 구근자체를 2~3조각으로 잘라 절단면에 초목재를 발라 심으면 여러 개로 분할증식시킬수 있다.
④ 다알리아는 괴근이므로 분구할 때 구근 윗부분인 단축경(크라운)에 눈(芽)이 없도록 분할하여 채취한 접순으로 할접하여 증식시킬 수 있다.

참고 다알리아는 관부(冠部-Crown)가 잘라지면 발아가 되지 않으므로 분할할 때 요령이 필요하다.

【문96】 히야신스의 인공번식 중 스쿠우핑(Scoping) 방법으로 설명이 잘 된 것을 고르시오..
① 구근 높이의 1/2~1/3정도 디스크(Disk)쪽에 십자형골을 판다.
② 디스크(Disk) 쪽에서 단축경 가장자리만 남기고 도려낸다.
③ 구근의 윗부분에서 단축경쪽으로 깊게 도려낸다.
④ 구근을 8~12 토막 정도로 폭이 1cm 정도 되게 썰어낸다.

참고 스쿠우핑에서 자구가 40~50개 정도 얻을 수 있다.

【문97】 히야신스의 인공번식으로 알맞는 시기는?
① 2~3월　　　② 4월 상순~5월
③ 6월 중순~7월　④ 9~10월

참고 온도 25~30℃ 습도 80~90%일 때가 좋다.

【문98】 히야신스의 인공번식 중 노칭(N-otching)의 자구발생수는?
① 15~30개　　② 40~50개
③ 30~40개　　④ 60~70개

참고 노칭은 자구발생 수는 적으나 스쿠우핑보다 개화구가 빨리된다.

【문99】 백합의 인편번식으로 알맞는 시기는?

① 1~2월　　② 5~6월
③ 7~8월　　④ 10~11월

참고　백합의 인편번식은 구근이 휴면에 들어가기 전에 시행하는 것이 좋은데 시행 후 50~60일 지나면 자구가 형성된다.

【문100】 아마릴리스의 분체 번식시기는?

① 1~2월　　② 5~6월
③ 7~8월　　④ 10~11월

참고　아마릴리스는 25~30℃에 90~92%의 습도를 3~4일간 지속하는 큐어링을 시행하면 2~3월에도 7월과 동일한 효과를 얻는데, 절단면에는 생석회나 루우톤을 분의(粉依)하면 부패나 자구발생에 효과가 있다.

【문101】 취목(取木)방법 중에 성토법(盛土法-묻어떼기)으로 번식이 가능한 화훼는?

① 철쭉　　② 동백
③ 능소화　　④ 줄장미

참고　묻어떼기는 밑둥치에 흙을 덮었다가 발근이 되면 분리하는 취목방법으로 치자, 철쭉, 수국, 앵도, 목단, 명자, 석류, 라이락, 배롱나무 등에 널리 쓰인다.

【문102】 온실화훼류 취목시기로 알맞는 것은?

① 1~2월　　② 3~5월
③ 7~9월　　④ 10~12월

참고　일반노지 관상화훼류는 봄철 발아전이나 6~7월 장마기가 좋은 시기이다.

【문103】 고취목(高取木-높이떼기)로 번식이 불가능한 화훼는?

① 인도고무나무　② 드라세나
③ 크로톤　　④ 선인장

참고　뿌리를 내고자 하는 줄기나 가지 부위에 껍질을 박피하고 수태나 진흙으로 감싸고 수분을 유지하면 2~3개월 후 발근이 되어 분리증식할 수 있는 높이떼기는 일명 환상박피라고도 하는데 대부분 식물에 널리 쓰인다.

【문104】 취목의 장점인 것은?

① 삽목이 곤란한 식물에 발근시킬 수 있다.
② 대량증식의 수단으로 널리 쓰인다.
③ 일주일 이내 새 뿌리를 얻을 수 있다.
④ 적기가 없어 어느 시기나 가능하다.

참고　취목은 단번에 대량증식할 수 없는 단점이 있다.

【문105】 온대지방 화훼의 생육적온은?

① 25~30℃　　② 20~25℃
③ 15~20℃　　④ 10~15℃

참고　①은 열대 원산 ②는 아열대원산 ④는 한대원산 화훼의 생육적온이다.

【문106】 여름철 온실내에 온도를 낮추기 위한 방법이 아닌 것은?

① 강제환기　　② 펜미스트
③ 유수냉각　　④ 2중커텐

참고　여름철 시설내 온도관리로는 강제환기, 펜미스트, 패드엔 펜, 유수냉각, 차광 등의 방법이 있다.

【문107】 시설내 강제환기는 창문개방시보다 어느 정도의 온도를 낮출 수 있

는가?

① 1~2℃ ② 2~3℃
③ 3~5℃ ④ 5~6℃

참고 펜의 날개가 50cm 이상인 것 1대를 130m² 비례로 설치한다.

【문108】 서북벽에 패드(Pad)를 설치하고 이속으로 물을 흘려내리면서 펜(Fan)으로 공기를 흡입시키는 방법은?

① 유수냉각
② Pad and Fan
③ 차광
④ 펜미스트

참고 패드 엔 펜 법으로는 시설내 온도를 5℃정도 낮춘다.

【문109】 겨울철 시설내 보온방법으로 섶이나 가마니 1장은 어느 정도 효과를 얻나?

① 2℃ ② 5℃
③ 10℃ ④ 15℃

참고 2중비닐은 간격 2.5cm로 외온보다 4~6℃보온된다.

【문110】 대형 하우스에 적합한 가온 방법은?

① 연탄난방 ② 증기난방
③ 석유난로난방 ④ 전열난방

참고 증기난방은 시설비가 많이 들며 압력 0.5kg 이상의 보일러는 면허자격을 갖추어야 한다. 300~600m²는 열풍기, 1000m² 이상은 증기가 좋다.

【문111】 비닐 하우스 내의 가온방법으

로 가장 널리 쓰이는 온풍난방은 면적이 어느 정도까지만 적용 할 수 있는가?

① 1a 이하 ② 5a 이하
③ 10a 이하 ④ 50a 이하

참고 연소통에서 연소하는 열에 의해 더워진 공기를 펜에 의해 불어 내는 방법이 온풍난방법이다.

【문112】 유리온실 내에 재배하는 호광성 식물은 유리에서 어느 정 떨어지는 범위에 두어야 하나?

① 30cm ② 45cm
③ 60cm ④ 100cm

참고 햇볕이 통과하는 유리면에서 60cm지점에는 70% 정도의 수광을 얻지만 그 이상 지점은 수광량이 점차 떨어진다.

【문113】 햇볕을 좋아하는 호광성 식물을 고르시오.

① 소나무, 튜립, 샐비어
② 남천, 군자란, 식나무
③ 회양목, 칠엽수, 주목
④ 고사리, 엽란, 동양란

참고 양성화훼는 소나무, 튜립, 거베라, 카네이션, 다알리아, 글라디오라스, 제라늄, 칸나, 샐비어, 팬지 등이 있고 음성화훼는 고사리이다.

【문114】 국화를 개화 억제시키기 위한 전조재배는 4m 간격에 전등 몇 W짜리를 켜야 하나?

① 30W ② 60W
③ 100W ④ 300W

참고 100W짜리 전구를 생장점 100cm 위에 가설한다.

【문115】 시설 내의 관수 방법으로 호스를 사용할 때 호스 지름은?
① ∮1.00cm　　② ∮1.90cm
③ ∮2.00cm　　④ ∮2.50cm

참고 지상 5m정도에 설치한 물탱크에 연결하여 쓴다.

【문116】 ∮20mm 정도의 pvc관에 1m마다 1개의 노즐을 붙여 (1~2kg/cm^2 정도의 수압일때는 15~20개 설치) 벤치나 베드의 1m 위에 설치하는 관수방법은?

① 저면관수　　② 적하관수
③ 살수관수　　④ 호스관수

참고 살수관수는 초장(草長)이 낮은 분식 물이나 육묘 때 쓰인다.

【문117】 시설 내에 광선과 온도가 충분할 때 탄산까스의 농도가 0.1~0.5% 정도가 되면 평상시보다 어느 정도 광합성량이 증가되나?
① 1~2배　　② 2~3배
③ 3~4배　　④ 4~5배

참고 공기중에 탄산까스는 0.03% (300pp -m)인데 시설내에 작물이 광학성에 사용하여 농도가 감소된다. 따라서 시설내 탄산까스의 경제적 농도가 0.15%이므로 탄산까스를 투여하는 탄산까스시비가 중요하다.

【문118】 시설 내 탄산까스 시용방법이 아닌 것은?
① 액체화 탄산시용
② 고형탄산시용
③ 석화석+염산시용
④ 증기시용

참고 시설내에 유기질비료를 많이 사용하면 탄산까스 농도가 높아지는데 또한 프로판까스를 완전연소시키는 것도 좋다.

【문119】 식물이 바람에 해를 입을 수 있는 풍속은?
① 1~2m/sec　　② 2~4m/sec
③ 4~5m/sec　　④ 6~7m/sec

참고 강풍은 식물체에 기계적 장해를 일으키는데, 풍속이 2~4m/sec일 때는 기공(氣孔)이 항상 닫혀 있다.

【문120】 전업경영을 할 때 온실 1동 크기는 어느 정도 되어야 하나?
① 99m^2　　② 165m^2
③ 260m^2　　④ 330m^2

참고 전업경영에서는 온실 1동이 330m^2 정도로 하여 연동식 온실로 500평 정도의 규모는 갖추어야 한다.

【문121】 온실을 지을 장소 선정으로 적합치 못한 곳은?
① 일조가 충분하고 통풍이 좋은 곳.
② 지하수가 높고 물을 이용하기 좋은 곳.
③ 관리가 용이한 주택 인접지역.
④ 자재운반이나 생산품 출하가 편리한 곳.

참고 지하수가 낮고 물을 이용하기 좋은 곳으로 선택한다.

【문122】 반지붕식 온실에 적합한 화훼류재배는?
　① 절화재배　　② 양란재배
　③ 관엽재배　　④ 분재재배

참고 반지붕식 온실은 겨울철 광선투과와 보온효과가 높아 구근이나 화목류 촉성재배에도 널리 쓰인다.

【문123】 반지붕식 온실의 방향은 어떻게 설치되나?
　① 동서동(棟)　　② 남북동
　③ 서남동　　④ 동북동

참고 반지붕식 온실은 남쪽에만 지붕이 있는 온실로 통풍이 나쁘고 여름철 고온이 되기 쉬운 단점을 가지고 있다.

【문124】 학교용 또는 메론재배, 채소 온실로 쓰이는 온실 형태는?
　① 반지붕식　　② 양지붕식
　③ 3/4식　　④ 연동식

참고 3/4식 온실은 겨울철 수광량도 많고 보온효과도 높다.

【문125】 표준 나비는 7~9m로 남북동으로 설치하는 온실은?
　① 반지붕식　　② 양지붕식
　③ 3/4식　　④ 연동식

참고 양지붕식 온실은 수광량이 일정하고 통풍도 좋아 식물이 균일한 생육을 할 수 있는 절화재배, 분식물 재배에 널리 쓰인다

【문126】 눈이 많이 오는 지역에 부적합한 온실의 형태는?
　① 반지붕식　　② 양지붕식
　③ 3/4식　　④ 연동식

참고 연동식은 보온이 잘되고 내부에 작업관리가 용이하지만 연결부분에 광선투과가 나쁘고 환기가 불량하다.

【문127】 온실에 사용하는 유리의 두께는 어느 정도가 좋은가?
　① 2mm　　② 3mm
　③ 5mm　　④ 10mm

참고 유리의 지붕은 3mm 측면과 창문은 2mm로 한다.

【문128】 온실에 출입문은 한 짝문일 때의 크기는?
　① 70cm×2~2.5m
　② 80cm×2~2.5m
　③ 50cm×1~1.5m
　④ 60cm×1~1.5m

참고 두 짝문일 때는 70cm×2~2.5m를 2개로 한다.

【문129】 온실창문이 하개식(下開式)의 단점은?
　① 통풍불량하다.
　② 광선투과가 적다.
　③ 태풍에 피해가 있다.
　④ 비올 때 빗물이 시설내로 들어온다.

참고 하개식 또는 압상식(押上式)창문은 널리 쓰이는 방법이지만 미닫이식, 여닫이식, 회전식 등도 있다.

【문130】 온실 지붕의 기울기로 이상적인 것은?

① 10~15℃   ② 20~25℃
③ 30~35℃   ④ 40~45℃

참고 온실지붕 기울기는 춘분 때 광선의 투입각에 따라 결정한다.

【문131】 온실 내부시설로 부적합 한 것은?

① 물탱크   ② 난방설비
③ 선반(bench) ④ 비료보관함

참고 온실내부에는 삽목상, 물탱크, 난방시설, 벤치나 베드를 설치한다.

【문132】 온실내의 통로는 어느 정도가 적합한가?

① 20~30cm   ② 30~45cm
③ 45~70cm   ④ 70~100cm

참고 통로는 표본온실이나 학습용 온실에서는 90cm 정도로 한다.

【문133】 온실내에 설치하는 벤치(bench)의 높이는?

① 30~40cm   ② 40~50cm
③ 60~70cm   ④ 80~100cm

참고 베드(bed)는 벽면인 것은 나비75~80cm, 중앙인 것은 나비 1.2~1.5m로 하고 벤치(bench) 나비도 베드에 준한다.

【문134】 절화재배하기에 알맞는 온실 형태는?

① 반지붕식   ② 3/4식
③ 연동식   ④ 양지붕식

참고 연동식 온실은 보온이 잘되는 지붕

이 낮은 온실이 좋고 양란용 온실은 반지하에 설치하므로 보온, 보습을 유리하게 하는 경우도 있다.

【문135】 생산온실의 규모가 클 때는 어느 정도 번식용 온실이 필요한가?

① 5~10%   ② 15~20%
③ 25~30%   ④ 35~40%

참고 번식용 온실에는 약간 차광이 되어도 고온을 유지할 수 있고 지붕은 높지 않아도 되지만 미스트 장치가 필요하다.

【문136】 비닐 하우스에 사용하는 비닐의 두께는?

① 0.01mm   ② 0.03mm
③ 0.05mm   ④ 0.10mm

참고 비닐은 광선투광율(80-90%)과 보온력이 좋아 식물재배 하우스에 널리 쓰이는데 풍해를 받기 쉽고 1~2년마다 갈아 씌우는 번거로움이 있다.

【문137】 화훼류 생장억제에 쓰이는 약품이 아닌 것은?

① AMO-1618   ② Phosfon-D
③ CCC   ④ Gibberellin

참고 왜화제(矮化劑)로는 아모1618, 포스폰디, 씨씨씨, 비나인(B-nine), 비씨비(BCB), 카바단 (Carvadan), 에이엠 에이비(AMA-B) 등이 있다.

【문138】 선택성 제초제인 것을 고르시오

① 2.4-D   ② CAT
③ PCP   ④ NIP

참고 선택형 제초제는 2.4D, MCP, DPA, Siduron, 1PC 비선택형제초제는 CAT, PCP, NIP, MCC, Trietajine 등이 있다.

【문139】 제초제를 사용하면 호미나 꽃삽으로 하는 작업보다 어느 정도의 노력이 절감되나?

① 1/5 정도　　② 1/10 정도
③ 1/20 정도　　④ 1/30 정도

참고　한 사람이 하루에 $250m^2$ 정도를 호미로 제초할 수 있다

【문140】 적심을 해서 가꾸는 화훼가 아닌 것은?

① 국화　　　② 카네이션
③ 튜립　　　④ 다알리아

참고　적심(摘芯)은 분지(分枝)를 많게 하기 위해 줄기의 생장점을 손으로 제거하는 작업인데 거어베라나 구근류에는 하지 않는다.

【문141】 그물(net) 유인법으로 가꾸어지는 화훼가 아닌 것은?

① 카네이션　　② 국화
③ 금어초　　　④ 거어베라

참고　절화재배에서 도복을 방지하기 위해 넷트로 고정시켜가는 유인법이 있는데 카네이션, 국화, 금어초, 스톡크 등에 쓰인다.

【문142】 튜립의 화아분화(花芽分化)는 어느 때 되는가?

① 1~2월　　　② 5~6월
③ 7~8월　　　④ 11~12월

참고　튜립은 6월 중순 구근을 수확하면 10~11월까지 화아분화가 된다.

【문143】 백합의 화아분화(花芽分化)는 어느 때 되는가?

① 휴면기　　　② 1차 생장기

③ 생장완료기　　④ 개화기

참고　백합은 정식 후 잎의 분화가 일단 끝나고 생장이 진행되면서 화아분화가 된다.

【문144】 국화의 버들눈(柳芽-crown bud)이 형성되는 이유는?

① 불완전한 단일처리
② 장일 후에 단일처리
③ 불완전한 장일처리
④ 미량요소 결핍

참고　버들눈은 꽃잎이 잎의 형태로 발달한 것으로 6~8일 정도 흐린날이 계속되면 단일조건이 되어 화아분화에 들어가는데 이어 맑은 날로 일장일이 길어지면 유아(버들눈)가 형성된다.

【문145】 구근류에 블라인드(Blind)는 저온처리가 불충분할 때 발생하는데 알맞는 저온처리 기간은?

① 0~5℃ 45일 이상
② 5~10℃ 60일 이상
③ 10~15℃ 80일 이상
④ 15~20℃ 100일 이상

참고　히야신스, 수선, 튜립 등은 저온처리가 불충분한 후에 고온을 만나면 화아발달이 비정상이 되어 정상적인 개화를 못하고 블라인드 현상이 일어난다.

【문146】 광선에 의해 블라인드(Blind) 현상이 생기는 화훼는?

① 다알리아　　② 크로커스
③ 글라디오라스　④ 칸나

참고　글라디오라스의 억제재배시 개화를 늦추다 보면 일장이 짧아져서 블라인드

현상이 나타나므로 억제재배시에는 전조
로 일장을 연장시켜야 한다.

【문147】 자발적인 휴면을 하는 구근은?

① 히야신스　　② 글라디오라스

③ 수선　　　　④ 칸나

참고　수선이나 튜립은 휴면기간에도 생장
점 부위에서는 화아분화가 진행되므로 생
육상 완전휴면이 아니고 여름철 고온 때
문에 강제 휴면하게 된다. 그러나 프리지
아나 글라디오라스는 2~3개월간 자발적
인 휴면을 갖는다.

【문148】 구근을 냉장시키는 일은 개
화를 빨리 시키는 촉성재배일 때 인
위적으로 저온에 처리하는 방법이다.
이 방법을 무엇이라 하는가?

① 블라인드(Blind)

② 로젯트(Rosette)

③ 춘화처리(Vernalization)

④ 캘루스(Callus)

참고　춘화작용(春花作用-Vernalization)은
원래는 추파종자를 발아 직후부터 어느
기간까지 저온을 받으면 화아형성 과정이
촉진되는 것을 말하는 것으로 여기에는
종자 버날리제이숀과 식물체 버날리제이
숀이 있다.

【문149】 탈춘화작용(脫春化作用)의 원인은?

① 고온과 일장　② 저온과 일장

③ 고온과 수분　④ 저온과 수분

참고　춘화(春化)를 받은 식물이 이 자극을
잃어 버리는 경우를 탈춘화작용(De버날리
제이숀)이라 한다.

【문150】 종자 버날리제이숀이 되지 않
는 화훼는?

① 락스퍼　　　② 프리율라

③ 델피니움　　④ 코스모스

참고　0~5℃ 정도로 종자를 춘화 처리하
면 개화가 촉진된다.

【문151】 단일성(短日性) 화훼가 아닌 것은?

① 국화　　　　② 금잔화

③ 나팔꽃　　　④ 포인세티아

참고　단일성 화훼는 국화, 나팔꽃, 포인세
티아, 카랑코애가 있고 장일성 화훼는 금
잔화, 페튜니아 중간성 화훼는 장미, 튜립
이 있다.

【문152】 식물의 휴면에 관계하고 이층
(離層)을 형성시키는 물질은?

① 아브사이신 산(酸-Abscisinic acid)

② 비오에치(BOH)

③ 에이씨피(ACP)

④ 플로리겐(Florigen)

참고　아브사이신 산(ABA)은 잎에 떨켜를
만들어 낙엽을 지우는 물질이고, 비오에치
(BOH)는 아나나스과의 식물을 화아분화
를 촉진시키는 물질이고, 에이씨피(ACP)
도 아나나스 과에 동일작용 하는 물질이
지만, 플로리겐(Florigen)은 화아 형성 물
질의 총칭이다.

【문153】 화목류의 개화촉진을 위해 화
아분화가 된 가지를 잘라 30~35℃
의 물에 9~12시간 담그었다 15~18
℃에 두면 휴면이 타파되어 개화촉
진되는 방법은?

① 온욕법(溫浴法)

② 저온처리법

③ 약액법(藥液法)

④ 기욕법(氣浴法)

참고　화아(花芽)의 휴면타파는 ①온욕법 ②저온처리법 ③약액법 (주입법, 침지법, 기욕법) 등이 있다.

【문154】 촉성재배가 가능한 튜립 품종은?
① 파아로트 종　② 다원종
③ 그레이기 종　④ 비잘 종

참고　촉성용은 다윈(Darwin), 코티지(Cott -age), 멘델(Mendel), 트라이엄프(Triump -h)가 있다.

【문155】 휴면을 하지 않는 구근을 고르시오.
① 백합　　　② 아마릴리스
③ 히야신스　④ 글라디오라스

참고　아마릴리스는 온도만 충분하면 휴면하지 않는다.

【문156】 글라디오라스 억제재배시 구근을 정식하는 시기는?
① 1~2월　　② 5~6월
③ 8~9월　　④ 10~11월

참고　글라디오라스는 춘식구근이지만 3~5℃의 냉장고에 저장했다가 8월 하순~9월 상순경에 정식하면 11월 하순~12월 중순에 개화한다.

【문157】 글라디오라스 억제 재배시 블라인드 현상이 일어나는 것은?
① 고온단일　② 저온단일
③ 고온장일　④ 고온단일

참고　화아분화시기에 저온(9.2℃)와 단일(8시간 미만)이 되면 블라인드(blind)가 생기기 쉽다.

【문158】 국화의 로젯트(Rosette) 현상은 어느 때 일어나는가?
① 저온단일　　② 저온장일
③ 고온단일　　④ 고온장일

참고　국화의 로젯트 현상은 휴면을 말하는 것인데 5℃로 21일간 두면 로젯트가 풀려 신장(伸長)을 계속한다.

【문159】 국화 촉성재배를 위해 11시간 일장으로 30일 이상 차광하면 완전 개화시킬 수 있다. 그러나 국화의 초장(草長)이 어느 정도 되어야 감응을 받는가?
① 12~24㎝　　② 24~36㎝
③ 30~45㎝　　④ 45~60㎝

참고　단일성 식물인 국화를 일조시간을 줄 이기 위해 차광 재배하면 개화가 촉진되는 현상을 촉성재배라 한다.

【문160】 국화 억제재배를 위해 15시간 이상의 조명으로 전조(電照)하면 개화를 억제시킬 수 있다. 그러나 개화 목표일 어느 정도에서 전조를 중단해야 하는가?
① 30~50일전　② 60~70일전
③ 70~80일전　④ 80~100일전

참고　조명중단에서 화아분화될 때까지가 10~15일 걸리고 분화에서 개화까지가 50~55일 걸리므로 12월 하순에 억제재배로 개화를 늦추려면 10월 중순에 조명을 종료해야 한다.

【문161】 국화 전조재배에서 전조(電照) 개시는 최종적심 후 며칠만에 해야 하나?

① 1~5일 후　② 5~10일 후
③ 10~15일 후　④ 15~20일 후

참고　여름에 꽃이 피는 하국(夏菊)이라도 적심을 하면 여기에서 발생한 곁가지는 10~12㎝ 정도 될 때까지는 화아분화가 되지 않는다.

【문162】 국화 전조재배에서 적심한 후에 측지(側枝)가 어느 정도 자라야 조명을 시작할 수 있는가?

① 10~14cm　② 8~12cm
③ 6~8cm　④ 4~6cm

참고　전조시기를 잘 맞추어야 하는데 전조 개시시기가 늦어지면 화아분화가 시작되므로 이러한 국화에 전조하면 유아(버들눈)로 변해 버린다.

【문163】 국화 전조재배를 하려면 100w짜리 전구를 어느 정도 면적에 1등을 설치해야 하는가?

① 10㎡　② 13㎡
③ 15㎡　④ 18㎡

참고　전조는 100w짜리 전구를 식물체에서 90~100㎝ 높이에 설치하고 유효거리는 1.8~2.0m 정도이다.

【문164】 국화 전조재배시 야간 온도는 어느 정도로 해야하나?

① 5~10℃　② 10~15℃
③ 15~20℃　④ 20~25℃

참고　조명중지시기는 단일이 되므로 야간 온도를 15℃로 유지하면 약 10일, 10℃로 유지하면 약 15일 정도에서 화아가 분화하지만 그 이하 온도에서는 매우 늦어진다.

【문165】 화훼의 육종(育種) 목표가 아닌 것은?

① 화색과 화형이 새롭고 선명할 것.
② 대륜의 겹꽃으로 꽃대가 짧은 것.
③ 꽃의 수명이 길고 이용목적에 맞는 것.
④ 재배하기 쉽고 영속성 없는 것.

참고　영속성이 있고 균등하며 내병성에 강한 것을 목표로 한다

【문166】 화훼의 겹피기 꽃에서 수술이 전부 변화하여 꽃잎으로 된 것은?

① 나팔꽃　② 분꽃
③ 칸나　④ 동백

참고　수술이 전부 화판화(花瓣化)된 것은 양귀비, 작약, 모란, 장미, 동백, 봉숭아, 매화, 라난큘라스가 있다.

【문167】 꽃받침이 변화하여 꽃잎이 된 것은?

① 포인세티아　② 양귀비
③ 매화　④ 동백

참고　꽃받침이 화판화(花瓣化)된 것은 꽃창포, 붓꽃, 난, 칸나, 숙근 아이리스, 분꽃, 포인세티아 등이 있다.

【문168】 꽃 가운데의 기관액(器官腋)에 생장점이 나타나 이것이 화아(花芽)로 변화하여 2차적으로 개화하는 2단피기 형태를 무엇이라 하는가?

① 중복(重複)
② 관성(慣性)
③ 설상화(舌狀花)
④ 통상화(筒狀花)

참고 소화(小花)가 발달하여 겹피기(설상화, 통상화)가 된 국화, 금잔화, 사스타데이지 등이 있다.

【문169】 시크라멘의 꽃잎 모양이 정상적으로 길고 둥그스럼한 타원형의 화형(花形)은?
① 페르시쿰(Perricum)
② 더블(Double)
③ 파필리오(Papillio)
④ 로코코(Rococo)

참고 꽃잎이 좁고 길이가 길며 꽃잎 끝에 주름이 있는 파필리오와 꽃잎 가장자리에 찢어진 상태로 주름이 있는 로코코와 주름잡힌 꽃잎을 개량한 것으로 가늘게 갈라지고 대륜반전(大輪反轉)하는 루플레드(Ruffled)형 등이 있다.

【문170】 자가수정화후를 자가채종을 거듭하면 생육이 불량해지고 생김새도 나빠지는 현상은?
① 내혼약세   ② 잡종강세
③ 돌연변이   ④ 타가수정

참고 내혼약세(內婚弱勢) 현상은 베고니아, 글록시니아, 구근베고니아, 시클라멘 등에서 많이 나타난다.

【문171】 종자의 채종지로 부적합한 곳은?
① 도서지방   ② 해변지역
③ 고랭지   ④ 내륙지방

참고 개화결실기에 기온이 높지 않고 15~20℃ 전후인 곳이 좋다.

【문172】 채종방법 중에 적취채종해야 하는 것은?

① 코스모스   ② 메리골드
③ 채송화   ④ 시클라멘

참고 적취(摘取) 채종은 개화기간이 길고 완숙되면 날아가는 성질을 가진 화훼는 이 방법을 쓴다.

【문173】 종자가 성숙하면 비산열개(飛散裂開)하므로 적취해야 하는 것은?
① 봉숭아   ② 과꽃
③ 메리골드   ④ 시네나리아

참고 비산열개하는 것은 팬지, 플록스, 채송화, 봉숭아가 있다.

【문174】 바람에 동요하면 종자가 떨어지는 것은?
① 채송화   ② 안개꽃
③ 샐비어   ④ 나팔꽃

참고 샐비어는 바람에 동요하면 종자가 떨어진다.

【문175】 관모(冠毛)에 의해 종자가 비산하므로 적취채종해야 하는 화훼는?
① 분꽃   ② 시네나리아
③ 과꽃   ④ 백합

참고 시네나리아, 엉컹퀴, 크레피스 등은 종자가 성숙하면 관모에 의해 날아간다.

【문176】 채종방법 중에 예취채종해야 하는 것은?
① 코스모스   ② 플록스
③ 봉숭아   ④ 팬지

참고 개화기가 짧고 탈립이 잘 되지 않는 화훼는 예취(刈取)하는데 과꽃, 백일홍, 코스모스, 메리골드, 안개꽃, 스톡크, 맨드라미 등이 있다.

【문177】 채종한 종자 저장에 알맞는 온도는?

① 1~5℃ 　② 5~10℃
③ 10~15℃ 　④ 15~20℃

참고　대부분의 화훼류 종자는 1~5℃에 습도 45% 이하로 어두운 곳에 두어 저장한다.

【문178】 초여름에 굴취하여 저장하는 구근류는?

① 칸나 　② 라난큘라스
③ 다알리아 　④ 아마릴리스

참고　가을에 심어 겨울을 거쳐 봄에 발육 개화하는 튜립, 수선, 칼라, 히야신스, 라난큘라스, 시클라멘은 초여름에 굴취 저장한다.

【문179】 가을철 기온이 낮으면 휴면에 들어가는 구근류는?

① 히야신스 　② 수선화
③ 칸나 　④ 무스카리

참고　봄에 심는 구근들로 글라디오라스, 다알리아, 아마릴리스, 칸나, 클록시니아, 구근베고니아, 칼라디움 등이 있다.

【문180】 추식구근은 초여름에 굴취할 때 잎의 끝이 어느 정도 황변하면 굴취기가 되는가?

① 1/2~2/3 　② 1/2
③ 1/3 　④ 2/3

참고　잎끝이 1/2~2/3정도 황변하면 굴취한다.

【문181】 봄에 심는 춘식구근들은 가을철 어느 때 굴취하는가?

① 0℃로 온도가 내려가는 즉시.
② 3℃ 정도가 여러번 반복되면.
③ -5℃로 영하가 유지되면.
④ 0℃ 전후가 일주일 이상 계속 되면.

참고　춘식구근은 3℃정도가 여러번 반복이 되면 굴취한다.

【문182】 튜립 구근의 1등급 크기는?

① 10g 이하 　② 10~15g
③ 15~20g 　④ 20~30g

참고　①은하등급(등외)　②2등급　③1등급 ④특등급이다.

【문183】 다알리아나, 칸나 구근저장으로 알맞는 재료는?

① 버미큐라이트 　② 진흙
③ 낙엽 　④ 비닐

참고　저온에 의해 휴면하는 다알리아와 칸나는 구근을 왕겨나 버미큐라이트(20~50% 수분흡수)에 묻어 놓는다.

【문184】 낮은 상자에 진열하여 풍건(風乾)시킨 채로 저장해야하는 구근이 아닌 것은?

① 글라디오라스 ② 프리지아
③ 튜립 　④ 백합

참고　수확된 구근 중 공기습도가 낮아도 위축되지 않는 튜립, 수선, 히야신스, 플라디오라스, 프리지아는 풍건시켜 저장하고 백합, 칸나, 다알리아, 진저어 같은 구근은 습도가 낮으면 위축되므로 음건시킨 후 습한 충적재료 속에 넣어 저장한다.

【문185】 구근의 움저장에 알맞는 온도와 습도는?

① 5℃에 75~80%의 습도

② 0℃에 60~70%의 습도

③ 5℃에 45~50%의 습도

④ 0℃에 75~80%의 습도

참고 움저장은 물이 고이지 않게 하고 복토는 저장지역의 흙으로 덮되 통기가 되도록 한다.

【문186】 구근 저장 때 상처가 난 것들은 22~37℃에 1일 상대습도 89~96%에 처리한다. 이를 무엇이라 하나?

① 큐어링(Curing)

② 코팅(Coating)

③ 오옥신(Auxin)

④ 블라인드(Blind)

참고 저장 전에 상처를 아물리는 작업으로 고온다습에서 상처를 콜르크화 시켜 병원균의 침입을 막는다.

【문187】 구근저장에 파라핀 코팅 법(Paraffin Coat)을 쓰는 것은?

① 칸나　　　　② 다알리아

③ 백합　　　　④ 수선화

참고 구근저장 방법은 움저장, 실내 선반저장, 온실내 음지저장, 노지 방임저장과 파라핀 처리법 등이 있다.

【문188】 절화를 위해 채화하는 시각으로 알맞은 것은?

① 여름 12시, 겨울 12시

② 여름 18시, 겨울 15시

③ 여름 8시, 겨울 10시

④ 여름 20시, 겨울 18시

참고 수송 거리가 멀 때와 고온일 때는 꽃잎이 벌어질 때, 거리가 가깝고 저온기일 때는 꽃잎이 약간 피었을 때 절단하여 포장한다.

【문189】 절화를 저장하기 알맞는 습도는?

① 60~70%　　② 75~80%

③ 80~90%　　④ 90% 이상

참고 절화 보존온도는 일반적으로 4~7℃이다.

【문190】 절화의 수명 연장에 관계없는 사항은?

① 수분의 흡수를 도와준다

② 호흡량을 줄여준다.

③ 양분을 공급해 준다.

④ 광선을 많이 쪼여준다.

참고 절화에 수분흡수가 잘 안되는 원인의 대책으로 ①물속 자르기 ②절구 태우기 ③절단면 으깨기 ④절단면 열탕처리 ⑤소금물·약품에 절단면 담그기 등을 쓴다.

【문191】 1,2년생 초화류나 구근류 생산에 적합한 토양은?

① 사토　　　　② 사양토

③ 양토　　　　④ 식토

참고 사토(砂土)나 사양토(砂壤土)는 공기 유통은 좋으나 보수력이 약해 한해의 피해를 받기 쉽다. 비료성분이 적어 철이나 염기의 결핍이나 노후화되기 쉽고 비료를 주면 분해는 빠르나 유실이 많다.

【문192】 토양의 3상(三相)에 해당하지 않는 것은?

① 고형분(고체)

② 토양수(액체)

③ 토양공기(기체)

④ 비료(액체, 고체)

참고 이상적인 토양은 고형분(50%), 토양수(25%), 토양공기(25%)이다.

【문193】 토양수분 중에 식물의 생장에 쓰이는 물은?

① 화학수   ② 흡착수
③ 모관수   ④ 중력수

참고 중력수도 일부는 생장에 쓰인다.

【문194】 토양수분 함유량은 토양용수량의 어느 정도가 식물이 생육하는데 가장 좋은가?

① 40~50%   ② 50~60%
③ 60~75%   ④ 75~90%

참고 토양용수량의 최대치에서 대부분의 화훼는 잘 자란다.

【문195】 토양의 구조가 떼알짜임(團粒構造)일 때 토양의 틈(孔隙)이 높아 식물생육에 좋다. 떼알짜임을 유지하는 방법이 아닌 것은?

① 추비와 기비를 많이 시용하되 점토유기물을 쓴다.
② 석회를 시용하거나 멀칭을 한다.
③ 중경(中耕) 작업을 하고 토양 개량제(크리리움)을 쓴다.
④ 인분뇨를 시용하거나 옥수수를 재배한다.

참고 ④번은 홑알짜임(粒單構造)으로 작물의 생산성이 낮고 생육상태가 불량해지는데 연작이 원인일 수도 있다.

【문196】 산성토양에서 결핍되기 쉬운 비료가 아닌 것은?

① 칼슘(Ca)   ② 칼리(K)
③ 붕소(B)   ④ 알미늄(Al)

참고 산성토양에서는 알미늄(Al), 망(Mn)의 과잉흡수로 생육장해가 일어나지만 칼슘(Ca), 칼리(K), 붕소(B), 마그네슘(Mg)가 결핍되기 쉽다.

【문197】 토양은 pH가 7.5 이상이면 칼슘과 결합하여 불용성이 되고, pH가 5.0 이하이면 알미늄이나 철과 결합하여 불용성이 되는 비료는?

① 질소   ② 인산
③ 칼리   ④ 칼슘

참고 질소는 pH 5.5~8.0, 인산은 pH 5~7, 칼리는 pH5~8에서 잘 흡수된다.

【문198】 토양의 pH가 5.0~7.5 사이에서는 흡수가 적지만 pH5.0일 때 흡수가 잘되는 비료는?

① 칼슘   ② 철
③ 칼리   ④ 질소

참고 철과 망간은 pH5.0 이하에서 흡수가 잘된다.

【문199】 수국의 꽃은 산성토양에서는 철이나 알미늄이 유리 흡수되어 꽃의 색에 나타난다. 꽃색이 어떻게 나타나는가?

① 청색   ② 핑크색
③ 백색   ④ 검정색

참고 중성토양에서는 핑크색의 꽃이 된다.

【문200】 산성토양에서 잘 자라는 화훼는?

① 베고니아　　② 저먼아이리스

③ 거어베라　　④ 선인장

참고 pH5.5 정도의 강산성토양에서 잘 자라는 화훼는 철쭉, 아디안텀, 네프로네피스, 치자, 소나무, 느티나무 등이 있다.

【문제201】 알칼리 성 토양에서 잘 자라는 화훼는?

① 아제리아　　② 은방울꽃

③ 제라늄　　　④ 파인애플

참고 pH7~8정도의 알카리성 토양에서 잘 자라는 화훼는 제라늄, 저먼아이리스, 거어베라, 선인장, 다육식물 등이 있다.

【문202】 습지에 퇴적한 니탄(泥炭)으로 철쭉을 비롯하여 여러 분식화훼 용도로 널리 쓰이는 것은?

① 피트(peat)

② 퍼라이트(perlite)

③ 바아크

④ 오스먼더

참고 피트 또는 피트모스는 보수력과 통기성이 좋아 화분용토로 널리 쓰이는데 강한 산성을 가지고 있다.

【문203】 고사리 뿌리를 건조시킨 것으로 서양란 식재로 쓰이는 것은?

① 피트(peat)

② 오스먼더(Osmanda)

③ 바아크(Back)

④ 버미큐라이트(Vermicalite)

참고 펑고비(Osmanda) 뿌리를 건조시킨 것이 오스먼더루트이다

【문204】 나무의 껍질 수피(樹皮)라는 말로 서양란 식재재료로 쓰이는 것은?

① 피트(peat)

② 오스먼더(Osmanda)

③ 바아크(Back)

④ 사이아데아(Cyathea)

참고 미국에서 사용되는 바아크는 전나무 껍질이다.

【문205】 버미큐라이트(질석)는 운모(雲母)를 2,000°F의 고온 처리하여 건축단열재로 사용하는 것을 인조 원예용토로 모래대용으로 사용한다. 버미큐라이트 설명으로 틀린 것은?

① 모래의 1/15정도 중량밖에 안 된다

② 모래보다 3배정도 물을 흡수한다.

③ 비료분이 없어 삽목용토로도 쓰인다.

④ 보수력과 통기성이 좋지 못하다.

참고 버미큐라이트에는 하이포넥스 등 수용성 액비를 시여한다.

【문206】 pH7.0~7.5 정도로 피트나 수태와 같은 산성 재료와 혼합하면 중 화 역할도 한다. 진주암이라 불리우는 화산 용암을 부수어 1,400~2,200°F에 고온처리한 것은?

① 버미큐라이트

② 퍼라이트

③ 바아크

④ 피트모스

참고 진주암이라는 원광석을 10배 이상용적으로 팽창시킨 백색의 가벼운 입자이다.

【문207】 토양소독 약품이 아닌 것을 고르시오.

① 클로로피크린

② 메틸부로마이드

③ D.D

④ 스프라사이드

참고 토양소독제는 클로로피크린, 메틸부로마이드, 호르마린, 우스프롱, D.D, EDB(네마비움), DBCP(네마곤), 승홍, 석회질소, 유황화, PCNB제, EDB제, DBCP유제, 알드린, 헵타크로로르 등이 있다.

【문208】 토양소독약품 중에 자극성이 강하고 최류성 증기가 나오는 것은?

① 클로로피크린

② 메틸부로마이드

③ 우스프롱

④ D.D

참고 메틸부로마이드는 가스가 유독하여 치사할 수 있다.

【문209】 토양에 선충(線虫)을 구제하는 약품은?

① 호르마린

② D.D

③ 클로로피크린

④ 메틸부로마이드

참고 D.D는 토양훈증제로 휘발성의 흑색 점액 약품이다.
EDB(네마비움), DBCP(네마곤)도 선충구제에 좋다.

【문210】 토양소독 방법 중 소토법(燒土法)의 처리시간은?

① 80℃로 10~20분간

② 80℃로 30~60분간

③ 100℃로 10~20분간

④ 100℃로 30~60분간

참고 토양소독은 화염소독, 증기소독, 소토법이 있다.

【문211】 경엽(莖葉)이 연약해지고 거칠어지며 낙뢰(落雷)도 많아지며 카네이션에서는 꽃에 악할(萼割)이 증가하는 비료는?

① 질소 과잉   ② 인산 과잉

③ 칼리 과잉   ④ 칼슘 과잉

참고 질소결핍은 잎의 하엽(下葉)을 고사시키고 생장에 지장을 초래한다.

【문212】 생육이 저하되며 경엽이 경화하고 개화결실에 지장을 주는 현상은 어느 비료의 결핍증상인가?

① 질소 결핍   ② 인산 결핍

③ 칼리 결핍   ④ 칼슘 결핍

참고 인산 결핍은 잎에도 영향을 주어 잎이 작아지며 위축되고 인산 과다도 위축한 생육을 하고 잎이 작아지고 황화하여 노엽은 낙엽이 된다

【문213】 결핍이 되면 잎의 열각부(裂刻部)의 끝이 황변하고 이어 갈색으로 변해서 낙엽이 되는 비료는?

① 질소   ② 인산

③ 칼리   ④ 칼슘

참고 칼리도 생육에 필요한 비료로 개화나 꽃의 품질에도 관계한다.

【문214】 토양의 이화학적 성질을 좋게 하고 비료분의 흡수를 좋게 하여 토

양 미생물의 활동을 왕성하게 하는 성분은?

① 질소(N) ② 인산(P)
③ 칼리(K) ④ 칼슘(Ca)

> 참고 칼슘이 결핍하면 줄기의 정단부가 고사하기 시작하고 점차 아래로 전파된다.

【문215】 석회질 토양이나 석회 과용시 결핍되는 비료는?

① 망간(Mn) ② 마그네슘(Mg)
③ 철(Fe) ④ 붕소(B)

> 참고 철분은 엽록소 생성에 관계하며 광합성, 호흡, 뿌리의 음이온 흡수저해 등에 작용하는데 특히 산성토양에서는 철의 독(毒) 작용이 나타난다.

【문216】 원래 식물에는 유해하나 토양 중에서 분해되어 유효성분만 남게 되는 비료는?

① 용성인비 ② 과린산석회
③ 석회질소 ④ 염화칼리

> 참고 석회질소는 시아나미드석회가 주성분으로 토양소독제, 중화제로도 쓰인다.

【문217】 질소성분을 가지는 비료가 아닌 것은?

① 요소
② 석회질소
③ 황산 암모니아
④ 과린산석회

> 참고 요소는 흡수성이 제일 강해서 엽면시비용으로도 쓰인다.

【문218】 인산성분을 가진 비료가 아닌 것은?

① 과린산석회

② 용성인비
③ 토마스 인비
④ 황산 칼리

> 참고 황산칼리, 염화칼리, 초목재 등은 칼리 성분을 가지는 비료이다.

【문219】 화학적으로나 생리적으로 알카리성 비료는?

① 요소 ② 석회질소
③ 황산칼리 ④ 염화칼리

> 참고 석회질소와 용성인비는 화학적 또는 생리적으로 알카리 성이다.

【문220】 화학적으로나 생리적으로 중성 비료는?

① 요소 ② 황산암모니아
③ 황산칼리 ④ 염화 칼리

> 참고 황산암모니아, 황산칼리, 염화칼리는 생리적 반응(시비후토양에 남는 성분)이 산성이므로 토양을 산성화시킨다.

【문221】 요소 비료로 엽면시비(葉面施肥)할 때 농도는?

① 0.01% ② 0.3%
③ 5% ④ 10%

> 참고 요소는 순질소성 비료로 물에 잘 녹으므로 엽면시비로 널리 쓰이는데 농도는 대상 작물에 따라 차이가 있다.

【문222】 석회보르도액을 조제할 때 석회수와 유산동액을 혼합하는 과정으로 올바른 것은?

① 석회수에 유산동액 주입
② 유산동액에 석회수 주입
③ 석회수와 유산동액 동시혼입

④ 두 용액을 번갈아 가며 조금씩 주입

참고 │ 보르도 액 조제는 금속용기를 사용하지 않도록 한다.

【문223】 보르도 액의 적용병해가 아닌 것은?

① 노균병　　　② 흰가루병(백삽병)
③ 적성병　　　④ 부패병

참고 │ 보르도 액은 보호살균제로 사용범위가 광범위하다.

【문224】 구근소독으로 분제(粉劑)를 분의(粉衣)하면 효과가 있는 농약은?

① 보르도 액　　② 아라산
③ 석회유황합제　④ 발코트

참고 │ 종자소독약으로는 파이곤, 스페르곤, 리오겐이 쓰인다

【문225】 살균과 살충이 가능한 농약이 아닌 것은?

① 석회유황 합제
② 만티컵 수화제
③ 아크리짓 유제
④ 보르도 액

참고 │ 석회유황 합제는 흰가루병과 응애구제 등에 쓰이는데 낙엽 후에 살포해야 한다.

【문226】 묘상이 과습하고 온도가 높을 때 모종이 도복(倒伏)하는 병 이름은?

① 갈반병　　　② 입고병
③ 노균병　　　④ 탄저병

참고 │ 토양소독, 종자나 기구소독을 철저히 하고 밀식을 피하도록 하면 모잘록병(立枯病)을 예방할 수 있다.

【문227】 녹병(銹病)은 중간기주를 가지고 있다. 다음 중에 중간 기주가 아닌 것은?

① 향나무　　　② 벚나무
③ 치자나무　　④ 사과나무

참고 │ 녹병은 과습할 때 많이 발생하는 공기전염병으로 향나무, 배나무, 벚나무, 사철나무, 치자나무, 호랑가시나무들들이 중간기주 역할을 한다.

【문228】 국화에 흑녹병(黑銹病)의 발생 시기는?

① 3월　　　　② 6월
③ 9월　　　　④ 11월

참고 │ 국화 백녹병은 3~5월 또는 가을에 많이 발생한다.

【문229】 흰가루병(白澁病)이 많이 발생하는 화훼는?

① 맨드라미　　② 백일홍
③ 샐비어　　　④ 장미

참고 │ 흰가루병은 고온다습, 통풍 불량, 그늘진 곳 등에서 많이 발생하는 병으로 장미, 봉숭아, 국화, 백일홍, 사철나무에 특히 심하게 발병하는데 지오판(톱신엠), 베노밀(벤레이트)이 효과적이다.

【문230】 회색 곰팡이병(Botrytis 병)에 피해를 입지 않는 화훼는?

① 튜립　　　　② 다알리아
③ 시클라멘　　④ 팬지

참고 │ 회색 곰팡이는 주로 저온다습성으로 베고니아, 제라늄, 작약, 수선, 철쭉, 백합, 프리뮬러, 금어초, 튜립, 시클라멘, 시네나리아, 팬지 등에 발병한다.

【문231】 근두암종(根頭癌腫)에 피해를 입지 않는 화훼는?

① 다알리아　　② 작약

③ 선인장　　　④ 코스모스

참고 　뿌리에 침입하여 암을 형성하는 병으로 다알리아, 작약, 장미, 제라늄, 베고니아, 선인장, 국화, 패랭이꽃, 벚나무, 복숭아나무 등에 많이 발생한다.

【문232】 고무나무에 많이 발생하는 탄저병 방제농약이 아닌 것은?

① 다로닐(다코닐)

② 켑티폴(디포라탄)

③ 만코지(다이센)

④ 메타(시스톡스)

참고 　지네브, 가벤다(마이코), 홀펫(폴판), 프로피(안트리콜) 등은 탄저병 약으로, 이 병은 잎이나 열매에 원형의 반점이 생기고 주위가 자갈색을 띠며, 병반 내부는 담색으로 오목해진다.

【문233】 뿌리혹병(根瘤病)이 발생하는 화훼는?

① 채송화　　　② 금잔화

③ 분꽃　　　　④ 작약

참고 　뿌리혹병은 토양전염을 하는데 선충(線虫)이 기생하므로 발생한다. 따라서 선충을 구제하는 D.D나 EDB로 토양소독을 해야 한다. 모란, 작약, 금어초, 장미 등에 많이 발병된다.

【문234】 모자이크 병(바이러스 병)의 병칭이 아닌 것은?

① 위조　　　　② 위축

③ 농담(濃淡)　④ 도장(徒長)

참고 　바이러스는 곤충에 의해 전염되지만 즙액을 통한 접촉, 기구 등으로도 전염된다. 바이러스에 감염된 식물은 잎이나 꽃에 반점이 생기고 기형으로 된다.

【문제235】 모자이크 병을 매개하는 곤충은?

① 진딧물　　　② 개미

③ 응애　　　　④ 흰불나방

참고 　진딧물은 알로서 월동하는 해충인데 모자이크 병의 병원체인 바이러스를 감염시키는데 진딧물의 천적은 됫박벌레이다.

【문236】 바이러스를 검정하는 방법으로 잘못된 것은?

① 지표(指票)식물

② 혈청검사

③ 광학현미경

④ 원심분리기

참고 　현미경은 광학현미경으로 확인 안되며 원심분리기로 고속원심 분리기에서 분리된다.

【문237】 바이러스에 감염되지 않은 무병주(無病株)를 생산하기 위해 이용되는 번식 기술은?

① 생장점배양(조직배양)

② 접목

③ 무균배양(종자번식)

④ 취목(높이떼기)

참고 　생장점 배양으로 생산한 모종인 메리클론묘는 바이러스에 감염되지 않은 건강한 모종을 얻기 위한 수단이다.

【문238】 잎말이나방류나 심식충 등의 구제에 사용할 수 있는 살충제는?

① 켑탄　　　② 디프테렉스

③ 베노밀　　④ 다코닐

> 참고 디프테렉스는 살충제이지만 ①③④는 살균제이다.

【문239】 응애는 고온건조에 많이 발생하는데 구제약으로 쓰이는 것은?

① 메프(스미치온)

② 그로포(더스반)

③ 나크(세빈)

④ 디코폴(켈센)

> 참고 응애를 구제하는 살충제는 살비제로 분류하며 디코폴(켈센), 벤지란, 에이카롤, 에치온 등이 있다. ①②③은 잎말이나방 약이다.

【문240】 향나무를 중간 기주로 하는 병은?

① 흑반병　　② 적성병

③ 갈반병　　④ 균핵병

> 참고 붉은별무늬병이라는 적성병은 배나무, 모과, 명자나무, 사과나무 등에 많이 발생하는 병이다.

【문241】 진딧물이나 깍지벌레의 배설물에 기생하는 병은?

① 회색곰팡이병　② 그을음병

③ 밀가루병　　　④ 탄저병

> 참고 그을음병(煤病)은 2차적인 병해이다.

【문242】 개각충(깍지벌레)를 구제하기 위한 살충제가 아닌 것은?

① 메치온(스프라사이드)

② 메카팜(모폭스)

③ 기계유유제

④ 아시트(오트란)

> 참고 아시트(오트란), 지오릭스(마릭스), 그로포(더스반), 에토프(모켑)은 토양해충약.

【문243】 다음 농약 중에 제초제가 아닌 것을 고르시오.

① 부다(마세트)

② 알라(라쏘)

③ 만코지(다이센)

④ 씨마네(씨마진)

> 참고 제초제는 디파나(단비), 파라코(그라목손), 글라신(근사미)도 있다.

【문244】 진딧물을 구제할 수 있는 살충제가 아닌 것은?

① 포스팜(다이메크론)

② 모노포(아조드린)

③ 메타(메타시스톡스)

④ 테믹

> 참고 아시트(오트란)는 진딧물 약이고, ④ 테믹은 솔잎혹파리 구제약이다.

해답

1. ①	2. ③	3. ②	4. ②	5. ③	6. ③	7. ③	8. ②	9. ④	10. ①
11. ①	12. ④	13. ③	14. ②	15. ②	16. ③	17. ②	18. ③	19. ②	20. ③
21. ②	22. ④	23. ①	24. ③	25. ④	26. ③	27. ②	28. ②	29. ①	30. ①
31. ③	32. ②	33. ④	34. ①	35. ①	36. ④	37. ①	38. ②	39. ①	40. ④
41. ③	42. ③	43. ④	44. ③	45. ②	46. ③	47. ①	48. ②	49. ②	50. ③
51. ①	52. ②	53. ①	54. ①	55. ②	56. ①	57. ④	58. ②	59. ④	60. ①
61. ①	62. ②	63. ①	64. ②	65. ④	66. ④	67. ①	68. ②	69. ②	70. ①
71. ②	72. ④	73. ④	74. ①	75. ③	76. ②	77. ④	78. ②	79. ②	80. ②
81. ①	82. ②	83. ①	84. ②	85. ③	86. ②	87. ④	88. ④	89. ②	90. ②

91. ①	92. ③	93. ③	94. ③	95. ①	96. ②	97. ③	98. ①	99. ③	100. ③
101. ①	102. ②	103. ④	104. ①	105. ③	106. ④	107. ②	108. ②	109. ②	110. ②
111. ③	112. ③	113. ①	114. ③	115. ②	116. ③	117. ②	118. ④	119. ②	120. ④
121. ②	122. ②	123. ①	124. ③	125. ②	126. ④	127. ②	128. ②	129. ③	130. ③
131. ④	132. ③	133. ③	134. ③	135. ①	136. ③	137. ④	138. ①	139. ②	140. ③
141. ④	142. ③	143. ②	144. ①	145. ①	146. ③	147. ②	148. ③	149. ①	150. ④
151. ②	152. ①	153. ①	154. ②	155. ②	156. ③	157. ②	158. ①	159. ②	160. ②
161. ③	162. ④	163. ②	164. ②	165. ④	166. ④	167. ①	168. ②	169. ①	170. ①
171. ④	172. ③	173. ①	174. ③	175. ②	176. ①	177. ①	178. ②	179. ③	180. ①

181. ②	182. ③	183. ①	184. ④	185. ①	186. ①	187. ②	188. ②	189. ②	190. ④
191. ②	192. ④	193. ③	194. ③	195. ④	196. ④	197. ②	198. ②	199. ①	200. ①
201. ③	202. ①	203. ②	204. ③	205. ④	206. ②	207. ④	208. ①	209. ②	210. ①
211. ①	212. ②	213. ③	214. ④	215. ③	216. ③	217. ④	218. ④	219. ②	220. ①
221. ②	222. ①	223. ④	224. ②	225. ④	226. ②	227. ④	228. ③	229. ④	230. ②
231. ④	232. ④	233. ④	234. ④	235. ①	236. ③	237. ①	238. ②	239. ④	240. ②
241. ②	242. ④	243. ③	244. ④						

제3장 화훼재배사 예상문제(핵심문제 총정리편)

【문1】 다음 화훼 중에 추파 1년초가 아닌 것을 고르시오.
① 금잔화　　　② 스위트피이
③ 샐비어　　　④ 시네나리아

【문2】 생태학적으로 여러해살이지만 재배상 1, 2년초로 다루어지는 화훼는?
① 데이지　　　② 메리골드
③ 버베나　　　④ 아게라텀

【문3】 비내한성 숙근초로 알맞게 짝지어진 것은?
① 국화, 작약
② 팬지, 프리뮬라
③ 백일홍, 페튜니아
④ 거어베라, 제라늄

【문4】 화훼분류학상 순 2년초가 아닌 것은?
① 디키랄리스　② 캄파눌라
③ 벱티시아　　④ 안개꽃

【문5】 다음 구근초(알뿌리) 중에 춘식 구근을 고르시오.
① 알리움　　　② 크로커스
③ 시클라멘　　④ 다알리아

【문6】 다음 구근초(알뿌리) 중에 추식구근을 고르시오.
① 글라디오라스　② 튜립

③ 아마릴리스　　④ 칸나

【문7】 구근초 분류상 인경(비늘줄기)인 것은?
① 수선　　　　② 프리지아
③ 아이리스　　④ 무스카리

【문8】 구근초 분류상 무피인경을 고르시오.
① 히야신스　　② 프리틸라리아
③ 라넌큘러스　④ 익시아

【문9】 다음 인경에 분류되는 구근초로 매년 모구가 없어지고 신구가 형성되는 것은?
① 글라디오라스　② 크로커스
③ 튜립　　　　　④ 프리지아

【문10】 다음 설명에 해당하는 것을 고르시오. 줄기의 몇 마디가 단축 비대하여 구상(球狀)을 이루고 잎의 변형인 외피(外皮)가 덮여 있고, 마디 수대로 횡근(橫筋)이 있고, 그곳에 눈이 있다.
① 인경　　　　② 구경
③ 괴경　　　　④ 근경

【문11】 다음의 구근초 중에 구경(구슬줄기)은?
① 다알리아　　　② 칸나

③ 글라디오라스　④ 백합

【문12】 땅속줄기가 비대하여 덩이를 형성하는 무피구근의 성상과 해당 알뿌리로 짝지어진 것은?

① 인경(수선)

② 구경(프리지아)

③ 괴경(시클라멘)

③ 괴근(다알리아)

【문13】 다음 구근초 중에 괴근(덩이뿌리)가 아닌 것은?

① 저먼아이리스　② 다알리아

③ 작약　　　　　④ 라넌큘리스

【문14】 다음 구근초 중에 근경(뿌리줄기)인 것은?

① 칸나　　　　　② 덧치아이리스

③ 바비아나　　　④ 글록시니아

【문15】 다음 구근초 중에 씨앗으로 번식하는 것은?

① 아네모네　　　② 튜립

③ 구근 베고니아　④ 시클라멘

【문16】 콩과 화훼로 짝지어 진 것을 고르시오.

① 금어초, 채송화

② 스토크, 석죽

③ 루피너스, 스위트피

④ 세인트 폴리아, 접시꽃(촉규화)

【문17】 꽃을 관상하는 관화화목을 고르시오.

① 꽃자금우　　　② 매자나무

③ 벽오동　　　　④ 태산목

【문18】 다음 화목류 중에 덩굴성인 것을 고르시오.

① 해당화　　　　② 능소화

③ 만병초　　　　④ 서향

【문19】 열매가 아름다워 가꾸어지는 관실수목은?

① 피라칸타　　　② 버즘나무

③ 칠엽수　　　　④ 후박나무

【문20】 관엽형 수목에 해당하는 것은?

① 석류　　　　　② 남천

③ 수국　　　　　④ 명자나무

【문21】 다음에서 음수=양수로 연결이 바르게 된 것은?

① 소나무=진달래

② 주목=단풍나무

③ 치자=팔손이나무

④ 대나무=동백

【문22】 야자과에 속하는 관엽식물이 아닌 것은?

① 관음죽　　　　② 코코스

③ 소철　　　　　④ 아레카

【문23】 천남성(토란)과에 속하는 관엽식물은?

① 알로카시아, 디펜바키아

② 마란타, 칼라데아

③ 아나나스, 용설란

④ 드라세나, 코르딜리네

【문24】 양치(고사리)과 식물은 어느 것인가?
① 아스파라거스 ② 크로톤
③ 몬스테라   ④ 박쥐란

【문25】 다음에서 식충식물이 아닌 것은?
① 시아데아
② 핀지큘라
③ 네펜더스
④ 사라세니아

【문26】 다음 난(蘭)과 식물 중에 지생란은?
① 카틀레야   ② 덴드로비움
③ 반다   ④ 심비디움

【문27】 난은 생육형태에 따라 분지성
(分枝性)이 없는 단경성이 있다. 다음
중 어느 난인가?
① 카틀레야, 덴드로비움
② 온시디움, 칼란테
③ 반다, 팔레노프시스
④ 파피오페딜럼, 에리데스

【문28】 다음에서 물가 습지식물을 고르
시오.
① 시페루스   ② 수련
③ 창포   ④ 마름

【문29】 잎에 무늬를 가진 반입(斑入) 식
물이 아닌 것은?
① 페페로미아
② 아스파라거스
③ 산스베리아

④ 식나무

【문30】 건조한 지역에서 살아가는 건생
식물이 아닌 것은?
① 용설란   ② 에델바이스
③ 알로애   ④ 카랑코애

【문31】 다음 번식방법 중에 유성번식이
아닌 것은?
① 분주(포기나누기)
② 종자번식
③ 포자번식
④ 난의 무균번식

【문32】 종자의 자발적 휴면타파에 필요
한 온도와 기간은?
① 0~5℃(30~60일간)
② 5~10℃(60~90일간)
③ 10~15℃(90~120일간)
④ 15~20℃(120~150일간)

【문33】 종자휴면타파에 쓰이는 약품이
아닌 것은?
① 지베렐린   ② 치오요소
③ HSCN   ④ MH

【문34】 경실(硬實)종자 휴면타파로 온탕
침지법을 사용할 때 알맞는 방법은?
① 50℃에 30분간
② 70℃에 5분간
③ 100℃에 10분간
④ 100℃에 30분간

【문35】 노천매장법(層積)으로 종자를 저
장해야 하는 것은?

① 온대성 식물종자
② 열대성 식물종자
③ 아열대성 식물종자
④ 건생식물종자

【문36】 다음 화훼종자 중에 수명이 짧은 것은?
① 메리골드　　② 안개꽃
③ 단풍나무　　④ 맨드라미

【문37】 다음 종자 중에 종자수명이 가장 긴 것은?
① 백일홍　　② 팬지
③ 채송화　　④ 봉선화

【문38】 종자저장방법 중 건조제 이용에 쓰이지 않는 것은?
① 생석회　　② 염화칼리
③ 초목재　　④ 시리카겔

【문39】 다음 종자 중 채파(採播)해야 하는 것은?
① 채송화, 봉선화
② 아마릴리스, 모란
③ 나팔꽃, 샐비어
④ 페튜니아, 금잔화

【문40】 종자파종 후 2년만에 발아하는 것이 아닌 것은?
① 드라세나　　② 백합
③ 모란　　④ 은방울꽃

【문41】 종자발아에 30℃ 이상 고온이 필요한 화훼는?
① 시네나리아, 과꽃

② 금어초, 센토레라
③ 아스파라거스, 글록시아
④ 시클라멘, 코스모스

【문42】 종자발아에 이상적인 변온은 어느 정도인가?
① 1~2℃　　② 10~20℃
③ 18~30℃　　④ 30~35℃

【문43】 종자가 발아하기에 적합한 수분은?
① 30~40%　　② 50~60%
③ 60~70%　　④ 80~90%

【문44】 다음 종자 중에서 광발아(호광성) 종자를 고르시오.
① 락스퍼　　② 호박
③ 니젤라　　④ 한련화

【문45】 다음 종자 중에서 음발아(혐광성) 종자를 고르시오.
① 글록시니아　　② 캄파눌라
③ 로벨리아　　④ 맨드라미

【문46】 종자 채종방법으로 적취(摘取)해야 하는 것은?
① 스토크, 백일홍
② 메리골드, 코스모스
③ 채송화, 샐비어
④ 안개꽃, 수레국화

【문47】 종자 채종방법으로 예취(刈取)해야 하는 것은?
① 백일홍, 코스모스
② 맨드라미, 단풍나무

③ 팬지, 금어초
④ 금잔화, 샐비어

【문48】 종피(種皮)에 면모가 있어 모래와 문질러 털을 없애야 되는 종자가 아닌 것은?
① 아스파라거스
② 아네모네
③ 천일홍
④ 로단데

【문49】 종자소독약이 아닌 것은?
① Gibberellin
② Cercsan
③ Phygen
④ Formalin

【문50】 이식을 싫어하므로 직파(直播)해야 하는 종자는?
① 봉선화, 분꽃, 나팔꽃
② 스위트피, 루피너스, 꽃양귀비
③ 팬지, 프리뮬라, 과꽃
④ 채송화, 금잔화, 맨드라미

【문51】 미세종자 파종방법으로 알맞는 방법은?
① 점파
② 산파
③ 조파
④ 직파

【문52】 파종용토로 수태(水苔)를 사용하는 화훼는?
① 시클라멘
② 야자
③ 철쭉
④ 선인장

【문53】 모종가식방법으로 1차가식에 알맞는 시기는?
① 떡잎일 때
② 본엽 3~4매

③ 본엽 6~7매
④ 본엽 10~13매

【문54】 가식한 모종이 건조에 시달릴 때 살포하는 증산억제제는?
① 루톤
② auxin
③ 1AA
④ OED그린

【문55】 난종자 무균파종에서 배배양(胚培養)에 알맞는 배지의 pH는?
① pH4.5~5.0
② pH4.7~5.2
③ pH5.5~6.0
④ pH6.0~7.0

【문56】 한천배지 조성시 pH조절을 위한 재료가 아닌 것은?
① 염산
② 인산
③ 탄산소다
④ 알콜

【문57】 난종자 무균파종에서 종자소독에 잘못된 것을 고르시오.
① 염소(한국)
② Zonite(독일)
③ Chlorox(미국)
④ 표백분(일본)

【문58】 난종자의 발아적온은?
① 10℃
② 15℃
③ 20℃
④ 25℃

【문59】 생장점 배양으로 번식하는 화훼가 아닌 것은?
① 포인세티아
② 안개꽃

③ 거어베라　　④ 카네이션

【문60】 다음 화훼 중 분주(分株)시기로 잘못된 것은?
　① 모란, 작약(9~10월)
　② 꽃창포, 저먼아이리스(3~4월)
　③ 거어베라(10월중~하순, 2월하~3월 중순)
　③ 하국(9~10월)

【문61】 다음 알뿌리 중에 목자(木子) 증식이 안되는 것은?
　① 글라디오라스　② 프리지아
　③ 히야신스　　　④ 크로커스

【문62】 주아(珠芽)증식되는 구근은?
　① 튜립　　　　　② 참나리
　③ 아마릴리스　　④ 칸나

【문63】 눈(芽)을 1~3개씩 붙여 분할 증식하는 구근이 아닌것은?
　① 칼라디움　　　② 백합
　③ 다알리아　　　④ 구근 베고니아

【문64】 알뿌리(球根) 인공번식 방법에서 단축경에서 오목하게 생장점을 파내어 소형구근을 40~50개 얻을 수 있는 것은?
　① 노칭　　　　　② 스쿠우핑
　③ 코링　　　　　④ 분체

【문65】 알뿌리(球根)　인공번식방법에서 노칭 법은?
　① 구근의 단축경쪽에서 구의 높이 1/3를 오목하게 판다.

② 구근의 윗부분에서 구의 높이 2/3를 오목하게 판다.
③ 구근의 단축경쪽에서 구의 높이 1/2~2/3의 십자골로 판다.
④ 구근의 윗부분에서 구의 높이 1/2~2/3위 십자골로 판다.

【문66】 노칭법으로 인공분구할 때 구근의 지름이 18cm 정도라면 몇 등분으로 조작할 수 있나?
　① 2등분　　　　② 4등분
　③ 6등분　　　　④ 8등분

【문67】 알뿌리 인공번식(히야신스)에 알맞는 시기는?
　① 3월중~하순
　② 5월초~6월 중순
　③ 6월중~7월
　④ 9월초~10월

【문68】 히야신스 인공분구시 캘루스 형성에 알맞는 온습도는?
　① 10~15℃(60~70%)
　② 15~20℃(60~70%)
　③ 25~30℃(30~40%)
　④ 25~30℃(80~90%)

【문69】 히야신스 인공분구에 사용하는 소독약은?
　① 호르마린　　　② 염소산 칼리
　③ 유황　　　　　④ 루베론

【문70】 히야신스 인공분구시 노칭법으로 얻을 수 있는 자구수는?

① 15~30개　　② 20~40개
③ 40~50개　　④ 60~70개

【문71】 묻어떼기(盛土法)으로 번식할 수 있는 수종은?
① 능소화, 클레마티스
② 수양버들, 줄장미
③ 모란, 철쭉
④ 고무나무, 피라칸타

【문72】 높이떼기(高取木)으로 번식이 잘 안되는 것은?
① 드라세나, 석류나무
② 고무나무, 관음죽
③ 선인장, 다육식물
④ 소나무, 섬잣나무

【문73】 삽목번식으로 잎자루꽂이 (葉柄挿)가 가능한 것은?
① 글록시니아
② 몬스테라
③ 아스파라거스
④ 카네이션

【문74】 잎맥을 따라 잎을 절단하는 잎 조각 꽂이를 하는 화훼는?
① 렉스베고니아
② 제라늄
③ 세인트폴리아
④ 가랑코애

【문75】 백합알뿌리의　인편번식시기로 알맞은 것은?
① 3~4월　　② 5~6월
③ 7~8월　　④ 9~10월

【문76】 아마릴리스 분체번식에 알맞는 온·습도는?
① 10~15℃(30~40%)
② 20~25℃(50~60%)
③ 20~25℃(90~92%)
④ 25~30℃(95~98%)

【문77】 다음 화훼 중 잎눈꽂이를 주로 하는 것은?
① 칸나　　　② 백합
③ 프리뮬라　④ 수국

【문78】 숙지삽(熟枝挿) 설명으로 바르게 된 것은?
① 겨울에서 봄 사이의 휴면지를 10~30cm 잘라 쓰는 것.
② 당년에 자란 가지 중 경화지를 9~12cm 잘라 쓰는 것.
③ 목본류 중에 봄에 자란 가지를 여름에 잘라 쓰는 것.
④ 상록활엽수에서 봄에 자란 가지를 생장 정지시 7~15cm 잘라 쓰는 것.

【문79】 숙지삽(휴면지삽)을 주로 하는 것은?
① 고무나무　② 크로톤
③ 동백　　　④ 개나리

【문80】 녹지삽(綠枝挿) 설명으로 바르게 된 것은?
① 봄에 자란 새 가지가 어느 정도 굳어지는 여름 꺾꽂이인데 주로 상록수에 이용한다.
② 가을 낙엽 후 완전히 굳어진 가지를 잘라 꺾꽂이 하는 것으로 주로

낙엽수에 이용한다.
③ 봄에 새로 자라는 연약한 가지를 잘라 꽂는 꺾꽂이다.
④ 잎이 있을 때는 언제나 꺾꽂이를 할 수 있는 방법이다.

【문81】 국화삽목과 같이 생장점에서 5~6cm 길이로 잘라 끝순을 꺾꽂이감으로 쓰는 삽목방법은?
① 천삽(天揷)　　② 지삽(枝揷)
③ 근삽(根揷)　　④ 엽삽(葉揷)

【문82】 다음 화훼 중 엽삽을 주로 하는 것이 아닌 것은?
① 산스베리아　　② 렉스베고니아
③ 페페로미아　　④ 동백

【문83】 당목삽(撞木揷)을 설명한 것을 고르시오.
① 전년생의 묵은 부위를 T자로 붙여 꺾꽂이 하는 것.
② 절단면 아래 부위에 진흙을 경단으로 붙여 꺾꽂이 하는 것.
③ 묵은 조직을 극히 일부분만 붙여 꺾꽂이 하는 것.
④ 당년생인 햇가지를, 잎을 2~3장 붙여 꺾꽂이 하는 것.

【문84】 고무나무나 포인세티아 삽목 요령은?
① 잘드는 칼로 절상면을 깨끗이 다듬어 꽂는다.
② 절상면에 진흙으로 경단꽂이 한다.
③ 절상면에 발근촉진제를 발라서

꽂는다.
④ 절상면을 물에 담그어 유액을 제거한 후 꽂는다.

【문85】 제라늄이나 선인장의 삽목 방법은?
① 절단면을 그늘에 2~3일 건조시킨다.
② 절단면을 물로 깨끗이 씻는다.
③ 조제즉시 절단면이 마르지 않게 한다.
④ 조제즉시 절단면을 햇볕에 살균한다.

【문86】 뿌리꽂이(根揷)이 되지않는 것은?
① 국화　　　　② 모과
③ 능소화　　　④ 장미

【문87】 삽목용토로 알맞지 않은 것은?
① 보수력과 보온력이 있어야 한다.
② 통기성과 배수력이 있어야 한다.
③ 수분과 온도변화가 적어야 한다.
④ 유기물 함량이 많아야 한다.

【문88】 삽목시 발근에 관계되는 식물 호르몬이 아닌 것은?
① NAA　　　　② 1AA
③ 1BA　　　　④ OED

【문89】 반입(斑入)식물인 복륜 산스베리아나 반입 페페로미아를 엽삽하면 반입을 소멸한다. 이러한 현상을 무엇이라 하는가?
① 주연키메라　　② 라노린연고
③ 미스트 번식　　④ 리조카린

【문90】 다음중 생장억제 물질이 아닌
  것은?
　① Cycocel(C.C.C)
　② B-9(비나인)
　③ PCPA
　④ Phosfon-D

【문91】 접목할 때 제일 먼저 생각해야
  하는 것은?
　① 접목시기
　② 접목방법
　③ 접수와 대목의 굵기
　④ 접수와 대목의 친화성

【문92】 접목작업시 접수와 대목이 활착
  되는데 제일 중요한 요소는?
　① 접수나 대목의 길이
　② 접수나 대목의 굵기
　③ 접수와 대목의 수령
　④ 접수와 대목의 형성층

【문93】 다음 접목방법과 해당식물이 잘
  못 연결된 것은?
　① 안접(선인장)　② 호접(단풍나무)
　③ 할접(소나무)　④ 절접(호박)

【문94】 모란접목에서 대목을 공대로 할
  때 실생 몇 년생으로 하나?
　① 1년　　　　　② 2년
　③ 3년　　　　　④ 4년

【문95】 장미의 눈접(芽接)시기로 알맞는
  것은?
　① 2~3월　　　　② 3~4월
　③ 7~8월　　　　④ 9~10월

【문96】 화훼생육에 이로운 토양 미생물
  이 아닌 것은?
　① 암모니아 화성균
　② 아조터박터
　③ 질산화성균
　④ 후사리움균

【문97】 토양의 수분함유량은 토양용수
  량의 어느 정도가 좋은가?
　① 30~40%　　　② 50~60%
　③ 60~75%　　　④ 80~95%

【문98】 토양수분 중에 식물이 사용할
  수 있는 것은?
　① 화합수　　　　② 흡습수
　③ 팽윤수　　　　④ 모관수

【문99】 Na, K, Mg, NH₄의 4가지 비료
  중 토양에 제일 흡착이 잘되는 것은?
　① Na　　　　　　② K
　③ Mg　　　　　　④ NH₄

【문100】 대부분의 화훼가 생육하기 좋
  은 pH의 범위는?
　① 4.0~4.5　　　② 4.5~5.5
　③ 5.5~7.0　　　④ 7.5~8.5

【문101】 식물이 질소성분을 잘 흡수 할
  수 있는 pH정도는?
　① 4.0~5.5　　　② 4.5~6.5
　③ 5.5~8.0　　　④ 6.0~9.5

【문102】 인산성분은 pH7.5 이상에서는
  불용성이 되는데, 이때 인산과 결합
  하여 불용성으로 만드는 원소는?

① N　　　　② K
③ Na　　　④ Ca

【문103】 인산이 Al, Fe 등과 결합하여 불용성이 되는 pH는?
① 5.0이하　　② 6.0이하
③ 7.0이하　　④ 8.0이하

【문104】 식물이 칼리 성분을 잘 흡수 할 수 있는 pH정도는?
① 3.0~4.0　　② 4.5~5.5
③ 5.0~8.0　　④ 7.5~9.5

【문105】 Mn이나 Fe의 성분을 작물이 많이 흡수하는 pH는?
① 5.0이하　　② 6.0이하
③ 7.0이하　　④ 8.0이하

【문106】 강산성(pH5.5 정도)에서 생육이 좋은 화훼가 아닌 것은?
① 메리골드　　② 철쭉
③ 치자　　　　④ 은방울꽃

【문107】 알카리성 토양을 좋아하는 화훼는?
① 제라늄, 선인장
② 아디안텀, 네프로네피스
③ 아제리아, 아나나스
④ 포인세티아, 국화

【문108】 수국꽃은 산성토양에서 Fe, Al 를 흡수하여 꽃색이 어떻게 되는가?
① 적색　　　② 핑크색
③ 청색　　　④ 백색

【문109】 부엽토 재료로 부적합한 것은?
① 밤나무잎, 참나무잎
② 떡갈나무잎, 도토리나무잎
③ 소나무잎, 은행나무잎
④ 단풍나무잎, 아카시아잎

【문110】 철쭉이나 아제리아의 분식용토로 적합한 것은?
① 오스먼더(Osmunda)
② 퍼라이트(Perlite)
③ 수태(Moss)
④ 질석(Vermiculite)

【문111】 토양반응으로는 중성이며 모래보다 1/15가볍고 모래보다 3배 정도로 물을 흡수하는 무균, 무비성인 인조용토는?
① 퍼라이트　　② 질석
③ 경석　　　　④ 피트

【문112】 습지에 퇴적되어 형성된 입단 상으로 된 흙으로 인조용토로 널리 쓰이는 것은?
① 퍼라이트　　② 질석
③ 경석　　　　④ 피트

【문113】 서양란 식재용토로 고비뿌리를 3~5cm 잘라 놓은 것은?
① 오스먼더　　② 사이아데아
③ 스파그넘　　④ 피트모스

【문114】 다음 중에 토양개량제가 아닌 것을 고르시오.
① 소이락　　　② 클리리움
③ 아크릴소일　④ 오오소사이드

【문115】 토양소독약품이 아닌 것을 고르시오.
① 클로로피크린
② 메틸부로마이드
③ 호르마린
④ 버미큐라이트

【문116】 비료 중에 결핍되면 분얼이 적고 잎이 작아지며 생육이 불량해져 꽃까지 피울수 없는 것은 어느 성분인가?
① 질소   ② 인산
③ 칼리   ④ 칼슘

【문117】 카네이션의 악할, 스위트피에 줄기나 잎의 경화 등에 관계된 비료와 시비내용은?
① 질소 과잉   ② 인산 결핍
③ 칼리 과잉   ④ 칼슘 결핍

【문118】 시안아미드태 질소성분을 가지고 있는 비료는?
① 완숙퇴비   ② 초산석회
③ 석회질소   ④ 요소

【문119】 식물의 세포핵 구성물질생성, 에너지 전달효소생성, 엽록소 생성, 분얼증가, 성숙촉진시켜 화비(花肥) 또는 실비(實肥)라하는 비료는?
① 질소   ② 인산
③ 칼리   ④ 마그네슘

【문120】 식물의 탄수화물합성, 동화 산물이동, 세포분열에 작용하고 뿌리의 발달을 높이는 비료는?
① 질소   ② 인산
③ 칼리   ④ 망간

【문121】 결핍증상으로 생장점이 고사하고 가지와 줄기가 굳어지며 포기가 왜소해지는 비료는?
① 마그네슘   ② 망간
③ 석회   ④ 붕소

【문122】 엽록소와 효소의 구성요소로 인산 대사와 광합성에 관계하는 원소는?
① 마그네슘   ② 유황
③ 망간   ④ 붕소

【문123】 식물의 호흡작용에 작용하며 석회과용에서 결핍되며, 산성토양에서는 용출이 많아지는 비료는?
① 구리(Cu)   ② 아연(Zn)
③ 염소(Cl)   ④ 철(Fe)]

【문124】 결핍시 생장점분열이 정지되고 유관속과 유조직이 파괴되어 흑색이 되고 바람들이를 유발하는 비료는?
① 붕소(B)   ② 망간(Mn)
③ 유황(S)   ④ 칼슘(Ca)

【문125】 유리질소고정균의 질소고정작용에 관계하는 원소는?
① 염소   ② 모리브덴
③ 망간   ④ 칼리

【문126】 비료결핍시 엽면시비와의 관계가 잘못 짝지어진 것은?
① 철분 결핍(황산철 0.2~0.5%)
② 아연 결핍(황산아연 0.2~0.5%)
③ 망간 결핍(황산망간 0.2~0.5%)

④ 칼슘 결핍(붕사 0.1~0.3%)

【문127】 엽면시비를 필요로 하지 않을 때는?

① 미량원소 결핍증상이 있을 때.
② 토양조건이 불리할 때.
③ 작물뿌리가 가뭄이나 장마 피해를 입었을 때.
④ 작물이 병충해에 피해를 입고 있을 때.

【문128】 비료요구도가 적은 화훼로 짝지어진 것은?

① 글라디오라스, 아제리아
② 포인세티아, 수국
③ 세인트폴리아, 아스파라거스
④ 카네이션, 페라라고니움

【문129】 분재배하는 화목류 분갈이는 몇 년마다 해야 좋은가?

① 해마다 　　② 2년에 1번
③ 3년에 1번 　④ 4년에 1번

【문130】 온실에서 분재배 경우 1인당 한계관리면적은?

① 100 m^2 　　② 200 m^2
③ 300 m^2 　　④ 400 m^2

【문131】 숙달된 사람이 1일에 할 수 있는 분갈이 수는(5호분 기준)?

① 100~200개 　② 200~300개
③ 500~600개 　④ 800~900개

【문132】 다음 화분 중에 통기성이 좋아 화훼재배에 이용되는 것은?

① 질그릇(燒素盆)
② 화장분(釉藥盆)
③ 낙소분(樂素盆)
④ 지피분(jifty pot)

【문133】 정결한 유리의 광선 투광율은 얼마인가?

① 70~72.5% 　② 80~81.5%
③ 89.2~90% 　④ 93~95.6%

【문134】 햇볕이 유리면을 통과해 60cm 지점에 닿으면 수광율이 어느 정도 되는가?

① 30~40% 　② 50~60%
③ 60~70% 　④ 70~80%

【문135】 햇볕을 좋아하는 양성 화훼는 유리면에서 어느 정도 떨어져야 하나?

① 60cm이내 　② 40cm이내
③ 20cm이내 　④ 10cm이내

【문136】 다음에서 양성 화훼로만 짝지어진 것은?

① 식나무, 백량금
② 비자나무, 전나무
③ 글라디오라스, 페류니아
④ 고사리, 엽란

【문137】 순음성 화훼를 고르시오.

① 세인트폴리아 ② 샐비어
③ 칸나 　　　　④ 시클라멘

【문138】 화훼류 시설재배에서 여름철 시설내에 온도를 낮추기 위한 방법이 될 수 없는 것은?
① 판미스트(Fan and Mist)
② 강제환기법
③ Pad and Fan
④ 점적관수법

【문139】 겨울철 절화나 분화생산은 생육최저온도를 유지해야 한다. 시설내에 온도를 어느 정도 유지되야 하나?
① 8~10℃ 　② 12~15℃
③ 17~18℃ ④ 20~22℃

【문140】 겨울철 시설내에 온도를 보온하기 위해 지붕위에 섶이나 가마니를 덮으면 어느정도 보온효과가 있는가?
① 2℃ 　② 5℃
③ 10℃ ④ 12℃

【문141】 비닐하우스 내에 비닐을 한 겹 더칠 때 2.5cm 간격으로 커텐을 만들면 외기온도보다 어느 정도 보온이 되나?
① 2~3℃ 　② 4~6℃
③ 7~8℃ ④ 10~11℃

【문142】 시설내에 면적이 클 때 유리한 가온 방법은?
① 온수난방 　② 온풍난방
③ 증기난방 ④ 전열난방

【문143】 온풍난방으로 효과를 얻을 수 있는 하우스 면적은?
① 100평 이하
② 300평 이하
③ 500평 이하
④ 1000평 이하

【문144】 시설내 난방 파이프의 굵기는 온탕난방에서는 ∮5mm 정도의 것을 사용하는데 증기난방에서 사용하는 파이프의 굵기는?
① ∮10~20mm ② ∮20~30mm
③ ∮30~50mm ④ ∮60~70mm

【문145】 시설내에 습도가 많고 고온과 환기불량에서 오는 병이 아닌 것은?
① 보토리티스 병 ② 노균병
③ 균핵병 　④ 적성병

【문146】 시설내에 공기습도가 부족할 때 발생하는 충해는?
① 응애, 스립스
② 진딧물, 개각충
③ 흰불나방, 유리나방
④ 야도충, 황금충

【문147】 겨울철 절화재배인 장미의 강제휴면을 위한 단수(斷水) 시기는?
① 1~2월 　② 3~4월
③ 6~7월 ④ 9~10월

【문148】 관화화훼재배시 관수량을 줄여야 하는 시기는?
① 생장초기 　② 휴면기
③ 개화기 ④ 낙화기

【문149】 겨울철 관수는 오전 12시경에 하되 알맞는 수온(水溫)은?

① 5℃정도　　　② 10℃정도

③ 15℃정도　　　④ 20℃정도

【문150】 시설내 관수설비로 파이프호스에 작은 구멍을 만들어 수적(水滴)에 의한 관수로 관엽식물이나 군자란과 같이 재배기간이 긴 화훼의 포기 사이에 배선하는 것은?

① 저면관수법　　② 살수법

③ 적하관수법　　④ 튜브 관수법

【문151】 노즐에 의한 살수관수는 ϕ 20mm 정도의 pvc관에 1m마다 1개의 노즐을 붙이는데 수입이 1~2kg/cm^2일 때는 몇 개 정도의 노즐을 설치할 수 있나?

① 5~10개　　　② 15~20개

③ 25~30개　　　④ 35~40개

【문152】 시설재배에서 탄산까스의 경제적 농도는?

① 0.03%　　　② 0.1~0.5%

③ 0.15%　　　④ 0.3%

【문153】 시설내 탄산까스 시용방법으로 부적당한 것은?

① 액체화 탄산시용

② 고형탄산(Dryice)시용

③ 요소비료 전면살포

④ 푸로판까스 연소

【문154】 공해에 약한 화훼로 짝지어진

것은?

① 다알리아, 글라디오라스

② 페튜니아, 과꽃

③ 금잔화, 스톡크

④ 칸나, 샤스타데이지

【문155】 불화수소까스는 화훼의 엽록소를 감소시켜 광합성에 장해를 주고 건물중(乾物重)이 제한된다. 유해농도는?

① 5~10ppm　　② 25~50ppm

③ 70~80ppm　　④ 100~120ppm

【문156】 반지붕(외지붕)식 온식의 표준나비는 3.6m로 가정월 동용으로 적합하다. 설치방향은 어느동(棟)이 좋은가?

① 동서　　　　② 남북

③ 동남　　　　④ 서북

【문157】 3/4식 온실은 학교실습용 온실로 널리 쓰이며 동서동으로 설치한다. 표준나비는 어느정도가 좋은가?

① 3.6m　　　　② 4.5m

③ 7~9m　　　　④ 10~15m

【문158】 표준나비 7~9m로 설치하는 양지붕식 온실의 알맞은 동(棟)은?

① 동서동　　　② 남북동

③ 동남동　　　④ 서북동

【문159】 시설비는 적게 들지만 가온이 어렵고 눈이 많이 오는 지방에서는 적설의 피해를 입을 수 있는 연동식 온실의 특징은?

① 재배작업이 용이하여 분화재배로 좋다.
② 보온효과는 높은 반면에 환기가 좋지 못하다.
③ 면적이 넓어 절화재배로 좋고 알뿌리 촉성재배도 유리하다.
④ 채광효과가 고르지 못해 작물이 한쪽으로 기울거나 야간보온이 어렵다.

【문160】 온실설치 장소로 불합리한 곳은?
① 따뜻한 남향에 통풍이 잘되는 곳.
② 지하수가 높고 겨울철 풍해가 없는 곳.
③ 주거지에 가깝고 교통이 편리한 곳.
④ 생산물 유통처분이 편리한 곳.

【문161】 전업일 때 필요한 온실의 면적은?
① 100평
② 500평
③ 1000평
④ 2500평

【문162】 겨울철 30cm 적설이 온실에 미치는 중량은?
① $30 \, kg/m^2$
② $60 \, kg/m^2$
③ $90 \, kg/m^2$
④ $120 \, kg/m^2$

【문163】 온실 지붕에는 몇mm 유리를 쓰는가?
① 2mm
② 3mm
③ 5mm
④ 10mm

【문164】 온실의 출입문을 두 짝으로 할 때 한 개의 규격은?
① 50cm×1.5~2m
② 60cm×1.8~2m
③ 70cm×2~2.5m
④ 80cm×2.5~3m

【문165】 온실지붕기울기의 이상적인 각도는?
① 15~20°
② 20~25°
③ 30~35°
④ 35~40°

【문166】 온실내부에 설치하는 시설물이 아닌 것은?
① 물탱크
② 선반(bench)
③ 이랑(bed)
④ 보일러실

【문167】 온실내부 통로폭으로 알맞는 것은?
① 30~45cm
② 45~70cm
③ 60~80cm
④ 80~100cm

【문168】 베드나 벤치 폭으로 알맞는 것은?
① 벽면 30~40cm, 중앙 45~50cm
② 벽면 45~60cm, 중앙 60~70cm
③ 벽면 75~80cm, 중앙 1.2~1.5m
④ 벽면 1.0~1.2m, 중앙 1.5~2.0m

【문169】 베드나 벤치 높이로 알맞는 것은?
① 베드 10cm, 벤치 30cm
② 베드 20cm, 벤치 30cm
③ 베드 30cm, 벤치 60~70cm
④ 베드 40cm, 벤치 70~80cm

【문170】 소형온상의 표준규격은?
① 폭 100~120cm, 길이 1.2m
② 폭 120~130cm, 길이 1.5m

③ 폭 120~180cm, 길이 3.6m

④ 폭 120~130cm, 길이 5.4m

【문171】 양열온상에 양열재료로 부적합한 것은?

① 볏짚　　　　② 낙엽

③ 외양간 퇴비　④ 완숙퇴비

【문172】 양열온상에서 발열이 잘 될 수 있는 C/N율은?

① 10　　　　② 20

③ 30　　　　④ 40

【문173】 양열재료의 발열에 알맞는 수분량은 중량으로 건조원재료의 어느 정도가 좋은가?

① 1.0~1.5배　② 1.5~2배

③ 2~2.5배　　④ 4~4.5배

【문174】 직근성 초화로 이식을 싫어하여 직파(直播)하는 것이 아닌 것은?

① 루피너스　　② 스위트피

③ 양귀비　　　④ 코스모스

【문175】 스토크의 겹피기품종감 해당하지 않는 내용은?

① 떡잎이 황록색이며 짧은 타원형이다.

② 생장력이 강하고 본잎 8매때 거치엽이 된다.

③ 잎의 표면에 기복이 있다.

④ 떡잎 끝이 오목하게 갈라진다.

【문176】 증산억제제로 쓰이는 것을 고르시오.

① CCC　　　　② MH

③ ABA　　　　④ OED

【문177】 정식을 위한 모종이식은 흐린 날 저녁이 좋다. 이식시 관수가 올바르게 된 것은?

① 이식 1일전 충분한 관수를 한다.

② 이식전에는 관수를 하지 않는다.

③ 이식 2시간전 충분한 관수를 한다.

④ 이식전에 관수는 하지 않지만 이식 즉시 충분한 관수를 한다.

【문178】 다음제초제 중 비선택성 제초제는?

① Tenoran(토양처리)

② 1Pc(토양처리)

③ Siduron(토양처리)

④ Trietajine(경엽처리)

【문179】 화훼재배에서 적심(摘芯)이 필요없는 종류는?

① 거어베라　　② 카네이션

③ 국화　　　　④ 페튜니아

【문180】 화훼가 자람에 따라 그물(net) 유인법을 쓰는 것은?

① 나팔꽃　　　② 능소화

③ 다알리아　　④ 카네이션

【문181】 종자소독약으로 약효가 없는 것은?

① 르베론(Ruberon), 아라산(Arasan)

② 파이곤(Phygon), 리오겐(Riogen)

③ 우스프론(Uspulun), 포마솔
   (Pomasol)
④ 다이젠(Dithane), 노크메트
   (Nocmate)

【문182】 모자이크 병의 병징이 아닌 것은?
① 위축　　　　② 기형
③ 변색　　　　④ 낙엽

【문183】 국화의 흑수병과 백수병의 발생시기 차이는?
① 흑수병(9월), 백수병(3~5월)
② 백수병(3~5월) 흑수병(3~5월)
③ 흑수병(3~5월), 백수병(9월)
④ 백수병(5~6월), 흑수병(10월)

【문184】 비닐 하우스 재배에서 장미에 많이 발생하는 병은?
① 탄저병　　　　② 흰가루병
③ 균핵병　　　　④ 바이러스 병

【문185】 작약, 금어초, 장미 등의 뿌리에 발생하는 뿌리혹병은 선충에 의해 혹이 생성한다. 선충구제약은?
① D.D　　　　② 석회유황 합제
③ 보르도 액　　④ MH

【문186】 진딧물구제에 유효한 농약은?
① 엔드린　　　　② 알드린
③ 헵타클로르　　④ 메타시스톡스

【문187】 응애(Red spider) 구제에 효과적인 농약은?
① 켈센　　　　② 오소사이드

③ 클론　　　　④ 포메이트

【문188】 국화재배에서 브라인(blind) 현상인 버들눈(柳葉)이 형성되는 원인은?
① 3~5일 단일하에서 있다가 장일이 10~15일 계속된 후.
② 10~15일 장일하에서 있다가 단일이 3~5일 계속된 후.
③ 1~2달 단일하에 있다가 장일이 1~2달 계속된 후.
④ 1~2달 단일하에 있다가 장일이 3~5달 계속된 후.

【문189】 탈춘화현상의 원인은 국화에서 어느 때 일어나는가?
① 단일, 저온　　② 장일, 고온
③ 고온, 일장　　④ 저온, 일장

【문190】 구근의 수확저장 중에 화아분화가 되는 것은?
① 글라디오라스　② 튜립
③ 백합　　　　④ 다알리아

【문191】 국화에서 가을에 발생하는 동지아(冬至芽)가 정상적인 발육 하지 못하고 로제트(Rosette)를 형성하는 이유는?
① 고온처리가 안 되었다.
② 저온처리가 안 되었다.
③ 장일처리가 안 되었다.
④ 단일처리가 안 되었다.

【문192】 상대적 단일 식물이 아닌 것은?
① 메리골드　　② 다알리아
③ 백일홍　　④ 국화

【문193】 상대적 장일식물이 아닌 것은?
① 카네이션　　② 페튜니아
③ 금어초　　④ 나팔꽃

【문194】 단일성 화훼(SDP)가 아닌 것은
고르시오.
① 금잔화　　② 국화
③ 나팔꽃　　④ 포인세티아

【문195】 장일성 화훼(LDP)가 아닌 것은
고르시오.
① 카네이션　　② 페튜니아
③ 금잔화　　④ 카란코애

【문196】 중간성 화훼(LMP)를 고르시오.
① 페튜니아, 금잔화
② 튜립, 장미
③ 국화, 나팔꽃
④ 포인세티아, 카네이션

【문197】 글라디오라스의　화학적　휴면
타파약제는?
① 아세틸렌
② 에틸렌클로로히드린
③ 청산까스
④ 호르마린

【문198】 휴면의 심도가 깊은 구근은?
① 백합, 튜립
② 수선,구근 아이리스

③ 글라디오라스, 프리지아
④ 히야신스, 다알리아

【문199】 휴면을 하지 않는 구근은?
① 다알리아, 아마릴리스
② 백합, 글라디오라스
③ 수선, 튜립
④ 프리지아, 칸나

【문200】 차광재배로 개화촉진되는 화훼
가 아닌 것은?
① 포인세티아　　② 국화
③ 팬지　　④ 나팔꽃

【문201】 전조재배로 개화촉진되는 화훼는?
① 스토크　　② 국화
③ 포인세티아　　④ 나팔꽃

【문202】 전조재배로　개화가　억제되는
화훼는?
① 국화　　② 칼세오나리아
③ 프리뮬라　　④ 금어초

【문203】 시클라멘의　개화촉진을　위한
지베렐린 처리농도는?
① 5～10ppm
② 50～100ppm
③ 100～400ppm
④ 400～500ppm

【문204】 아나나스의　개화촉진을　위한
약제는?
① B-nine　　② CCC
③ 아세틸렌　　④ 지베렐린

【문205】 식물생장억제제제가 아닌 것을 고르시오.
① Amo-1618　　② phosfen-D
③ B-9　　　　　④ Florigen

【문206】 B-nine 사용방법 중에 잘못된 것은?
① 엽면살포를 한다.
② 토양에 주입한다.
③ 4000~8000ppm으로 사용한다.
④ 개엽(開葉) 전에 사용한다.

【문207】 곁눈방제(맹아억제)에 쓰이는 생장억제제제는?
① CCC　　　　② Amo-1618
③ B-nine　　　④ MH

【문208】 발근촉진에 이용되는 약제가 아닌 것은?
① Rooton　　　② Trans Planton
③ Tali　　　　④ Abscisinic acid

【문209】 화훼의 육종목표가 아닌 것은?
① 화색과 화형
② 화기(花期)와 꽃의 수명
③ 내병성과 이용성
④ 소륜화와 홑피기

【문210】 품종이나 계통간의 교잡으로 F^2의 형질분리비는?
① 3 : 1　　　　② 1 : 2 : 1
③ 9 : 3 : 3 : 1　④ 1 : 3 : 1

【문211】 화훼육종에서 화포(花苞)가 꽃잎

화한 것은?
① 포인세티아　② 모란
③ 봉선화　　　④ 금잔화

【문212】 개화중에 그 중심 또는 꽃 사이에서 다시 꽃이 피는 형태를 관성(貫性)이라 하는데 이에 해당하는 화훼는?
① 다알리아, 백합
② 국화, 카네이션
③ 장미, 매화
④ 분꽃, 채송화

【문213】 시클라멘 품종에서 겹핍기종은?
① Persicum　　② Double
③ Papillio　　　④ Rococo

【문214】 인공교배에 알맞는 시각은?
① 오전 6~7시
② 오전 8~9시
③ 오전 10~12시
④ 오후 2~4시

【문215】 자가수분을 주로 하는 화훼는?
① 나팔꽃　　　② 금잔화
③ 백일홍　　　④ 메리골드

【문216】 타가수분을 주로 하는 화훼는?
① 채송화　　　② 일일초
③ 스톡크　　　④ 아스타(과꽃)

【문217】 인위적 돌연변이를 유발할 수 있는 것이 아닌 것은?
① 자외선　　　② 적외선
③ 방사선　　　④ 전극선

【문218】 배수체 작출을 위한 콜히친을 생장점에 처리할 때 농도는?

① 0.05~0.2%　② 0.1~1.0%

③ 0.5~2.5%　④ 1~10%

【문219】 배수체 작출을 위한 콜히친 처리방법이 아닌 것은?

① 살포법　② 침지법

③ 적하법　④ 라놀린 연고법

【문220】 절화보존에 적당한 온·습도는?

① 15℃(90~95%)

② 5℃(70~75%)

③ 10℃(80~85%)

④ 0℃(90~95%)

【문221】 절화수명연장 방법으로 잘못된 것은?

① 물속자르기　② 절구불태우기

③ 식염처리　④ 알콜첨가

【문222】 종자저장에 알맞는 온·습도는?

① 1~5℃(45%)

② 0~5℃(20%)

③ 5~10℃(60%)

④ 1~10℃(80%)

【문223】 수확한 구근을 상자에 펴서 널어말려야 하는 것은?

① 백합　② 칸나

③ 글라디오라스　④ 진저어

【문224】 수확한 구근을 마르지 않게 젖은 상태로 저장하는 것은?

① 튜립　② 히야신스

③ 프리지아　④ 칸나

【문225】 튜립 구근 선별에서 등급별 무게가 틀리는 것은?

① 특급(20~30g)

② 1등급(15~20g)

③ 2등급(10~15g)

④ 하급(3g이하)

【문226】 가을철 알뿌리저장에 알맞는 온·습도는?

① 0℃(60~70%)

② 5℃(75~80%)

③ 10℃(10~20%)

④ 10℃(80~90%)

【문227】 알뿌리저장 전에 상처난 것은 큐어링시켜 저장중에 부패를 예방하는데 알맞는 방법은?

① 10~15℃(60~70%) 1일

② 15~25℃(70~80%) 2일

③ 22~37℃(89~96%) 1일

④ 25~35℃(30~40%) 2일

【문228】 건조화(Dry flower)로 할 수 없는 꽃은?

① 로단데　② 천일홍

③ 채송화　④ 밀짚꽃

【문229】 절화의 소비량이 가장 많은 시기는?

① 12~2월　② 3~4월

③ 5~6월　④ 7~8월

【문230】 건물이나 담장 따라 길게 만든 화단으로 화단 뒤쪽은 키 큰 것과 앞쪽에 키 작은 초화를 심어 입체적으로 만드는 화단은?
① 침상(沈床)화단
② 노단(露壇)화단
③ 기식(寄植)화단
④ 경재(境栽)화단

【문231】 원형이나 각형의 화단으로 중앙에 키 큰 초화나 키작은 관목을 심고 가장자리로 차츰 키작은 초화로 만든 화단은?
① 기식화단(모듬화단)
② 경재화단(살피화단)
③ 모전화단(양탄자화단)
④ 포석화단(옹벽화단)

【문232】 잔디밭이나 광장 가운데 원형, 각형, 타원형 화단을 만들고 키작은 초화로 문양이나 글씨를 만드는 화단은?
① 리본화단(帶狀화단)
② 포석화단(鋪石화단)
③ 모전화단(毛氈화단)
④ 수재화단(水栽화단)

【문233】 1m 정도의 깊이로 웅덩이를 파고 그 속에 초화를 심어 만든 화단은?
① 옥상화단
② 창가화단
③ 이동화단
④ 침상화단

【문234】 다음의 초화 중 연작을 싫어하는 것은?
① 나팔꽃
② 과꽃
③ 샐비어
④ 채송화

【문235】 시네나리아의 개화촉진에 필요 조건은?
① 고온단일
② 고온장일
③ 저온단일
④ 저온장일

【문236】 프리뮬라의 파종적기를 고르시오.
① 4월
② 6월
③ 8월
④ 10월

【문237】 다음 화훼에서 종자가 미세종자인 것은?
① 과꽃
② 백합
③ 샐비어
④ 철쭉

【문238】 종자의 발아 수명이 가장 짧은 것을 고르시오.
① 거어베라
② 페튜니아
③ 봉선화
④ 금어초

【문239】 다음 국화 중에 적심하지 않아도 분지하여 반구형의 포기가 되므로 분식이나 화단용으로 널리 쓰이는 것은?
① 포트멈
② 큐션멈
③ 스프레이국
④ 소륜국

【문240】 국화가 화아분화(花芽分化)하는 일조시간은?
① 14시간 이하
② 16시간 이하

③ 18시간 이하
④ 20시간 이하

【문241】 분식용(盆植用) 국화로 연중출하 조절을 할 수 있는 것은?
① 큐션멈
② 포트멈
③ 현애국
④ 분재국

【문242】 국화가 화아분화된 후 어느 정도 일장이어야 정상적으로 발육 하는가?
① 13시간반 이하
② 15시간반 이하
③ 16시간반 이하
④ 18시간반 이하

【문243】 국화절화 재배시 중륜국으로 할 대 3.3㎡당 절화재배 본수는?
① 100본
② 300본
③ 500본
④ 700본

【문244】 국화 전등조명 재배시 몇 시간 이상의 전조가 필요한가?
① 12시간
② 13시간 30분
③ 16시간
④ 18시간

【문245】 국화의 춘화처리 감응이 소멸되는 원인은?
① 냉온장일
② 고온장일
③ 냉온단일
④ 고온단일

【문246】 국화 차광절화 재배시 차광 개시일은 개화기보다 어느 정도로 사전에 시작되어야 하나?

① 30일
② 50일
③ 70일
④ 90일

【문247】 국화재배에서 10월 중하순경 동지아(冬至芽)를 가꾸어 개화시킬 수 있는 것은?
① 하국(억제)
② 추국(촉성)
③ 동국(억제)
④ 한국(촉성)

【문248】 국화 지하경은 고온장일 하에서 발아하여 자라지만, 근출엽(根出葉)만 나와 로젯트 상태로 휴면하는 현상은?
① 저온단일
② 저온장일
③ 고온단일
④ 고온장일

【문249】 국화촉성재배를 위한 차광은 초장(草長)과 일조가 중요하다. 다음에서 알맞게 연결된 것은?
① 10cm(6~7시간)
② 20cm(7~8시간)
③ 30cm(9~10시간)
④ 40cm(14~16시간)

【문250】 국화억제재배를 위한 전조는 1간에 60w 전등 1개씩 일몰직전부터 오후 9~10시까지 실시하는데 전등은 생장점에서 어느 정도 떨어져야 하나?
① 10cm
② 30cm
③ 50cm
④ 100cm

【문251】 국화전조재배시 100w 반사갓등 1개의 효과반경은?

① 5㎡　　　　② 10㎡

③ 13㎡　　　　④ 20㎡

【문252】 국화전조재배시 100w 백열전구
의 효과적인 높이는?

① 50cm　　　　② 100cm

③ 150cm　　　　④ 200cm

【문253】 절화국화의 차광촉성재배시 차
광을 시작한 후 몇 일정도면 화아분
화가 되는가?

① 4~5일　　　　② 7~10일

③ 10~15일　　　　④ 15~20일

【문254】 국화전조재배시 조명을 중지하
고 야간 온도를 15℃ 정도로 유지하
면 몇 일정도에서 꽃눈이 분화해서
발달하나?

① 5일　　　　② 10일

③ 15일　　　　④ 20일

【문255】 국화는 화아분화가 되고 그 후
며칠 전후에서 개화되나?

① 10일　　　　② 20일

③ 30일　　　　④ 40일

【문256】 국화전조재배시 야간온도가 어
느 정도 이하이면 화아분화가 중지
되는가?

① 5℃　　　　② 10℃

③ 15℃　　　　④ 20℃

【문257】 국화전조재배시 경제적인 조명
의 밝기는?

① 5~10Lux　　　② 15~20Lux

③ 15~30Lux　　　④ 35~40Lux

【문258】 군자란은 실생에서 개화까지
몇 년이나 걸리나?

① 1~2년　　　　② 3~4년

③ 4~5년　　　　④ 7~8년

【문259】 군자란의 종자는 개화 후 어느
정도 후에 완숙되는가?

① 1달　　　　② 5달

③ 10달　　　　④ 15달

【문260】 번식은 실생, 삽목, 분주 등이
가능하나 보통 엽병삽(葉柄揷)을 주로
하는 화훼는?

① 군자란　　　　② 국화

③ 세인트폴리아　　④ 튜립

【문261】 삽목으로 번식할 때 절구(切口)
를 그늘에 2~3일 말렸다가 하는 화
훼는?

① 카네이션　　　② 제라늄

③ 국화　　　　④ 베고니아

【문262】 사계성 카네이션을 작출한 사
람은?

① 영국의 햄프리

② 미국의 리챠드

③ 프랑스의 달메

④ 독일의 휴스턴

【문263】 온실용 카네이션의 주 품종은?

① 보우더 카네이션

② 샤바우 카네이션
③ 그레나딘 카네이션
④ 페어페츄얼 카네이션

【문264】 카네이션의 화아형성에 필요한 일장(日長) 관계는?
① 단일성　　② 장일성
③ 단일, 장일성　④ 중일성

【문265】 카네이션의 번식 방법은?
① 실생　　② 엽아삽
③ 근삽　　④ 분주

【문266】 카네이션 삽아량은 3.3㎡당 몇 본 꽂을 수 있나?
① 5,000~6,000본
② 9,000~10,000본
③ 10,000~20,000본
④ 12,000~15,000본

【문267】 1주(株)의 카네이션에서 얻을 수 있는 삽아(揷芽)량으로 코랄(Coral)-적색소륜인 경우는?
① 1~2본　　② 4~5본
③ 8~10본　　④ 15~20본

【문268】 카네이션 삽수 채취는 1주(株)를 3등분할 때 어느 부위가 제일 좋은가?
① 상부위
② 중부위
③ 하부위
④ 부위와 관계없다

【문269】 글라디오라스의 화아분화는 어느 때 시작되나?
① 알뿌리 갱신시 ② 발아시
③ 본엽이 2매시　④ 본엽이 6매시

【문270】 견인근(수축근)을 가지는 구근을 고르시오.
① 글라디오라스　② 백합
③ 칸나　　④ 다알리아

【문271】 글라디오라스의 번식방법으로 불가능한 것은?
① 실생　　② 분구
③ 목자　　④ 삽목

【문272】 글라디오라스의 목자는 1a당 어느 정도 필요한가?
① 1~2ℓ　　② 4~6ℓ
③ 10~12ℓ　④ 15~16ℓ

【문273】 글라디오라스 구근굴취 적기는?
① 잎이 황변했을 때.
② 잎이 녹색일 때.
③ 잎이 고사했을 때.
④ 잎의 변화는 없고 잎이 7장일 때.

【문274】 글라디오라스는 3달정도 휴면하는데 촉성재배를 위한 휴면타파 약제는?
① 우스프론
② 지베렐린
③ 클로로피크린
④ 에릴렌클로로히드린

【문275】 글라디오라스 촉성재배 품종이
　　　　 아닌 것은?
　　① 발레리아　　② 파이어브랜드
　　③ 헥타　　　　④ 서프사이드

【문276】 글라디오라스 촉성재배에서 문
　　　　 제가 되는 브라인드(Blind) 발생원인
　　　　 은?
　　① 고온장일　　② 저온단일
　　③ 고온단일　　④ 저온장일

【문277】 글라디오라스의 화아분화와 관
　　　　 계되지 않는 것은?
　　① 온도　　　　② 수분
　　③ 영양　　　　④ 일장

【문278】 글라디오라스의　촉성재배에서
　　　　 전등조명시기는?
　　① 식재시부터
　　② 본잎 1~2장부터
　　③ 본잎 4~5장부터
　　④ 본잎 6~7장부터

【문279】 다음 구근 중에 번식으로 실생,
　　　　 삽목, 접목, 분구가 가능한 것은?
　　① 글라디오라스 ② 시클라멘
　　③ 다알리아　　④ 히야신스

【문280】 다알리아 품종에서 종자로 육
　　　　 묘하는 것은?
　　① 드와프　　　② 폼폰
　　③ 캑터스　　　④ 데커러티브

【문281】 백합의 인편 번식시기는?

　　① 3~4월　　　② 5~6월
　　③ 9~10월　　　④ 11~12월

【문282】 튜립(윌리엄피트)의 예비 냉장을
　　　　 위한 저온처리는?
　　① 5~10℃(1주간)
　　② 10~15℃(2주간)
　　③ 15~20℃(3주간)
　　④ 15~20℃(4주간)

【문283】 튜립(윌리엄피트)의 본냉장 온도
　　　　 와 기간은?
　　① -2~-3℃(10일)
　　② 0~3℃(45~50일)
　　③ 0~1℃(20~30일)
　　④ 5~10℃(60~90일)

【문284】 튜립의 화아분화시기는?
　　① 1~2월　　　② 3~4월
　　③ 5~6월　　　④ 7~8월

【문285】 튜립의 절화를 위한 채화적기는?
　　① 꽃봉오리 발생시
　　② 화색의 착색 즉시
　　③ 화색이 착색하고 2일 후
　　④ 완전 개화 후

【문286】 수경재배에 많이 쓰이는 알뿌
　　　　 리는?
　　① 글라디오라스　② 백합
　　③ 튜립　　　　④ 히야신스

【문287】 다음 알뿌리 중에 백합과에 속
　　　　 하는 것은?
　　① 아마릴리스　② 튜립

③ 시클라멘　　④ 수선화

【문288】 글록시니아는 고온성 구근으로 주로 온실재배를 하는데 온도가 어느 정도 이하에서는 생육이 정지되는가?
① 30℃이하　　② 25℃이하
③ 20℃이하　　④ 15℃이하

【문289】 글록시니아 구근이 저온의 영향으로 완전히 썩는 온도는?
① 2~3℃　　② 7~8℃
③ 10~12℃　　④ 12~13℃

【문290】 글록시니아는 실생재배를 주로 하는 알뿌리다. 종자 특성은?
① 미세종자(호광성)
② 단명종자(협광성)
③ 대립종자(협광성)
④ 장명종자(화광성)

【문291】 시클라멘을 종자파종재배시 개화까지 소요기간은?
① 6개월　　② 10개월
③ 15개월　　④ 24개월

【문292】 시클라멘 종자파종시 적기는?
① 2~3월　　② 4~5월
③ 7~8월　　④ 9~10월

【문293】 시클라멘은 본잎이 몇 장 이상이 되야 꽃봉오리가 생기는가?
① 5매　　② 10매
③ 15매　　④ 20매

【문294】 아마릴리스 번식방법이 될 수 없는 것은?
① 실생번식　　② 분구번식
③ 인편번식　　④ 접목번식

【문295】 아마릴리스 인편번식시 구근둘레가 25㎝ 정도되면 몇 개의 인편으로 분할할 수 있나?
① 10개　　② 16개
③ 32개　　④ 48개

【문296】 아마릴리스의 인편번식시기?
① 1~2월　　② 3~4월
③ 5~6월　　④ 11~12월

【문297】 아마릴리스 품종 중에 대륜 품종으로 인편번식만 하는 것은?
① 루드윗히
② 갱사(更沙)
③ 고성적화검판(高性赤花劍瓣)
④ 고성적화환판(高性赤花丸瓣)

【문298】 아마릴리스 실생번식으로 개화구가 되려면 어느 정도 걸리나?
① 1~2년　　② 3~5년
③ 6~7년　　④ 9~10년

【문299】 프리지아재배에서 냉장구를 쓰는 조기촉성시 디버날리제이션(Disver-nalization)이 일어나는 원인은?
① 기온 10℃ 이상
② 지온 0℃ 이하
③ 기온 30℃ 이상
④ 지온 25℃ 이상

【문300】 프리지아 조기촉성재배를 위한 저온처리온도와 기간은?
① 0℃에 10일
② 3℃에 20일
③ 5℃에 10일
④ 10℃에 40일

【문301】 관엽식물로 재배되는 고무나무는 어느 과(科) 식물인가?
① 뽕나무과
② 차나무과
③ 백합과
④ 가지과

【문302】 관엽식물로 재배되는 양치류(고사리류)가 아닌 것은?
① 사라세니아
② 아디안텀
③ 네플로네피스
④ 박쥐란

【문303】 물이끼(水苔)에 심어 가꿀 수 없는 화훼는?
① 아나나스
② 프테리스
③ 산스베리아
④ 철쭉

【문304】 카바이트로 사용하여 화아분화를 유도할 수 있는 화훼는?
① 아나나스
② 아스파라가스
③ 포인세티아
④ 야자

【문305】 다음 야자과 식물 중에 내한성이 강한 것은?
① 아레카
② 호웨아(켄티아)
③ 피닉스
④ 와싱토니아

【문306】 야자종자의 발아 적온은?
① 10~15℃
② 20~25℃
③ 25~30℃
④ 35~40℃

【문307】 동백에 많이 발생하는 병해와 충해는?
① 탄저병과 진딧물
② 흰가루병과 응애
③ 그을음병과 깍지벌레
④ 적성병과 흰불나방

【문308】 수국의 화아분화(花芽分化)에 적합한 온도는?
① 0℃이하
② 5℃이하
③ 10℃이하
④ 18℃이하

【문309】 현재 가장 많이 재배되는 4계성 대륜장미는?
① 하이브리드 페페튜얼
② 하이브리드 티이
③ 폴리언터
④ 플로리 번더

【문310】 장미 하계전정으로 7월 하순에서 8월 하순경에 실시하면 몇 일 후에 다시 개화하나?
① 20~30일
② 45~60일
③ 60~90일
④ 90~100일

【문311】 절화장미를 채화하는 시기는?
① 착색되기전 봉오리 때
② 착색되고 개화 직전
③ 착색되어 봉오리 전개시
④ 완전개화 후 화기가 보일 때

【문312】 장미에 많이 발생하는 병으로, 노지에서는 5~6월과 9월에 하우스에서는 2~3월에 잎이나 꽃봉오리, 줄기에 나타나는 병은?
① 회색곰팡병　② 흰가루병
③ 노균병　④ 탄저병

【문313】 철쭉의 삽목용토로 부적합한 재료는?
① 퍼라이트　② 버미큐라이트
③ 적토　④ 부엽토

【문314】 포인세티아 삽아 채취시기는?
① 1~2월　② 2~3월
③ 7~8월　④ 11~12월

【문315】 포인세티아 삽목시 주의 사항이 아닌 것은?
① 건강한 모주에서 채취한다.
② 절구를 물에 담가 유즙을 뺀다.
③ 잎을 제거해서 발근을 돕는다.
④ 절구에 진흙경단꽂이를 한다.

【문316】 포인세티아의 자연적인 화아분화 시기는?
① 7월 7일경
② 8월 8일경
③ 9월 9일경
④ 10월 10일경

【문317】 포인세티아 겨울철 온도 관리로 알맞은 것은?
① 주간 20~25℃ 야간 12℃ 이상
② 주간 15~20℃ 야간 5℃ 이상
③ 주간 10~15℃ 야간 10℃ 이상
④ 주간 30~35℃ 야간 20~25℃

【문318】 페튜니아 종자 파종관리를 잘못한 것은?
① 산파 후 복토하지 않고 진압을 손바닥으로 한다.
② 비닐이나 판유리를 덮어서 습도와 온도를 유지시킨다.
③ 판유리나 비닐 위에 신문지를 덮어 햇볕을 약하게 조절한다.
④ 물주기는 가느다란 물뿌리게로 용토 표면만 적신다.

【문319】 페튜니아는 4~5월경 장일(長日)에 모종이 도장하므로 억제제를 한차례 살포하는데 알맞게 된 것은?
① 1AA(0.2%액)
② B-9(0.2%액)
③ 지베렐린(10ppm)
④ CCC(10ppm)

【문320】 과꽃의 정상적인 발육개화 조건은?
① 16시간 이상의 장일과 10℃ 이상의 온도
② 15시간 이하의 단일과 10℃ 이하의 온도
③ 12시간 이하의 단일과 20℃ 이상의 온도
④ 10시간 이하의 단일과 10℃ 이하의 온도

【문321】 과꽃이 로젯트(Rosette) 상태로 근출엽만 발생하는 원인은?

① 고온장일　　② 고온단일
③ 저온장일　　④ 저온단일

【문322】 일 년생 초화 중에 연작을 싫어하는 것은?
① 과꽃　　　　② 채송화
③ 코스모스　　④ 분꽃

【문323】 과꽃 전조재배시 60w 전구 1개를 정부(頂部) 1.2m 높이에서 작동시킬 때 유효거리는?
① 3㎡　　　　② 6㎡
③ 9㎡　　　　④ 12㎡

【문324】 과꽃의 병해 중에 생장점 부근의 어린 잎이 황록색 그물 같은 상태가 되어 줄기나 마디의 생장 정지되고 위축되는 병은?

① 녹병(銹病)
② 모잘록 병(立枯病)
③ 풋마름병(靑枯病)
④ 바이러스 병(萎黃病)

【문325】 종자가 딱딱해서 종피(種皮)에 상처를 주고 파종해야 발아가 잘 되는 것은?

① 과꽃　　　　② 봉선화
③ 코스모스　　④ 맨드라미

【문326】 일회의 단일처리로 화아가 형성되는 화훼는?
① 포인세티아　② 국화
③ 나팔꽃　　　④ 코스모스

【문327】 상대적 단일식물이 아닌 것은?
① 다알리아　　② 메리골드
③ 백일홍　　　④ 페튜니아

【문328】 상대적 장일식물을 고르시오.
① 페튜니아　　② 코스모스
③ 국화　　　　④ 나팔꽃

【문329】 화단용 메리골드 품종과 절화용 메리골드 품종이 짝지어진 것은?
① 프렌치-아프리칸
② 크리스타타-푸루모사
③ 몽브랑-브루엘프
④ 시넨서스-오브코니카

【문330】 샐비어에 대한 설명으로 잘못된 것은?
① 30℃에서 생육한 것보다 20℃에서 생육한 것이 키가 크다.
② 브라질 원산의 다년초지만 우리나라에서는 춘파 1년 초다.
③ 장일조건에 의해 개화억제되고 춘추파종 구별이 없다.
④ 자동차배기 가스에 매우 강해 가로화단에 적합하다.

【문331】 팬지 종자의 발아적온은?
① 5~10℃　　② 10~20℃
③ 20~25℃　　④ 25~30℃

【문332】 팬지종자는 8~9월 파종하는데 파종의 장해 요인은?
① 10시간　단일
② 20℃ 정도 상온

③ 30℃ 이상 고온

④ 16시간 이상의 장일

【문333】 다음 베고니아 품종 중에 한해
살이로 취급하여 종자번식되는 것은?

① 베고니아 셈파프로렌스

② 베고니아 렉스

③ 베고니아 마소니아

④ 구근 베고니아

【문334】 다음 화훼 중에 2년초가 아닌
것은?

① 종꽃　　② 디키탈리스

③ 스위트피　　④ 스위트 윌리암

【문335】 다음에서 가장 미세한 종자를
고르시오.

① 아게라텀　　② 칼세오나리아

③ 가랑코애　　④ 페튜니아

【문336】 다음 종자 중에 무게가 가벼운
경량종자는?

① 채송화　　② 시네나리아

③ 백합　　④ 군자란

【문337】 미세종자 파종방법으로 잘못된
것을 고르시오.

① 저면 관수한다.

② 종자를 가는 모래와 혼합해 뿌린다.

③ 복토하지 않고 진압한다.

④ 재배지에 직파한다.

【문338】 채파해야 발아가 잘 되는 종자는?

① 아마릴리스　　② 시클라멘

③ 다알리아　　④ 칸나

【문339】 선인장 화분재배에서 올바르게
된 것은?

① 비료가 필요 없는 사막에 사는 식
물이므로 시비할 필요 없다.

② 열대 사막에 사는 고온종이므로
따뜻한 온실에서 기른다.

③ 용토가 산성이 되므로 1~2년마
다 석회를 넣는 분갈이를 한다.

④ 겨울철에도 충분한 관수를 하여
마르지 않게 한다.

【문340】 선인장 싱생번식으로 잘못된
것을 고르시오.

① 파종은 4월~9월 한다.

② 용토를 모래만 사용한다.

③ 저면관수한다.

④ 부엽토로 복토한다.

【문341】 선인장 종류 중에 기둥선인장
은 다음에서 어느 것인가?

① 오픈티아(Opuntia)

② 세레우스(Cereus)

③ 프라이레아(Frailea)

④ 에키노프시스(Echinopsis)

【문342】 다음 중에 다육식물(多肉植物)이
아닌 것은?

① 용설란(Agaue)

② 크라슐라(Crassula)

③ 알로애(Aloe)

④ 마밀라리아(Mamillaria)

【문343】 다음 산스베리아 중에 복륜 산스베리아는?

① 제이라니카　② 로우렌티
③ 니두스　④ 스탁키이

【문344】 다음 서양란 중 생육최저온도가 가장 낮은 것은?

① 팔레노프시스
② 카틀레야
③ 온시디움
④ 덴드로비움 노빌레

【문345】 생장점 배양으로 육성한 모종의 명칭은?

① 카네이틴　② 메리클론
③ 캘루스　④ 큐어링

【문346】 다음에 난과 식물 중에 고온성 난을 고르시오.

① 심비디움　② 셀로지네
③ 반다　④ 온시디움

【문347】 난종자의 무균파종법으로 배양한 모종의 1차 이식은?

① 1개월　② 6개월
③ 12개월　④ 24개월

【문348】 의구경(벌브)를 형성하는 서양란은?

① 팔레노프시스　② 반다
③ 칼란테　④ 카틀레아

【문349】 우리나라의 4대 절화가 아닌 것은?

① 국화　② 카네이션
③ 백합　④ 튜립

【문350】 세계적인 3대 채종지가 아닌 곳은?

① 로스엔젤레스
② 삽뽀로
③ 코펜하겐
④ 카나리아섬

해답

1. ③	2. ①	3. ④	4. ④	5. ④	6. ②	7. ①	8. ②	9. ③	10. ②
11. ③	12. ③	13. ①	14. ①	15. ④	16. ③	17. ④	18. ②	19. ①	20. ②
21. ②	22. ③	23. ①	24. ④	25. ①	26. ④	27. ③	28. ③	29. ②	30. ②
31. ①	32. ①	33. ④	34. ②	35. ①	36. ③	37. ④	38. ②	39. ②	40. ①
41. ③	42. ③	43. ③	44. ④	45. ④	46. ③	47. ①	48. ①	49. ①	50. ②
51. ②	52. ③	53. ②	54. ④	55. ②	56. ④	57. ①	58. ④	59. ①	60. ②
61. ③	62. ②	63. ②	64. ②	65. ③	66. ②	67. ③	68. ④	69. ④	70. ①
71. ③	72. ③	73. ①	74. ①	75. ③	76. ③	77. ④	78. ①	79. ④	80. ①
81. ①	82. ④	83. ①	84. ④	85. ①	86. ④	87. ④	88. ④	89. ①	90. ③

91. ④	92. ④	93. ④	94. ④	95. ③	96. ④	97. ③	98. ④	99. ①	100. ③
101. ③	102. ④	103. ①	104. ③	105. ①	106. ①	107. ①	108. ③	109. ③	110. ③
111. ②	112. ④	113. ①	114. ④	115. ④	116. ②	117. ①	118. ③	119. ②	120. ③
121. ③	122. ①	123. ④	124. ①	125. ③	126. ④	127. ④	128. ①	129. ①	130. ①
131. ②	132. ④	133. ③	134. ③	135. ①	136. ③	137. ①	138. ④	139. ②	140. ②
141. ②	142. ③	143. ②	144. ③	145. ④	146. ①	147. ③	148. ②	149. ②	150. ③
151. ②	152. ③	153. ④	154. ②	155. ②	156. ①	157. ②	158. ②	159. ②	160. ②
161. ②	162. ②	163. ③	164. ③	165. ③	166. ④	167. ②	168. ③	169. ③	170. ③
171. ④	172. ③	173. ②	174. ④	175. ④	176. ④	177. ③	178. ④	179. ①	180. ④

181. ④	182. ④	183. ①	184. ②	185. ①	186. ④	187. ①	188. ①	189. ①	190. ②
191. ②	192. ④	193. ④	194. ①	195. ④	196. ②	197. ②	198. ③	199. ①	200. ③
201. ①	202. ①	203. ①	204. ③	205. ④	206. ②	207. ④	208. ④	209. ④	210. ③
211. ①	212. ②	213. ②	214. ②	215. ①	216. ④	217. ④	218. ②	219. ①	220. ②
221. ④	222. ①	223. ③	224. ④	225. ④	226. ②	227. ③	228. ③	229. ①	230. ④
231. ①	232. ③	233. ④	234. ②	235. ②	236. ④	237. ④	238. ①	239. ②	240. ①
241. ②	242. ①	243. ②	244. ③	245. ②	246. ②	247. ②	248. ①	249. ③	250. ②
251. ③	252. ③	253. ②	254. ②	255. ④	256. ③	257. ①	258. ③	259. ③	260. ③
261. ②	262. ③	263. ④	264. ④	265. ②	266. ②	267. ②	268. ②	269. ③	270. ①

271. ④	272. ④	273. ①	274. ④	275. ④	276. ②	277. ④	278. ③	279. ③	280. ①
281. ③	282. ②	283. ②	284. ④	285. ③	286. ④	287. ②	288. ④	289. ①	290. ①
291. ③	292. ④	293. ②	294. ④	295. ③	296. ②	297. ①	298. ②	299. ④	300. ④
301. ①	302. ①	303. ③	304. ①	305. ④	306. ③	307. ③	308. ④	309. ②	310. ②
311. ②	312. ②	313. ④	314. ③	315. ③	316. ④	317. ①	318. ④	319. ②	320. ①
321. ④	322. ①	323. ②	324. ②	325. ④	326. ②	327. ③	328. ①	329. ①	330. ④
331. ②	332. ③	333. ①	334. ③	335. ③	336. ③	337. ④	338. ①	339. ③	340. ④
341. ②	342. ④	343. ②	344. ④	345. ②	346. ③	347. ②	348. ④	349. ④	350. ④

제4장 화훼재배사 총정리(과년도 출제문제편)

1 과년도 출제문제

【문1】 학교나 가정에서 이용하기 편리
한 온실 형태는?
① 반지붕식　　② ¾식
③ 양지붕식　　④ 연동식

【문2】 시설내 벤치의 높이는?
① 50cm　　② 100cm
③ 80cm　　④ 60cm

【문3】 다음 중 아나나스 과(科)에 속하는
식물은?
① 바나나　　② 브라사이아
③ 아래카　　④ 프라티세리움

【문4】 겨울철 온실 내에서 물 주는 시
각은?
① 9~10시　　② 12~14시
③ 11~12시　　④ 17~18시

【문5】 다음에서 다육식물을 고르시오.
① 용설란, 드라세나
② 알로에, 몬스테라
③ 카랑코애, 마란타
④ 알로에, 카랑코애

【문6】 토양에 수분장력을 나타내는 기
호는?
① pH　　② pF
③ EH　　④ EC

【문7】 뿌리발근을 저해하는 요소는?
① 옥신　　② 에틸렌
③ 2-4D　　④ 탄닌

【문8】 난(蘭)의 식재용토로 부적당한 것
을 고르시오.
① 수태　　② 고사리뿌리
③ 바아크　　④ 톱밥

【문9】 식물체에서 칼리가 과다시 일어
나는 현상은?

① 잎이 좁아진다.
② 뿌리의 발육이 나빠진다.
③ 묵은 잎이 누렇게 된다.
④ 마그네슘과 같은 현상이다.

【문10】 온상의 양열재료로 보조재료를
고르시오.

① 가랑잎　　② 깻묵
③ 짚　　④ 외양간 두엄

【문11】 생물학적 방제에 이용되는 곤충은?

① 됫박벌레　　② 등애
③ 꿀벌　　④ 노린재

【문12】 카네이션 삽목적기는?

① 2월　　② 3월
③ 4월　　④ 5월

【문13】 라이락의 대목으로 이용할 수 있는 것은?
 ① 쥐똥나무　　② 서향
 ③ 남천　　　　④ 식나무

【문14】 가을철 화단에 알맞는 화훼는?
 ① 나팔꽃　　　② 백일홍
 ③ 코스모스　　④ 분꽃

【문15】 덩굴식물을 이용하여 만들 수 있는 화단은?
 ① 옹벽화단　　② 기식화단
 ③ 경재화단　　④ 침상화단

【문16】 진딧물의 단위 생식시기는?
 ① 4월　　　　② 6월
 ③ 8월　　　　④ 10월

【문17】 절화를 오래 보존하기 위한 재료는?
 ① 설탕　　　　② 지베렐린
 ③ 에틸렌　　　④ MH_{30}

【문18】 노지백합의 화아분화시기는?
 ① 봄　　　　　② 여름
 ③ 가을　　　　④ 겨울

【문19】 비루스를 확인할 수 없는 것은?
 ① 지표식물　　② 혈청검사
 ③ 원심분리기　④ 전자현미경

【문20】 화훼재배 농가에서 무병주묘를 이용하지 않는 것은?
 ① 안개초　　　② 카네이션
 ③ 거어베라　　④ 포인세티아

【문21】 다음 화훼 중 분갈이를 자주 하지 않는 것은?
 ① 고무나무　　② 몬스테라
 ③ 난　　　　　④ 베고니아

【문22】 국화에 흑수병이 발생하는 시기는?
 ① 봄　　　　　② 초여름
 ③ 늦여름　　　④ 가을

【문23】 산성토양에서 결핍되기 쉬운 원소는?
 ① 석회　　　　② 망간
 ③ 철분　　　　④ 아연

【문24】 산성토양에서 자라며 습한 것을 좋아하는 것은?
 ① 목련　　　　② 모란
 ③ 철쭉　　　　④ 명자나무

【문25】 알카리성 토양에서 잘 자라는 화훼는?
 ① 베고니아
 ② 네프로네피스
 ③ 저먼아이리스
 ④ 치자

【문26】 다음 중 내한성이 강한 구근은?
 ① 크로커스　　② 튜립
 ③ 알리움　　　④ 프리지아

【문27】 조직 배양시 절편이 잘 자라게 하는 약제는?
 ① 콜히친　　　② 지베레린
 ③ 사이토카아닌　④ 에틸렌

【문28】 뿌리에 크라운 부분을 눈과 함께 분리하는 구근은?
① 다알리아　　② 백합
③ 칸나　　　　④ 수선화

【문29】 자연분구가 잘되는 구근을 고르시오.
① 시클라멘　　② 구근 아이리스
③ 아네모네　　④ 칼라

【문30】 암발아 종자(형광성종자)를 고르시오.
① 글록시니아　② 맨드라미
③ 팬지　　　　④ 시클라멘

【문31】 다음 중 음성화훼는?
① 프리뮬라　　② 채송화
③ 소나무　　　④ 샐비어

【문32】 고온에서 개화가 촉진되는 것을 고르시오.
① 장미　　　　② 국화
③ 안개꽃　　　④ 칸나

【문33】 억제 재배시 단일에서 개화가 억제되는 화훼는?
① 겨울국화　　② 프리뮬라
③ 튜립　　　　④ 다알리아

【문34】 백합구근 촉성시 냉장처리 시기는?
① 3~4월　　　② 5~6월
③ 6~7월　　　④ 11~12월

【문35】 튜립의 화아분화 시기는?

① 1~2월　　　② 3~4월
③ 6~7월　　　④ 10~11월

【문36】 토양소독약 중에 선충을 구제하는 약제는?
① 포스폰D　　② 크롤로피크린
③ 호르마린　　④ 디디(DD)

【문37】 깍지벌레가 발생시키는 병은?
① 바이러스 병　② 흰비단병
③ 균핵병　　　④ 그을음병

【문38】 소형온실의 단점을 고르시오.
① 작업이 불편하다.
② 보온이 어렵다.
③ 거적을 덮기 어렵다.
④ 경비가 많이 든다.

【문39】 대형온실에 알맞는 난방법은?
① 전열　　　　② 온풍
③ 증기　　　　④ 스토브

【문40】 가스피해를 받을 수 있는 난방법은?
① 열풍난방　　② 보일러 난방
③ 온돌난방　　④ 석유난방

【문41】 생리적으로는 산성, 화학적으로는 중성비료는?
① 염화칼리　　② 황산암모니아
③ 요소　　　　④ 석회질소

【문42】 침투성 농약을 설명한 것 중 옳은 것은?

① 식물체 표면에 묻는 농약
② 땅 속으로 스며드는 농약
③ 식물에는 독성이 무관한 농약
④ 독성을 식물체가 흡수하는 농약

【문43】 요소의 특징이 아닌 것은?
① 토양에 잘 흡착한다.
② 입자가 적어서 엽면시비한다.
③ 이온화와 가수분해가 잘 된다.
④ 과린산 석회와 잘 결합해서 흡수성이 증가된다.

【문44】 상토에서 방제할 수 있는 병은?
① 근두암병 　② 탄저병
③ 모잘록병 　④ 흰가루병

【문45】 석회시용의 결과가 아닌 것은?
① 입단화 촉진 　② 토양중화
③ 비료효과 　④ 살균효과

【문46】 온실 유리의 두께는?
① 3mm 　② 5mm
③ 7mm 　④ 8mm

【문47】 드라이 플라워에 이용할 수 있는 화훼는?
① 밀짚꽃 　② 동백
③ 튜립 　④ 국화

【문48】 양지붕식 온실의 방향은?

① 동서동 　② 남북동
③ 동남동 　④ 서북동

【문49】 휘묻이의 단점을 고르시오.
① 대량묘생산
② 방법용이
③ 수명이 짧다
④ 기술요구

【문50】 비루스 증상이 아닌 것은?
① 잎에 줄무늬가 생긴다.
② 엽록소가 파괴된다.
③ 잎이 뒤로 말린다.
④ 균핵과 균사가 생긴다.

【문51】 4배체에 쓰이는 약제는?
① 콜히친 　② 지베렐린
③ MH_{30} 　④ 자외선

【문52】 야자과 식물이 아닌 것은?
① 종려죽 　② 관음죽
③ 켄챠 　④ 알로카시아

【문53】 열매를 관상하는 화훼는?
① 피라칸타 　② 식나무
③ 남천 　④ 마란타

【문54】 비료의 적극적인 흡수방법은?
① 확산 　② 이온
③ 동화 　④ 호흡

【문55】 유기물이 잘 분해할 수 있는 토양은?
① 사토 　② 질참흙
③ 식토 　④ 사양토

【문56】 생장호르몬 성분을 포함한 특수 비료는?

① 하이포넥스　　② 지베렐린

③ B-9　　　　　④ 2. 4-D

【문57】 구근뿌리를 소독하는 약제는?

① 부산 30

② 베노밀 수화제

③ 프로피 수화제

④ 알라입제

【문58】 화단 설계시 고려하지 않아도 되는 것은?

① 배수　　　　　② 꽃색깔

③ 통풍　　　　　④ 햇볕

【문59】 단일하에 개화하는 화훼는?

① 가을국화　　② 시네나리아

③ 팬지　　　　④ 프라뮬라

【문60】 산성토양을 개량하고자 한다. 사용할 수 없는 것을 고르시오.

① 두엄　　　　② 생석회

③ 철분　　　　④ 인산질비료

1. ②	2. ④	3. ②	4. ③	5. ④
6. ②	7. ④	8. ④	9. ②	10. ②
11. ①	12. ①	13. ①	14. ③	15. ①
16. ③	17. ①	18. ①	19. ③	20. ④
21. ③	22. ④	23. ①	24. ③	25. ③
26. ③	27. ③	28. ①	29. ②	30. ②
31. ①	32. ①	33. ②	34. ③	35. ③
36. ④	37. ④	38. ②	39. ③	40. ④
41. ①	42. ④	43. ①	44. ③	45. ①
46. ①	47. ①	48. ②	49. ①	50. ④
51. ①	52. ④	53. ①	54. ②	55. ①
56. ①	57. ①	58. ③	59. ①	60. ③

② 과년도 출제문제

【문1】 다음 화훼종류 중에 가장 미세한 종자는?

① 팬지　　　② 금어초
③ 채송화　　④ 석죽

【문2】 다음 사항은 구근의 특성이다. 잘못된 것은?

① 휴면상태 중 생육환경이 좋아지면 경엽이 신장된다.
② 장기간 건조한 지역에 많이 분포되어 있다.
③ 건기에는 주로 휴면하게 된다.
④ 내한성, 반내한성, 내서성으로 분류한다.

【문3】 다음 중 연결이 잘못된 것을 고르시오.
① 라난큘라스(괴근)
② 나팔꽃(단일식물)
③ 영산홍(상록관목)
④ 백합(유피인경)

【문4】 다음 중 관실화목을 고르시오.

① 수국　　　② 백량금
③ 명자나무　④ 동백

【문5】 한국 남해안 원생화훼가 아닌 것은?
① 동백　　　② 벗나무
③ 산호수　　④ 등나무

【문6】 뿌리만 물 속에 잠기어 살아가는 식물은?
① 침수식물　② 정수식물
③ 부엽식물　④ 습생식물

【문7】 다음 난 중 복경성란을 고르시오.
① 반다　　　② 카틀레아
③ 팔레노프시스　④ 에리데스

【문8】 다음 화훼 중 다육식물이 아닌 것은?
① 용설란　　② 알로에
③ 윳카　　　④ 꽃기린

【문9】 저온에 제일 강한 식충식물은?
① 네펜테스　② 핀지큘라
③ 디오네마　④ 사라세니아

【문10】 견인근(牽引根)이 생기는 식물은?
① 괴경　　　② 숙근초
③ 화목류　　④ 인경 또는 구경

【문11】 다음 중 노지관엽이 아닌 것을 고르시오.

① 텔란테라　② 색비름
③ 코레우스　④ 아페란드라

【문12】 다음 화훼 중 자웅이주인 화훼는?
① 군자란　　② 소철
③ 문주란　　④ 관음죽

【문13】 다음 식물 중 관엽식물이 아닌
　　　 것은?
　　① 동백　　　　② 아스파라거스
　　③ 소철　　　　④ 피닉스

【문14】 다음 중 추식구근을 고르시오.
　　① 다알리아　　② 칸나
　　③ 아네모네　　④ 글라디오라스

【문15】 온실 용 추식구근은 어느 것인가?
　　① 시클라멘　　② 아마릴리스
　　③ 군자란　　　④ 수국

【문16】 노지에서 월동이 되는 구근은?
　　① 수선　　　　② 다알리아
　　③ 칸나　　　　④ 튜립

【문17】 종자번식의 장점은?
　　① 결과년령단축
　　② 어미형질 전달
　　③ 생육기간 길다.
　　④ 기술이 필요하다.

【문18】 발아에 고온을 요구하는 화훼는?
　　① 아스파라거스, 코레우스
　　② 봉선화, 국화
　　③ 팬지, 페튜니아
　　④ 스톡크, 채송화

【문19】 장명종자를 고르시오.
　　① 나팔꽃　　　② 과꽃
　　③ 프록스　　　④ 봉선화

【문20】 미세종자 파종 후 복토는?

　　① 종자 지름의 0.5배
　　② 종자 지름의 1～2배
　　③ 종자 지름의 2～3배
　　④ 분의 진동

【문21】 파종시 멀칭을 제거하는 시기는?
　　① 발아가 50% 진행
　　② 발아가 60% 진행
　　③ 발아가 70% 진행
　　④ 발아가 80% 진행

【문22】 난과 식물의 무균 파종법에 한
　　　 천배양하는 이유는?
　　① 배유가 없다.
　　② 종피가 없다
　　③ 유근이 없다.
　　④ 배축이 없다.

【문23】 종피가 단단하여 수분흡수가 곤

　　　 란한 화훼는?
　　① 시클라멘　　② 아네모네
　　③ 천일홍　　　④ 야자류

【문24】 녹지삽에서 삽수채취 부위는?

　　① 다소 연한 곳
　　② 다소 굳은 곳
　　③ 묵은 가지
　　④ 햇가지

【문25】 분절삽을 하는 화훼는?

　　① 페페로미아　② 렉스베고니아
　　③ 동백　　　　④ 고무나무

【문26】 미스트 번식의 효과는?
　① 삽목의 발근　② 환기
　③ 휴면타파　　④ 개화결실

【문27】 높이떼기로 번식이 주로 이용할 수 없는 화훼는?
　① 인도고무나무　② 크로톤
　③ 석류나무　　④ 켄챠야자

【문28】 목자를 심어 개화되는 기간은?
　① 1년　　　② 2년
　③ 3년　　　④ 4년

【문29】 국화의 동지아는 어느 때 채취하나?
　① 10월 상순　　② 10월 하순
　③ 11월 상·중순　④ 12월 하순

【문30】 들접이란 무엇인가?
　① 대목을 파올려 접한다.
　② 접수와 대목 동일
　③ 제자리에서 접한다.
　④ 동쪽에서 하는 접

【문31】 반지붕식 온실의 단점은?
　① 서까래가 많아 시설내에 그늘이 진다.
　② 절화재배만이 용이하다.
　③ 건축비와 난방비가 많이 든다.
　④ 보온이 어렵다.

【문32】 반지붕식 온실의 방향은?
　① 동서　　　② 서남
　③ 남북　　　④ 북동

【문33】 베드 재배의 문제점은?
　① 물주기가 나쁘다.
　② 환기에 의한 병충해
　③ 절화재배 곤란
　④ 가온이 유리하다.

【문34】 온상틀로 쓰이지 않는 것은?
　① 스치로폴　　② 벽돌
　③ 철판　　　④ 돌

【문35】 영리재배에 적합하지 않는 온실은?
　① 양지붕식　　② 3/4식
　③ 반지붕식　　④ 연동식

【문36】 온실베드의 폭은?
　① 80~100cm　② 100~120cm
　③ 130~150cm　④ 150~170cm

【문37】 온실베드의 높이는?
　① 30cm　　② 40cm
　③ 50cm　　④ 60cm

【문38】 포트멈 재배에서의 적심 이유는?
　① 꽃을 크게 하기 위해
　② 많은 꽃을 피우려고
　③ 키를 맞추려고
　④ 가지를 많게하려고

【문39】 온실내 가장 습도가 높은 시각은?
　① 새벽　　　② 아침
　③ 오후　　　④ 저녁

【문40】 온실 출입문 폭은?
　① 1~1.5cm　　② 2~2.5cm

③ 3~3.5cm　　④ 4~4.5cm

【문41】 절화를 하는 시각은?
① 아침이나 저녁　② 한밤
③ 한낮　　　　　④ 오후

【문42】 화훼의 춘화작용(Vernliation)은?
① 개화조절에 이용
② 병충해 방제 이용
③ 구근비대에 이용
④ 일년초 이식에 이용

【문43】 육묘용의 분으로 적합한 것은?
① 토분　　　　② 비닐폿트
③ 목재분　　　④ 지피분

【문44】 팬 앤드 페드법에 의한 시설내 온도는 어느 정도 낮출 수 있는가?
① 1~2℃　　② 2~5℃
③ 5~6℃　　④ 7~8℃

【문45】 숙달된 사람의 1일분갈이 할 수 있는 화분수는?
① 100~200개　② 300~400개
③ 500~600개　④ 700~800개

【문46】 추국을 9월 20일경 개화코자 할 때 차광처리 개시일은?
① 8월 1일　　② 8월 10일
③ 8월 20일　　④ 8월 30일

【문47】 화분관수용으로 좋은 물은?
① 빗물　　　　② 우물물
③ 냇물　　　　④ 수도물

【문48】 넷트(net)를 이용하지 않는 화훼는?
① 카네이션　　② 국화
③ 금어초　　　④ 백일홍

【문49】 토양소득 약제가 아닌 것은?
① 메틸부로마이드
② 클로로피크린
③ 디디
④ 루톤

【문50】 다음 중 왜화제가 아닌 것은?
① Amo1618　　② 포스폰 D
③ B-9　　　　④ MH

【문51】 버들눈이 생기는 화훼는?
① 국화　　　　② 장미
③ 안개　　　　④ 카네이션

【문52】 다음 구근 중 종자로 이용하는 화훼는?
① 튜립　　　　② 칸나
③ 아이리스　　④ 구근 베고니아

【문53】 저온에서 로젯트(Rosett)현이 생기는 것은?
① 국화　　　　② 장미
③ 카네이션　　④ 백합

【문54】 적뢰를 하는 화훼는?
① 튜립　　　　② 히야신스
③ 수국　　　　④ 대국

【문55】 일조법으로 개화조절이 불가능한 화훼는?

① 카네이션　　② 금어초
③ 국화　　　　④ 코스모스

【문56】 분재배 구근은?
① 튜립　　　　② 히야신스
③ 시클라멘　　④ 백합

【문57】 관수법 중 흙이 굳어지지 않는
방법은?
① 호스관수　　② 여로관수
③ 저면관수　　④ 살수관수

【문58】 주연키메라 현상이 나타나는 화
훼는?
① 청목　　　　② 산스베리아
③ 고무나무　　④ 동백

【문59】 관화식물을 고르시오.
① 크로톤　　　② 안개꽃
③ 포인세티아　④ 만년청

【문60】 7호분의 상부 지름은?
① 15㎝　　　　② 18㎝
③ 21㎝　　　　④ 24㎝

1. ②	2. ④	3. ④	4. ②	5. ④
6. ②	7. ②	8. ④	9. ④	10. ④
11. ④	12. ②	13. ①	14. ③	15. ①
16. ①	17. ③	18. ①	19. ④	20. ④
21. ②	22. ①	23. ④	24. ②	25. ②
26. ①	27. ④	28. ②	29. ③	30. ①
31. ④	32. ①	33. ②	34. ③	35. ③
36. ②	37. ①	38. ④	39. ①	40. ②
41. ①	42. ①	43. ④	44. ②	45. ③
46. ①	47. ①	48. ④	49. ④	50. ④
51. ①	52. ④	53. ①	54. ④	55. ①
56. ③	57. ③	58. ②	59. ③	60. ③

3 과년도 출제문제

【문1】 다음 화훼 중 관엽식물로 짝지어 진 것을 고르시오
① 고무나무-렉스베고니아
② 식나무-라닌큘라스
③ 만년청-꽃창포
④ 색비름-네프로네피스

【문2】 다음 화훼 중 저목성 화훼는 어 느 것인가?
① 단풍, 꽃아카시아
② 사상쾨, 말채나무
③ 식나무, 무궁화
④ 매화, 석류

【문3】 관음죽과 종려죽은 분류학상 어 디에 속하나?
① 야자과　　② 대나무과
③ 고산식물과　④ 관엽과

【문4】 다음 중 음성화훼를 고르시오.
① 아스파라거스　② 채송화
③ 박태기　　④ 페튜니아

【문5】 노지에서 월동이 가능한 구근을 고르시오.
① 칸나　　② 튜립
③ 히야신스　④ 수선

【문6】 다음에서 추파 1년초가 아닌 것은?
① 아게라텀　② 센토레라
③ 스위트피　④ 디키탈리스

【문7】 온실화목류를 고르시오.
① 구근베고니아　② 포인세티아
③ 스톡크　　④ 스위트피

【문8】 구경(球莖)을 설명한 것이다. 옳게 설명한 것은?

① 뿌리의 변형체로 비대해져 양분 을 저장하고 있다.
② 줄기 또는 뿌리가 비대해져 양분 저장기관으로 되어있다.
③ 줄기가 특히 비대하여 단축구형 을 이룬 것이다.
④ 땅 속에서 얕게 수평으로 뻗어 나 가는 다육지하경이다.

【문9】 다음 난(蘭) 중에서 줄기가 단생하 는 단경성란은?
① 카틀레야　　② 덴드로비움
③ 온시디움　　④ 반다

【문10】 선인장과 다육식물에 대한 설명 이다. 틀린 것은?
① 선인장은 다육식물 무리 안에 속 한다.
② 선인장과 다육식물은 분류가 잘 안 되어 있다.
③ 선인장은 대부분 열대사막에 분 포되어 있다.
④ 선인장은 1과 다육식물은 여러 과로 나누어져 있다.

【문11】 파종 후 관리에 올바른 방법은?

① 온도를 높힌다.

② 모든 종자는 복토한다.

③ 가능한 온·습도 변화를 줄인다.

④ 수분은 항상 충분히 한다.

【문12】 녹지삽을 하는 경우 삽수채취 부위는?

① 다소 연한 부위

② 다소 굳은 부위

③ 묵은 부위

④ 새 부위

【문13】 미스트(mist) 번식에 효과는?

① 삽목발근　　② 환기

③ 휴면타파　　④ 개화결실

【문14】 접목시 제일 중요한 사항은?

① 접수와 대목의 친화성

② 접수와 대목의 결속

③ 활동시기와 활착 유무

④ 기온과 수분 및 습도

【문15】 장미의 눈접시기이다. 맞는 것을 고르시오.

① 2~3월　　　② 4~5월

③ 6~7월　　　④ 8~9월

【문16】 3~4월경 분갈이시 분주하는 것이다. 거리가 먼 것은?

① 아스파라거스, 미란타

② 아나나스, 아이안텀

③ 페페로미아, 세인트폴리아

④ 시페루스, 물옥잠

【문17】 조직배양의 목적은?

① 무병주 생산　　② 품종 개량

③ 돌연변이 유도　　④ 다수확

【문18】 종자, 삽목, 분주 번식이 전부 가능한 화훼는?

① 플록스　　　② 군자란

③ 꽃창포　　　④ 제라늄

【문19】 다습한 환경에서 알맞는 화훼는?

① 양란　　　　② 알로에

③ 카랑코애　　④ 수련

【문20】 제라늄, 선인장의 삽목이다. 올바른 방법은?

① 절단 즉시 삽목한다.

② 절단면을 건조시킨다.

③ 잎은 전부 딴다.

④ 물에 담그어 유즙을 뺀다.

【문21】 폭이 넓은 온실에 재배하기 적합한 화훼가 아닌 것은?

① 장미　　　　② 카네이션

③ 스위트 피　　④ 양란

【문22】 표준온상틀은?(나비 ㎝, 길이 ㎝, 경사도 °)

① 150, 300, 20　② 180, 400, 30

③ 140, 350, 18　④ 120, 360, 15

【문23】 일반적으로 온실내 상승 온도는 몇 도가 적당한가?

① 1~10℃　　② 10~15℃

③ 15~20℃　　④ 20~25℃

【문24】 화훼의 Vernalization(춘화작용)은?
① 개화조절에 이용
② 병충해 방제에 이용
③ 구근 비대에 이용
④ 일 년초 이식에 이용

【문25】 이식의 목적과 관계가 적은 것은?
① 식물체 간의 경합으로 도장을 막는다.
② 세근의 발달을 도와준다.
③ 출하 시기를 도와준다.
④ 수분 증발을 억제한다.

【문26】 다음 중 직접 난방법을 고르시오.
① 온풍기난방
② 전열기난방
③ 석유스토브 난방
④ 가스 난방

【문27】 다음 화분 중 육묘용으로 좋은 재질은?
① 토분　　　　② jippy. pot
③ 비닐포트　　④ 목재분

【문28】 고온에서 Rosett(로젯트) 현상이 나타나는 것은?
① 국화　　　　② 장미
③ 카네이션　　④ 글라디오스

【문29】 온실이나 비닐하우스에서 사용하는 호스의 굵기는?
① 지름 1.5cm　　② 지름 1.9cm
③ 지름 2.5cm　　④ 지름 3cm

【문30】 연동식 온실의 단점은?
① 시설비가 많이 든다.
② 관리가 용이하지 않다.
③ 보온이 곤란하다.
④ 환기가 좋지. 못하다.

【문31】 난종자를 무균배양할 때 종자 소독약품은?
① 승홍수　　　　② 메리크론
③ 우스프롱　　　④ 크롤칼키

【문32】 여름철 시설내 습도를 높이기 위한 관수는?
① 스프링쿨러　　② 시린지
③ 살수　　　　　④ 관수

【문33】 구근생산에 있어 구근의 비대를 위해 꽃을 자른다. 그 시기는 언제가 좋은가?
① 꽃색이 착색하기 전
② 꽃색의 착색무렵
③ 꽃색이 완전 착색 후
④ 꽃이 질 무렵

【문34】 온실식물 중 겨울나기에 가장 고온을 요구하는 화훼는?
① 소철　　　　② 관음죽
③ 크로톤　　　④ 종려

【문35】 국화 건조재배시 조명을 중지하고 야간온도 15℃정도 유지하면 몇 일 후에 꽃눈분화가 일어나나?
① 5일　　　　② 10일
③ 15일　　　④ 20일

【문36】 알카리성 토양에서 잘 자라는 화훼는?

① 치자, 아제리아

② 금잔화, 거어베라

③ 장미, 백합

④ 물망초, 시클라멘

【문37】 숙근초에 대한 설명이다. 올바른 방법은?

① 생육 후 개화 결실한 다음 지하부는 계속 살아남는 식물을 말한다.

② 생육 후 개화 결실한 다음 지상부는 죽지만 지하부는 계속 남아 생육을 계속하는 초본성 화훼이다

③ 계속하여 개화결실하는 나무이다.

④ 영원히 죽지는 않는다는 화훼이다.

【문38】 무성(無性)번식인 것을 고르시오.

① 영양기관을 이용하여 독립적인 묘를 생산하다.

② 주로 종자를 이용하여 묘를 관리한다.

③ 포자를 이용하여 묘를 생산한다.

④ 뿌리나 잎을 이용하지 않는다.

【문39】 비료를 많이 주면 줄수록 소출이 많아진다. 그러나 어느 한도가 지나면 소출이 줄게 되는 이유는?

① 최소양분율 때문

② 비료흡수율 때문

③ 비료증수율 때문

④ 수량체감법칙 때문

【문40】 요소 1포에 3668원이라면 질소 1 kg의 값은?

① 219원　　② 319원

③ 419원　　④ 519원

【문41】 화훼삽목 용토의 구비조건이 될 수 없는 것은?

① 배수　　② 보수

③ 보비　　④ 통기

【문42】 알뿌리의 억제 재배하기 위해 완전 건조상태에서 냉장했다가 6~7월 정식하는 화훼는?

① 튜립　　② 백합

③ 글라디오라스　④ 프리지아

【문43】 화훼재배에 특수용토로 볼 수 없는 것은?

① 부엽토　　② 퍼라이트

③ 산성토　　④ 질석

【문44】 아나나스, 안스리움 재배에 적합한 용토는?

① 부엽토　　② 수태

③ 피트　　④ 질석

【문45】 토양산성을 중화하기 위한 소석회 사용은 어느 때가 좋은가?

① 작물파종과 동시

② 작물 파종 10일전

③ 작물의 파종 후

④ 작물 파종 20일전

【문46】 개화 효과에 관계가 없는 약제는?

① N.A.A　　② I.A.A

③ 아세틸렌　　④ Amo-1618

【문47】 장미나 카네이션에 발생하는 선충의 침입부위는?
① 뿌리　　　　② 줄기
③ 잎　　　　　④ 꽃

【문48】 흰가루병이 많이 발생하는 화훼는?
① 카네이션　　② 관엽
③ 국화　　　　④ 장미

【문49】 농약 사용할 때 주의사항이 아닌 것은?
① 바람없는 날 살포
② 피부노출 금지
③ 흡연삼가
④ 12시간 이상 살포금지

【문50】 농약 사용시 병뚜껑색깔이 분홍색이다. 어느 농약인가?
① 살균제　　　② 살충제
③ 제초제　　　④ 종자 소독제

【문51】 저온다습시 발생하는 병은?
① 탄저병　　　② 회색곰팡이병
③ 갈반병　　　④ 녹병

【문52】 고온건조에서 발생하는 해충은?
① 진딧물　　　② 개각충
③ 선충　　　　④ 응애

【문53】 공원의 꽃시계는 어느 화단에 속하나?
① 기식화단　　② 모전화단
③ 침상화단　　④ 리본화단

【문54】 밀식재배와 키작은 초화를 필요로 하는 화단은?
① 모둠화단　　② 양탄자화단
③ 옹벽화단　　④ 수재화단

【문55】 드라이 플라워(건조화)에 이용되지 않는 꽃은?
① 헬리크레섬　② 스타티스
③ 판티누스　　④ 동백

【문56】 근조화에 이용되지 않는 꽃은?
① 국화　　　　② 백합
③ 칼라　　　　④ 극락조화

【문57】 선택성 제초제를 고르시오.
① 염화칼슘　　② 2-4D
③ B-9　　　　④ 루톤

【문58】 구근저장시 큐어링(Curing)의 온도는?
① 30℃　　　　② 20℃
③ 10℃　　　　④ 0℃

【문59】 아마릴리스 채종 후 파종하면 개화까지 기간은?
① 2년　　　　② 3년
③ 4년　　　　④ 5년

【문60】 다음 중 경제적 조건이 아닌 것은?
① 노력　　　　② 수송
③ 시장　　　　④ 비료

1. ①	2. ③	3. ①	4. ①	5. ④
6. ①	7. ②	8. ③	9. ④	10. ③
11. ③	12. ②	13. ①	14. ①	15. ④
16. ④	17. ①	18. ①	19. ①	20. ②
21. ④	22. ④	23. ③	24. ①	25. ④
26. ③	27. ②	28. ①	29. ②	30. ④
31. ④	32. ②	33. ②	34. ③	35. ③
36. ②	37. ②	38. ①	39. ④	40. ②
41. ③	42. ③	43. ③	44. ②	45. ④
46. ④	47. ①	48. ④	49. ④	50. ①
51. ②	52. ④	53. ②	54. ②	55. ④
56. ④	57. ②	58. ①	59. ③	60. ④

4 과년도 출제문제

【문1】 묘상에서 기른 묘를 이식하는 시기는?
① 흐리날 아침
② 흐린날 저녁
③ 맑은날 아침
④ 비오는 날 아침

【문2】 양지붕식 온실의 위치는?
① 동서
② 남북
③ 서남
④ 정남

【문3】 분갈이를 하는 이유이다. 올바른 방법은?
① 작은 분에 심은 것은 큰 분에 옮긴다.
② 작은 분에서 조금 큰 것으로 옮긴다.
③ 분은 그대로 흙만 갈아준다.
④ 조금 작은 분의 흙을 갈아준다.

【문4】 선인장의 꺾꽂이 방법은?
① 삽목체가 싱싱할 때
② 삽목체가 약간 시든 때
③ 유액이 마른 다음
④ 아무 때나 잘 된다.

【문5】 다음 구근 중 괴근에 속하는 것은?
① 히야신스
② 다알리아
③ 칸나
④ 시클라멘

【문6】 식물습성에 의해 장일성 식물은 어느 것인가?

① 아스타
② 코스모스
③ 팬지
④ 튜립

【문7】 알카리 성 토양에 잘 자라는 화훼는?
① 수국
② 아게라텀
③ 루피너스
④ 백합

【문8】 다알리아에 구근접을 하려고 한다.
① 구근접에는 접이 안된다.
② 될 수 있다.
③ 할 필요가 없다.
④ 할접을 한다.

【문9】 국화 현애 대국 가꾸기는 몇 번 옮겨 심나?
① 2번
② 3번
③ 4번
④ 5번

【문10】 온실에 물주는 시간은?
① 새벽
② 아침
③ 한낮
④ 저녁

【문11】 다음 농약 중 살충제는 어느 것인가?
① 유기수은제
② PCNB제
③ TEPP제
④ 동수은제

【문12】 다음 중 식충식물을 고르시오.
① 스토렐리치아
② 산스베리아
③ 네프로네피스
④ 네펜더스

【문13】 다음 중 난과 식물이 아닌 것을 고르시오.
① 덴드로비움　② 로드덴드롱
③ 반다　　　　④ 온시디움

【문14】 혐광성 식물이 아닌 것을 고르시오.
① 니겔라　　　② 시클라멘
③ 맨드라미　　④ 분꽃

【문15】 착생란의 품종을 고르시오.
① 덴드로비움　② 심비디움
③ 칼란테　　　④ 파피오페딜럼

【문16】 다음 화훼 중 숙근초가 아닌 것은?
① 거어베라　　② 샤스타데이지
③ 카네이션　　④ 팬지

【문17】 프리뮬러 중 숙근초에 해당하는 품종은?
① 마라고이데스　② 오브코니카
③ 포리언더　　　④ 시넨서스

【문18】 다음 화훼 중 천남성과에 속하는 것은?
① 칼라디움　　② 드라세나
③ 소철　　　　④ 파초

【문19】 다음 중 이년 초를 고르시오.
① 팬지　　　　② 디키탈리스
③ 바베나　　　④ 프리뮬러

【문20】 국화의 동지아는 어느 때 따는가?
① 10월 상순　　② 10월 하순
③ 11월 상중순　④ 12월 하순

【문21】 튜립 재배에서 브라인드 현상은?
① 품종　　　　② 온도
③ 습도　　　　④ 병충해

【문22】 일반적으로 카네이션의 눈꽂이 시기는?
① 2월　　　　② 4월
③ 6월　　　　④ 8월

【문23】 다음 화훼 중 영양번식이 곤란한 것은?
① 양란　　　　② 야자류
③ 아나나스　　④ 남천

【문24】 거어베라는 몇 년만에 분주하며 다시 심는가?
① 1~2년　　　② 2~3년
③ 3~4년　　　④ 4~5년

【문25】 난과 식물의 무균파종은 한천 배양액을 사용한다. 종자에 무엇이 없어서인가?
① 배　　　　　② 배유
③ 종피　　　　④ 종근

【문26】 아마릴리스 종자 파종 후 개화까지 몇 년 걸리나?
① 1~2년　　　② 2~3년
③ 3~4년　　　④ 4~5년

【문27】 국화재배에서 전조 처리의 목적은?
① 개화 촉진　　② 개화 억제
③ 휴면　　　　④ 보온

360

【문28】 구근 아랫부분(단축경)을 무엇이
라 하는가?
① 크라운   ② 디스크
③ 로젯트   ④ 키메라

【문29】 히야신스 인공번식 중 단축경을
제거하는 것은?
① 노칭   ② 코오링
③ 스쿠우핑   ④ 분할증식

【문30】 할접을 주로 하는 것은?
① 동백   ② 철쭉
③ 소나무   ④ 장미

【문31】 산스베리아 엽삽에서 노란줄이
없어지는 이유는?
① 로젯트 현상   ② 브라인드 현상
③ 미스트 현상   ④ 키메라 현상

【문32】 다음 중 미세종자가 아닌 것은?
① 칼세오나리아 ② 구근 베고니아
③ 글록시니아   ④ 샐비어

【문33】 다음 중 주아 번식이 가능한 것
을 고르시오.
① 백합   ② 튜립
③ 수선   ④ 칸나

【문34】 직근성 화훼로 이식을 싫어 하
는 것은?
① 나팔꽃   ② 금어초
③ 스위트피   ④ 한련화

【문35】 경실종자가 아닌 것을 고르시오.

① 스위트피   ② 루피너스
③ 칸나   ④ 천일홍

【문36】 최근 다알리아에 파라핀 코팅을
하는 이유는?
① 병충해 방제   ② 건조 방지
③ 발아 촉진   ④ 수송 편리

【문37】 포인세티아는 몇 도 이상되어야
낙엽이 안되나?
① 15℃   ② 20℃
③ 25℃   ④ 30℃

【문38】 미개화할 때 절화를 하는 화훼
종류는?
① 스위트피   ② 장미
③ 카네이션   ④ 스톡크

【문39】 생장점 배양으로 육묘한 묘의
국제적 명칭은?
① 누드슨   ② 메리크론
③ 카네이틴   ④ 카루스

【문40】 개화에 관계가 있는 물질은?
① N.A.A.   ② I.A.A
③ Amo1618   ④ 아세틸렌

【문41】 분가꾸기 왜화제로 쓰이지 않는
약제는?
① D.P.C   ② phosfon Ð
③ C.C.C   ④ B-9

【문42】 간접난방의 효과가 아닌 것은?
① 시설비가 적게 든다.

② 사용이 간편한다.

③ 소형, 중형 하우스에 맞는다.

④ 가스의 피해가 없다.

【문43】 절화용으로 사철 출하가 어려운 화훼는?

① 카네이션　　② 국화

③ 장미　　　　④ 튜립

【문44】 모전화단이나 리본 화단에서 냉색은?

① 빨강　　　　② 주홍

③ 황색　　　　④ 남색

【문45】 국화재배시 용토의 pH는?

① pH 4.0　　　② pH 5.0

③ pH 6.5　　　④ pH 7.0

【문46】 파종용토 조제시 부엽 : 밭흙 : 개울모래 비율은?

① 4 : 4 : 2　　② 3 : 5 : 2

③ 5 : 3 : 2　　④ 2 : 2 : 6

【문47】 화초재배시 요소의 엽면시비 농도는?

① 0.3%　　　　② 0.03%

③ 0.003%　　　④ 3%

【문48】 탄산가스 시비로 적당한 방법은?

① 카바이트 분해　② 석회시비

③ 기름연소　　　④ 계분발효

【문49】 3배체는 불임성이다. 어느 것이 3배체인가?

① 2배체 × 4배체

② 2배체 × 6배체

③ 4배체 × 8배체

④ 4배체 × 4배체

【문50】 온실지붕 물매의 각은?

① 30°　　　　　② 40°

③ 50°　　　　　④ 60°

【문51】 사방에서 관상할 수 있는 화단은?

① 경재화단　　② 수재화단

③ 기식화단　　④ 모전화단

【문52】 저온다습시에 많이 발병되는 병해는?

① 적성병　　　② 보토리리스

③ 탄저병　　　④ 백분병

【문53】 장미나 카네이션에 선충이 피해를 주는 부위는?

① 꽃　　　　　② 잎

③ 줄기　　　　④ 뿌리

【문54】 춘화 처리란?

① 저온처리　　② 고온 처리

③ 약품 처리　　④ 가스 처리

【문55】 약제나 비료의 분해물이 축적된 염과잉에 강한 화훼는?

① 국화　　　　② 장미

③ 스토크　　　④ 동백

【문56】 양질의 구근을 생산하는데 필요한 비료는?

① N　　　　② P
③ K　　　　④ Mg

【문57】 화훼의 육종 목적과 거리가 먼 것은?
① 향기를 좋게 한다.
② 홑피기 방향으로 육종한다.
③ 취기를 제거한다.
④ 대륜의 방향으로 육종한다.

【문58】 배수체 식물의 특성이 아닌 것은?
① 싹트기가 빠르다.
② 떡잎과 배줄기가 살찐다.
③ 숨구멍 주위 세포가 커진다.
④ 꽃가루 크기가 커진다.

【문59】 질소비료를 2kg 주려한다. 요소 사용 시비량은?
① 4.3kg　　　② 6.2kg
③ 9.2kg　　　④ 11.3kg

【문60】 한국 남해안 원생 화훼는?
① 동백, 올동백
② 개나리, 철쭉
③ 산수유, 벚나무
④ 치자나무, 석류

1. ②	2. ②	3. ②	4. ②	5. ②
6. ③	7. ③	8. ④	9. ②	10. ②
11. ③	12. ④	13. ②	14. ②	15. ①
16. ④	17. ③	18. ①	19. ②	20. ③
21. ②	22. ①	23. ②	24. ③	25. ②
26. ④	27. ②	28. ②	29. ③	30. ③
31. ④	32. ④	33. ①	34. ③	35. ④
36. ②	37. ①	38. ②	39. ②	40. ③
41. ①	42. ①	43. ④	44. ④	45. ②
46. ③	47. ②	48. ③	49. ①	50. ①
51. ③	52. ②	53. ④	54. ①	55. ①
56. ②	57. ②	58. ①	59. ①	60. ①

5 과년도 출제문제

【문1】 온상의 열감 종류 중에 주재료로 묶어진 것은?
① 볏짚, 두엄, 쌀겨
② 볏짚, 낙엽, 깻묵
③ 볏짚, 시레기, 계분
④ 볏짚, 두엄, 낙엽

【문2】 종자의 휴면 원인이 될 수 없는 것은?
① 배(씨눈)의 미숙
② 종피(씨껍질)의 경실
③ 저장물질이 배 발육에 이용
④ 발아 억제물질 존재

【문3】 화훼생육에 필요한 토양수분 함량은 용수량의 어느 정도?
① 50~60%　　② 60~70%
③ 70~80%　　④ 80~90%

【문4】 대부분의 화훼종자를 매년 구입해서 쓰는 이유는?
① 교잡이 심하기 때문에
② 품종이 퇴화하기 때문
③ 우수 신품종이 자주 나오니까
④ 잡종강세를 이용하려고

【문5】 파종상에서 종자발아시 지표면 접촉 부위가 잘록한 병은?
① 모자이크 병　　② 입고병
③ 회색곰팡이병　　④ 녹병

【문6】 진딧물의 천적으로 묶인 것은?
① 됫박벌레, 풀잠자리
② 됫박벌레, 배추흰나비
③ 벼룩벌레, 무당벌레
④ 개미, 무당벌레

【문7】 시설재배가 전업화되어가고 있는 현상으로 볼 수 있는 사항은?
① 노동생산성 증가
② 시설내 작부 횟수가 증대
③ 시설재배 면적 증가
④ 작물재배의 다비(多肥)화

【문8】 비닐하우스 내에 겨울철 저온 장해라고 볼 수 없는 것은?
① 수분흡수 감소현상
② 동화작용의 감퇴
③ 증산작용의 증대
④ 동해(凍害)

【문9】 지온상승과 잡초발생 억제에 효과 있는 방법은?
① 투명비닐　　② 황색비닐
③ 흑색비닐　　④ 녹색비닐

【문10】 접목의 목적이 잘못 설명된 것을 고르시오.
① 결실연령이 단축된다.
② 병충해 저항성을 가진다.
③ 상부세력이 대목에 따른다.
④ 품종특성이 유지된다.

【문11】 접목에 필요한 접수의 채취시기는?

① 낙엽 후　　② 낙엽 직전

③ 접목 직전　④ 눈트기 직전

【문12】 보호살균제 살포효과가 잘 나타나지 않는 사항은?

① 병이 전염되기 전에 살포

② 강우 후에 살포한다.

③ 강우전에 살포한다.

④ 병반이 나타난 후 살포한다.

【문13】 살충제의 살포 적기는?

① 해충발생 전에 살포한다.

② 해충발생 밀도가 많을 때.

③ 해충발생 밀도가 적을 때.

④ 강우 전후에 살포한다.

【문14】 종자저장에서 수명연장 효과가 없는 사항은?

① 완숙　　　② 가스처리

③ 건조 저장　④ 냉암소 저장

【문15】 비닐하우스에서 이중 터널을 이용하면 보온 정도는?

① 2~5℃　　② 4~6℃

③ 6~8℃　　④ 8~10℃

【문16】 눈접붙이기의 잇점으로 잘못 설명한 것은?

① 활착여부는 1주일이면 확인된다.

② 활착률이 높다.

③ 노력이 적게 들고 간단하다.

④ 실패했을 경우 다음 해에 다시 해야 한다.

【문17】 멀칭에 대한 설명으로 잘못된 것은?

① 토양 침식 방지

② 토양의 단립화

③ 토양 수분 보존

④ 비료분의 공급

【문18】 산성토양에서 양분흡수 관계로 틀린 사항은?

① 인산의 흡수가 불량하다.

② 붕소흡수가 왕성하다.

③ 마그네슘 흡수가 저하된다.

④ 망간흡수가 촉진된다.

【문19】 엽면시비가 필요하지 않은 경우는 어느 것인가?

① 비료주는 노력 절감을 위해

② 뿌리의 병충해 피해

③ 양분 결핍증상 발견시

④ 침수로 인한 수세쇠약

【문20】 비교적 그늘에 발육이 좋고 꽃이 잘피는 호음성 식물은?

① 장미　　　② 무궁화

③ 매화　　　④ 치자

【문21】 다음 화목류 중에 키가 작은 관목은?

① 배롱나무　② 모란

③ 목련　　　④ 백도

【문22】 튜립 재배에서 브라인드 원인은?

① 품종　　　② 온도

③ 습도　　　④ 병충해

【문23】 구근의 단축경을 ¼ 깊이로 도려 내어 자구를 발생 시키는 구근의 인공번식 방법은?
① 노칭법　　② 스쿠우핑 법
③ 코오링 법　④ 분체법

【문24】 히야신스 종자 파종시 개화까지 요소기간은?
① 2~3년　　② 3~4년
③ 4~5년　　④ 5~6년

【문25】 파종 후 저면관수를 해야 하는 종자는?
① 시네나리아　② 샐비어
③ 금잔화　　　④ 센토레라

【문26】 직근성 화훼로 이식을 싫어하는 것은?
① 나팔꽃　　② 꽃양귀비
③ 팬지　　　④ 봉선화

【문27】 생장점 배양의 목적은?
① 비루스 병을 피하기 위해
② 신품종 개량을 위해
③ 대량생산을 하기 위해
④ 생산단가를 낮추기 위해

【문28】 직접난방의 효과가 아닌 것은?
① 시설비가 많이 든다.
② 사용이 간편하다
③ 소형, 중형에 알맞다.
④ 가스 피해가 있다.

【문29】 영양번식으로 본래 형질이 안 나오는 것은?
① 인도고무나무
② 복륜산스베리아
③ 렉스베고니아
④ 장미

【문30】 알뿌리 생산 재배로 알맞는 토양은?
① 사토　　② 양토
③ 점토　　④ 충적토

【문31】 비료나 약제가 축적되어 염과잉 현상이 나타나는 토양에서 가장 약한 화훼는?
① 국화　　② 동백
③ 장미　　④ 스톡크

【문32】 비료의 요구도가 가장 낮은 화훼는?
① 글라디오라스　② 수국
③ 국화　　　　　④ 카네이션

【문33】 전조재배로 장일성 식물을 개화 촉진 시킬 수 있는 것은?
① 나팔꽃　　② 포인세티아
③ 시네나리아　④ 국화

【문34】 차광재배로 단일성 식물 개화촉진을 할 수 있는 것은?
① 포인세티아　② 시네나리아
③ 프리뮬라　　④ 팬지

【문35】 카바이트의 에틸렌 가스로 개화
　　　촉진되는 것은?.
　　　① 야자류　　　② 아나나스
　　　③ 소철　　　　④ 양란

【문36】 윤작 효과에 관계가 깊은 것은?
　　　① 토양 입단구조 유지
　　　② 양분소모와 용탈
　　　③ 단위구조 형성
　　　④ 병충해 발생 유도

【문37】 토양에서 공극이란?
　　　① 토양중의 공기량
　　　② 토양중의 수분량
　　　③ 토양 알맹이 사이에 틈
　　　④ 토양 중의 유기물 함량

【문38】 흡비력이 가장 강한 토양은?
　　　① 사토　　　　② 사양토
　　　③ 세사토　　　④ 식토

【문39】 토양의 반응을 산성화시키는 비
　　　료는?
　　　① 석회질소　　② 용성인비
　　　③ 질소암모늄　④ 황산암모늄

【문40】 인산의 유효도가 가장 놓은 토
　　　양은?
　　　① 산성　　　　② 염기성
　　　③ 미산성-중성　④ 강산성

【문41】 유기물 시용에 효과가 가장 큰
　　　토양은?
　　　① 양토　　　　② 사질토

　　　③ 점토　　　　④ 사토

【문42】 농약 선정에 고려하지 않아도
　　　되는 것은?
　　　① 효과　　　　② 비옥토
　　　③ 작업능률　　④ 가격과 독성

【문43】 농약 사용시 주의점이 아닌 것은?
　　　① 작물 종류와 생육 상태
　　　② 다른 약제와 혼용관계
　　　③ 기상조건 관계
　　　④ 농작물의 생육시기

【문44】 노지국화 재배시 7~8월에 개화하
　　　고자 한다. 어떤 처리를 하여야 하나?
　　　① 차광한다.
　　　② 저온 처리한다.
　　　③ 주야간 변온· 처리한다.
　　　④ 전조 처리한다.

【문45】 개화기간이 가장 긴 화훼는?
　　　① 메리골드　　② 봉선화
　　　③ 코스모스　　④ 칼세오나리아

【문46】 국화삽목시 삽수 처리는?
　　　① 시들렸다 꽂는다.
　　　② 물에 담그었다 꽂는다.
　　　③ 조제 즉시 꽂는다.
　　　④ 소독했다 꽂는다.

【문47】 온상의 위치로 부적당한 곳은?
　　　① 햇빛이 잘드는 곳.
　　　② 지하수가 높은 곳일 것.
　　　③ 서북풍을 막을 수 있는 곳.
　　　④ 관리가 편리한 곳.

【문48】 온실에 탄산까스를 시비코자 한
다. 시기는?
① 일출 전　　② 일출 후 1시간 후
③ 정오　　　④ 저녁

【문49】 비닐하우스에 사용하는 비닐 두
께와 폭은?
① 0.1㎜(185㎝)　② 0.1㎜(175㎝)
③ 0.05㎜(185㎝)　④ 0.05㎜(175㎝)

【문50】 시설내 벤치(bench) 설치시 벤치
사이 통로는?
① 50㎝　　　② 60㎝
③ 70㎝　　　④ 80㎝

【문51】 대규모 온실에서 별도의 번식용
온실의 규모는?
① 1~2%　　② 3~4%
③ 5~10%　　④ 10~15%

【문52】 온실난방은 얼마동안 가온해야
하나?
① 11월~3월　② 11월~4월
③ 12월~3월　④ 12월~3월

【문53】 자발적 휴면기를 가지고 있는
것은?
① 글라디오라스　② 튜립
③ 구근 아이리스　④ 히야신스

【문54】 숙근과 구근의 구별이 뚜렷하지
않은 화훼는?
① 함박꽃, 도라지
② 부용, 문주란

③ 칸나, 다알리아
④ 튜립, 히야신스

【문55】 잎을 관상하는 목적으로 가꾸는
목본화훼는?
① 석류　　　② 남천
③ 태산목　　④ 히비스커스

【문56】 생울타리 조성용으로 이용되는
장미 종류는?
① 플로리번다　② 클라이밍
③ 하이브리드티　④ 페페튜일

【문57】 양란을 심는 오스먼더의 원료는?
① 수태　　　② 야자껍질
③ 양치식물　④ 운모

【문58】 잎맥의 분지맥을 교차점에 상처
를 내어 삽목상의 모래 위에 묻어 뿌
리를 내는 번식에는?
① 글록시니아　② 렉스베고니아
③ 포인세티아　④ 다알리아

【문59】 난의 종자 파종 설명 중에 올바
른 것은?

① 시드팬(seed pan)에 배양토를 넣
고 산파한다.
② 시드팬에 오스먼더와 수태를 1 :
4로 혼합한 후 산파한다.
③ 삼각플라스크에 한천배양액을 넣
고 pH 수정 후 파종.
④ 플라스크에 수태와 오스언더를
넣고 파종후 증류수로 관수.

【문60】 담장이나 건물을 따라 길게 만든 경재화단에서 폭은 1~2㎝정도에 뒤쪽에 심을 수 있는 것은?

① 나팔꽃
② 옻카
③ 라이락
④ 팬지

1. ①	2. ③	3. ②	4. ④	5. ②
6. ①	7. ②	8. ③	9. ④	10. ③
11. ①	12. ④	13. ③	14. ②	15. ①
16. ④	17. ②	18. ②	19. ①	20. ④
21. ②	22. ②	23. ②	24. ③	25. ①
26. ②	27. ①	28. ①	29. ②	30. ④
31. ③	32. ①	33. ③	34. ①	35. ②
36. ①	37. ③	38. ④	39. ④	40. ③
41. ③	42. ②	43. ④	44. ①	45. ④
46. ②	47. ②	48. ②	49. ③	50. ②
51. ④	52. ②	53. ①	54. ①	55. ②
56. ②	57. ③	58. ②	59. ③	60. ①

6 과년도 출제문제

【문1】 다음 화훼 중 푸른가지 꽂이로 주로 번식하는 것은?
① 국화　　　　② 석류
③ 동백　　　　④ 렉스베고니아

【문2】 온상의 양열재료 중에 C/N율이 가장 낮은 열감은?
① 콩깻묵　　　② 볏짚
③ 보리짚　　　④ 낙엽

【문3】 씨없는 수박의 종자를 얻을 수 있는 교잡은?
① 2n×2n　　　② 2n×3n
③ 4n×2n　　　④ 4n×4n

【문4】 토양 속에서 식물 뿌리 상처로 침입되는 병은?
① 비루스 병　　② 노균병
③ 흰무늬병　　④ 무름병

【문5】 씨없는 포도를 만드는데 사용되는 약제는?
① MH_{30}　　　② GA
③ 에스렐　　　④ 포스폰 D

【문6】 절화를 가장 오래 보존시킬 수 있는 온도는?
① 0℃　　　　② 5℃
③ 10℃　　　　④ 15℃

【문7】 다음 난중에 동양란에 속하지 않는 것은?
① 춘란　　　　② 금새우란
③ 반다　　　　④ 보세란

【문8】 상록활엽수의 꺾꽂이 시기로 알맞는 것은?
① 3~4월　　　② 6~7월
③ 9~10월　　　④ 12~1월

【문9】 봄에 심은 알뿌리로 구성된 것을 고르시오.
① 칸나-다알리아-글라디오라스-아마릴리스
② 튜립-수선-히야신스-백합-아네모네
③ 칸나-수선-글라디오라스-아네모네
④ 아마릴리스-히야신스-튜립-수선화

【문10】 양란의 식재 재료로 적당하지 못한 것은?
① 왕모래　　　② 바아크
③ 오스먼더루트　④ 부엽

【문11】 다음 중 삽목용토로 적당하지 않은 것은?
① 버미큐라이트　② 황토
③ 모래　　　　④ 부엽토

【문12】 다음 알뿌리 화초 중에 씨앗으로 번식하는 것은?
① 다알리아　　② 칸나

③ 시클라멘　　④ 백합

【문13】 산성토양에 잘 자라는 화훼는?
① 장미　　　　② 베고니아
③ 팬지　　　　④ 금잔화

【문14】 장일성 화초이면서 앵초과에 속하는 것은?
① 프리뮬라　　② 샐비어
③ 맨드라미　　④ 과꽃

【문15】 튜립 재배시 브라인드 발생요인은?
① 생육시 고온
② 비루스 오염
③ 하우스 건조
④ 구근 저장시 고온

【문16】 분화로 대량생산에 알맞는 국화는?
① 포트멈　　　② 큐선멈
③ 스프레이국　④ 관상국

【문17】 다음 관엽식물 중에 고사리(양치)류가 아닌 것은?
① 아디안텀　　② 안스리움
③ 박쥐란　　　④ 네프로네피스

【문18】 전열온상 설치에서 순서가 바르게 된 것은?
① 전열층-단열층-흡습층-상토
② 흡습층-전열층-단열층-상토
③ 흡습층-단열층-전열층-상토
④ 단열층-전열층-흡습층-상토

【문19】 온상에 파종한 씨앗이 종피를 벗지 못하는 원인은?
① 온도 부족　　② 수분 부족
③ 산소 부족　　④ 광선 부족

【문20】 온실내에 온도가 높을 때 제일 먼저 환기하는 방법은?
① 천장을 연다
② 측창을 연다
③ 출입문을 연다
④ 천창과 측창을 연다.

【문21】 시설재배의 잇점은 무엇인가?
① 노지재배가 불가능할 때 생산 할 수 있다.
② 병충해가 없는 화초를 생산할 수 있다.
③ 품질이 월등하게 좋은 화초를 생산할 수 있다.
④ 노지재배보다는 일반적으로 다수확 할 수 있다.

【문22】 요소 0.5% 농도로 엽면시비시 물 18ℓ 에 필요한 요소 양은?
① 9g　　　　　② 36g
③ 90g　　　　④ 180g

【문23】 다음 알뿌리 중에 자연분구가 되는 것은?
① 글라디오라스　② 다알리아
③ 칸나　　　　　④ 숙근 아이리스

【문24】 양란 중에 꽃이 가장 아름답고 화려한 것은?
① 카틀레야　　② 시프리페디움
③ 덴드로비움　④ 팔레노프시스

【문25】 국화는 꽃눈이 생긴 지 몇 일 지나야 꽃이 피는가?
① 30일　　　　② 50일
③ 70일　　　　④ 90일

【문26】 다음 농약 중 살균살충 겸용이 되는 것은?
① 제충국　　　　② 보르도 액
③ 석회유황 합제　④ 황산 니코친

【문27】 다음 알뿌리 중에 구슬줄기 화초는?
① 백합　　　　② 글라디오라스
③ 칼라　　　　④ 칸나

【문28】 다음 알뿌리 화초 중에 유피 비늘 줄기인 것은?
① 백합　　　　② 튜립
③ 다알리아　　④ 구근 베고니아

【문29】 다음 화훼 중에 식충식물을 고르시오.
① 카랑코애　　② 알로애
③ 사라세니아　④ 네프로피스

【문30】 다음 중 가을뿌림 한두해살이로 짝지어진 것은?
① 데이지, 금어초, 샐비어
② 팬지, 백일홍, 샐비어
③ 금어초, 칼세오나리아
④ 백일홍, 금잔화, 팬지

【문31】 히야신스 알뿌리의 인공번식법이 아닌 것은?

① 스쿠우핑 법　② 노칭법
③ 분체법　　　④ 코오링 법

【문32】 눈접을 가장 많이 하는 화훼는?
① 동백　　　　② 장미
③ 철쭉　　　　④ 고무나무

【문33】 야자류 번식방법으로 적당한 것은?
① 줄기꽂이　　② 종자번식
③ 뿌리꽂이　　④ 휘묻이

【문34】 생장점 배양에 가장 많이 이용되는 화훼는?
① 튜립　　　　② 수선화
③ 양란　　　　④ 다알리아

【문35】 국화나 포인세티아에 생장억제 시키는 약품은?
① 지베렐린　　② NAA
③ B-9　　　　④ IAA

【문36】 양탄자 꽃밭에 적당하지 않은 꽃은?
① 팬지　　　　② 데이지
③ 페튜니아　　④ 윳카

【문37】 도로나 건물담을 따라간 화단은?
① 경재화단　　② 기식화단
③ 테라스 화단　④ 양탄자화단

【문38】 폴리에틸렌 필름 멀칭에서 지온 상승, 잡초발생억제에 효과적인 것은?
① 흑색필름　　② 투명필름
③ 녹색필름　　④ 적색필름

【문39】 비료의 요구도가 가장 높은 것은?
① 동백　　　② 카틀레아
③ 아잘레아　④ 수국

【문40】 연동식 하우스가 단동식보다 유리한 점은?
① 광선 입사량이 많다.
② 환기가 용이하다.
③ 야간 열손실이 적다.
④ 하우스를 짓고 헐기가 쉽다.

【문41】 모종굳히기에 알맞는 조건은 어느 것인가?
① 저온건조 약광선
② 고온다습 강광선
③ 고온건조 약광선
④ 저온건조 강광선

【문42】 접목에서 접수 채취시기로 적당한 것은?
① 낙엽 직후　　② 낙엽 직전
③ 눈트기 직전　④ 눈튼 직후

【문43】 다음 중 종자, 구근, 잎으로 번식이 가능한 것은?
① 글록시니아　② 산스베리아
③ 다알리아　　④ 제라늄

【문44】 월동해충을 구제하기 위해 휴면 전에 사용하는 농약은?
① 다이센
② 보르도 액
③ 석회유황 합제
④ 스프라사이드

【문45】 절화 재배용으로 알맞는 온실 형태는?
① ¾식　　　② 양지붕식
③ 반지붕식　④ 터널식

【문46】 알뿌리를 저온 처리하므로 개화가 촉진되는 것은?
① 아마릴리스　② 튜립
③ 글라디오라스　④ 칸나

【문47】 다음 꽃나무 중에 상록성 관목인 것은?
① 명자나무　② 모란
③ 서양철쭉　④ 쥐똥나무

【문48】 차광재배로 계절보다 늦게 꽃피울 수 있는 것은?
① 포인세티아　② 국화
③ 프리뮬라　④ 나팔꽃

【문49】 삽수절단면에 유액을 제거한 후 삽목하는 것은?
① 남천　　　② 철쭉
③ 크로톤　　④ 드라세나

【문50】 장미 눈접시기로 가장 알맞는 시기는?
① 3~4월　　② 5~6월
③ 8~9월　　④ 11~12월

【문51】 다음 중 부엽토 재료로 알맞지 않은 것은?
① 밤나무잎　② 도토리잎
③ 은행잎　　④ 오리나무잎

【문52】 국화차광재배시 낮의 길이는 어느 정도가 좋은가?
① 12시간　　② 9시간
③ 6시간　　④ 3시간

【문53】 튜립, 히야신스 등의 추식구근을 캐내는 시기는?
① 4월 상순　　② 5월 상중순
③ 6월 중하순　　④ 9월 상순

【문54】 생장점 배양으로 길러낸 모종의 국제적 명칭은?
① 메리크론　　② 버나리제이숀
③ 브라인드　　④ 크라운

【문55】 화훼류 삽목용토로 구비조건이 될 수 없는 것은?
① 입자크기　　② 다공질
③ 지온　　④ 비료도

【문56】 삽수의 절단면을 그늘에 2~3일 건조시켰다. 삽상에 꽂아야 되는 화훼에 속하지 않는 것은?
① 알로에　　② 카랑꼬애
③ 산스베리아　　④ 동백

【문57】 접목에서 접수와 대목의 결합부위는?
① 물관　　② 체관
③ 형성층　　④ 나이테

【문58】 대목과 접수 굵기가 같을 때의 접목방법은?
① 호접　　② 절접
③ 안장접　　④ 할접

【문59】 난 재배시 가장 중요한 사항이 아닌 것은?
① 분토　　② 수분
③ 광선　　④ 병충해

【문60】 봄에 뿌리는 화초만으로 짝지어진 것은?
① 시네나리아, 팬지
② 칼세오나리아, 금잔화
③ 샐비어, 코레우스
④ 프리뮬라, 채송화

1. ③	2. ①	3. ③	4. ④	5. ②
6. ①	7. ③	8. ②	9. ①	10. ④
11. ④	12. ③	13. ②	14. ①	15. ④
16. ①	17. ②	18. ③	19. ②	20. ①
21. ①	22. ③	23. ①	24. ①	25. ①
26. ③	27. ②	28. ②	29. ③	30. ③
31. ③	32. ②	33. ②	34. ③	35. ③
36. ④	37. ①	38. ③	39. ④	40. ③
41. ①	42. ①	43. ①	44. ③	45. ②
46. ②	47. ③	48. ③	49. ③	50. ③
51. ③	52. ②	53. ③	54. ①	55. ④
56. ④	57. ③	58. ③	59. ④	60. ③

7 과년도 출제문제

【문1】 화훼원예의 목적에 잘 설명된 사항을 고르시오.

① 실내 미화에 중점을 두고 있다.
② 실내와 실외 정원을 아름답게 하는데 중점을 두고 있다.
③ 연중 아름다운 꽃으로 장식 하는데 중점을 두고 있다.
④ 자연보존의 의미가 있다.

【문2】 다음 화훼 중에 단일성 화훼를 고르시오.
① 백합, 튜립
② 국화, 메리골드
③ 국화, 코스모스
④ 금어초, 과꽃

【문3】 상대적 단일식물에 대한 설명이 바르게 된 것은?
① 단일, 장일 어느쪽에서나 개화되나 단일이 유리한 것.
② 단일하에서의 개화가 잘되는 것.
③ 장일성 식물 중에 한계일장이 제일 짧은 식물
④ 단일에서 화아형성이 되고 장일에서 개화되는 것.

【문4】 노지에서 1년초가 아닌 것은?

① 샐비어　　② 맨드라미
③ 페튜니아　　④ 프리뮬라

【문5】 노지추파 1년초의 특성이 아닌 것을 고르시오.
① 가을에 파종하면 좋고 봄에 파종하려면 일찍한다.
② 저온에 생육한다.
③ 반드시 단일에 꽃이 핀다.
④ 토양이 습하고 비옥한 것을 요구한다.

【문6】 화단을 만들 때 적합한 화훼로 된 것은?
① 시네나리아, 칼세오나리아
② 해바라기, 물망초
③ 코스모스, 금잔화
④ 나팔꽃, 패랭이꽃

【문7】 중간성 화훼가 아닌 것을 고르시오.
① 메리골드　　② 프리지아
③ 시클라멘　　④ 히야신스

【문8】 꽃이 일시에 피지 않는 상태인 초화는?
① 과꽃, 안개꽃
② 금잔화, 백합꽃
③ 시네나리아, 장미꽃
④ 팬지, 페튜니아 꽃

【문9】 다음 화훼 중 대표적인 숙근초로 짝지은 것은?
① 원추리, 옥잠화
② 페튜니아, 안개꽃
③ 옥잠화, 제라늄
④ 은방울꽃, 거어베라

【문10】 다음 화훼 중 온실 숙근초가 아닌 것을 고르시오.
　① 거어베라　　② 카랑코애
　③ 제라늄　　　④ 국화

【문11】 다음 중 호음성 화훼가 아닌 것은?
　① 아스파라거스　② 옥잠화
　③ 진달래　　　④ 채송화

【문12】 추식구근에 대한 설명이 아닌 것은?
　① 반드시 가을에 심는다.
　② 휴면은 고온에서 한다.
　③ 온도가 서늘하면 잘자란다.
　④ 휴면 타파는 고온이다.

【문13】 다음 알뿌리 중에 절화로 재배가 유리한 것은?
　① 백합, 글라디오라스
　② 수선화, 튜립
　③ 아네모네, 라난큘라스
　④ 구근 베고니아, 백합

【문14】 다음 추식구근 중에 촉성재배가 가능한 것은?
　① 백합, 히야신스
　② 튜립, 시클라멘
　③ 아마릴리스, 구근 베고니아
　④ 아마릴리스, 칼라

【문15】 다음 알뿌리 중에 유피인경을 고르시오.
　① 아네모네　　② 칼라
　③ 알리움　　　④ 시클라멘

【문16】 관엽으로 가꾸는 화훼의 주원산지는?
　① 온대　　　② 열대와 아열대
　③ 한대　　　④ 순열대

【문17】 용설란, 웃카, 알로에, 산스베리아, 제라늄의 분류는?
　① 난과 식물　　② 다육식물
　③ 관엽식물　　④ 알뿌리식물

【문18】 우리나라에 자생하는 대표적인 동양란은?
　① 건란　　　② 소심란
　③ 춘란　　　④ 금릉변란

【문19】 다음 중 관목화목류에 속하는 것이 아닌 것은?
　① 장미　　　② 진달래
　③ 라이락　　④ 목련

【문20】 다음 중 포복성 식물을 고르시오.
　① 한련화　　② 풍선초
　③ 누홍초　　④ 스윗트피

【문21】 개화가 가장 오래 지속되는 화훼는?
　① 페튜니아　　② 메리골드
　③ 칸나　　　④ 코스모스

【문22】 세계적인 4대절화는?
　① 과꽃, 장미, 백합, 카네이션
　② 국화, 양란, 글라디오라스, 튜립
　③ 국화, 장미, 튜립, 카네이션
　④ 국화, 튜립, 다알리아, 카네이션

【문23】 알뿌리 수확 후 고온처리를 하는 이유는?
① 맹아억제
② 살균 후 저장
③ 간이 냉방장치
④ 환기시설

【문24】 온실에 온도조절장치인 패드 앤드 펜 시설은?
① 차광장치　　② 난방시설
③ 간이 냉방장치　④ 환기시설

【문25】 추식구근 촉성재배시 구근식재 전에 냉장 처리하는 이유는?
① 개화 억제　　② 병충해 예방
③ 내한성 증진　④ 휴면 타파

【문26】 다음 알뿌리 중에 겨울 저온을 거쳐야 개화하는 것은?
① 글라디오라스　② 백합
③ 칸나　　　　④ 다알리아

【문27】 버미큐라이트에 대한 설명 중 잘못된 것은?
① 운모가열　　② 무균인조용토
③ 화산용암　　④ 삽목용토

【문28】 피트(peat) 또는 피트모스(peat m-oss)는?
① 중성인 인조용토
② 선인장이나 다육식물용 인조용토
③ 습지에 퇴적한 니탄
④ 소나무나 전나무 껍질

【문29】 토양 속의 ʼ수분 중 식물이 이용할 수 있는 것은?
① 화합수　　　② 흡습수
③ 중력수　　　④ 팽윤수

【문30】 반드시 차광하에서 가꾸어야 되는 화훼는?
① 카네이션　　② 소철
③ 국화　　　　④ 세인트폴리아

【문31】 분주(포기 나누기)의 특성이라 볼 수 없는 것은?
① 대량생산이 가능하다.
② 변이가 생기지 않는다.
③ 방법이 용이하다.
④ 초기에 생장이 빠르다.

【문32】 철쭉이 잘 자랄 수 있는 토양의 산도(pH)는?
① 4~4.5　　　② 5~6
③ 6~7　　　　④ 6.5~7

【문33】 카네이션 무병주 생산에서 비루스 확인하는 지표 식물은?
① 달맞이 꽃　　② 크로바
③ 명아주　　　④ 질경이

【문34】 토양의 표토에 비해 깊이 들어가면 미생물이 적은 것은?
① 산소 부족　　② 유기물 부족
③ 수분 부족　　④ 온도 부족

【문35】 줄뿌림(조파)을 설명한 것이다. 올바른 것은?

① 골을 파고 뿌린다.
② 모판에 골고루 뿌린다.
③ 핀셋으로 하나씩 뿌린다.
④ 복토하지 않고 진압한다.

【문36】 비루스 병을 방제하는 데 가장 효과적인 것은?
① 선충구제　　② 연장소독
③ 토양소독　　④ 종자소독

【문37】 대형 하우스의 장점이 아닌 것을 고르시오.
① 가온은 어렵지만 보온이 용이하다.
② 온도교차가 적기 때문에 온대 식물 재배에 좋다.
③ 공간이 크므로 작업이 편하다
④ 온도가 높아 구근촉성 재배에 알맞다.

【문38】 다음 중 발근촉진제로 사용되는 약제는?
① 지베렐린　　② 헤테로오 옥신
③ 아도톤　　④ 하이포넥스

【문39】 종자 발아에 외적인 조건으로 볼 수 있는 것은?
① 우량성　　② 발아력
③ 산소　　④ 발아율

【문40】 종자파종에서 얻을 수 있는 장점인 것은?
① 개화가 빠르다.
② 생장이 빠르고 변이가 없다.
③ 우량종을 착출할 수 있다.

④ 수명이 길고 형질이 유전된다.

【문41】 국화절화 재배시 개화시기는 늦출 수도 있다. 그러기 위해서는 어떠한 처리를 하는가?
① 적심을 한다.
② 온도를 높인다.
③ 질소비료를 많이 주어서 개화 억제를 시킨다.
④ 일몰직전부터 전등을 켠다.

【문42】 분파나 상자파종에 파종용 흙으로 부적당한 것은?
① 미숙한 거름이 섞이지 않은 것.
② 거름기가 될수록 많을 것.
③ 배수가 잘되는 것.
④ 소토법으로 토양소독한 것.

【문43】 탄저병과 노균병의 병징상 큰 차이점은?
① 발생부위　　② 발병유인
③ 엽맥침해　　④ 사용약제

【문44】 내병성 품종이란?
① 병에 안 걸리는 품종
② 특수병에 저항성을 갖는 품종
③ 병에 걸려도 경제적으로 피해가 적은 품종
④ 면역성 품종

【문45】 종자나 종묘소독법으로 가장 알맞은 방법은?
① 약제 처리　　② 태양건조
③ 증기소독　　④ 훈연소독

【문46】 뿌리 혹 박테리아는 어느 과(科) 식물에 공생하나?

① 십자화과　　② 양치과

③ 두과　　　　④ 호로과

【문47】 작약뿌리에 모란가지접을 할 때의 시기는?

① 8월 중순　　② 9월 중순

③ 10월 중순　　④ 11월 중순

【문48】 시설내 절화장미 재배시 배드 작토의 깊이는?

① 30cm　　　② 45cm

③ 60cm　　　④ 75cm

【문49】 실내 관엽식물로 짝지어진 것은?

① 페페로미아, 마란타

② 아레카야자, 매화

③ 고무나무, 코레우스

④ 드라세나, 피라칸타

【문50】 안장접으로 접목이 유리한 화훼는?

① 고무나무　　② 선인장

③ 장미　　　　④ 소나무

【문51】 농약의 구비조건이 될 수 없는 것은?

① 적용범위가 넓다.

② 작물에 해가 없다.

③ 인축에 해가 없다.

④ 혼용범위가 좁다.

【문52】 비료의 4요소로 볼 수 있는 것은?

① N. P. S. Cu

② K. F. Zn, Cl

③ N. P. K. Ca

④ N. P. K. Mg

【문53】 대면적 난방에 유리하나 시설비가 많이 드는 것은?

① 온풍난방　　② 전열난방

③ 가스난방　　④ 증기난방

【문54】 온실하개식 환기창의 특성이 아닌 것은?

① 파손염려　　② 통풍불량

③ 취급용이　　④ 경비절감

【문55】 속성퇴비 조제시 혼합해야 하는 재료는?

① 질소와 인산　② 칼륨과 석회

③ 인산과 석회　④ 질소와 석회

【문56】 예취종자를 고르시오.

① 채송화　　　② 코스모스

③ 맨드라미　　④ 나팔꽃

【문57】 적취종자를 고르시오.

① 백일홍　　　② 분꽃

③ 샐비어　　　④ 팬지

【문58】 평면화단으로 분류할 수 있는 화단은?

① 테라스 화단　② 기식화단

③ 살피화단　　④ 리본 화단

【문59】 드라이 플라워(건조화) 재료가 아닌 것은?

① 팜파스그래스　② 안개꽃
③ 백합꽃　　　　④ 천일홍

【문60】 코사지 재료로 사용이 곤란한 것은?
① 카네이션　　② 양란
③ 치자꽃　　　④ 해바라기

1. ②	2. ③	3. ①	4. ④	5. ③
6. ③	7. ②	8. ②	9. ④	10. ④
11. ④	12. ④	13. ①	14. ①	15. ③
16. ②	17. ②	18. ③	19. ④	20. ①
21. ②	22. ③	23. ②	24. ③	25. ④
26. ②	27. ③	28. ③	29. ③	30. ④
31. ①	32. ①	33. ③	34. ①	35. ①
36. ②	37. ④	38. ②	39. ③	40. ③
41. ④	42. ②	43. ③	44. ③	45. ①
46. ③	47. ②	48. ②	49. ①	50. ②
51. ④	52. ③	53. ④	54. ②	55. ④
56. ②	57. ③	58. ④	59. ③	60. ④

8 과년도 출제문제

【문1】 구경(球莖)에 대해 **옳은** 설명은?
① 뿌리에 양분을 저장한 알뿌리이다.
② 줄기가 단축되고 비대한 잎은 비늘쪽 모양으로 되어있다.
③ 줄기가 비대하고 기부(基部))는 막(膜)의 형태 구근 싸고 있다.
④ 뿌리가 비대하고 기부는 막으로 싸여 있지 않다.

【문2】 일계성(一季性) 덩굴장미는 언제 개화하나?
① 3~4월　② 5~6월
③ 7~8월　④ 9~10월

【문3】 다음 일 년초 중에 사실은 8월에 파종해야 하는 것은?
① 디키탈리스, 스카비오사
② 로벨리아, 세네나리아
③ 크레마티스, 델피니움
④ 스토크, 시네나리아

【문4】 다음 알뿌리 중에서 유피인경이 아닌 것을 고르시오.
① 아마릴리스　② 리코리스
③ 스노우드롭　④ 프리탈라리아

【문5】 국화를 삽목할 때 삽수 처리는?
① 잠깐 그늘에 시들렸다 꽂는다.
② 잠깐 물에 담갔다가 꽂는다.
③ 삽수를 따는 즉시 꽂는다.
④ 시들시들하게 말려 꽂는다.

【문6】 다음 중 틀린 것을 고르시오.
① 국화는 단일처리로 촉성된다.
② 튜립은 장일처리로 촉성된다.
③ 포인세티아는 단일에 촉성된다.
④ 백합은 장일처리로 촉성된다.

【문7】 경실종자의 발아를 용이하게 하려면?
① 70℃ 온탕에서 5분 침지
② 50℃ 온탕에서 3~4시간 침지
③ 40℃ 온탕에서 12시간 침지
④ 30℃ 온탕에서 1주간 침지

【문8】 종자휴면 타파에 쓰이는 약품은?
① 아토닉
② 지베렐린
③ 치오요소(thio urea)
④ MH_{30}

【문9】 다음 중 잘못 연결된 것을 고르시오
① 너드슨(Knudson) - 난종자파종 - 미국
② 버미큐라트(Vermiculite) - 산성 - 철쭉 - 경단꽂이
③ 온대식물종자 - 층적저장 - 5℃ 정도 - 30~40cm 깊이
④ 인공번식 - 히야신스- 노칭(Notching) -15~30개자구

【문10】 직파(直播)가 필요 없는 종자는?
　① 양귀비, 캘리포니아포피
　② 봉선화, 데이지
　③ 루피너스, 락스퍼
　④ 스윗트피, 프록스 드리몬디

【문11】 배배양(胚培養)을 잘못 설명한 것은?
　① 바이러스 감염을 피하고자 하는 경우.
　② 배유(胚乳)에 발아억제물질이 함유되어 있을 때.
　③ 종자의 강제휴면 때문에 후숙(後熟)이 필요한 때.
　④ 배(胚)는 완전한데 배유가 불완전한 때.

【문12】 다알리아의 괴근에서 눈이 있는 부분은?
　① 디스트　　　② 크라운
　③ 키메라　　　④ 브라인드

【문13】 히야신스를 수쿠핑 법으로 인공번식시 자구발생 수는?
　① 20~30개　　② 20~50개
　③ 50~60개　　④ 70~80개

【문14】 아마릴리스 분체번식에서 인편삽에 알맞는 삽상 온도는?
　① 15~16℃　　② 18~20℃
　③ 25~30℃　　④ 35~40℃

【문15】 백합의 인편번식에 알맞는 시기는?
　① 1~3월　　　② 4~5월
　③ 6~7월　　　④ 9~11월

【문16】 분주(포기나누기) 설명에서 잘못된 것은?
　① 밀식을 피하는 결과가 된다.
　② 개화가 촉진된다.
　③ 새뿌리 발생시 촉진된다.
　④ 세력을 왕성히 할 수 있다.

【문17】 반입 산스베리아에서 품종유지를 위한 삽목은?
　① 잎을 5~6㎝ 정도 길이로 잘라 꽂는다.
　② 기부(基部) 부분을 이용하여 세로 잘라 꽂는다.
　③ 반입부분만 잘라내어 꽂는다.
　④ 잎을 10~15㎝ 정도의 길이로 잘라 꽂는다.

【문18】 삽수기부에 전년생 가지를 'T'자로 조제하는 삽목방법?
　① 종삽(踵揷)　　② 당목삽(撞木揷)
　③ 단자삽(團子揷)　④ 천삽(天揷)

【문19】 삽수 절단면에 유액이 나오는 고무나무, 크로톤, 포인세티아 등은 어떻게 처리한 후 삽목해야 되나?
　① 물에 씻는다.
　② 발근촉진제를 바른다.
　③ 소독약으로 처리한다.
　④ 진흙을 발라 단자삽한다.

【문20】 낙엽수의 접목적기는?
　① 대목인 뿌리는 활동을 시작하고 접수는 활동을 시작 하지 않을 때.
　② 대목의 뿌리와 접수가 아직 활동을 시작하지 않은 때.

③ 대목의 뿌리와 접수가 활동한 직후.

④ 대목인 뿌리는 활동직전이고 접수는 활동을 시작한 때.

【문21】 오스먼더 루트(Osmunda root)란?

① 전나무 뿌리다.

② 양치식물 뿌리다.

③ 수태 뿌리다.

④ Peat에 섞인 수목 뿌리다.

【문22】 버미큐라이트(Vermiculite)가 무엇인가?

① 진주(眞珠)암이라는 화산용암을 부수어 만든 것이다.

② Montana산의 운모상(雲母狀)의 토양으로 2000°F의 고온처리가 되어 있다.

③ 소성규토(燒成珪土)라고도 하며 건축자재로 쓰인다.

④ 2차 대전후 미국에서 화훼재배에 많이 쓰여지고 있다.

【문23】 화훼재배시 인산성분이 결핍되면 어떤 현상이 나타나나?

① 생육이 저하되고 잎과 줄기가 경화된다.

② 위축된다.

③ 묵은 잎은 낙엽이 된다.

④ 잎이 작아지고 황변한다.

【문24】 국화에 엽면시비로 요소 0.4%액을 만들고자 한다. 18ℓ의 물에 얼마의 요소를 넣어야 되나?

① 4.8g   ② 72g

③ 86g   ④ 94g

【문25】 온실에서 사용하는 목재로 적합치 않은 것은?

① 백송   ② 육송

③ 삼나무   ④ 나왕

【문26】 온실화훼 재배시 겨울철 환기를 위해 창문을 이용하려면?

① 측창   ② 출입문

③ 천창   ④ 보조창

【문27】 분재배 포인세티아에 탄산가스를 시비하면?

① 키가 작아진다.

② 2주일 정도 출하가 빠르다.

③ 키가 40~60% 커진다.

④ 아무 변동이 없다.

【문28】 국화 차공재배시 몇 시간 정도의 일장이 필요한가?

① 13시간   ② 12시간

③ 9시간   ④ 7시간

【문29】 국화 전조재배에서 전기조명을 시작하는 적기는?

① 최종적심한 후 4~5일 후 곁순이 나오기 시작한 때.

② 최종적심한 후 7~8일 후 곁순이 2cm정도 됐을 때.

③ 최종적심한 후 8~10일 후 곁순이 2~3cm정도 됐을 때.

④ 최종적심한 후 10~15일 후 곁순이 4~6cm정도 됐을 때.

【문30】 발육하는데 충분히 강한 광선을 필요로 하는 화훼는?

① 아나나스　　② 칼라데아
③ 글라디오라스　④ 베고니아

【문31】 카네이션에서 1경1화의 대륜을 얻고자 한다. 적심은?

① 봉오리 크기가 커지기 시작할 때.
② 봉오리가 많이 커졌을 때.
③ 화색이 나타나기 시작할 때.
④ 개화가 시작되기 직전.

【문32】 국화재배에서 춘화처리가 소멸되는 때는?

① 장일냉온　　② 단일냉온
③ 장일고온　　④ 단일고온

【문33】 글라디오라스의 절화 적기는?

① 1번화가 피는 전날 뿌리턱에서 자른다.
② 일화수(一花穗)의 1번화가 착색되면 자른다.
③ 충분히 개화가 되는날 뿌리턱에서 자른다.
④ 2~3번화가 피는 날 뿌리턱에서 자른다.

【문34】 적취(摘取)에 채종해야 하는 화훼는?

① 샐비어　　② 백일홍
③ 과꽃　　④ 코스모스

【문35】 절화보존을 좋게 하기 위해 쓰이지 않는 것은?

① 초산가리　　② 아스피린
③ 지베렐린　　④ 포도당, 자당

【문36】 여름화단의 색채배합은 어떻게 하는 것이 좋은가?

① 원색계통의 색채로 가급적 온화하고 평화로운 색채.
② 강렬하고 정열적인 색채. 즉 원색이나 그에 가까운 색채.
③ 온색인 갈색, 적갈색 등으로 배색한다.
④ 청명한 색채로 보색관계에 있는 색채를 배합.

【문37】 콜히친 처리 화훼 특성 중 잘못 설명된 것은?

① 경엽(莖葉)이 비대하고 꽃이나 종자도 커진다.
② 결실성이 저하되기 쉽다.
③ 생육이 촉진되고 개화나 성숙이 빨라 조생이 된다.
④ 추위나 가뭄에 대해 강해진다.

【문38】 포인세티아의 꽃은?

① 꽃받침의 화판화가 특히 발달된 것이다.
② 화포(花苞)가 아름답게 착색되어 화판(花瓣)화 된 것이다.
③ 관성(慣性)에 의한 것이다.
④ 소륜(小輪)에 부화(副花)가 윤상(輪狀)한 것이다.

【문39】 재배농가에서 절화하기 전에 사용되는 살균제는?

① 퍼메이트　　② 다이센M45
③ 보르도 액　　④ 석회유황 합제

【문40】 아라산(Arasan), 스페르(Spergon)은?
① 목본성 장미흰가루병 약이다.
② 근두암종 예방약이다
③ 구근류 분의 소독제이다
④ 입고병 치료약이다.

【문41】 화훼육종에서 가장 중요하게 생각되는 것은?
① 화색　　　② 화형
③ 초장　　　④ 방향

【문42】 화훼에서 관성(慣性 : Prolification)이란?
① 생식기관 일부 또는 전부가 화판(꽃잎)화하는 것.
② 기관(器官)이 중복되는 현상.
③ 화판(花瓣)이 분열되는 것을 말한다.
④ 개화 중 중심 또는 꽃 사이로 다시 꽃이 나오는 형태.

【문43】 토양의 온도를 높이는 수단으로 가장 좋은 것은?
① 짚으로 멀칭한다.
② 물을 많이 준다.
③ 광선과 $30°$ 경사가 되게 한다.
④ 유기물을 넣어준다

【문44】 개화결실이 늦어지는 원인으로 볼 수 있는 것은?
① 질소 결핍　　② 질소 과다
③ 인산 과다　　④ 칼리결핍

【문45】 토양의 공극이 전부 물로 차있을 때 수분의 양은?
① 최대용수량　　② 최소용수량
③ 위조계수　　　④ 흡습계수

【문46】 토양의 산성화를 야기시키는 비료는?
① 석회질소　　② 용성인비
③ 황산암모늄　④ 요소

【문47】 석회를 시용코자할 때 알맞는 시기는?
① 파종 2주전　　② 파종과 동시
③ 화아분화시　　④ 수확 후

【문48】 흡습성이 가장 강한 비료는?
① 증과석　　　② 요소
③ 용과린　　　④ 황산칼리

【문49】 요소비료의 특성이 아닌 것은?
① 질소성분 함량은 한 포대(24kg)에 11.5kg 들어 있다.
② 질소성분의 황산암모니아보다 2.2배 많이 있다.
③ 질소질 비료로 엽면시비용으로 가장 적당하다.
④ 화학적으로는 알칼리성 비료이다.

【문50】 10a당 질소성분량 9.2kg을 사용코자 한다. 요소시비는?
① 9.2kg　　　② 20kg
③ 25kg　　　④ 46kg

【문51】 온상 구덩이를 팔 때 가장 깊게 파야할 부분은?
① 동쪽　　　② 서쪽
③ 남쪽　　　④ 북쪽

【문52】 토양수분 중 토양중 산소결핍을 초래하는 수분은?
① 흡습수　　　　② 모관수
③ 중력수　　　　④ 화합수

【문53】 구근재배시 가장 얕게 심어야 되는 것은?
① 튜립　　　　② 수선화
③ 시클라멘　　　④ 백합

【문54】 종자파종시 종파가 벗겨지지 않고 나올 때의 원인은?
① 건조　　　　② 다습
③ 저온　　　　④ 고온

【문55】 외부 환경조건이 불충분하여 발아하지 않는 것은?
① 자발적 휴면　　② 타발 휴면
③ 자연 휴면　　　④ 생리 휴면

【문56】 영리재배에 알맞는 온실의 폭은?
① 4.5m　　　　② 5.5m
③ 6.4m　　　　④ 6.7m

【문57】 시설내 벤치와 벤치 사이 통로 폭은 어느 정도가 알맞나?
① 50cm　　　　② 60cm
③ 70cm　　　　④ 80cm

【문58】 양분흡수 중 호흡을 억제해도 흡수작용에는 변화가 없는 것은?
① 염류축적에 의한 흡수
② 선택적 흡수
③ 적극적인 흡수
④ 소극적 흡수

【문59】 기식(寄植) 화단에서 중심에 있을 수 있는 화훼는?
① 채송화　　　　② 팬지
③ 윳카　　　　④ 메리골드

【문60】 절화의 물올림을 방해하는 원인이 아닌 것은?
① 자른 뒤 물관에 공기가 들어갈 때.
② 식물호흡량이 증가된 때.
③ 박테리아 미생물이 증식된 때.
④ 즙액이 나와 막혔을 때.

1. ③	2. ②	3. ④	4. ④	5. ②
6. ④	7. ①	8. ②	9. ②	10. ②
11. ①	12. ②	13. ③	14. ③	15. ④
16. ②	17. ②	18. ②	19. ①	20. ④
21. ②	22. ①	23. ①	24. ④	25. ④
26. ③	27. ②	28. ③	29. ④	30. ③
31. ③	32. ②	33. ②	34. ①	35. ③
36. ④	37. ②	38. ②	39. ②	40. ③
41. ①	42. ④	43. ②	44. ②	45. ①
46. ③	47. ①	48. ②	49. ④	50. ②
51. ③	52. ③	53. ③	54. ①	55. ②
56. ②	57. ②	58. ②	59. ③	60. ②

제3편
화훼재배사 실기

제1장 파종(씨뿌리기)

1. 미세종자 파종

□ 실기 내용

　미세 종자를 파종하는 데 필요한 재료를 준비하여 합리적으로 파종할 수 있는가를 본다.

□ 실기 재료

　파종 상자, 파종 용토(부엽과 밭흙을 섞은 것) 8 ℓ, 유리판, 신문지, 관수통, 왕모래(2~3 mm) 약간, 분 조각 약간, 모래(미세한 것) 약간, 미세 종자 0.5mℓ

□ 작　업

　① 상자 밑의 틈을 깨진 분 조각으로 막고 왕모래를 2㎝ 가량 깐다.

　② 2~4㎜의 가는 체로 친 파종 용토를 4~5㎝상자에 넣고 평편하게 고른다.

　③ 씨앗을 미세한 모래와 고루 섞어서 파종 상자에 흩어 뿌린다.

　④ 보통 크기의 씨앗은 흙덮기를 하나, 가는 씨앗은 흙 덮기를 하지 않는다.

　⑤ 파종 상자를 관수통에 서서히 넣어가며 저면 관수한다.

　⑥ 상자 위에 유리판을 덮고 다시 신문지를 덮고 온실 내에서 발아시킨다.

2 일반종자 파종

□ 실기 내용

　여러 가지 화초 씨앗을 모판에 기술적으로 뿌릴 수 있는가를 본다.

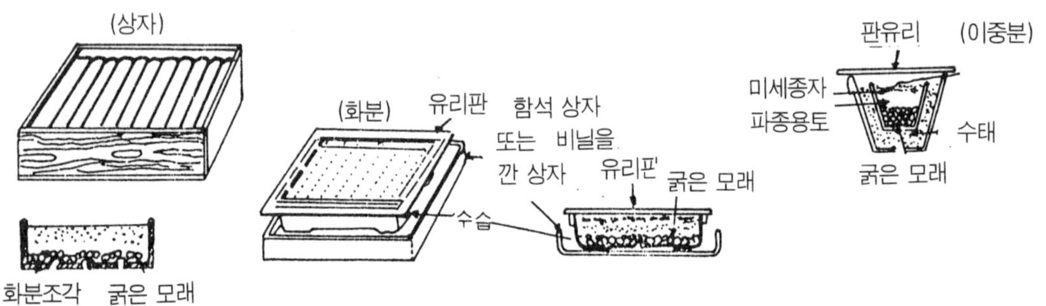

□ 상자 파종법

□ 실기 재료

일반 종자 약간, 토양살충제, 볏짚, 플라스틱 필름, 새끼줄, 줄자, 말뚝 4개, 퇴비

□ 작   업

(1) 밭 만들기

① 모판 만들 자리를 깊게 파엎고 잡초, 돌 등을 골라 낸다.

② 이랑 나비 90~120cm, 통로 나비 30cm로 밭을 꾸미는 데, 이랑이 될 곳에 토양 살충 제를 고루 뿌리고 평편하게 고른다. 이 때, 밑거름으로 잘 썩은 퇴비와 복합 비료를 약간 넣어 주면 더욱 좋다.

③ 이랑면을 평편하게 꾸미는 방법은 레이크나 호우로 고른 다음, 밀대를 양쪽에서 잡 고 두둑 한쪽에서부터 골라 나간다.

④ 퇴비를 쓸 경우에는 6cm정도의 겉흙과 잘 섞도록 하며, 이 때 토양 살충제도 혼합한 다.

⑤ 뿌림골의 간격은 씨앗의 크기에 따라 달리하나 샐비어, 백일홍의 씨앗 정도 크기면 6cm가 알맞다.

⑥ 뿌림골은 이랑의 양쪽에서 밀대를 잡고 알맞은 간격으로 두둑에 대고 두세 번 톱질 하듯이 하면 골의 바닥이 고르게 된다.

(2) 씨뿌리기

① 해바라기나 분꽃, 나팔꽃, 한련화와 같이 큰 씨앗은 일정한 간격으로 점뿌림을 하고, 씨앗 크기의 2~3배 두께로 흙을 고르게 덮는다.

② 샐비어, 금잔화, 팬지와 같은 보통 크기의 씨앗은 되도록 고루 떨어지게 손가락 끝 으로 조절하여 줄뿌림을 하고, 씨앗이 겨우 묻힐 정도로 흙을 뿌려서 얇게 덮는다.

③ 흙덮기가 끝나면 짚으로 덮고 물을 충분히 준 다음, 짚이 바람에 날리지 않도록 두 줄의 새끼줄로 눌러 주거나 플라스틱 필름을 덮는다.

④ 덮어 준 짚이나 플라스틱 필름은 발아가 시작되면 곧 걷어 준다.

참고 모판흙이 물을 계속 주어도 굳어지지 않는 성질을 갖추어야 하고, 되도록 모판흙을 소독하는 것이 좋으며, 흙덮기를 한 후 짚을 덮지 않고 물을 주기 때문에 물구멍이 가는 물뿌리개를 써야 한다.

□ 실기 결과

파종 후 발아까지는 지온이 생육적온보다 2~3 ℃ 정도 높게 관리하고 습도의 변화가 적은 상태로 관리한다.

제2장 삽목(꺾꽂이)

1. 엽삽(잎꽂이)

☐ 실기 내용
   식물체 영양 기관의 일부인 잎을 잘라 꽂아서 번식시킬 수 있는가를 본다.

☐ 실기 재료
   렉스베고니아 잎, 페페로미아 잎, 산스베리아 잎, 선인장, 상자 또는 좀 낮은 화분, 왕모래, 잔돌, 접도

(1) 렉스베고니아의 잎꽂이

☐ 작   업
   ① 생장이 다 된 잎을 따서 잎자루를 잘라 내고, 잎자루가 붙었던 잎맥 부분을 중심으로 햇살 모양이 되게 칼로 3~4 등분해서 자른다.
   ② 1개의 잎 조각을 모래판에 되도록 얇게 뉘어 꽂은 후, 움직이지 않도록 하고 물을 주어 관리하면, 보통 40~50일 후에 뿌리가 내린다.
   ③ 또는 잎을 따서 잎자루를 잘라 내고 잎맥의 교차점에 칼로 상처를 내어 모래 위에 펴 놓은 다음, 상처낸 곳을 모래로 얇게 덮어 물을 주고 움직이지 않게 한다.

(2) 페페로미아의 잎꽂이

☐ 작   업
   생장이 다 된 잎을 따서 잎자루가 있는 상태로 잎자루 일부분이 모래에 묻히게 꽂고 물을 준다.

(3) 산스베리아의 잎꽂이

☐ 작   업
   ① 영양이 좋은 잎을 따서 7~10㎝의 길이로 잘라 아래위를 구별할 수 있도록 놓는다.
   참고 발근 촉진제를 이용할 경우, 자르는 대로 아랫부분에 발라 놓으면 위아래를 구별하기가 편리하다.

② 잘라 놓은 삽순은 위아래를 정확히 구별하여 아랫부분을 모래에 ½정도 묻히게 꽂는다.

③ 꽂은 후 고온다습하게 관리하면 40일 이상 지난 후 뿌리가 내리고 새싹이 나오는데, 잎 둘레에 노란무늬가 있는 잎을 꺾꽂이하면 노란무늬가 없어진 개체로 번식되므로 이 점에 유의해야 한다.

참고 산세베리아 엽삽에서 노란무늬가 있던 것이 없어지는 현상은 형질이 내피조직(內皮組織)에서 변이가 일어나지 않고 표피조직(表皮組織)에 의한 주연(周緣) 키메라 현상으로 노란무늬가 소실되기 때문이며 노란무늬는 재생력이 없고 발근이 안 된다.

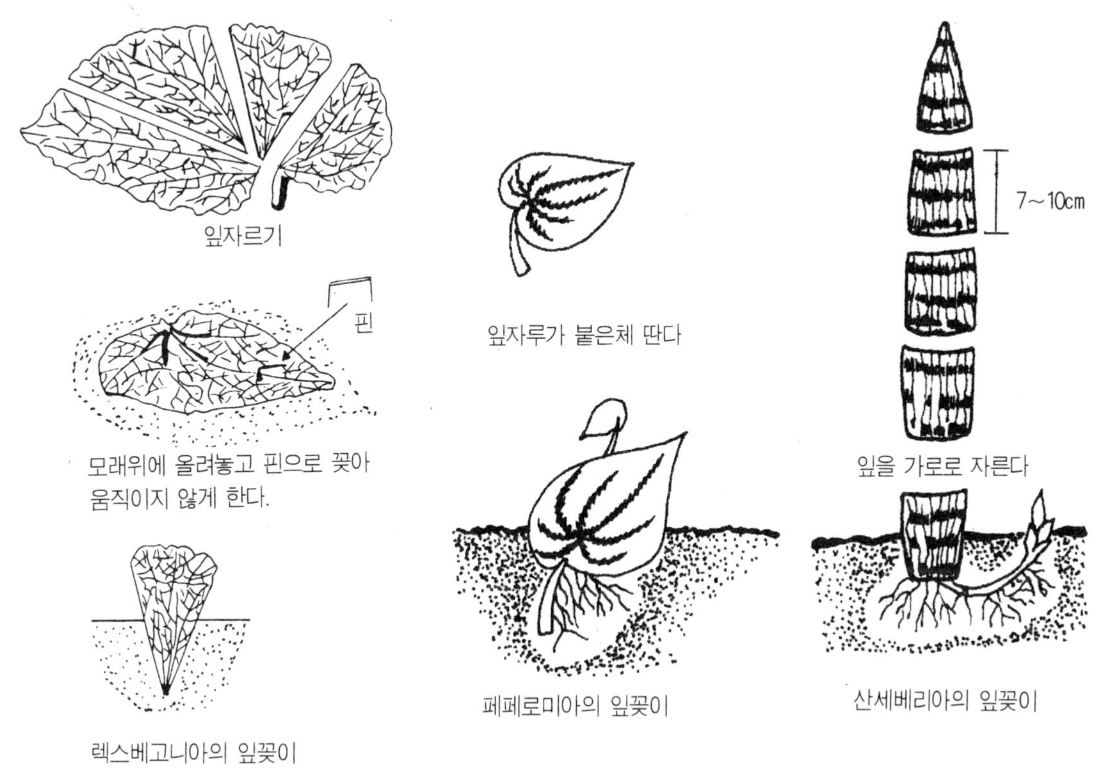

□ 여러 가지 잎꽂이

□ 실기 결과

분절삽(分切揷) : 잎맥의 분기점을 잘라 이용한 삽목

　　　　· 렉스베고니아

엽병삽(葉柄揷) : 잎자루를 붙여 하는 삽목

　　　　· 페페로미아, 글로시니아, 세인트폴리아, 칼란코애

평행삽(平行揷) : 잎의 평행맥을 가로로 잘라 하는 삽목

　　　　· 산스베리아, 공작선인장, 게발선인장

2 엽아삽(잎눈꽂이)

□ 실기 내용

  넓은 잎 고무나무줄기에 여러 개 있는 눈 중에서 잎 1장에 눈 1개만 붙여 꺾꽂이하므로 많은 개체를 번식할 수 있는가를 본다.

□ 실기 재료

  잎 달린 고무나무줄기, 접도, 전정가위, 수태(또는 황토), 끈 또는 고무줄 밴드, 받침대나무(지름 6~8mm), 삽목상, 왕모래, 모래

□ 작   업

 (1) 삽순만들기

 ① 잎이 붙어 있는 마디를 중심으로 잎과 줄기 사이에 있는 눈이 상하지 않도록 대각선으로 자른다.

 ② 자른 부분에서 나온 흰빛의 수액을 물로 깨끗이 씻어 낸다.

 ③ 절단면의 기부를 수태(또는 황토)로 경단을 만든다.

 ④ 잎이 꺾이지 않게 길이로 단단히 말고, 풀어지지 않도록 끈 또는 고무 밴드로 묶는다.

 (2) 꺾꽂이판 만들기

 ① 높이가 10cm정도 되는 상자 밑에 왕모래를 한 겹 깔고 거름기 없는 모래를 채운다.

 ② 꺾꽂이판을 한두 번 굴러서 표면을 고른다.

 (3) 꽂 기

 ① 준비된 삽순을 상자에 묻고, 말려진 잎의 중앙으로 받침대를 꽂아 쓰러지지 않도록 한다.

 ② 물을 충분히 주고 고온 다습한 반 그늘에 두어 마르지 않도록 관리한다.

 ③ 꽂은 지 40~50일이 지나면 새 뿌리가 나기 시작하는데 뿌리가 수태 밖으로 나오면 화분에 옮겨 심는다.

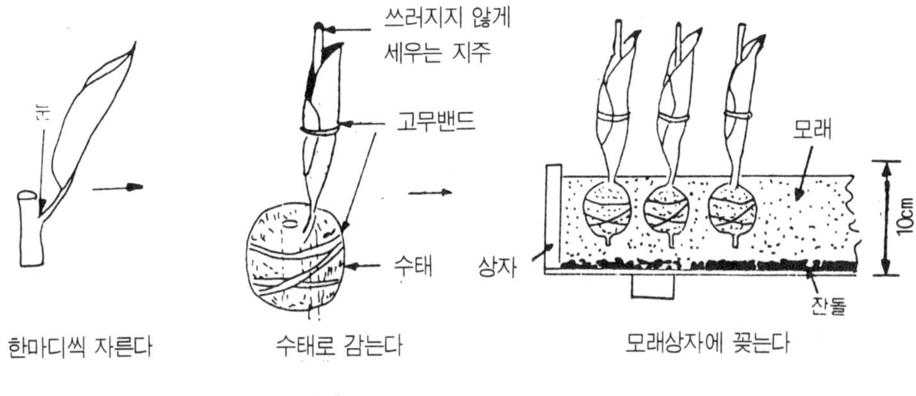

□ 고무나무의 잎눈꽂이

□ 실기 결과
① 온도 : 삽상의 온도를 기온보다 2~3℃ 높게(17~20℃) 관리한다.
② 습도 : 삽목 당시 90%의 발근을 시작할 무렵 75%로 한다.

참고 미스트 번식 : 공기중의 습도를 높여 잎의 증산을 억제시키는 삽목방법이다.

3. 경삽(줄기꽂이)

□ 실기 내용
줄기를 잘라 꽂아서 뿌리가 잘 내리게 할 수 있는가를 본다.

□ 실기 재료
묵은 가지(무궁화), 푸른가지(사철나무, 동백, 드라세나) 각 10개씩, 생장점이 붙은 충실한 국화 줄기 10개, 거름기가 없고 잔모래가 섞이지 않은 왕모래, 거름기 없는 황토와 마사토, 전정가위, 접도, 상자 또는 춤 낮은 화분, 물뿌리개

(1) 순꽂이(국화)

□ 작   업
① 꺾꽂이감(삽순)을 물에 2~3시간 담가 충분히 흡수시킨다.
② 6~7cm의 길이로, 큰 잎을 윗부분에 서너 장 남기고 잘드는 칼로 자른다.
③ 황토로 경단을 만들어 자른 부분에 붙인다.
④ 상자나 분 밑에 잔돌을 2~3cm 정도 깔고, 그 위에 모래를 넣고 가볍게 한두 번 구

른 후 표면을 고른다.

⑤ 삽순이 ⅓정도 묻히게 꽂은 뒤 물을 준다.

⑥ 꽂는 간격은 잎이 서로 겹치지 않을 정도로 하고, 꽂기가 끝나면 그늘 진 곳에 두고 모판이 마르지 않을 정도로 물을 자주 주며 관리한다

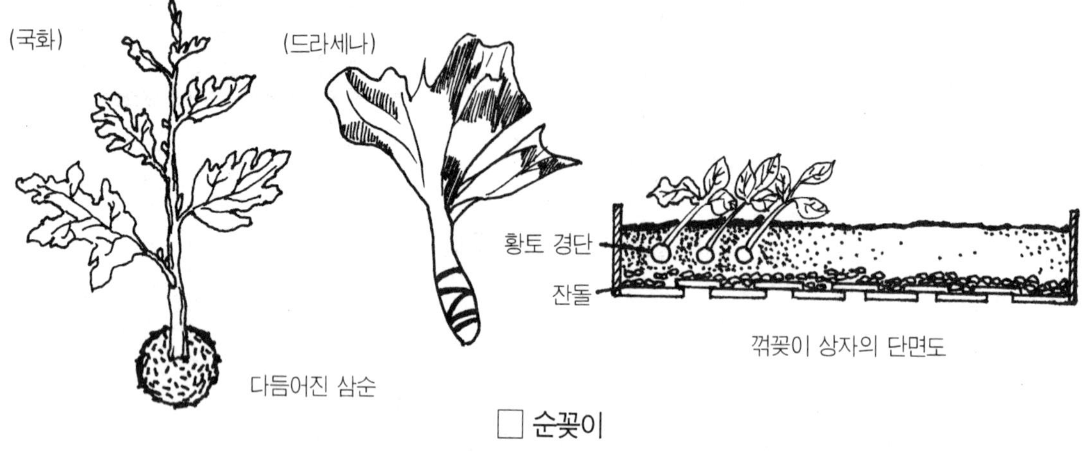

□ 순꽂이

(2) 푸른가지 꽂이(사철나무)

□ 작 업

① 사철나무와 같이 새순의 생장이 일단 끝나고 굳어지기 시작한 충실한 가지를 물에 담가 충분히 흡수시킨다.

참고 가지를 손으로 꺾었을 때 쪼개지지 않고 부러지며, 껍질이 벗겨지는 정도로 굳어진 상태가 삽순으로 알맞다.

② 7~10cm의 길이로 자르고 ⅓ 아래에 있는 잎을 따 준다.

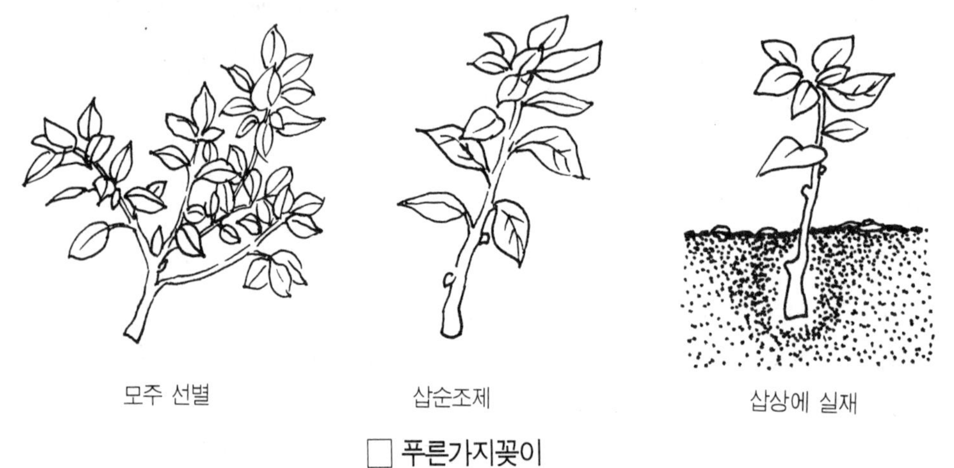

□ 푸른가지꽂이

③ 꺾꽂이판은 대량 번식을 하고자 할 때에는 밭을 만들고, 적은 양을 할 때에는 순꽂이 때와 같이 하는데, 다만 물 주는 품을 덜기 위해서는 모래 대신 마사토를 이용하면 좋다.

④ 꽂는 방법은 삽순보다 약간 굵은 나무로 흙에 구멍을 뚫은 다음에 그 자리에 삽순을 꽂고, 꽂은 자리를 손가락으로 가볍게 눌러 흙과 삽순이 밀착되도록 한다. 물주기 등 관리는 눈꽂이의 경우와 같다.

(3) 굳은가지 꽂이(무궁화)

□ 작 업

① 지난 해에 자란 충실한 가지를 싹이 트기 전에 잘라 물에 담가 흡수시킨 다음 10~15cm의 길이로 꽂는다.

② 꽂는 방법, 꽂는 장소, 꽂은 후의 관리 등은 푸른가지 꽂이와 같다.

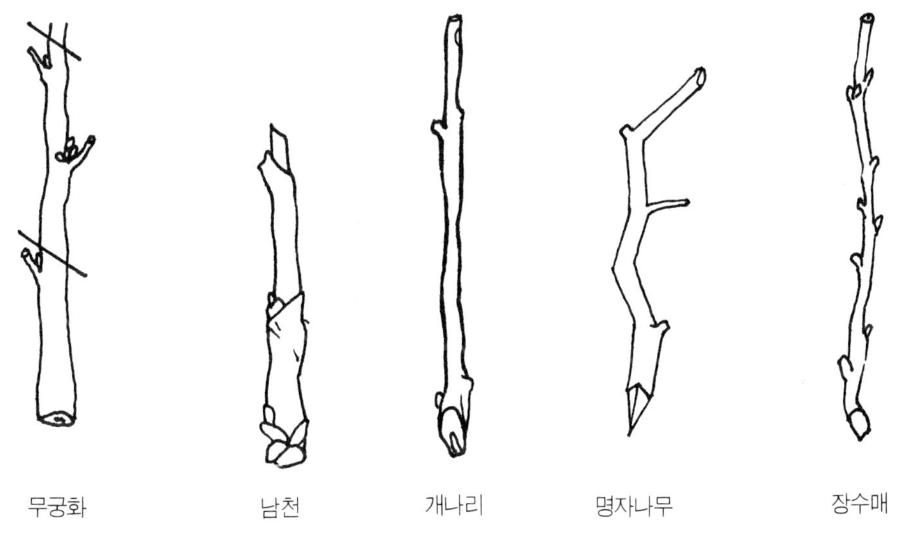

□ 굳은가지꽂이

(4) 선인장의 꺾꽂이

□ 작 업

①.새로 나온 삽순을 어미포기에서 떼어 그늘에서 말린다. 말린 후에 잘린 면을 모래에 꽂고 뿌리가 내릴 때까지 물을 되도록 주지 않는다.

② 자른 면이 썩지 않도록 석회나 나무재를 발라 주면 더욱 좋다.

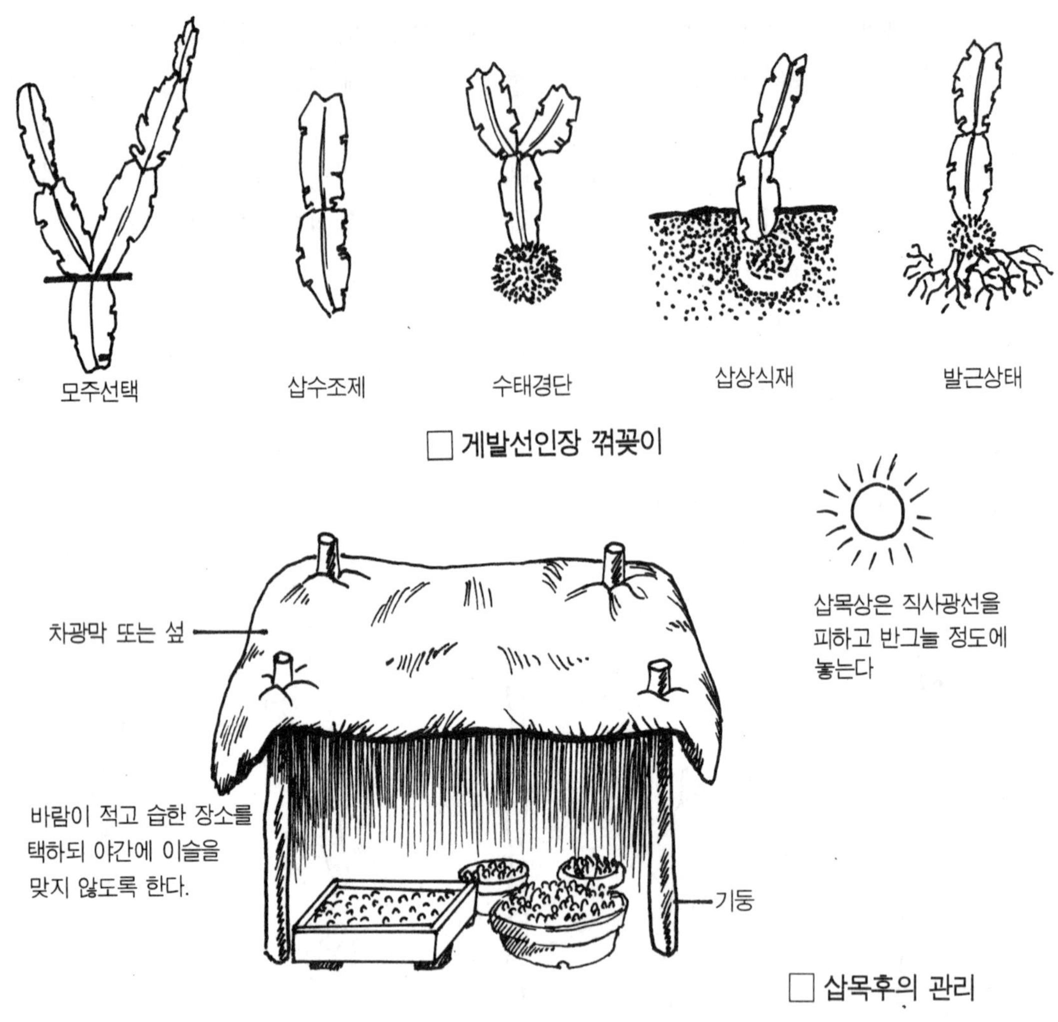

□ 실기 결과

꺾꽂이 종류	화훼의 종류
순 꽂 이	국화, 카네이션, 콜레우스, 샤스타데이지,제라늄, 베고니아, 페튜니아, 포인세티아, 메리골드, 드라세나, 코르딜리네
푸른가지 꽂이	동백나무, 포인세티아, 치자나무, 회양목, 철쭉류, 사철나무
묵은가지 꽂이	석류나무, 무궁화, 배롱나무, 남천, 개나리, 초롱꽃, 부우겐베리아
잎 꽂 이	산스베리아, 렉스베고니아, 페페로니아, 글록시니아
잎 눈 꽂 이	국화, 고무나무, 동백나무, 몬스테라

제3장 접목(접붙이기)

1. 녹지접 (푸른가지 접붙이기)

☐ 실기 내용

　일반 접목법으로는 활착시키기 어려운 종류의 화목류들을 푸른가지 접붙이기로 번식시킬 수 있는가를 본다.

☐ 실기 재료

　대목 10개, 접순 10개, 털실 끈 3m, 비닐 3m(0.05mm×90cm), 대쪽 5개, 전정가위, 접도, 갈대발(150cm×120cm)

☐ 작　　업

　(1) 대목 선택

　1년생 실생묘 중에서 수세가 강하고 줄기가 곧으며, 마디와 마디 사이가 고른 것을 대목으로 선정한다.

　(2) 접순의 선택

　접순은 접목 직전에 새 순 중에서 충실한 것을 채취하는데, 이 때 접순은 조직이 유연하여 건조에 약하므로 시들지 않도록 주의한다.

　① 접순에 붙이는 잎의 수는 보통 2~3매로 한다.
　② 접순의 채취는 새 순의 어느 부분을 사용해도 활착이 용이하다.
　③ 동백, 단풍나무, 매실 등은 생장이 막 끝난 새 순의 선단을 선택한다.

　(3) 접붙이기

　① 대목의 새 순은 그 기부에서 1~2매의 잎을 남기고 자른 후 자른 면을 깨끗이 다듬어 평면으로 한다.
　② 접도로 쪼개접의 요령으로 대목을 모서리에서 쐐기꼴로 2~3cm 정도 파 내린다. 접순은 기부를 2cm 정도 쐐기형으로 깎는다.
　③ 접순을 대목의 자른 곳에 끼워 넣어서 형성층을 맞춘다.
　④ 접한 부분이 움직이지 않도록 털실로 감아 준다.

(4) 접목 후의 관리

대쪽을 반원형으로 휘어 꽂고, 그 위를 비닐로 덮어 터널을 만들고, 다시 그 위를 거적이나 갈대발로 덮어 준다. 터널 속의 습도는 90% 정도, 온도는 20~23℃ 정도를 유지시킨다.

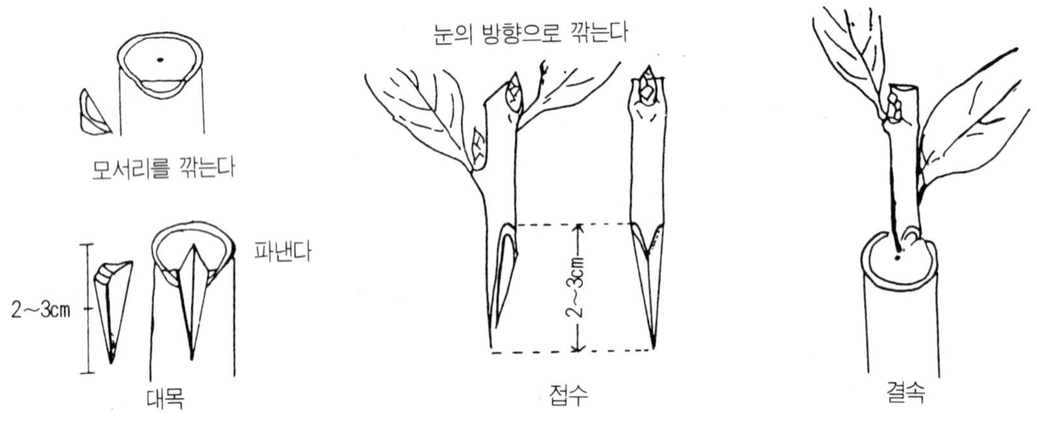

□ 대목과 접순조제와 결속

□ 실기 결과
접수와 대목의 친화성에 의해 형성층을 결합시켜 생육하게 한다.

2 절접(각기접)

□ 실기 내용
일반 화목류들을 각기접 방법으로 손쉽게 번식할 수 있는가를 본다.

□ 실기 재료
접도, 전정가위, 비닐 테이프, 밀랍, 대목, 접수

□ 작   업
(1) 접수조제
충실한 가지로 지름이 0.5~0.9cm, 길이 5~10cm 정도에 눈이 2~3개 달린 것으로 2~3cm 길이에서 절상을 넣고 90° 각도로 목질부를 벗겨낸다.

(2) 대목조제

대목은 뿌리턱 부근에서 3~6cm 부위를 전정 가위로 자르고 북쪽 끝면을 약간 자른 후 접수를 끼울 수직 절상을 넣는다.

(3) 접붙이기

대목과 접수의 형성층을 맞추고 비닐로 조금 단단히 묶어 결합면에 공간이 생기지 않도록 한다.

(4) 접붙인 후의 관리

① 접수의 끝이 보이지 않게 성토한다.
② 접수의 건조 방지를 위해 밀납으로 피복해 주면 좋다.
③ 활착 후 접수의 눈이 자라면 강한 것 한두 개만 남기고 잘라준 후 지주로 보호한다.

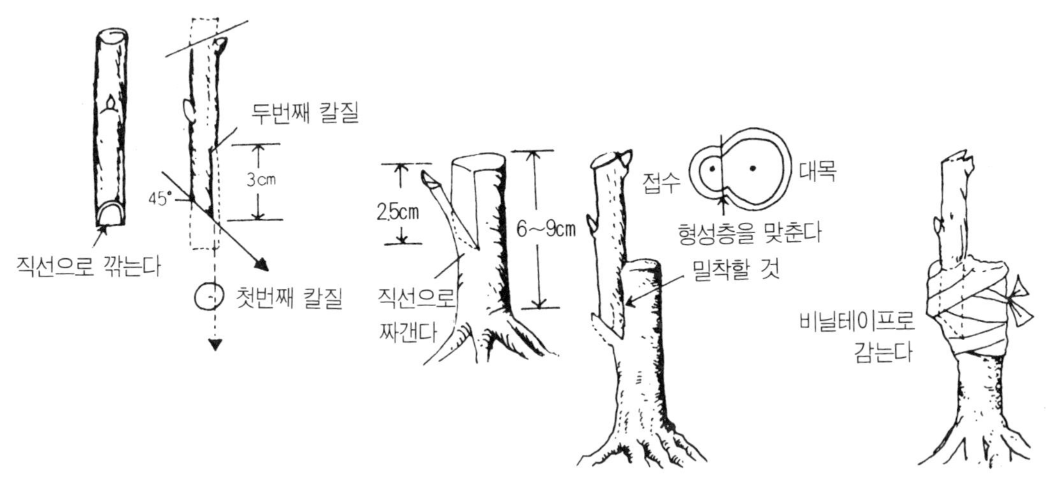

□ 접수 만들기 대목 만들기 넣기와 묶어두기

□ 실기 결과

접목 후 관리로는 접수의 끝눈 방향이 남쪽으로 식재하고 볕가림과 방풍설비를 하도록 하고 접목부의 습도조절을 하되 약 1~2개월 실시토록 한다.

결속재료는 접목 후 약 2개월이 지나면 풀어주도록 하고 이식은 정식시기를 택하는 것이 좋다.

3. T자 눈접(아접)

☐ 실기 내용

품종이 좋은 장미를 간단히 눈접 방법으로 대량 번식시킬 수 있는가를 본다.

☐ 실기 재료

접도, 전정가위, 비닐 테이프 1개, 1년생 찔레묘 1포기, 장미 가지(5엽이 5개 있는) 1가지

☐ 작   업

(1) 대목 껍질 베기

① 대목은 당년생의 것을 쓴다.

② 대목 둘레의 잡초를 뽑고 정결하게 한다.

③ 지표면에 가까운(3~4cm정도) 반듯하고 매끈한 줄기 부분을 칼로 T자형이 되게 껍질 부만 벤다.

(2) 접눈떼기

① 접눈은 되도록 3매엽 바로 밑에 있는 5매엽 사이의 눈을 이용하고, 길이는 3cm 정도 되게 목질부를 약간 붙여서 뗀다.

② 떼어 낸 눈의 안쪽에 붙어 있는 목질부를 떼어 내고 아랫 부분을 잘 드는 칼로 다듬는다.

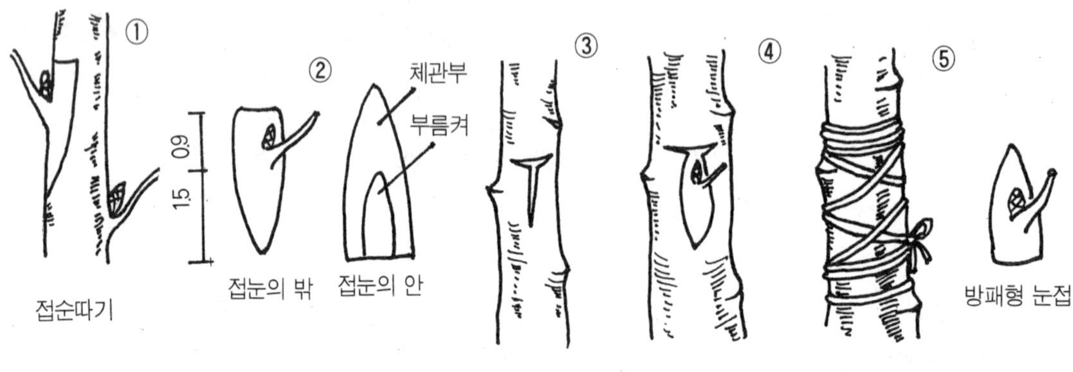

◀ 접눈떼기

① 접눈따기
② 접눈의 외면과 내면

◀ 대목베기

③ 대목에 T자로 껍질분리
④ 접눈끼우기
⑤ 접눈을 끼우고 묶어준 상태

☐ T자 눈접

(3) 접눈넣기와 묶어주기

① 대목의 벤 자리인 가로와 세로가 교차된 부분의 껍질부와 목질부의 약간을 분리시
키면서 접순의 밑부분을 끼운 후 잎자루를 붙잡고 아래로 밀어 넣는다.

② 완전히 끼워진 접눈이 대목의 목질부에 접착되도록 준비된 비닐 테이프로 묶어 준
다.

(4) 눈접 후의 관리

① 눈접 후 1주일 동안은 되도록 직사광선을 가려주고, 접목 부위에 물이 들어가지 않
도록 한다.

② 1주일 후 잎자루가 누렇게 변하여 떨어지면 접목부의 바로 위에 있는 대목의 눈 하
나를 남기고 대목을 자른다.

③ 대목에서 나오는 눈은 계속 따내고, 접눈이 자라기 시작하면 묶어 준 비닐을 풀어준
다.

□ 실기 결과

눈접의 시기는 대목의 껍질이 잘 벗겨지는 수액유동기인 6~10월 중에서 환경조건이
가장 적당한 시기, 즉 기온이 20° 전후인 때가 알맞고, 조작 후에는 강우가 적은 편이 활
착률이 높다.

4. 삭아 눈접

□ 실기 내용

좋은 화목류를 간단한 눈접 방법으로 대량번식시킬 수 있는가를 본다.

□ 실기 재료

접도, 전정가위, 비닐 테이프 1개, 1년생 산목련 1포기, 백목련(눈이 5개 있는) 1가지

□ 작   업

(1) 대목의 목질부 파내기

① 대목은 당년생의 것을 쓴다.

② 대목의 뿌리에서 3~4cm정도 떨어진 곳에 아래로 45° 절상을 넣고 약 3cm 위에서

첫번 절상부위로 30° 절상을 넣어 목질부를 파낸다.

(2) 접눈떼기

　눈위 2cm정도 부위에서 아래 쪽으로 목질부를 깎는 정도의 절상을 길게 넣은 후 눈 아래 1cm정도에서 같은 방향으로 절상을 넣어 눈을 떼어낸다.

(3) 접눈 넣기와 묶어주기

　① 대목의 벤 자리에 접순을 끼운다.
　② 완전히 끼워진 접눈의 형성층과 대목의 형성층이 맞도록 하고 비닐 테이프로 묶어 준다.

(4) 눈접 후 관리

　① 눈접 후 1주일 동안은 되도록 직사광선을 가려주고, 접목 부위에 물이 들어가지 않도록 한다.

□ 대목 목질부 파내기

　② 대목에서 자라 나오는 눈은 계속 따내고 접눈이 자라기 시작하면 묶어 준 비닐을 풀어준다.

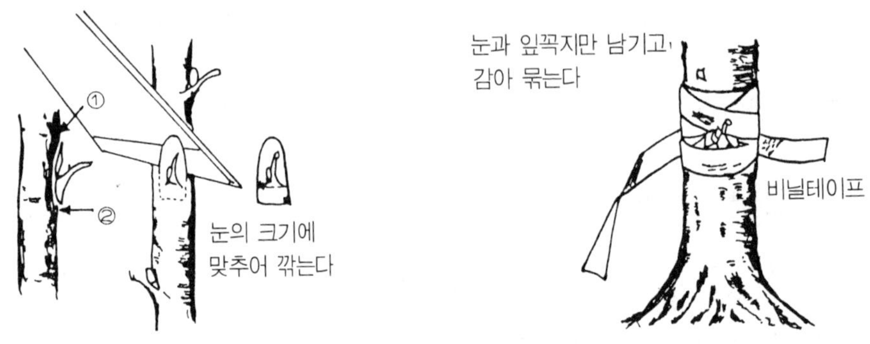

□ 접눈떼기, 넣기와 묶어두기

□ 실기 결과

눈접은 충실한 눈 하나만으로써 많은 묘목을 일시에 양성할 수 있고, 조작은 간단한 데다가 생육 중에는 성패에 따라 몇 번이라도 되풀이할 수 있어 접목기간이 길며, 종류에 따라서는 근두암종병의 발생이 방지되고, 생장이 왕성하여 대아(臺芽)의 발생도 적은 장점이 있다. 그러나 관리가 약간 어려운 것과 가지접보다 생육이 좀 늦어지는 것이 결점이다.

5. 안장접

□ 실기 내용

선인장을 접붙이기 하는 방법을 알고 있는가 본다.

□ 실기 재료

접도, 전정가위, 면실 약간, 삼각기둥 선인장 1주, 비목단 1주

□ 작   업

(1) 대목 만들기

① 삼각기둥 선인장의 윗부분을 수평이 되게 접도로 자른다.
② 세 모서리를 접도로 따낸다.

(2) 접수 만들기

비목단 선인장의 뿌리부분을 약 $\frac{1}{3}$정도 수평으로 잘라버린다.

(3) 대목과 접수 묶어주기

삼각주 대목 위에 비목단 접수를 한가운데에 올려놓고 실로 묶어준다.

(4) 접목 후 관리

① 접한 뒤 2~3일간 그늘에 놓아두었다 심는다.
② 대목에서 나오는 눈을 따낸다.

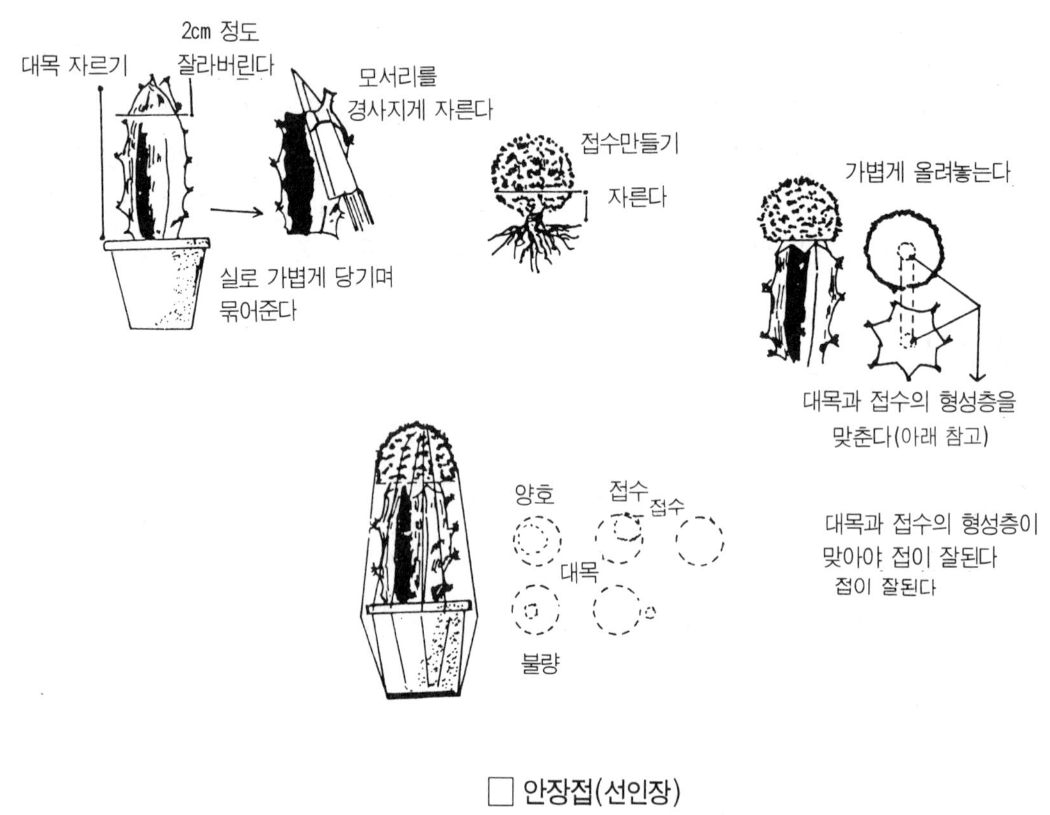

□ 안장접(선인장)

□ 실기 결과

대목과 접수는 묶어 주는 재료를 면실로 하므로 자연히 삭아서 풀어지게 되고, 삼각기둥 선인장의 모서리를 따내는 이유는 대목의 새싹이 자라며 접수를 밀어 올리거나, 대목의 건조시 가운데 부위가 움푹 패이는 일을 방지하기 위함이다.

제4장 고취목(높이 떼기)

□ 실기 내용

화훼 종류에 따라 알맞는 취목방법을 선택하여 기술적인 방법으로 성공할 수 있는가 본다.

□ 실기 재료

고무나무 1포기, 철사(8번선) 1m, 전정가위, 접도, 수태 600g, 분무기, 플라스틱 필름 약간

□ 작   업

① 뿌리를 내리고자 하는 부위의 껍질을 1~2cm정도 도려내고 목질부가 드러나게 약간 깍아낸다.

② 수액에 유즙이 나오는 고무나무, 포인세티아는 분무기를 이용하여 유즙을 세척해준다.

③ 처리된 부위를 젖은 수태로 감아 끈이나 철사로 묶은 후 플라스틱 필름으로 감싸준다.

□ 실기 결과

작업시기는 식물이 왕성한 활동을 하는 시기인데 온실식물은 5월경 노지식물은 봄철 발아 전 또는 6월경이 적기이다.

발근이 빠른 것은 3개월 정도에 완전 성공하나 대개는 1년 정도 걸려 성공한다.

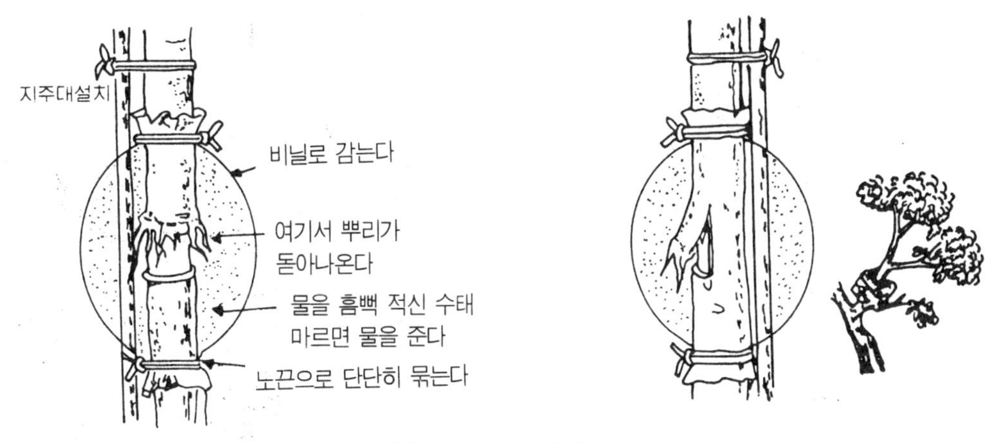

□ 높이떼기 방법

제5장 분주(포기 나누기)

☐ 실기 내용

국화, 꽃창포 등 화훼의 포기나누기를 잘 할 수 있는가를 본다.

☐ 실기 재료

국화 2개분(대국, 소국), 꽃창포 1포기, 전정가위, 화분(12㎝) 3개, 접도, 배양토 3ℓ,모래1 ℓ, 화분조각 약간

(1) 국화 포기나누기

☐ 작　　업

① 묵은 포기뿌리 근처에 있는 새싹보다 뿌리에서　약간 떨어져 있는 분흙 또는·땅 위의 새싹 중, 2~3개의 잎이 있으며 약간 굵고 잔뿌리가 많이 붙어 있는 것을 선택하여 잘라 낸다.

② 준비된 화분 밑에 화분조각으로 구멍을 막고, 굵은 모래 약 3㎝, 그 위에 배양토 약 6㎝를 넣어 국화를 세우고 다시 배양토를 뿌리가 약간 덮일 정도로 넣은 다음 저면 관수를 한다.

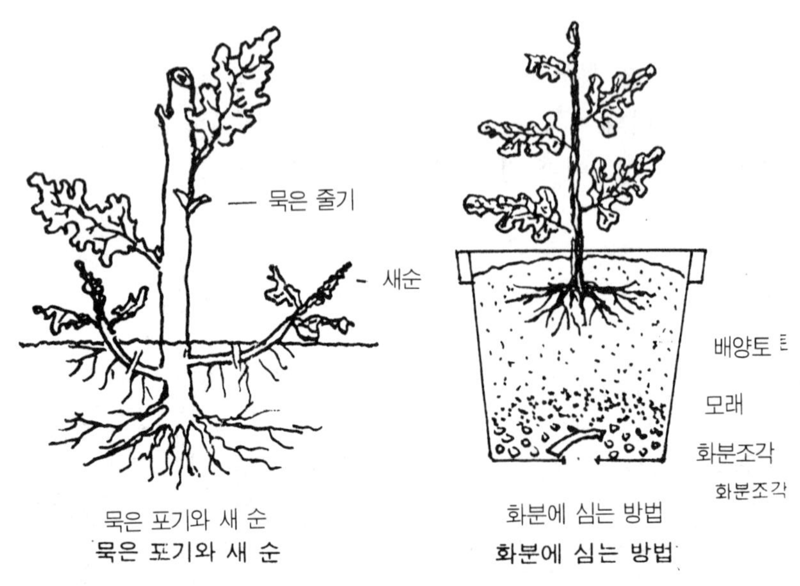

묵은 포기와 새 순　　　화분에 심는 방법

☐ 국화 포기나누기

(2) 꽃창포 포기나누기

□ 작   업

① 포기를 파 올려 뿌리를 붙여서 새 줄기를 하나하나 떼어 낸다.

② 포기나누기를 한 모종을 심을 때에는 뿌리가 상해 있기 때문에 밑거름은 주지 않는다.

③ 포기나누기는 다음 그림과 같이 한다.

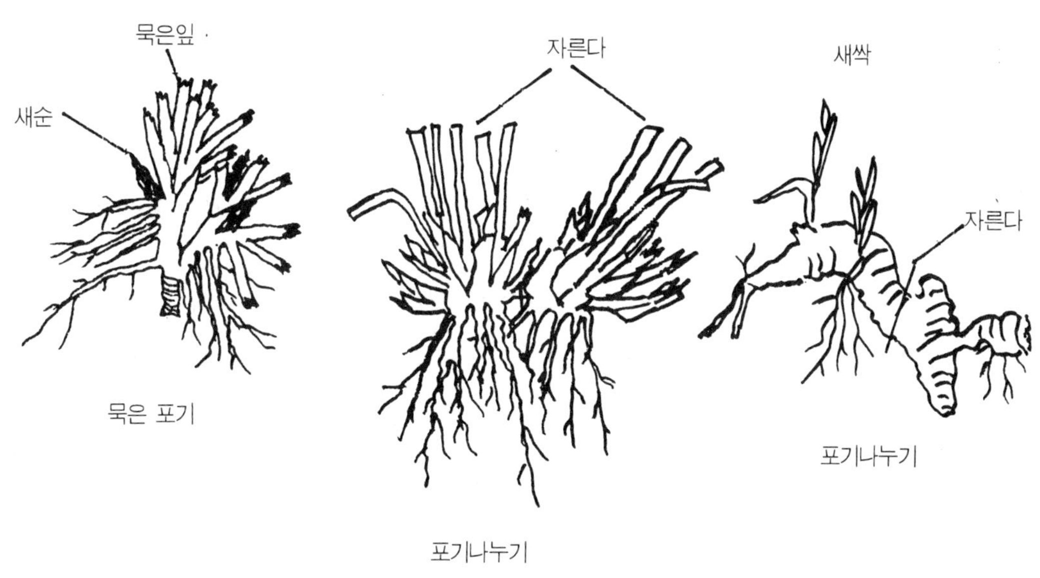

□ 꽃창포 포기나누기

□ 실기 결과

① 매년 분주 : 국화, 칸나, 진저어

② 3~5년마다 분주 : 작약, 거베라, 저먼아이리스, 꽃창포

③ 5~7년마다 분주 : 분설화, 명자나무

봄에 개화하는 것은 가을에, 가을에 개화하는 것은 봄에 분주한다.

① 9~10월 : 꽃창포, 저먼아이리스

② 11월 중순 : 추국

제6장 분구(알뿌리 나누기)

□ 실기 내용

덩이뿌리에 정확히 눈을 붙여 갈라서 번식시킬 수 있는가를 본다.

□ 실기 재료

다알리아 1포기, 글록시니아 1포기, 접도, 꺾꽂이상자, 전정가위, 모래 1ℓ, 물뿌리개, 재 0.5ℓ

□ 작   업

(1) 다알리아의 덩이뿌리 나누기

① 다알리아는 새로운 덩이뿌리와 묵은 줄기 부분이었던 접속부에서만 눈이 나오므로, 이 부분을 잘라버리면 안된다.

② 칼로 줄기의 상부에서 세로로 내리 갈라 어느 뿌리에도 이 부분이 붙게 한다.

③ 발아 부분에 발아가 시작된 흰눈이 붙어 있으므로 이 눈을 상하지 않도록 해야 하며, 덩이뿌리 하나에 눈을 1개씩 붙인다.

④ 준비된 상자에 모래를 3분의 2가량 넣은 다음, 나누어진 덩이뿌리를 심어 그 위를 다시 모래로 덮고 물을 주어 반 그늘에 둔다.

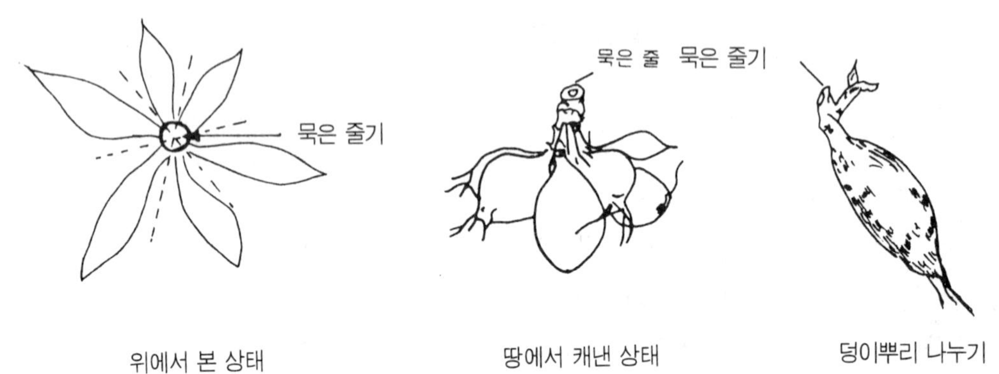

□ 다알리아의 덩이뿌리 나누기

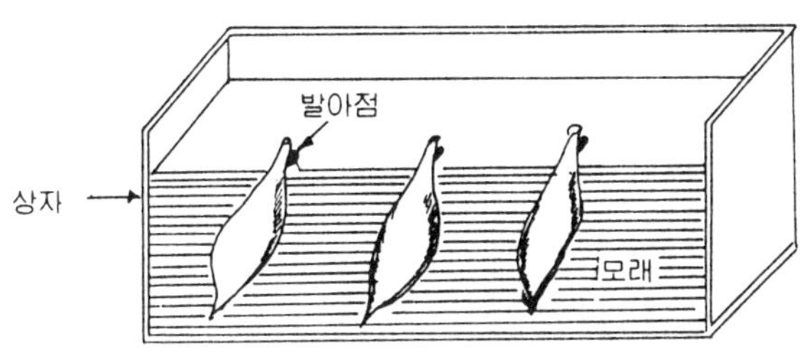

□ 다알리아의 덩이뿌리 심기

(2) 글록시니아의 알뿌리 나누기

① 한번 심은 알뿌리는 주먹만하게 비대하고, 윗부분에 눈이 착생한다.

② 잘 드는 칼로 각 부분에 눈을 붙여 2~4쪽으로 절단한다.

③ 절단부에는 즉시 재나 황가루를 발라 썩는 것을 방지하고, 준비된 상자에 가식했다가 싹이 나온 뒤에 분에 심는다.

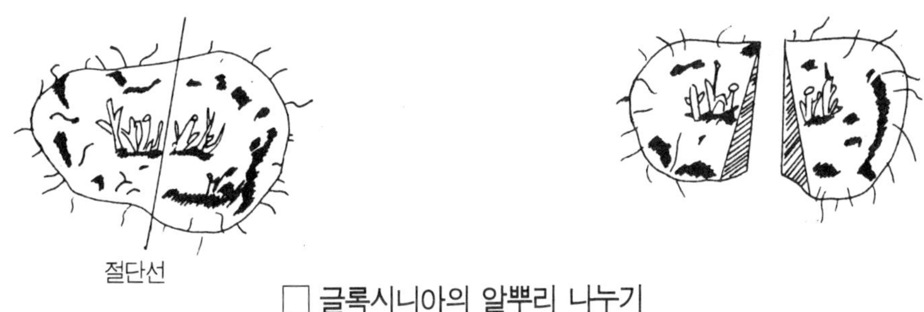

□ 글록시니아의 알뿌리 나누기

□ 실기 결과

① 자구번식 : 튜립, 히야신스, 구근 아이리스, 백합, 글라디오라스, 크로커스, 프리지아, 수선, 익시아

② 목자번식 : 글라디오라스, 크로커스, 프리지아, 백합, 존퀼라 수선

③ 주아번식 : 산백합, 참나무, 아키메데스

④ 분할번식 : 아네모네, 실라, 칼라디움, 구근 베고니아, 글록시니아, 작약, 도라지, 다알리아, 글라디오라스

참고 분구(알뿌리나누기)에서 괴근(덩이뿌리)에 속하는 다알리아, 라난큘러스, 작약은 다알리아 덩이뿌리 나누기와 같은 방법으로 묵은 줄기 부분(크라운)에 있는 눈을 2~3개씩 붙여서 나누어야 한다.

괴경(덩이줄기)에 속하는 글록시니아, 아네모네, 시클라멘, 구근 베고니아, 칼라, 칼라디움은 글록시니아의 알뿌리 나누기와 같은 방법으로 나누어야 한다.

제7장 구근 인공번식

1. 히야신스

☐ 실기 내용

알뿌리가 자연적으로 분리되지 않는 종류의 덩이줄기, 뿌리줄기를 인위적(강제적)으로 나누어 번식시킬 수 있는가를 본다.

☐ 실기 재료

히야신스의 알뿌리 3개, 접도, 채반

☐ 작　업

히야신스는 분구력이 매우 떨어지므로, 알뿌리를 재배해서 자연분구에 의한 번식을 기대할 수 없어, 인공번식 방법으로 번식시킨다.

(1) 노칭(notching) 법

알뿌리 밑부분의 중심에 칼로 깊은 상처를 내는데, 상처의 깊이는 알뿌리 높이의 ⅔ 또는 ½ 정도로 한다. 알뿌리의 크기에 따라 2, 4, 6이 되도록 가르는데, 반드시 중심부의 생장점을 제거한다. 이 상처를 낸 부분에서 어린 알뿌리가 15~30구 정도 생기며, 이것을 3~4년 양성하면 개화구가 된다.

생장점이 있는 상태

절상 부분을 본 그림

절상 부분을 위에서 본 그림

☐ 히야신스의 노칭법(가 : 생장점을 제거할 부분)

(2) 스쿠우핑(scooping) 법

① 알뿌리의 기부를 완전히 칼로 도려내는데, 도려내는 깊이는 알뿌리 크기의 ¼ 정도
로 하고, 반드시 발근부의 단축경을 도려낸다.

② 도려낸 부위를 위로 향하게 하여, 소석회를 발라 빨리 마르도록 하고 채반에 놓아
건조상태로 둔다.

③ 도려낸 부위에서 어린 알뿌리가 40~50개 정도 발생한다.

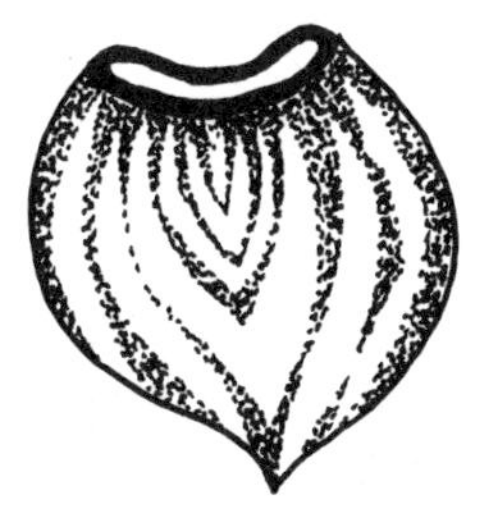

<table>
<tr><td>생장점이 있는 상태</td><td>절상부분을 본 그림</td><td>절상 부분을 위에서 본 그림</td></tr>
</table>

□ 히야신스의 스쿠우핑법(가 : 생장점을 제거할 부분)

(3) 코오링(coring) 법

① 이 방법은 스쿠우핑 법으로 알뿌리의 윗부분을 완전히 도려내되, 깊이는 알뿌리 크
기의 ¼ 정도로 하고 반드시 생장점을 도려낸다.

② 도려낸 부분에 소석회를 바르고, 도려낸 부위가 위로 향하게 채반에 놓고 건조상태
로 둔다.

□ 실기 결과

히야신스 인공분구는 6월 중순~7월 상순이 적기이며 온도는 25~30 ℃ 습도는 80~
90%일 때, 캘루스 형성과 자구발생이 빨라진다.

2. 백합(인편번식)

□ 실기 내용

알뿌리를 한꺼번에 많은 번식을 시키기 위해 인위적인 조작을 할 수 있는가를 본다.

□ 실기 재료

백합 알뿌리 1개, 접도, 꺾꽂이상(사질양토)

□ 작　　업

① 백합 알뿌리의 인편을 기부를 붙여가며 바깥쪽으로 당겨 뜯어낸다.

② 인편을 석회를 발라 꽂는다.

③ 사질양토가 담긴 꺾꽂이상에 인편기부를 약 ⅓정도 비스듬히 눕혀 꽂는다.

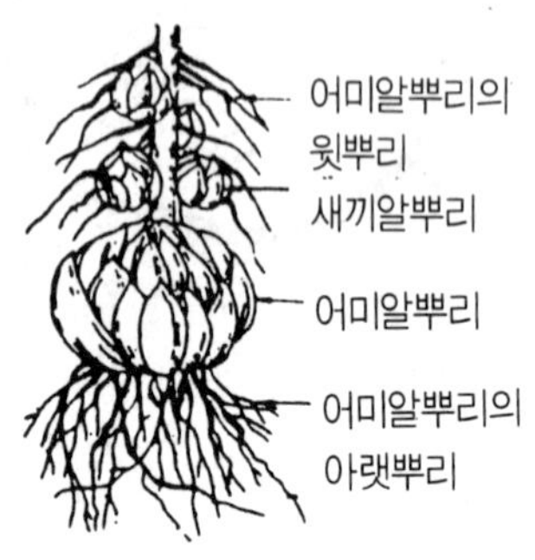

나팔백합의 어미알뿌리와
새끼알뿌리

인편을 떼어낸다

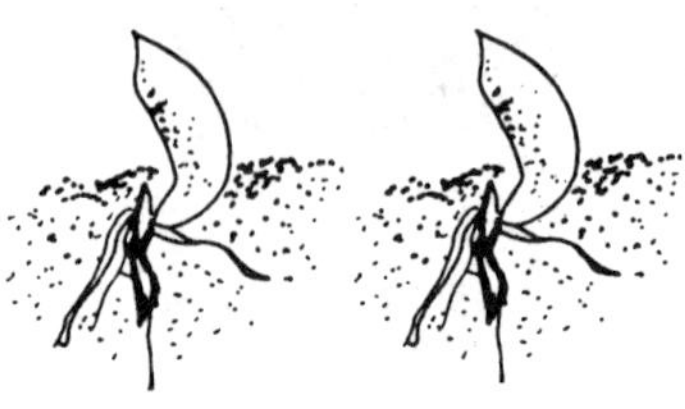

꺾꽂이상에 얕게 꽂는다

□ 백합의 인편번식

□ 실기 결과

① 백합의 인편번식하는 시기는 어미알뿌리를 수확하는 8~9월로 기온이 20~25℃, 토양습도 70%가 유리하며 큰 구근은 약 40매 정도의 인편을 떼어낼 수 있다.

② a-NAA, 100~50ppm에 6시간 담가두었다 사용하면 효과가 좋다.

3. 아마릴리스 (분체번식)

□ 실기 내용

알뿌리가 자연적으로 분리되지 않는 종류의 비늘 줄기를 인위적(강제적)으로 나누어 번식시킬 수 있는가를 본다.

□ 실기 재료

아마릴리스 알뿌리 1개, 접도, 꺾꽂이상(사질양토)

□ 작   업

① 알뿌리의 단축경 부위에서 접도로 등분한다.

② 접도는 알뿌리를 자를 때마다 알코올에 담그어 소독한다.

③ 인편은 폭이 1 ㎝정도 되게 등분한 후 2~3매씩 분할한다.

④ 자른 면은 생석회를 도포하여 소독한 후 삽상에 식재한다.

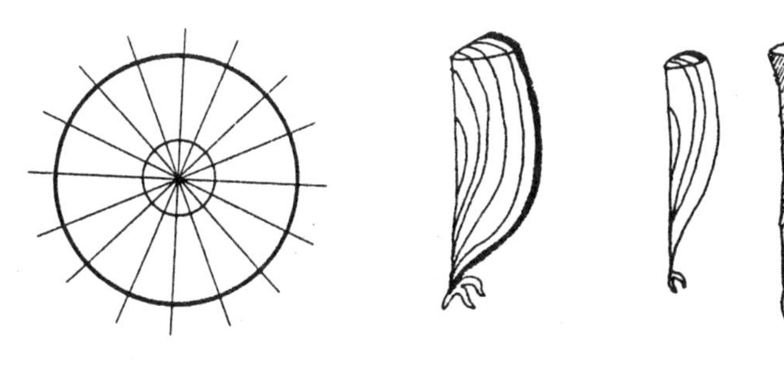
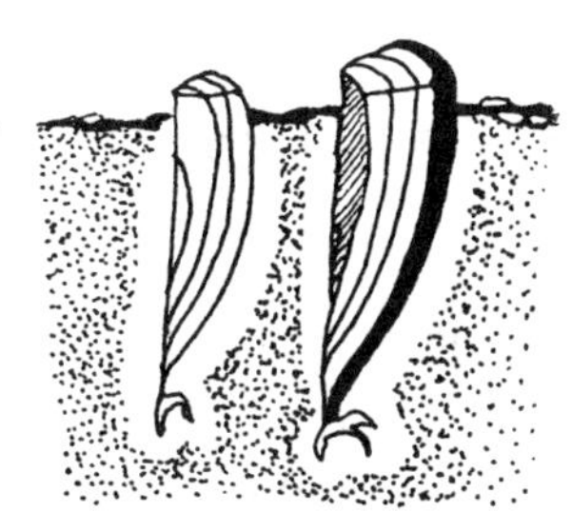

□ 아마릴리스 분체번식

□ 실기 결과

　분체 번식된 아미릴리스는 25~30℃에 90~92% 습도를 3~4일간 지속하여 큐어링을 시행하면 2~3월에도 7월과 같이 작업할 수 있다. 큐어링된 인편에 루톤 분의나 a-NAA 200 ppm 처리하면 효과가 크다.

제8장 조직배양

□ 실기 내용

화훼류의 바이러스 무병주 육성 또는 증식을 위하여 조직의 일부를 떼어내 새로운 포기를 만들어내는 과정을 알고 있는가를 본다.

□ 실기 재료

화훼류 생장점, 15~30배 현미경, 핀셋, 칼, 크롤칼키, 솜, 삼각 프라스코, 시험관, 한천배양액, 쿠킹호일, 샤알레, 액체진동배양기 등.

□ 작 업

① 작업은 무균실에서 하되 오염과 눈의 건조를 방지하면서 짧은 시간에 마친다.

② 분화되지 않은 분열조직은 15~30배의 현미경 아래서 핀셋과 칼을 이용해 잘라낸다.

③ 잘라낸 조직을 크롤칼키($CaOCl_2$)에 살균한 뒤 증류수에 씻어낸다.

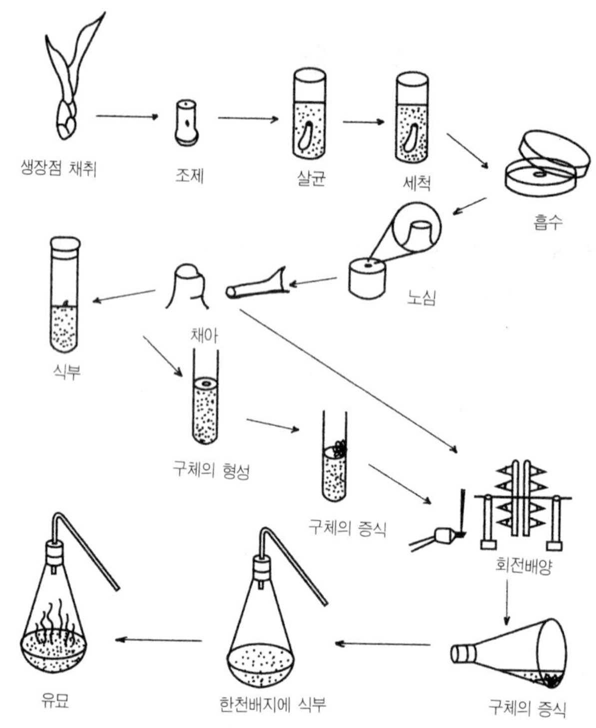

□ 무균조직 배양과정

④ 물기를 없앤 후 1㎜로 조직을 잘라 배양액에 심는다.

⑤ 생존율을 높이고 경엽과 뿌리의 형성을 억제하고 구체의 증식을 촉진시키기 위해 3주간 정도 액체진동배양기에 넣고 배양한다.

⑥ 액체진동에서 극성을 잃은 조직은 많은 원괴체가 증식된다.

⑦ 배양은 20~25℃의 인공조명 아래에서 하게 되는데 배지 건조를 막는 방법을 강구한다.

⑧ 증식된 절편을 한천배양액에 옮겨심으면 각 절편이 약간 증대된 후 새 싹과 뿌리가 분화되고 어린 식물로 자란다

□ 실기 결과

배지는 1ℓ의 증류수에 하이포넥스 1g, NAA 0.5㎎을 녹인 다음 10g의 한천을 가한 고형배지를 사용한다. 14~16일쯤 지나면 눈과 뿌리가 자라기 시작하는데 약 2㎝가 되었을 때 분에 옮겨 심는다.

제9장 전정(가지치기)

장미

□ 실기 내용

나무의 상태와 조건 및 시기에 따라 장미의 가지치기를 알맞게 할 수 있는가를 본다.

□ 실기 재료

정지가위, 정전가위, 전지 톱

□ 작　업

· 잘라 내는 가지

가지치기에서 다음 가지는 반드시 잘라야 한다.

· 병든 가지, 묵은 가지, 마른 가지, 상한 가지, 가늘고 약한 가지, 서로 맞닿는 가지, 평행이 되어 포개지는 가지, 속으로 뻗은 가지, 충실하지 못하고 동해를 입은 도장지 등.

(1) 봄철 가지치기

2월 하순부터 3월 하순이 적기이다. 먼저 필요 없는 가지를 정리하고, 굵고 새로운 가지를 3~4개만 남기되, 남은 가지도 밑쭉 40~50cm만 남겨 두고 위는 잘라버린다.

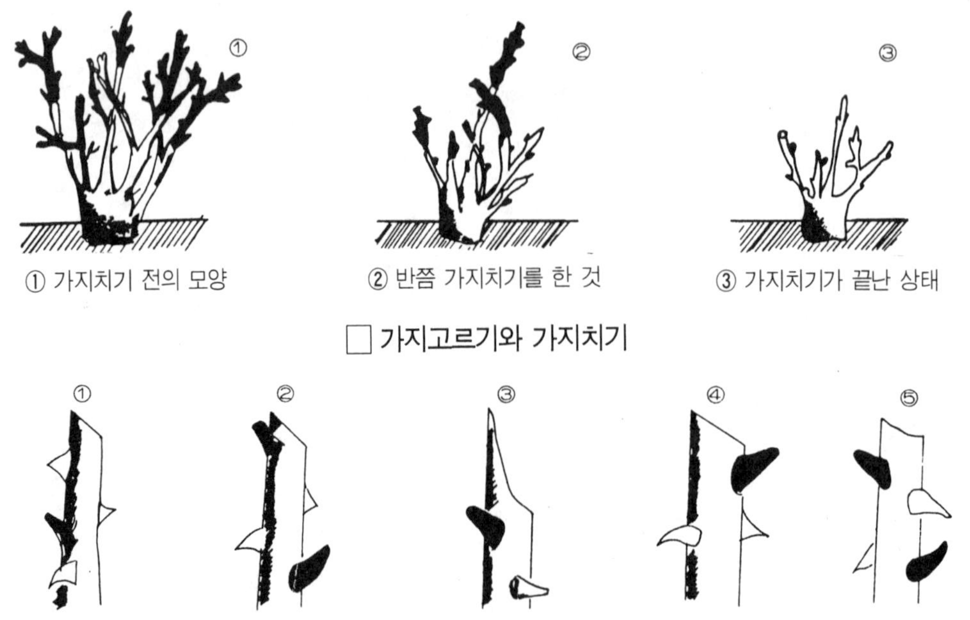

(2) 여름 가지치기

꽃이 피고 난 뒤에도 가지를 잘라야 한다. 방법은 위로부터 5매 잎(위로부터 1~2번째 잎은 3매로 되어 있다) 바로 위에서 잘라서 새로운 가지를 자라게 한다.

□ 여름 가지치기

(3) 가을 가지치기

가을 가지치기는 보통 월동준비 가지치기라고 하여 월동준비에 방해가 되는, 즉 복잡한 가지, 긴 도장지, 월동에 약한 어린가지, 지나치게 옆으로 뻗은 가저 등 필요 없는 가지를 자른다.

□ 실기 결과

덩굴장미는 묵은 포기를 밑둥치에서 제거하고 도장지를 2~3눈 정도 본전정하여 개화 모주(母株)로 하거나 약지와 강지를 전정하고 순차 갱신하여 개화케 한다. 가을철에 대략 솎음 전정을 하고 2월 하순~3월 하순 경에 봄전정을 한다.

제10장 분식(분심기)

□ 실기 내용

식물의 생육에 알맞도록 화분에 관상식물을 심을 수 있는가 본다.

□ 실기 재료

화분(지름 9~12㎝), 배양토, 왕모래, 화분조각, 관상식물의 모종, 수태, 물뿌리개, 마른거름

□ 작　　업

(1) 보통심기

① 화분 밑의 배수구멍을 화분조각으로 막는다.

② 그 위에 왕모래를 화분 깊이의 1/5정도 되게 넣는다.

③ 다음, 배양토를 약간 넣은 후, 가루로 된 마른거름을 찻숟가락 하나 정도 (9㎝ 화분 기준)를 뿌리고, 거름이 보이지 않을 정도로 배양토와 고루 섞은 위에 화분 깊이의 1/2되게 배양토를 채운다.

④ 모종은 한가운데에 뿌리가 사방으로 퍼지게 세우고, 가볍게 나머지 배양토를 분 깊이의 4/5 정도 채운다.

⑤ 화분 전체를 들어 땅바닥에 2~3회 가볍게 굴러서 화분 흙을 가라앉힌다.

⑥ 물을 충분히 주어 뿌리와 흙이 밀착되게 한 후, 2~3일 동안 그늘에 두었다가 차차 햇볕을 쬔다.

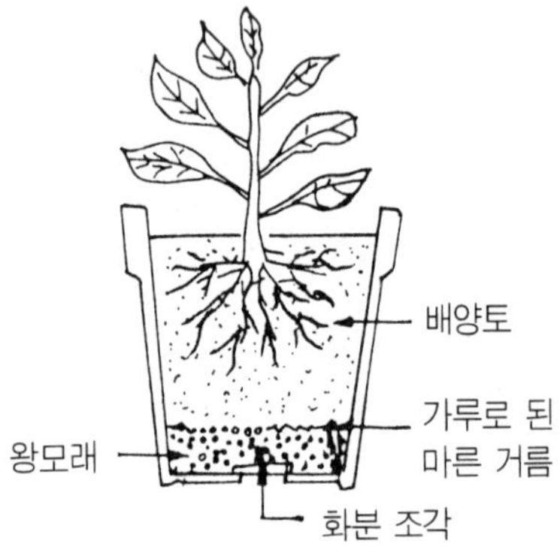

〈보통심기〉

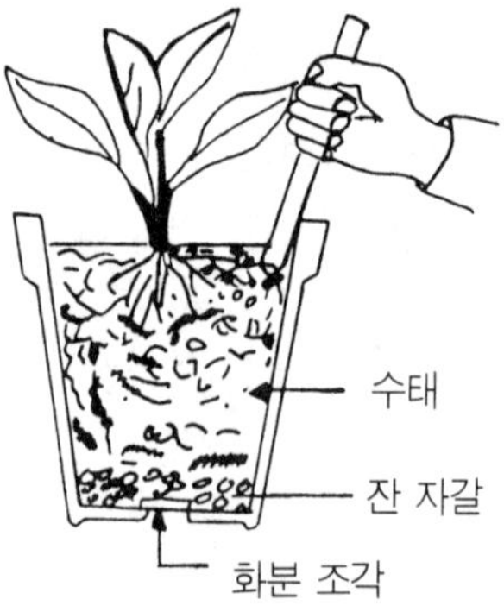

〈수태에 심기〉

□ 분심기

(2) 수태에 심기

① 화분 밑의 배수구멍을 화분조각으로 막는다.

② 그 위에 왕모래를 화분 깊이의 1/5 정도 되게 넣는다.

③ 수태를 3~5㎝의 길이로 잘라 물에 담근다.

④ 충분히 흡수된 수태를 건져 짠 다음 화분 깊이의 반 정도 되게 넣는다.

⑤ 모종의 뿌리를 펴고 그 사이에 물에서 건져 짠 수태를 고루 넣어 뿌리를 넓게 펼쳐
   화분에 세운다.

⑥ 나머지 공간을 수태로 채우고, 끝이 뾰족한 연필 굵기의 나무로 뿌리 둘레의 수태를
   다져 준다.

⑦ 다져주는 정도는 연식 정구공의 탄력 정도면 알맞다.

⑧ 심기가 끝난 후 물을 충분히 주고 2~3일 그늘에 둔다.

⑨ 수태에 심는 식물에는 필로덴드로, 아나나스, 안스리움, 칼라데아, 판다나스, 마란타,
   난류 등이 있다.

□ 아나나스 수태심기

(3) 알뿌리 물심기

① 알뿌리 수경재배에 많이 이용되고 있다.

② 튜명한 유리컵에 물을 넣고 알뿌리를 올려 놓는다.

③ 알뿌리 아래부분에 물이 닿게 한 후 검은 천으로 유리 그릇을 감싸 햇볕이 물에 닿
   지 않게 한다.

④ 약 7일 후부터 뿌리가 돋아나오면 알뿌리에 물이 닿지 않도록 거리를 유지한다.

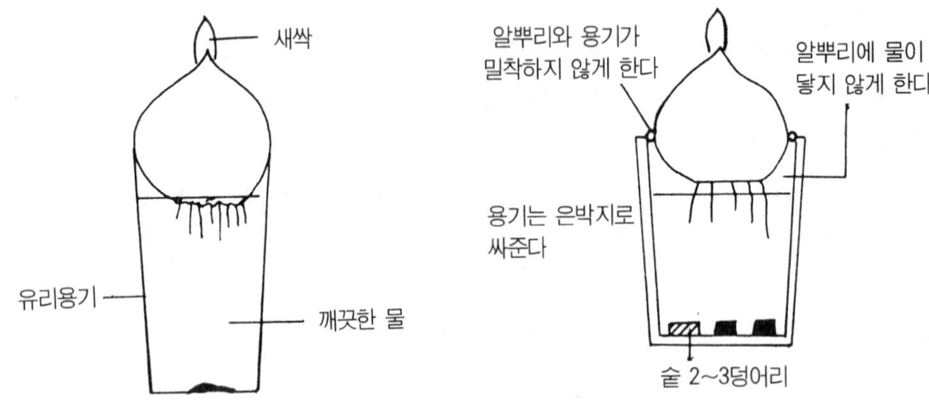

□ 알뿌리 물심기

□ 실기 결과

분식을 성공시키기 위해서는 시기의 선택이 중요하다. 이 적기는 각각의 종류에 따라 다소의 차이는 있으나 이것을 지키기만 하면 뿌리붙임도 확실하고 그 뒤의 성장도 문제가 없다. .

단, 포기가 큰 상처를 입었을 경우, 적기까지 기다린다면 말라 죽을 염려도 있으므로 할 수 없이 다른 시기에도 분식을 행하게 되는데, 혹서와 혹한인 경우에는 피해야 한다. 뿌리붙임이 잘 안되기 때문이다.

제11장 환분(분갈이)

☐ 실기 내용

　작은 화분에서 자란 식물을 분갈이 하기에 알맞은 시기를 판단하여 큰 화분에 옮겨 심을 수 있는가를 본다.

☐ 실기 재료

　분갈이 하게 된 화분, 배양토, 분조각, 잔 돌, 마른거름, 경단거름, 빈 화분(원래의 분보다 지름이 6cm정도 큰 것)

☐ 작　　업

　(1) 분뽑기

　① 화분 밑의 물구멍으로 뿌리가 나오면 분갈이 할 때가 된 것이다.

　② 가벼운 화분은 한 손으로 받쳐 들고, 다른 손의 손바닥으로는 화분 둘레 윗부분을 가볍게 몇 차례 쳐서 화분과 분흙을 분리시켜 뒤집어 뽑는다.

　③ 무거워서 한 손에 올려 놓을 수 없는 화분은 식물 줄기의 아래부분을 한 손으로 잡아 들고, 다른 손으로 화분 둘레를 돌아가면서 몇 차례 가볍게 쳐서 뽑는다. 줄기를 잡을 수 없는 경우에는, 화분을 비스듬히 세워 화분 밑둘레의 일부가 땅에 닿도록하여 몇 차례 가볍게 쳐서 화분과 분흙이 분리되면, 화분을 뉘어 놓고 뽑는다.

뿌리로 꽉 차므로 분갈이를 한다

남은 흙을 절반쯤 털고
지상부도 1/3~1/2잘라버린다

□ 분갈이 실제

④ 뽑은 후 뿌리의 아랫부분에 엉켜 있는 분조각과 왕모래를 되도록 뿌리가 상하지 않도록 떨어낸다. 윗부분과 모서리의 화분흙을 벗기고, 뿌리가 지나치게 자라서 분흙이 보이지 않을 정도의 것은 묵은뿌리를 가위로 솎으면서 흙을 어느 정도 떤 다음 줄기와 잎도 알맞게 잘라 준다.

(2) 분심기
① 갈아 심을 분의 크기는 원래의 분보다 6cm정도 큰 것이 좋다.
② 화분 밑의 배수구멍을 화분조각으로 막고 굵은 모래를 넣는다.
③ 배양토를 34cm정도 넣은 후 마른거름을 뿌리고 흙과 잘 섞는다.
④ 화분 깊이의 1/3정도 되게 배양토를 넣고, 그 위에 식물을 중앙에 앉힌 다음, 배양토를 채우고 화분 둘레에 경단거름을 넣어 준다.

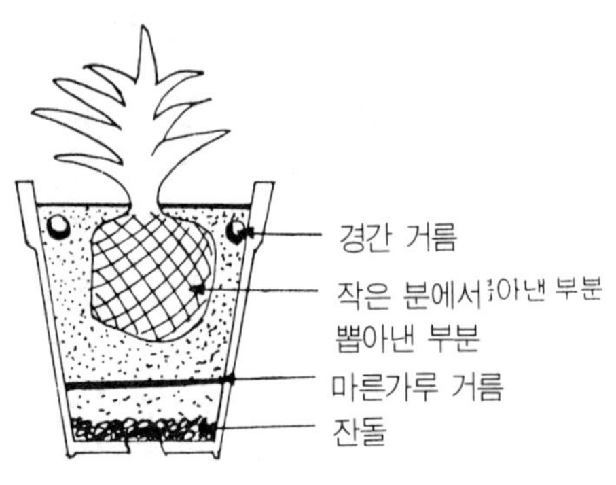

분갈이가 끝난 화분

□ 분심기

제12장 관수(물주기)

☐ 실기 내용

　화분에 심어진 식물의 특성과 환경에 맞게 물을 주어서 식물이 건전하게 자라도록 할 수 있는가를 본다.

☐ 실기 재료

　식물이 심어진 화분 3~4개, 물뿌리개, 함지박, 물바가지, 스폰지(10cm×15cm×2~3cm)

☐ 작　　업

(1) 물 주는 방법

　화분에 물을 줄 때에는 화분 안의 흙이 충분히 젖고, 화분의 배수구로 몇 방울의 물이 새어나올 정도의 양이 되게 주어, 화분흙 입자 사이의 공기를 바꾸어주는 효과까지 얻도록 해야 한다. 알맞은 양을 가늠하는 요령은 같은 조건의 화분을 2~3개 놓고, 각 화분에 물의 양을 가감해 주어 물이 흘러나오는 상태를 관찰하여 물 주는 양을 터득한다.

①　물뿌리개를 이용할 때에는 물을 너무 강하게 뿜어 흙이 패이거나 굳어지지 않도록 물구멍이 작은 것을 사용한다.

②　물뿌리개의 꼭지를 빼고 줄 때에는 물구멍에 손바닥을 대어 수압을 줄인다.

③　물바가지로 줄 때에는 흙의 표면이 패이거나 흙물이 줄기와 잎에 튀어 묻지 않도록, 물줄기가 닿는 곳에 스폰지를 놓고 준다.

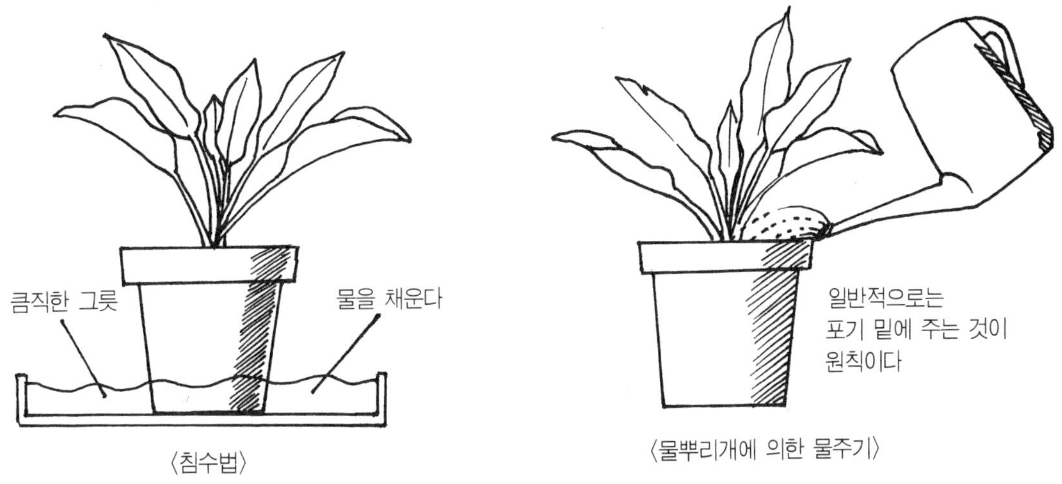

☐ 화분에 물주기

④ 수반에 물을 붓고 화분을 담가 화분의 밑이 물에 잠기게 하여 밑으로부터 물을 빨아올려 윗부분까지 젖으면 건져내는 저면관수를 하면 화분흙의 부드러움을 유지할 수 있다. 또한, 며칠간 물을 줄 수 없을 때, 낮은 그릇에 물을 담고 화분을 담가 두기도 한다.

(2) 물 주는 때와 횟수

물 주는 때와 횟수는 화분의 건조 상태, 식물의 종류에 따라 모두 달리해야 하는데, 일반적으로 아래와 같이 한다.

계　절	시　간	회　수
여　름	아침(9시~10시) 오후(4~5시)	2회
봄 · 가을	11~12시	1회
겨　울	12~13시	2~3일에 1회

참고　① 물을 좋아하는 식물 : 철쭉류, 알뿌리류, 양치식물, 아나나스
　　　② 건조해도 무방한 식물 : 선인장, 다육식물

(3) 엽면 관수(syringe)

여름철 고온기에, 특히 열대식물에 대해서는 분무기나 물줄기가 가는 물뿌리개로 잎과 줄기의 전면에 물을 뿌려 잎에 앉은 먼지를 씻어주고, 잎으로부터 수분을 흡수시키며, 식물의 생기를 돕고, 주위의 열을 흡수하여 식물체의 온도를 조절한다.

① 한낮의 엽면관수는 잎에 생기는 물방울이 렌즈 작용으로 잎에 일소현상을 일으키므로 피하는 것이 좋다.

② 엽면관수는 주로 잎 뒷면을 통한 수분공급이므로 엷게 자주 주는 것이 좋다.

③ 물에 엷은 화성비료를 섞어 사용하면 잎으로의 비료공급도 할 수 있다.

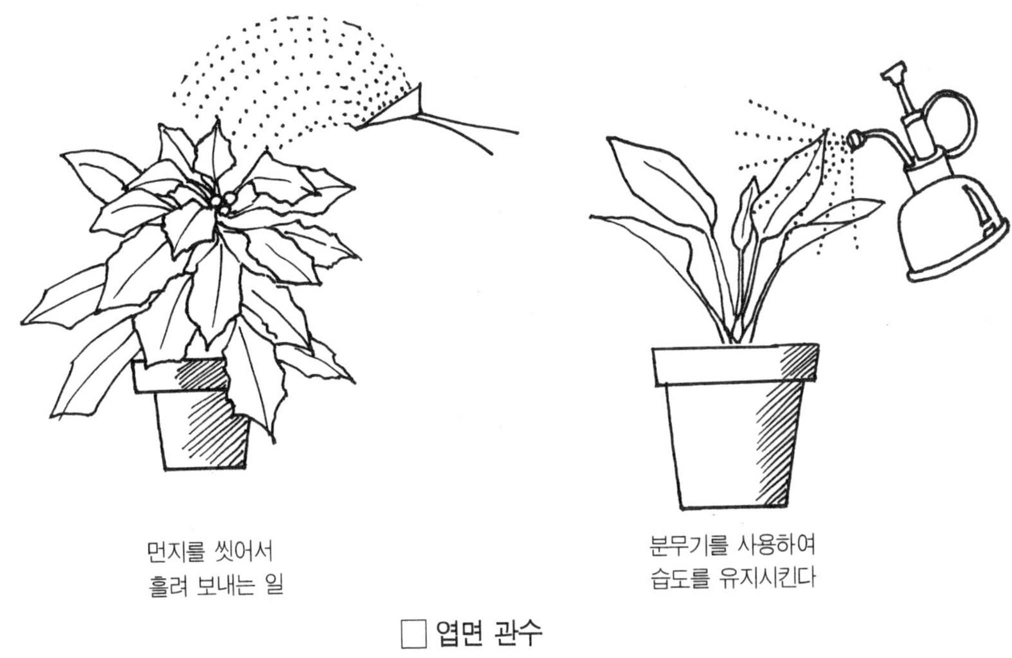

□ 엽면 관수

□ 실기 결과

물은 오전중에 주어야 효과가 있다. 이 물을 흡수하고 성장활동을 하는 것이다. 해질 무렵부터 밤에 걸쳐서 물 주기를 계속하고 있으면 야간에 수분이 많아지므로 포기가 웃자라서 병이 나기 쉬우므로 피해야 한다. 어쩔 수 없을 경우에는 양을 줄여서 준다.

제13장 용토 조제(배양토 만들기)

□ 실기 내용

　배수가 잘 되고, 보수력이 있으며, 부식질이 풍부하여 화분흙으로 쓰기에 알맞은 흙을 만들 수 있는가를 본다.

□ 실기 재료

　논흙(또는 밭의 속흙)2㎥, 닭똥 5ℓ, 깻묵 1ℓ, 쌀겨 1ℓ, 낙엽(활엽수의 낙엽) 4㎥, 비닐 시이트 30㎠, 모래 30ℓ, 훈탄 10ℓ, 짚(또는 외양간 두엄) 50kg, 과린산석회 1ℓ, 물

□ 작　　업

　(1) 부엽 만들기

　　① 양지바른 곳을 택하여 사방 1m, 깊이 50cm정도의 구덩이를 판다.

　　② 낙엽을 60cm정도의 두께로 쌓은 다음, 그 위에 깻묵, 쌀겨, 닭똥 등을 뿌린 후, 낙엽이 모두 젖을 정도로 물과 뒷거름을 뿌린다.

　　③ 위와 같은 방법으로 되풀이하여 3~4층을 쌓은 후, 비를 맞지 않도록 비닐 시이트를 덮고 바람에 날리지 않게 흙으로 눌러 준다.

　　④ 쌓은 후 2개월에 한 번씩 뒤집어 쌓는다.

　　⑤ 낙엽이 부스러질 정도로 썩으면 볕에 말려 1~2cm 눈의 체로 쳐서 비에 맞지 않도록 쌓아 두고 필요할 때 이용한다.

　(2) 거름흙 만들기

　　① 넓이 4㎡, 깊이 50cm의 구덩이를 파고, 바닥에 비닐 시이트를 간 다음, 논흙이나 밭흙을 30cm 두께로 넣는다.

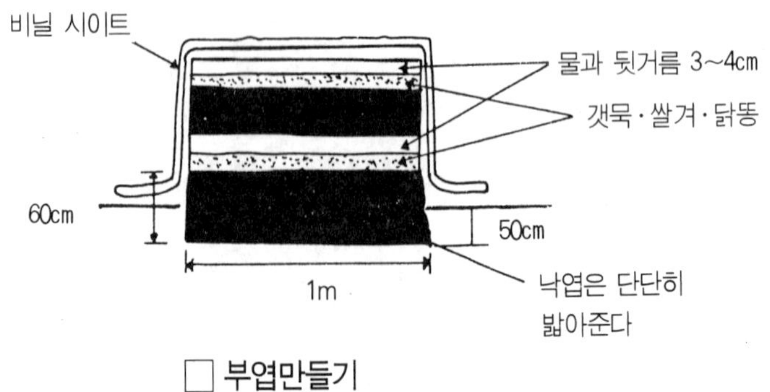

□ 부엽만들기

② 그 위에 짚 또는 외양간 두엄을 30㎝정도 쌓고, 닭똥 등 가축의 똥과 과린산석회를 뿌린 다음 재료가 충분히 젖도록 물을 뿌리고 밟아 준다.

③ 위와 같은 방법으로 되풀이하여 3~4층을 쌓고, 비에 맞지 않도록 비닐 시이트로 덮어준다.

④ 그 후 1개월에 한 번씩 2~3회 뒤집어 쌓아서, 완전히 썩으면 볕에 말려 1㎝ 눈의 체로 쳐서 비에 맞지 않는 장소에 두고 필요할 때 이용한다.

(3) 배양토 만들기

① 배양토는 일반적으로 거름흙 5, 부엽 3, 모래 2의 비율로 배합해서 쓰나, 재배하는 식물의 종류나 성질, 또는 환경에 따라 그 비율을 달리해야 한다.

② 배양토의 배합 예(숫자는 용적비)는 다음 표와 같다.

③ 배양토에 쓰는 모래는 모가 난 산 모래가 좋으며, 2㎜ 눈의 체로 쳐서 잔모래를 빼낸 후, 다시 3~6㎜ 눈의 체로 쳐서 빠져 나온 모래를 이용한다.

구분 \ 재료	거 름 흙	부 엽	모 래	훈 탄
파종용토	3	5	2	
1~2년초	6	3	1	약간
관엽식물	5	3	2	
선인장류	2	2	6	약간
국 화	3	4	2	1
구 근 류	4	4	1	
관실식물	2	6	1	1
철 쭉 류	4	4	2	

□ 실기 결과

배양토가 적당한 떼알이 유지하려면 소이락, 클리니움 등의 토양개량제를 사용하는데 식양토에는 효과가 크나 부엽토나 퇴비 또는 화산회토에는 C.M.C의 효과가 크다.

제14장 모판흙과 밭흙의 소독

□ 실기 내용
토양 소독방법을 알고, 토양을 잘 소독할 수 있는가를 본다.

□ 실습 재료
철판이나 세로로 자른 드럼통, 클로로피크린 500㎖, 메틸브로마이드 500㎖, 플라스틱 필름, 물뿌리개, 땔감, 주입기

□ 작   업

1. 모판흙의 소독

(1) 소토법
드럼통을 세로로 쪼갠 것을 걸어 놓고, 적당한 수분을 지닌 모판흙을 넣고 저으면서 100 ℃로 10분 동안 가열하거나, 모판흙을 시루떡과 같이 10분 동안 김이 나게 쪄서 꺼낸 후 이엉을 덮어서 식지 않게 보온한다.

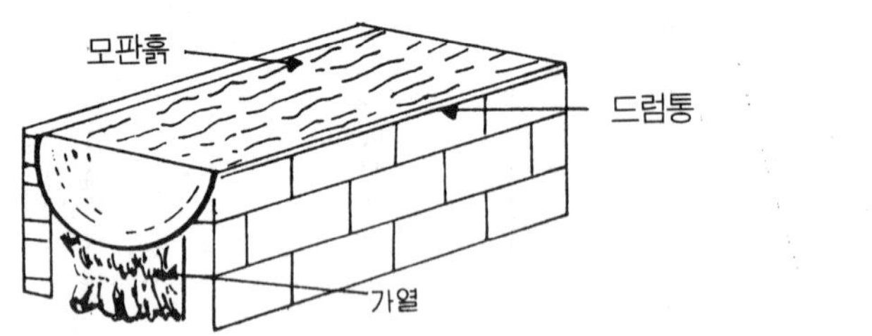

□ 소토법

(2) 약품 소독법
① 클로로피크린 소독
㉮ 모판흙을 나비 2m, 두께 30㎝, 길이는 적당히 펴고, 30㎝ 간격에 1개씩 10~15㎝ 깊이로 주입기를 꽂아 3~5㎖의 약을 넣은 다음 구멍을 막는다.

㉯ 그 위에 다시 30㎝ 두께로 모판흙을 펴고, 같은 방법으로 약처리를 반복하여, 적당한 높이가 되면 플라스틱 필름을 덮어서 10일 가량 밀봉해 두었다가 헤쳐서 가스를 뺀 뒤에 사용한다.

② 메틸브로마이드 소독

모판흙을 나비 1m, 길이 4m, 높이 30㎝로 쌓고, 가운데에 약 (250~500㎖)이 든 깡통을 놓고 플라스틱 필름이 모판흙에 닿지 않게 대쪽을 휘어 꽂은 다음, 플라스틱 필름을 덮고 가스가 새어 나오지 않도록 밀봉한다. 이어 깡통을 눌러 가스가 나오게 한 후 5~6일이 지난 뒤에 헤쳐서 가스를 방출시킨 다음에 사용한다.

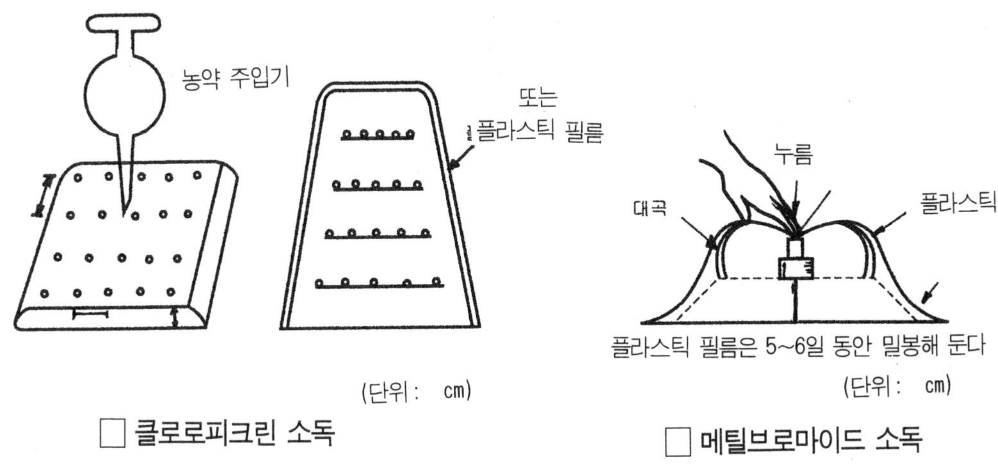

2 밭흙의 소독

(1) 약품 소독

① 클로로피크린 소독

㉮ 땅을 갈고 로우터리를 친 다음, 전면 처리할 때에는 아래 그림과 같이 30㎝×30㎝ 간격에 10~15㎝ 깊이로 주입기를 꽂아 3~5㎖의 약 (10a당 30~50ℓ)을 넣은 다음, 플라스틱 필름으로 전면을 덮고 10~15일 후에 밭을 갈아 가스를 뺀다.

㉯ 이랑 처리는 작물을 심을 고랑의 양쪽(두 군데씩), 구덩이 처리는 심을 구덩이 주위 4곳에 주입기를 꽂아 3~5㎖의 약을 넣는다.

② 메틸브로마이드 및 그 밖의 약품 소독

메틸브로마이드는 모판흙에서와 같이 처리하고, 토양 살선충제인 D-D 및 EDB는 클로로피크린과 같은 방법으로 처리한다.

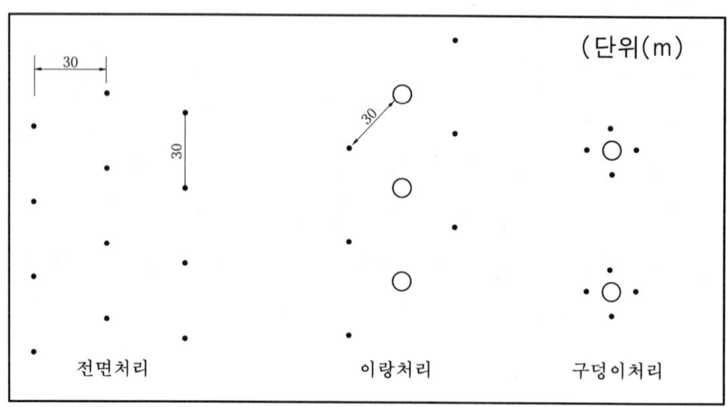

□클로로피크린 주입 방법

□ 실기 내용

밭흙 소독용의 용지는 수분이 30~40%정도 함유하고 20~25℃ 때 효과가 크다.

제15장 비료 조제(거름 만들기)

☐ 실기 내용

　화분의 식물을 튼튼히 자라게 할 수 있는 거름을 만들 수 있는가를 본다.

☐ 실기 재료

　깻묵가루 3 ℓ, 쌀겨 2 ℓ, 물 5 ℓ, 짚재 1 ℓ, 항아리(또는 플라스틱 통), 비닐 시이트, 나무 상자, 끈 2m

☐ 작　　업

　(1) 마른 거름 만들기

　① 깻묵 3, 쌀겨 2, 짚재 1의 비율로 섞은 후, 물을 약간 붓고 잘 반죽한다.

　② 나무 상자에 비닐을 깔고 반죽한 재료를 넣은 다음, 밀폐하여 그늘에 약 1 개월 두었다가 다시 한 번 약간의 물을 섞어 반죽한 다음, 밀폐하여 완전히 발효되도록 1개월 이상 둔다.

　③ 완전히 발효된 검은 빛의 비료를 햇볕에 말려 가루로 만들어 마른 그릇에 담아 두고 화분 밑거름으로 이용한다.

참고 가루 만들기…완전히 건조시키면 덩어리진 것이 굳어서 가루로 만들기가 어려우므로, 덩어리만 모아 놓고 물을 뿌려 물이 배게 한 다음, 젖은 가마니로 덮어 하룻밤을 지낸 후 부수면 손쉽게 부서지므로 이를 건조시켜 가루로 만든다.

　④ 가루를 다시 물에 반죽하여 경단을 만들어 말려두고 경단거름으로 이용할 수도 있다.

☐ 마른 거름 만들기

(2) 물거름 만들기

① 깻묵 3, 쌀겨 2, 짚재 1, 물 10의 비율로 항아리에 넣고 잘 섞는다.

② 빗물이 들어가지 않도록 밀봉하여 약 1개월 동안 썩인다(기온이 낮은 겨울에는 2개월쯤 걸린다).

③ 완전히 썩으면 웃물을 10~20배액으로 희석하여 화분용 덧거름으로 1주일에 한 차례 정도 물주기 대신 준다.

④ 웃물을 다 쓰고 난 후에도 2~3회 물을 부어 놓고 이용할 수 있다.

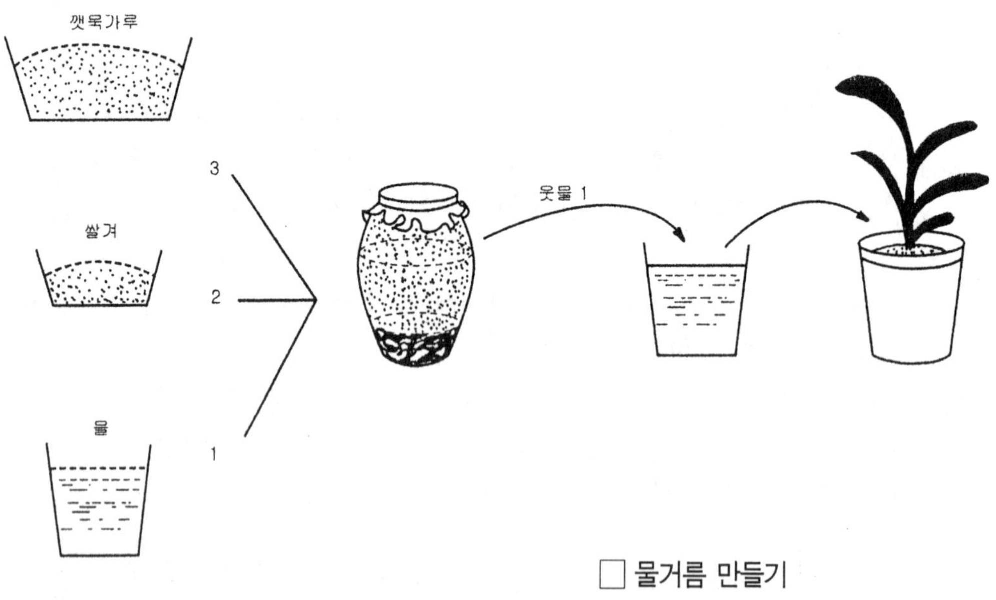

□ 물거름 만들기

□ 실기 결과

마른 거름은 웃지름이 12.5cm 크기의 화분에는 3~5㎖정도 혼합하여 밑거름으로 쓰고 물거름은 물 45ℓ에 원액을 14~28g 혼합하여 웃거름으로 쓴다.

제16장 유인(형태 만들기)

☐ 실기 내용

국화의 유인방법을 정확하게 알고, 아름답게 유인할 수 있는가를 본다.

☐ 실기 재료

대국 1분, 현애국 1분, 신우대 10개, 받침대, 비닐끈 5m, 철사(20번선) 3m

☐ 작   업

(1) 입국(대국)의 유인법

① 마지막 순지르기 후 분기점에서 여러 개의 새 가지가 나와서 자란다.

② 신우대에 철사를 감아 갈고리를 만들어서 가지를 휜 다음 거의 수평이 되도록 유인한다.

③ 가지가 자라면 가지 하나에 신우대 1개씩을 꽂아 적당한 간격으로 비닐끈으로 맨다.

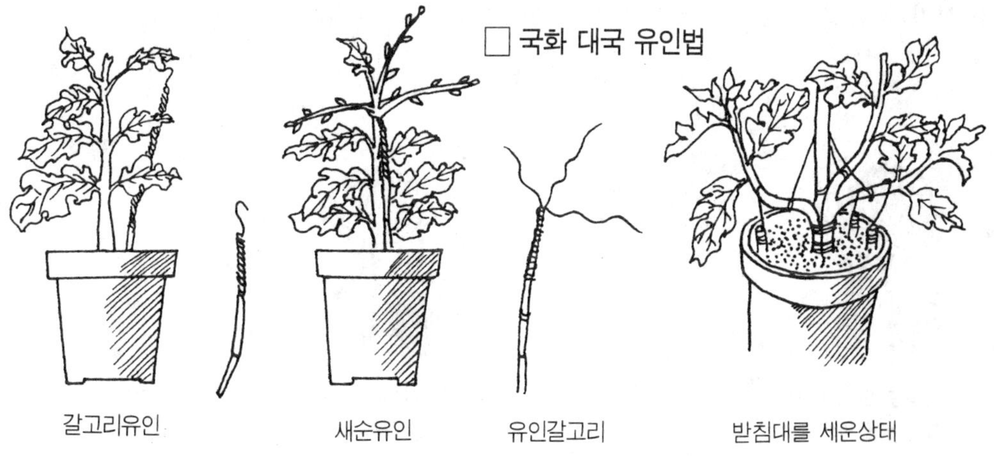

(2) 현애국(소국)의 유인법

① 원줄기를 30~50°의 각도로 비스듬히 구부려 윗부분이 북쪽으로 향하게 하고, 원줄기 밑에 받침대를 대어 적당한 간격으로 비닐끈으로 맨다.

② 순지르기가 끝나고 꽃봉오리가 생길 때까지 90°(수평)로 유인하여 재배한다.

③ 꽃봉오리가 형성되면 원줄기를 다시 150~160가 되게 아래쪽으로 구부려 유인한다.

④ 마지막 유인이 끝나면 국화의 윗부분이 남쪽 방향으로 향하게 하고, 화분은 높은 장소에 올려 놓는다.

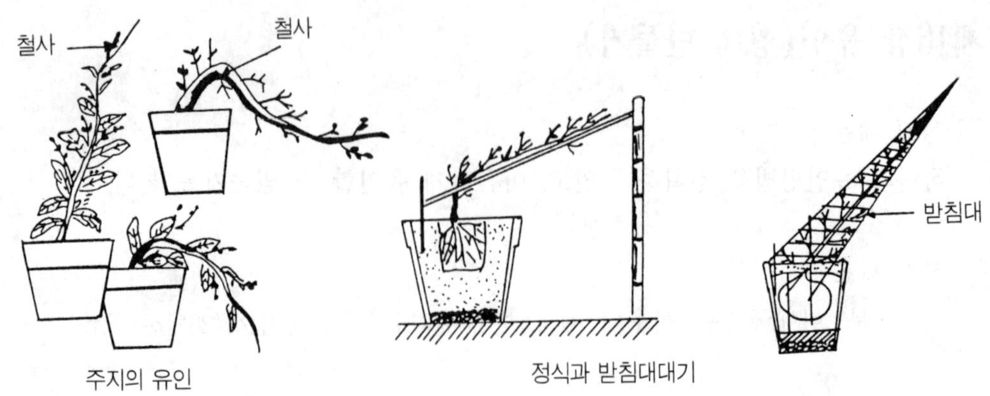

□ 현애국의 유인법

(3) 대국 윤대감기
① 적뢰가 끝나 꽃봉오리가 커지면 꽃받침을 한다.
② 철사로 꽃받침을 만들어 꽃봉오리 하나하나를 유인하도록 한다.
③ 적뢰가 끝난 꽃봉오리에 다음과 같은 방법으로 윤대감기를 한다.

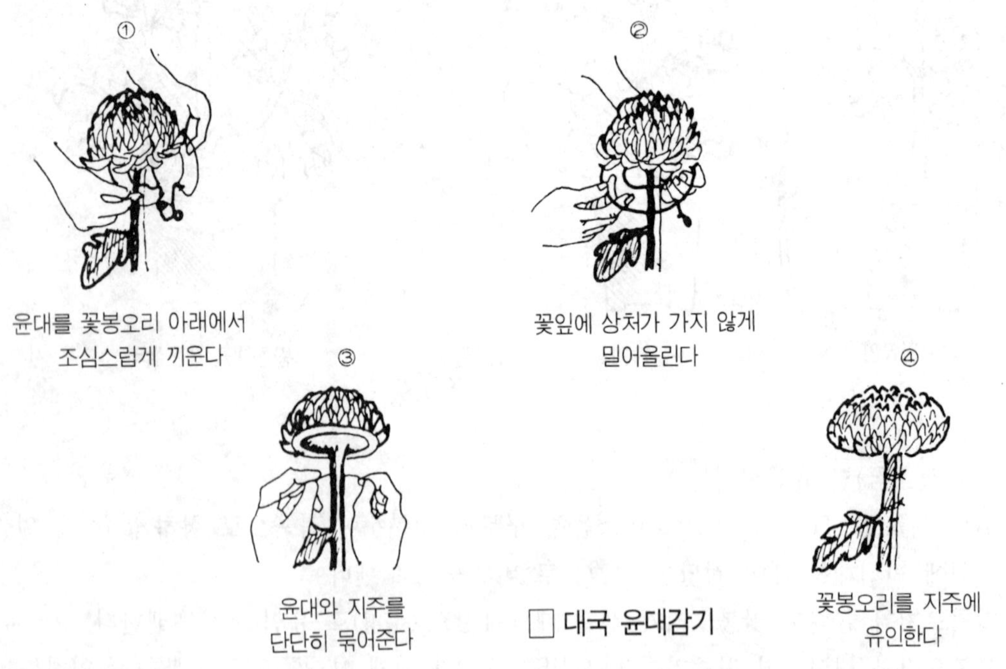

□ 대국 윤대감기

□ 실기 결과
대국의 꽃의 수는 1, 3, 5, 7, 9,…로 홀수로 정한다.

제17장 전열 온상 설치

□ 실기 내용

전열선의 선택과 배선을 적절히 하여 온도조절이 자유로운 온상을 만들 수 있는가를 본다.

□ 실기 재료(180cm×360cm 온상)

고무피복 전열선(100V, 500W) 또는 비닐피복 전열(200V, 500W) 약 40m, 온상틀, 자동 온도조절기, 왕겨 0.3㎥, 대쪽 13개, 볏짚 35kg, 모래 0.2㎥, 모판흙 0.8㎥, 삽, 니퍼, 전력계, 인입선 약간

□ 작　업

(1) 전열 온상틀 만들기

① 온상 틀은 짚 또는 나무, 콘크리트 중에서 어느 것이나 이용하되, 모종의 육성률을 높이기 위해 나비 180cm, 길이 360cm 정도로 크게 만드는 것이 좋다.

② 온상 구덩이의 깊이는 21~26cm로 하고, 바닥은 수평이 되게 한다.

③ 온상 구덩이 바닥에 단열 재료로서 두께 5mm짜리 스치로폴을 깔거나 또는 왕겨나 볏짚을 6~10cm 두께로 밟아 넣고, 그 위에 모래를 3cm 두께로 넣는다.

(2) 배선 방법

① 각목(지름 3.3cm×길이180cm) 2개에 애자를 아래 그림과 같이 박아 배선틀을 만든다.

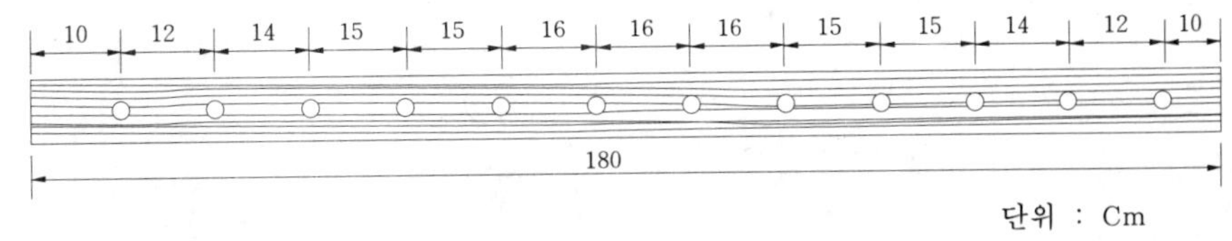

전열 온상 배선틀

② 배선틀은 온상 구덩이의 바닥보다 2cm 높게 설치한다.

③ 배선틀의 양쪽 끝에 말뚝을 박고 끈, 철사 등으로 배선틀이 움직이지 않게 고정시킨 다음, 바닥에 모래를 2cm 두께로 편다.

④ 전열선을 배선틀의 애자에 걸어서 배선할 때에는, 선이 너무 늘어지지 않게 배선해야 열이 고르게 잘 난다.

⑤ 배선 간격은 성기게 할 때에도 30㎝ 이상 되지 않게 하고, 좁게 할 때에도 6㎝보다 좁지 않게 한다.

⑥ 전열선을 자동 온도조절기와 개폐기에 연결한다. 이 때 연결부분에서 누전되지 않도록 절연 테이프를 반드시 감아 준다.

⑦ 회로 시험기로 회로를 시험하여 이상이 없으면 전열선 위에 2~3㎝ 두께로 모래를 펴고, 모판흙이나 분을 넣는다.

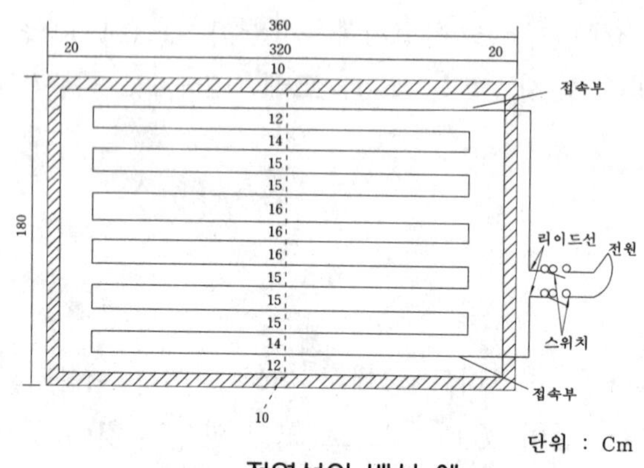

전열선의 배선 예
(450 [W] 60m의 전열선을 6.6m에 배선)

1.800	107	105	155	135	165	145	175	145	165	135	155	105	107
1.500	91	85	123	110	140	118	148	118	140	110	132	85	91
1.300	81	72	116	93	123	100	130	100	123	93	116	72	81
1.200	74	65	108	85	115	91	121	91	115	85	108	65	74
1.000	67		92	67	97	73	103	73	97	67	92		67
		51										51	

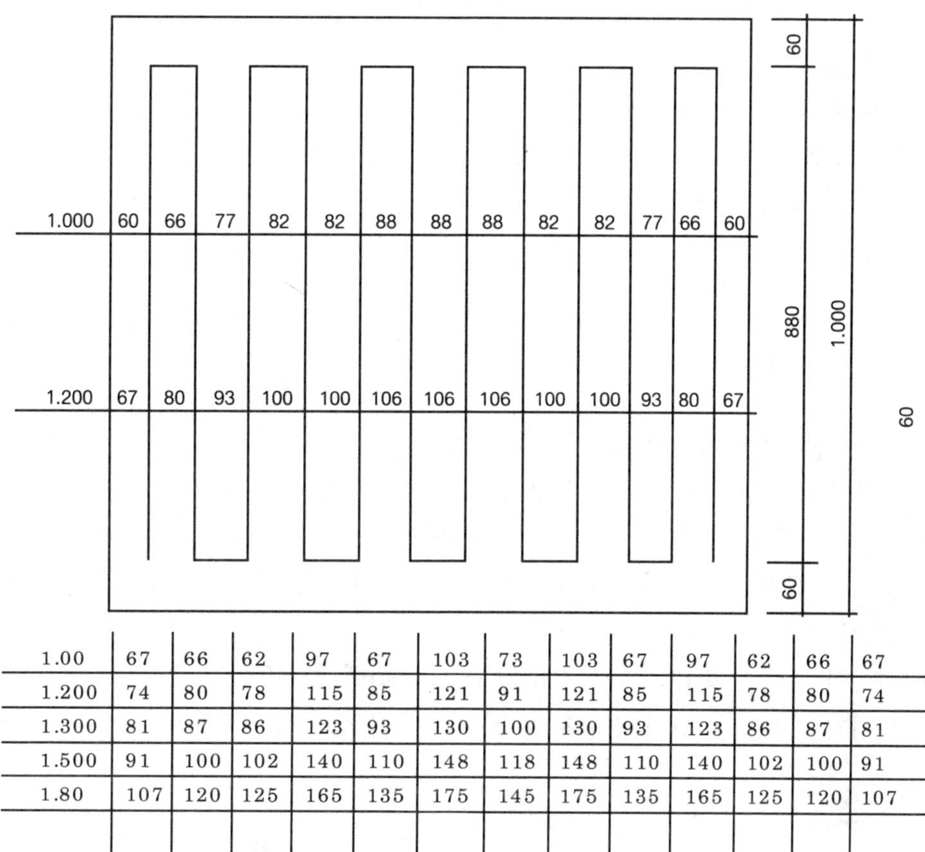

1.000	60	66	77	82	82	88	88	88	82	82	77	66	60
1.200	67	80	93	100	100	106	106	106	100	100	93	80	67

1.00	67	66	62	97	67	103	73	103	67	97	62	66	67
1.200	74	80	78	115	85	121	91	121	85	115	78	80	74
1.300	81	87	86	123	93	130	100	130	93	123	86	87	81
1.500	91	100	102	140	110	148	118	148	110	140	102	100	91
1.80	107	120	125	165	135	175	145	175	135	165	125	120	107

전열온상 축소작업시 전열선의 배선예
(450[W]전열선을 5가지 방법으로 배선)

☐ 실기 결과

① 전열선이 가늘고 짧으면 고온이 되고, 굵고 길면 저온이 된다.

② 전열선에 의한 토양 온도는 전선을 묻은 깊이, 배선 간격, 외온, 토양의 종류 등에 따라 다르다.

③ 50~60℃로 발열하는 전열선의 가까운 부분은 3℃ 가량 되고, 전열선에서 멀어지면 저온이 된다.

④ 전열선 1줄을 깊이 12㎝로 배선할 경우, 선을 중심으로 그 좌우 및 위쪽 60㎝ 범위의 온도는 17~20℃ 정도가 된다.

⑤ 온도의 조절은 자동조절기로 한다.

제18장 플라스틱 터널 시공

□ 실기 내용

화훼의 종류와 재배 방법에 알맞은 플라스틱 터널을 만들 수 있는가를 본다.

□ 실기 재료

플라스틱 필름(나비 93cm, 135cm, 186cm, 210cm), 대쪽(95cm, 135cm, 190cm, 4cm), 대나무(지름 3cm, 길이 4cm)

□ 작 업

(1) 소형 터널 만들기

① 93cm 나비의 플라스틱 필름을 쓸 경우
① 모종을 한 줄로 포기 사이 45cm가 되게 심는다.
② 그 위에 45cm 간격으로 95cm 길이의 대쪽활을 높이 45cm, 나비 50cm가 되게 꽂는다.
③ 먼저 바람이 불어 오는 쪽(대쪽활 꽂은 옆에)에 고랑을 경사지게 만들고 필름을 대고 흙으로 묻는다.
④ 한쪽이 끝나면 반대쪽에서 필름을 대쪽활 위에 팽팽하게 덮는다.
⑤ 나머지 부분도 이랑에 경사지게 필름을 묻고 삽으로 눌러준다.

② 135cm 나비의 플라스틱 필름을 쓸 경우
① 90cm이랑에 모종을 줄 사이 55cm, 포기 사이 45cm로 2줄로 심는다.

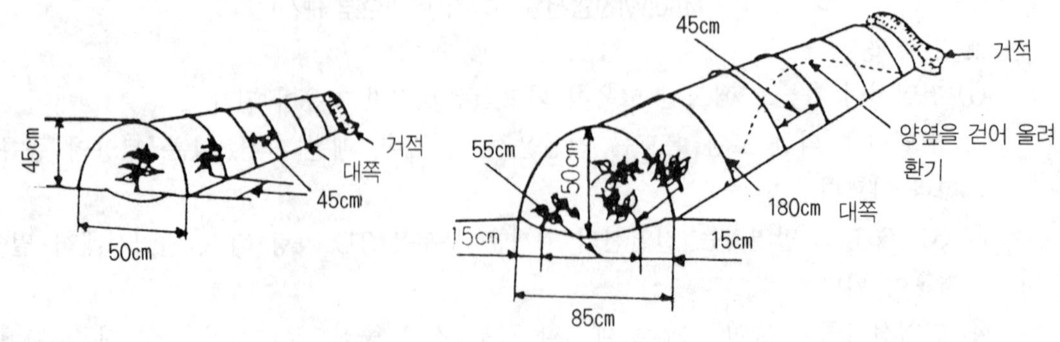

□ 나비 93cm의 플라스틱 필름을 쓸 경우   □ 나비 135cm의 플라스틱 필름을 쓸 경우

② 그 위에 135cm 길이의 대쪽활을 45cm 간격으로 높이 50㎝, 나비 85㎝가 되게 꽂는다.

③ 플라스틱 필름을 씌우는 방법은 93cm필름을 쓸 때와 같이 한다.

④ 한낮의 환기에는 양면 필름의 밑을 걷어 올리고 저녁때는 덮어 준다.

⑤ 필름이 바람에 날리지 않도록 주의하고, 밤에는 거적을 덮어 보온한다.

(2) 중형터널 만들기

① 93cm나비의 플라스틱 필름 2장을 쓸 경우

① 모종을 이랑 나비 75cm, 그루 사이 45cm가 되게 2줄로 심는다.

② 양쪽 그루에서 밖으로 18cm 떨어진 곳에 줄을 대고 190cm 되는 대쪽을 45cm 간격으로 높이 60cm, 나비 110cm가 되게 꽂는다.

③ 플라스틱 필름을 씌우는 방법은 소형 터널과 같이 하되, 터널 양쪽에 필름 한쪽을 땅에 묻고 터널 중앙의 상부에서 필름 2장이 10㎝정도 겹치게 한다.

④ 터널 위는 하우스 밴드로 얽어매거나 망을 덮어 바람에 날리지 않게 한다. 그리고 환기할 때에는 윗부분을 양쪽으로 걷어서 한다.

(3) 소형 이중 터널 만들기

① 80cm이랑에 모종을 줄 사이 55cm, 포기 사이 45cm로 하여 2줄로 심는다.

② 135cm 길이의 대쪽을 45cm 간격으로 높이 45cm, 나비 80cm 되게 꽂고 나비 135cm의 플라스틱 필름을 씌운다.

③ 그 외부에 높이 60cm, 나비 120cm 되게 190cm의 대쪽을 45cm 간격으로 꽂아 터널을 만들고, 나비 186cm의 플라스틱 필름을 씌어 이중 터널을 만든다.

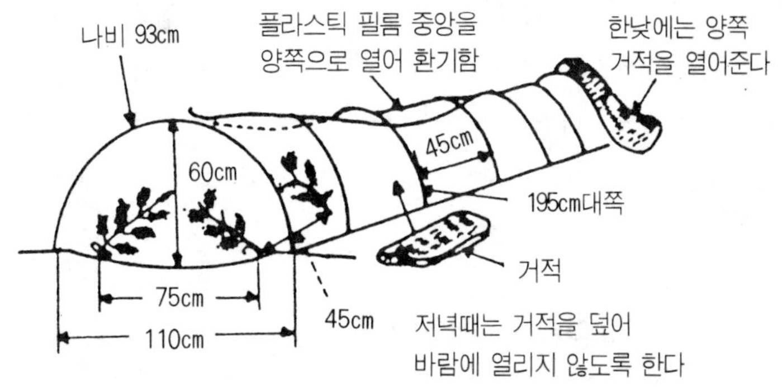

□ 나비 **93cm**의 플라스틱 필름 2장을 쓸 경우

□ 소형 이중 터널

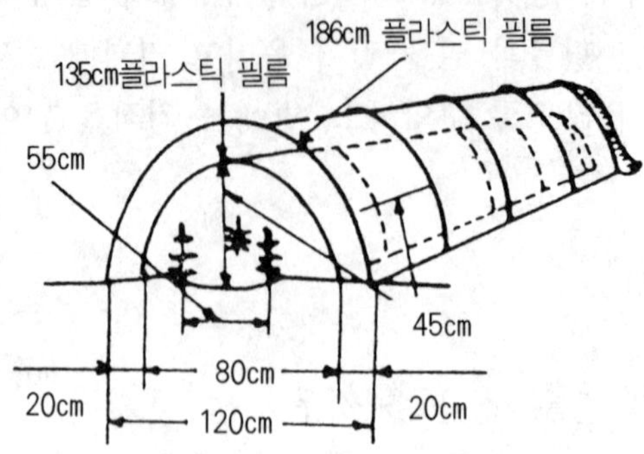

내부활대 : 1.556
외부활대 : 2.184

내부비닐 : x + 1.700
외부비닐 : x + 2.100

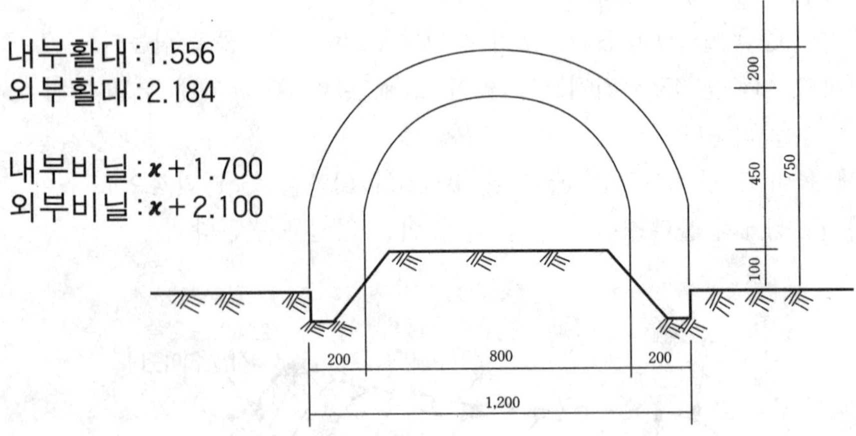

□ 전열선의 배선 예

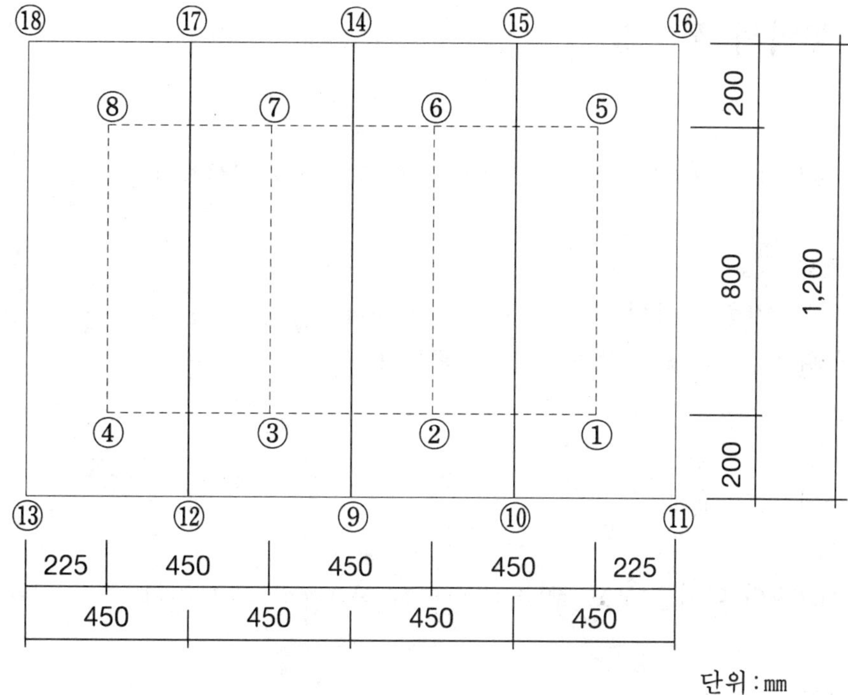

(소형이중터널 단면도 및 평면도)

□ 실기 결과

　이중터널 시공시 미세 종자 파종을 겸하는 경우가 있다. 이 때는 이랑의 바닥을 고르고 미세 종자에 모래를 섞어 골고루 산파(흩어뿌림)한 후 손으로 가볍게 진압한다. 미세종자를 뿌릴 때 종자가 터널을 씌울 공간 밖으로 벗어나지 않도록 조심하여 뿌리고 대쪽을 이용하여 터널을 완성시키도록 한다.

제19장 농약의 희석법

□ 실습 내용

　병·해충방제에 알맞도록 농약을 희석할 수 있는가를 알아본다.

□ 실습 재료

　깨끗한 물, 각종 형태의 농약(액제, 수화제, 유제, 분제), 사기 또는 플라스틱제 용기(20 ℓ 들이), 나무막대, 피펫 또는 메스 실린더, 비이커

□ 작　　업

1) 살포액의 희석 조제

　(1) 액제

　물에 소요량의 약액을 붓고 잘 저어 균일한 살포액이 되게 한다.

　(2) 수화제

　① 적은 양의 물에 필요량의 약을 넣어 죽과 같이 묽게 만든 다음 소요량의 물을 붓고 잘 저어서 살포액을 만든다.

　② 수화제의 분말을 조금씩 물의 표면에 뿌리고, 가라앉는 것을 기다려 잘 저어서 살포 액을 만들 수도 있다.

　(3) 유제

　① 유제 원액량과 같은 양의 물을 작은 용기에 함께 넣고 잘 저은 다음, 소요량의 물에 넣고 섞어 살포액으로 한다.

　② 최근에는 유화성이 좋은 것이 많아 한 번에 소요량의 물에 천천히 넣으면서 저어도 되는 것이 있다.

　③ 원액은 잘 흔들어야 하며, 침전물이 있을 때에는 따뜻한 물로 데운다.

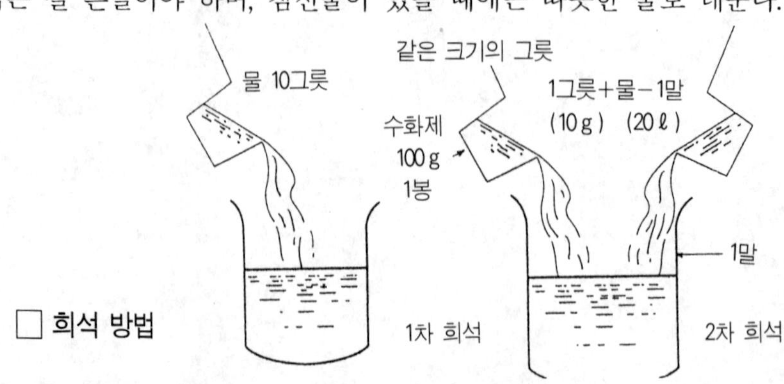

2) 소요량의 약액 계산

① 배액은 약액 1㎖를 표준으로 하여 계산한다.

보기1 메타 유제 50%를 1000배로 희석해서 10a당 160 ℓ 살포하고자 할 때의 메타 50% 유제의 소요량은 다음과 같다

$$원액소요량 = \frac{소요희석액(ℓ)\times1000}{소요희석배수}$$

$$= \frac{160(ℓ)\times1000}{1000} = 160(㎖)$$

·배액	약액	물
50배액	1㎖	49㎖
100배액	1㎖	99㎖
1000배액	1㎖	999㎖

② 퍼센트(%)액일 경우에는 다음과 같이 계산한다.

보기2 메타 유제 50%를 0.08%로 희석하여 10a당 90 ℓ 살포하고자 할 때의 10a당 소요량은 다음과 같다.

$$소요약량 = \frac{희석액농도(\%)\times10a당살포량(ℓ)}{약액농도(\%)\times비중}$$

$$= \frac{0.08\times90ℓ\times1000}{50\times1.25} = 115.2(㎖)$$

3) 분제의 희석법

분제의 주성분은 대량으로 희석할 때에는 한 번에 10배, 20배 등으로 희석하지 말고, 우선 5배 정도로 희석해서, 이것을 여러 번 반복하여 소요되는 농도의 분제로 희석한다. 일정한 농도의 분제를 희석할 경우에는 다음 식에 의해서 희석할 증량제의 무게를 산출한다.

$$희석할\ 증량제의\ 무게 = 원분제의\ 무게\times\left(\frac{원분제의농도}{희석할농도} - 1\right)$$

□ 실기 결과

수화제는 물에 잘 희석되지만 분제는 물에 잘 희석되지 않는다.

제20장 생장조절제 희석법

□ 실기 내용

화훼류 생장조절제를 희석하는 방법 중의 하나인 지베렐린을 10ppm으로 희석하여, 시클라멘 개화촉진에 사용하는 방법을 알고 있는가 알아본다.

□ 실기 재료

지베렐린, 청평저울, 깨끗한 물, 메스실린더, 비이커(1000cc짜리), 사기 또는 플라스틱 제용기(20ℓ들이), 티스픈, 나무막대, 분무기, 시클라멘 개화주

□ 작 업

(1) 희석조제

① 청평에 0.1g짜리 추를 올려 놓고 반대편에 지베렐린 0.1g을 계량한다.

② 1000cc 비이커에 물을 1000cc 계량하여 양동이에 10그릇 넣으면 10,000cc의 물이 된다.

③ 여기에다 0.1g의 지베렐린을 넣고 나무막대로 저어 희석하면 100,000배로 희석된다.

(2) 사용 방법

희석한 지베렐린을 분무기에 넣어 시클라멘 꽃봉오리에 분무하므로 개화가 촉진된다.

□ 생장조절제 희석방법

□ 조사사항

1ppm은 $\dfrac{1}{1,000,000}$ 이므로 10ppm은 $\dfrac{1}{100,000}$ 로 희석하면 된다.

□ 실기 결과

희석한 지베렐린을 시클라멘 개화주의 꽃봉오리에 살포한다.

제21장 화훼류 감별

1. 관엽식물 감별

☐ 실기 내용

관엽식물 10가지의 이름을 알고 있는가를 본다.

☐ 실기 재료

소철, 관음죽, 군자란, 문주란, 청목, 쉐플레야, 벤자민 고무나무, 몬스테라, 팔손이, 극락조화, 히비스커스, 네프로네피스 등.

☐ 작   업

관엽 10가지의 이름을 답안지에 작성한다.

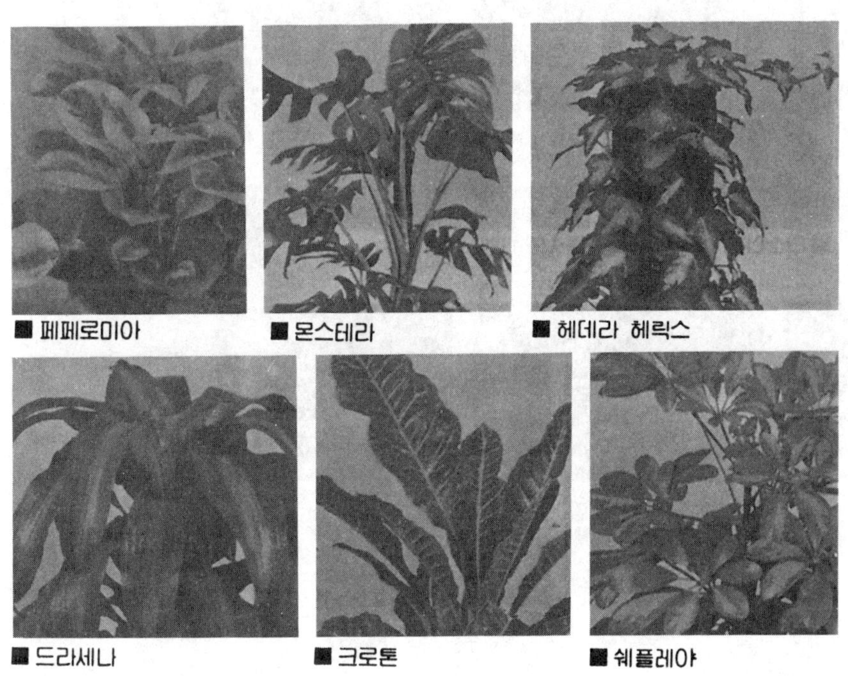

2 종자 감별

□ 실기 내용

1, 2년초 씨앗의 이름을 알고 있는가를 본다.

□ 실기 재료

미세종자 : 글록시니아, 칼세오라리아, 꽃베고니아, 금어초, 프리뮬라, 아릿섬, 코레우스,

페튜니아, 팬지, 꽃양귀비

일반종자 : 꽃고추, 과꽃, 금잔화, 루드베키아, 바베나, 맨드라미, 코스모스, 채송화, 메리
골드, 백일홍, 데이지, 석죽, 샐비어, 일일초

대립종자 : 해바라기, 분꽃, 나팔꽃, 시클라멘, 한련화

☐ 실기방법 및 순서

종자의 이름을 알고 있는가를 본다.

종자 5가지를 감별하고 이름을 답안지에 작성한다.

3. 구근감별

☐ 실기 내용

구근의 이름을 알고 있는가를 본다.

☐ 실기 재료

인경 : 튜립, 수선, 히야신스, 아이리스, 백합

구경 : 글라디오라스, 크로커스, 프리지아

괴경 : 아네모네, 글록시니아, 칼라, 칼라디움, 시클라멘

괴근 : 다알리아, 라나큐라스, 작약

근경 : 칸나, 진저어

☐ 실기 결과

화훼류 감별 중 종자감별에 미세종자는 20배 확대경으로 확대감별해야 정확성을 기할
수 있다.

제22장 병충해 감별

□ 실기 내용

화훼작물에 가해지는 병해와 충해를 슬라이드를 통해 병명과 충명을 알고 물리적, 화학적 방제법을 알고 있는가를 본다.

□ 실기 재료

병해, 충해에 대한 시청각 슬라이드

1. 병해

① 탄저병(고무나무)

병징 : 잎에 검은색 병반이 생기며 중심이 회백색으로 움푹 파인다.

방제 : 고온다습을 피한다. 보르도 액을 살포한다.

② 흰가루병(장미)

병징 : 잎이나 어린 가지 또는 꽃봉오리에 밀가루를 뿌려 놓은 것 같다.

방제 : 통풍이 잘 되게 알맞는 전정을 한다. 광선이 잘 들게 한다. 수화유황제 500배
　　　 액을 살포한다.

③ 회색곰팡이병(팬지)

병징 : 잎이나 줄기 등에 회색의 곰팡이가 생긴다.

방제 : 연작을 피한다. 저온다습을 피한다. 만네브다이센 500~800배액을 살포한다.

④ 모자이크 병(튜립)

병징 : 잎이나 꽃에 농담의 반점이 생기고 기형이 된다.

방제 : 이 병주를 제거한다. 진딧물을 구제한다. 무병주를 식재한다.

⑤ 녹병(국화)

병징 : 잎 뒷면에 회백색, 갈색, 흑색 등의 병반이 생긴다.

방제 : 질소과다를 피한다. 밀식을 피한다. 과다한 분무를 피한다. 만코지수화제 500
　　　 배액을 살포한다.

⑥ 입고병(과꽃)

병징 : 묘상의 어린묘가 쓰러져 죽는다.

방제 : 토양을 소독한다. 연작을 피한다. 캡탄 제로 종자소독을 한다.

⑦ 균핵병(카네이션)

병징 : 식물체가 시들며 뿌리턱이 연화된다. 피해부는 흑색균핵과 균사가 생긴다.

방제 : 연작을 피한다. 토양을 소독한다. 소일신 유제 1000배액을 비온 후 살포한다.

⑧ 흑성병(장미)

병징 : 잎에 담갈색 병반과 검고 둥근 병반이 생긴다.

방제 : 낙엽을 태운다. 비온 후 만코지수화제 500배액을 살포한다.

⑨ 뿌리혹병(명자나무)

병징 : 뿌리에 불규칙한 혹이 생긴다.

방제 : 연작을 피한다. 20℃이상일 때 뿌리작업을 피한다. 환부를 자르고 석회유황
합제를 도포한다.

⑩ 노균병(해바라기)

병징 : 잎 표면에 불규칙한 회백색 반점과 뒷면에 흰곰팡이가 생긴다.

방제 : 통풍을 좋게 한다. 병든 잎을 제거한다. 만네브다이센 500배액을 살포한다.

2 충해

① 진딧물

형태 : 주로 어린 가지에 붙어 즙액을 흡수한다.

방제 : 천적인 무당벌레 보호, 메타시스톡스 1000배 살포한다.

② 개각충(깍지 벌레)

형태 : 딱딱한 각이나 솜을 쓰고 잎이나 줄기에 붙어 즙액을 흡수한다.

방제 : 이른 봄 석회유황 합제 살포. 강한 시린지를 한다. 개미를 구제한다.

③ 응애(붉은 거미)

형태 : 잎 뒤나 어린 가지에 붉은 거미가 줄을 치고 산다.

방제 : 강한 시린지를 한다. 고온다습을 피한다. 켈센 수화제를 살포한다.

④ 선충(네마토다)

형태 : 땅 속에 살며 하얀 실지렁이 같이 생긴 해충이다.

방제 : 토양소독을 한다. 연작을 피한다. D.D를 토양에 살포한다.

⑤ 야도충(거심이)

형태 : 거심이나방 애벌레가 땅 속에 잠복해 있다 밤에만 줄기를 타고 올라와 잎을
가해한다.

방제 : 포살한다. 비산연을 살포한다.

⑥ 심식충

형태 : 나방이 종류가 작물 생장점에 산란한 알이 부화되어 애벌레가 줄기 속을 파
먹는다.

구제 : 산란구를 찾아 파라치온을 주입한다. 해충발생기 DDVP를 살포한다.

□ 실기 결과

병해, 충해 각 5가지를 슬라이드를 통해 감별하고 병명, 방제법 2가지 이상을 답안지에
작성한다.

제23장 채종과 저장

☐ 실기 내용

우수한 특성을 지닌 좋은 꽃씨를 받아서 발아가 잘 되게 저장할 수 있는가를 본다.

☐ 실기 재료

1~2년생 초화류, 종이 봉지 5장, 병 5개, 양철통 또는 데시케이터, 건조제(생석회, 염화 칼슘, 실리카겔 등) 0.5 ℓ, 낫, 화분(지름 24cm), 모래 2 ℓ

☐ 작   업

(1) 채 종
① 따내는 법(적취법)
씨가 성숙하는 상태를 보아 완숙된 것부터 하나하나 따서 받는다.
② 베는 법(예취법)
씨가 일반적으로 꼬투리 속에 붙어서 탈락하지 않은 것은 전체의 70~90% 정도가 익었을 때 낫으로 가지를 베어 잘 말려서 씨를 받는다.
③ 씨 받는 시기
1~2년생 초화류의 씨를 받는 방법과 시기는 아래 표와 같다.

참고

종 류	씨 받는 방법	씨 받는 시기
과 꽃	베는 법	9월 중순 ~ 하순
맨 드 라 미	베는 법	9월 ~ 10월
백 일 홍	베는 법	10월 상순 ~하순
샐 비 어	따내는 법	9월 ~ 10월
메 리 골 드	베는 법	9월 ~ 10월
채 송 화	따내는 법	9월 상순 ~ 중순
코 스 모 스	따내는 법	9월 상순 ~ 중순
팬 지	따내는 법	5월 ~6월

(2) 초화 씨앗 저장 방법

① 일반적으로, 씨앗은 충분히 건조시킨 후 종이 봉지, 병, 기타 용기에 넣은 다음, 건조
제를 같은 그릇 속에 넣되 직접 씨앗에 닿지 않게 하고, 꼭 봉한 다음 바람이 잘 통
하는 어두운 장소에 저장한다.

② 씨앗의 장기 저장에는 저온 및 저습 상태가 가장 알맞다.

③ 보통, 저장 온도는 1~2℃, 습도는 45% 이하에서 저장한다.

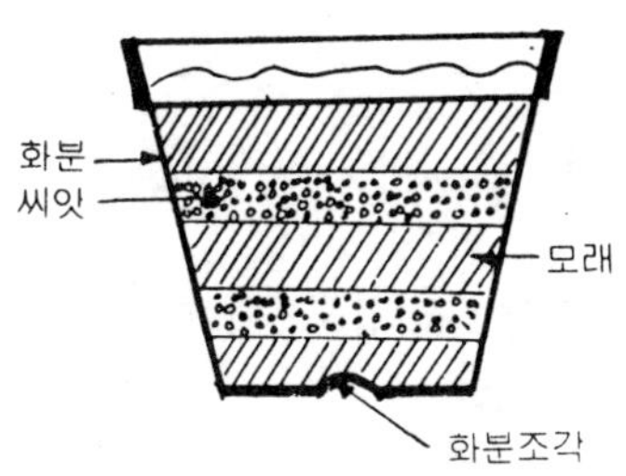

□ **씨앗의 층적 저장법**

(3) 꽃나무씨앗 층적저장법

① 일반적으로 꽃나무류의 씨앗이나 단단한 씨앗에 대해 이 방법을 사용한다.

② 받은 씨앗을 약간 건조시킨 다음, 화분 밑의 구멍을 화분조각으로 막고 그 위에 모
래를 4㎝정도 넣어 그 위에 씨앗을 2㎝정도 넣고, 다시 모래를 4㎝정도 넣는 과정을
반복한 다음 맨 위에는 모래를 충분히 넣는다.

□ **실기 결과**

일반적으로 45%의 공중관계습도에서 종자의 함수량은 4.5~10%이며, 80%에서는 12~
16%이고 풍건종자의 함수량은 10% 내외이다.

제24장 화훼장식

□ 실기 내용

용도에 맞게 화환, 꽃다발, 꽃바구니 등을 만들 수 있는가를 본다.

□ 실기 재료

철사(8번선) 2m, 짚 2단, 수태 약간, 네프로네피스 1단, 꽃 5단(다알리아, 국화, 카네이션 등), 은종이, 리본 1m, 아스파라가스 1단, 대바구니, 함석 용기, 수반, 침봉

□ 작 업

(1) 화환 만들기(원형 화환)

철사로 원형을 만든 다음, 그 위에 지름이 6cm정도 되게 짚을 감아 묶은 다음, 준비된 꽃과 네프로네피스를 꽂아가면서 화환을 만든다.

① 화환은 경축용과 조례용으로 구별하여 만든다.

② 경축용은 여러 색깔의 꽃을 이용하여 화려하게 만들고, 조례용은 중심부만 색깔 있는 것을 사용하고 나머지는 모두 백색으로 한다.

(2) 꽃다발 만들기

꽃 색깔은 대개 옅은 색을 ⅔, 진한 색을 ⅓정도로 배합하는데, 손에 쥐는 밑 부분은(20cm정도)잎을 제거하고 보기 좋게 다발을 만들어 리본을 맨 다음 은종이로 감는다.

① 선물용 꽃다발 만들기 : 꽃의 중심 부분은 백색으로, 밑 부분의 가장 자리는 진한 색을 쓰고, 꽃다발의 주위는 옅은 색으로 만든다.

② 결혼식 꽃다발 만들기 : 1개의 붉은 색 봉오리를 중심으로 하여 밖으로 꽃을 배열하는데, 지름 30cm 정도의 원추형으로 만든다. 전체 모양은 우산을 편것과 같게 만든다.

③ 장식용 꽃다발 만들기 : 꽃 한 송이를 중심부에 두고 양쪽에 두 송이를 붙여서 폭이 좁고 길게 만든다.

④ 장례용 꽃다발 만들기 : 꽃의 배치는 바깥쪽에서부터 시작하여 꽃을 고르게 배치하고, 가장 높은 곳은 20~23cm되게 한다. 리본은 백색 혹은 검정색으로 90~120cm의 길이로 한다.

(3) 꽃바구니 만들기

대바구니 안에 함석용기를 넣고 그 속에 흡습 스폰지인 오아시스를 넣은 다음, 네프로

네피스나 측백나무잎을 오아시스보다 조금 높게 가위로 자른 다음, 여기에 꽃을 꽂는다. 먼저 중심 꽃을 꽂고 점점 작은 꽃을 꽂아 나간 다음 리본을 단다.

(4) 식탁장식(수반 꽃꽂이)

수반 속에 침봉을 놓고 중심부로부터 키가 크고 색깔이 진한 것부터 꽃을 꽂고, 밖으로 나가면서 키가 낮고 연한 색으로 배색하여 꽃꽂이한다.

(5) 꽃병 꽃꽂이

형태미를 중요시하여 꽃을 되도록 화려하게 꽂는다. 꽃꽂이는 3, 5, 7, 9와 같이 홀수로 꽂는 것이 좋다.

□ 실기 결과

코사지에 쓰이는 꽃 : 장미, 카네이션, 글라디오라스, 국화, 아이리스, 백합, 수선, 다알리아, 동백, 프리지아, 튜립, 포인세티아, 메리골드

코사지에 쓰이지 못하는 꽃 : 벚꽃, 매화, 코스모스, 프리뮬라, 철쭉, 도라지, 수국, 팬지

제25장 화훼류 불시재배

1. 국화(숙근초)

☐ 실기 내용
  국화재배시 촉성, 보통, 억제를 도표로 표시할
  수 있는가를 본다.

☐ 실기 재료
  월별작형, 재배요점문답지

☐ 작   업
  꺾꽂이에서 꽃을 피워 수확하기까지는 120~150일 걸린다.

  꺾꽂이 ——— 정식 — 순지르기 ——— (꽃눈분화) ——— 개화
  ←—20~30일—*—10일—*—40~50일—*—50~60일—→
  ←————————120~150일————————→

  ① 국화차광재배시 초장이 10cm정도 되어야 효과가 있다. 차광개시 후 7~10일이면 화
    아가 분화되고 그후 40일 전후에 개화하므로 역산으로는 50일전부터 차광한다.
  ② 일조는 11시간 정도가 가장 좋고 화아분화는 기온이 15℃이상에서 이루어지고 그
    후의 발달은 고온으로서 억제되지 않는다.
  ③ 국화 전조재배 일조를 14시간 30분 이상으로 하여 8~11월에 화아분화를 억제하고
    개화시기를 12~3월로 늦추는데 이용된다.
  ④ 전조 재배시 야간온도가 15℃이하가 되면 화아 분화가 되지 않으므로 조명중지 후
    15℃ 이상으로 2주 정도 보온한다.
  ⑤ 조명은 광도에 따라 감응이 달라지는데 일반적으로 13㎡에 100W의 반사경 1개를
    이용한다.

  (1) 차광 재배
  가을국화를 여름철 장일기간 동안에 차광으로 단일을 만들어 줌으로써 꽃눈 분화를 유

기시켜 꽃핌을 촉진시키는 것으로, 차광은 수확 예정일 50~60일 전부터 시작한다.

검은색 비닐이나, 그 밖에 광선이 투과되지 않는 것으로 덮어서 밤과 같은 상태로 만들어 준다. 보통 오후 5시부터 오전 7시까지 덮어서 밤의 길이가 14시간이 되고 낮의 길이가 10시간이 되도록 하여 단일 조건을 만들어 준다

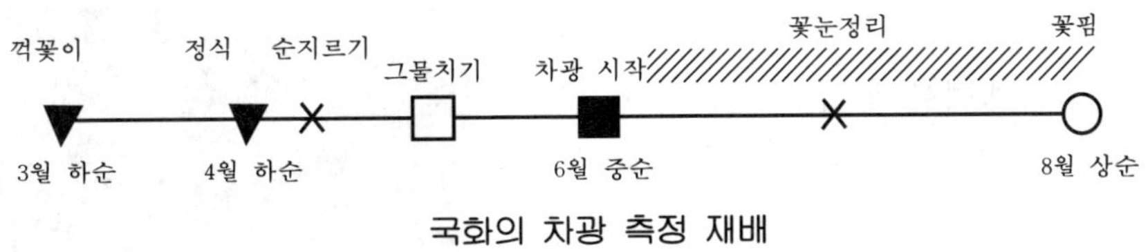

국화의 차광 측정 재배

(2) 전조 억제재배

가을국화나 겨울국화를 12월 하순 이후에 꽃 피게 하여 수확하려고 할 때 이용하는 억제재배이다.

가을국화에서 조생종은 8월 중하순, 만생종은 9월 상순에 꽃눈이 분화하는데, 전등 조명을 하여 장일을 만들어 줌으로써 꽃눈 분화를 56~60일간 지연시킬 수 있다. 전등 조명을 매일 밤 12시를 전후로 2~3시간씩 10룩스 이상의 밝기로 비추어 주어야 하며, 개화 예정일 50~60일 전에 전등을 꺼 준다.

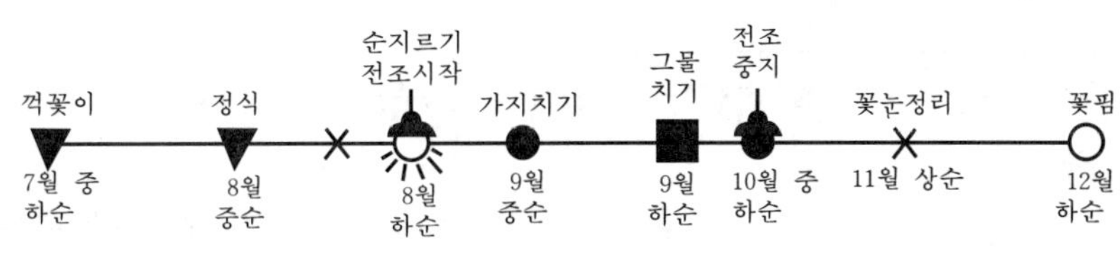

국화의 전조 억제 재배

☐ 실기 결과

차광 중에는 온도가 높이 올라가 꽃눈 발달에 좋지 못한 영향을 줄 뿐 아니라 병해의 위험도 크므로, 지나치게 온도가 올라가지 않게 주의해야 한다.

2 글라디오라스(춘식구근)

□ 실기 내용

글라디오라스 절화재배시 촉성, 보통, 억제를
도표로 표시할 수 있는가를 본다.

□ 실기 재료

월별작형, 재배요점문답지

□ 글라디오라스의 재배 방식

구분 재배방식	출하기	재식 시기	구근의 처리
보통재배	7월 중순	3월 하순~4월 상순	무처리
보통재배	8월	5월	무처리
억제재배	9~11월	7월	냉장(3~5℃)에 의한 생육 억제
억제재배	12~2월	9월	냉장(3~5℃)에 의한 생육 억제
촉성재배	2~4월	10월	온도 처리에 의한 휴면 타파
반촉성재배	5~6월	11~12월	온도 처리에 의한 휴면 타파

□ 작　업

① 보통 재배 : 7~8월에 출하하기 위한 재배로서, 일찍 심을수록 꽃이 빨리 피므로
심는 날짜를 조절하여 꽃 피는 시기를 맞춘다.

품종에 따라 조생종은 65~80일만에, 만생종은 90~100일만에 꽃이 핀다. 뿌리의
발육이 약한 편이어서, 절화용 품종은 초장이 크게 자라기 때문에 얕게 심었을 때에
는 쓰러지기 쉬우므로 주의해야 한다.

② 억제 재배 : 봄부터 여름까지의 고온에서 자연상태로 저장하면 양분을 소모하므로,

보통방법으로는 저장이 불가능하다.

보통, 냉장 및 건조법에 의한 저장방법이 있는데, 냉장 온도는 3~5℃, 건조저장은 흡습제와 함께 저장하여 호흡에 의한 양분 소모를 막는다.

저장했던 구근을 온실 또는 비닐 하우스 안에 심고 밤 온도를 15℃이상 되게 유지하면 80~90일 후에 첫번째 꽃이 핀다.

③ 촉성 재배 : 2~6월에 출하하기 위해 재배하는 방법으로, 이 때에는 구근을 심고 가온만 해서는 안 된다. 즉, 인공적으로 휴면을 타파해야 하는데, 재배방식에 따라 구근을 캐어 내는 시기, 또 온도 처리방법 등이 달라진다.

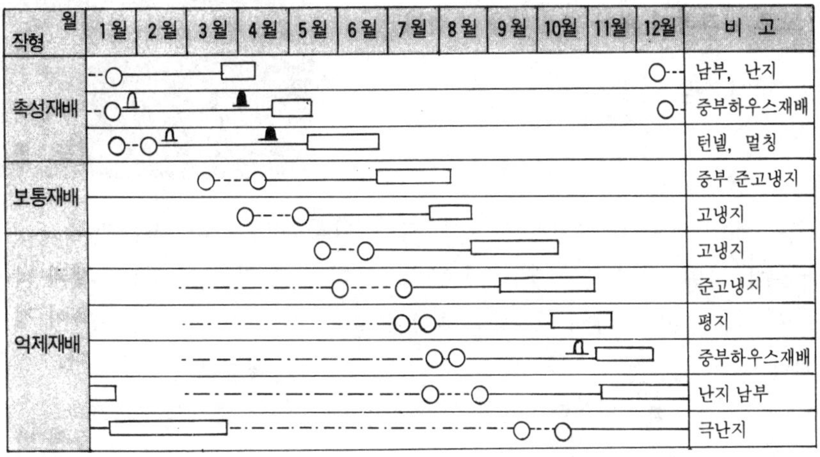

작형 \ 월	1월	2월	3월	4월	5월	6월	7월	8월	9월	10월	11월	12월	비 고
촉성재배													남부, 난지
촉성재배													중부하우스재배
촉성재배													턴넬, 멀칭
보통재배													중부 준고냉지
보통재배													고냉지
억제재배													고냉지
억제재배													준고냉지
억제재배													평지
억제재배													중부하우스재배
억제재배													난지 남부
억제재배													극난지

※ ○┈○ 정식   △ 보온개시   ♠ 보온종료   ─·─·─ 저온저장(발아억제를 위해 2~4℃)
── 본포기간   □ 수확기

□ 실기 결과

8~9월경에 구근을 캐내어 5℃에서 1개월 동안 저장한 후 1% 에틸렌클로로히드린 용액에 30분간 담그면 휴면이 타파되어 9~10월에 심으면 1~3월에 꽃이 핀다. 8월에 구근을 캐내어 35℃의 고온에 15~20일간 처리한 후 2~3℃에서 20일간, 또는 5℃에서 20~30일간 냉장하여 휴면을 타파한 후 10월에 심으면 2~4월에 꽃이 핀다.

3. 백합(추식구근)

□ 실기 내용
　백합절화 재배시 시설내 촉성을 도표로
표시할 수 있는가를 본다.

□ 실기 재료
　월별작형, 재배요점 문답지

□ 작　　업
　구근을 가을에 심으면 9월부터 겨울이 지나 이듬해 봄부터 여름까지 자라며, 그 후 휴
면하다가 가을이 되면 다시 생육을 계속한다. 꽃피는 시기는 봄부터 여름까지이지만, 촉성
재배를 위해서 저온처리를 하여 꽃눈의 분화를 촉진시키면 겨울에도 꽃을 피울 수 있다.
　(1) 촉성재배
　① 냉장처리 : 냉장처리는 처음 13℃의 예비 냉장과 그후 8℃의 본냉장으로　이루어지
　　는데, 보통 예비냉장은 2주간, 본냉장은 4주간 한다.

□ 백합의 재배방식

재배방식 ＼ 구분	출하기	재식 시기	예비 냉장	본냉장	관 리
초촉성재배	10~11월	8월 하순	13℃, 2주간	8℃, 6주간	무가온 재배
촉성재배①	12월	9월 상순	15℃, 2주간	2~4℃, 6주간	11월 하순부터 가온
촉성재배②	1~2월	10월 상순	7~8℃, 2주간	2~4℃, 6주간	12월 상순부터 가온
반촉성재배	3~4월	10월 하순	무처리	무처리	12월 하순부터 가온
보통재배	6월	10월 중순	무처리	무처리	노지에 심는다

　(2) 촉성재배의 요점
　① 냉장전의 준비
　사전에 구근을 43℃로 30~40분간 온탕처리를 해서 휴면을 타파해주는 것이 좋다.

② 냉장처리

우선 구근을 톱밥에 섞어 상자에 담는다. 예비냉장은 13~15℃로 약14일 정도, 본냉장은 5℃로 약 40~50일정도 한다.

③ 재배온도

생육적온은 18~21℃이며, 야간온도는 8~10℃이하로 떨어질 경우엔 가온해줄 필요가 있다. 고온에 재배하면 부라인드 및 낙화가 많아지고, 반대로 저온에 재배하면 재배기간이 길어진다.

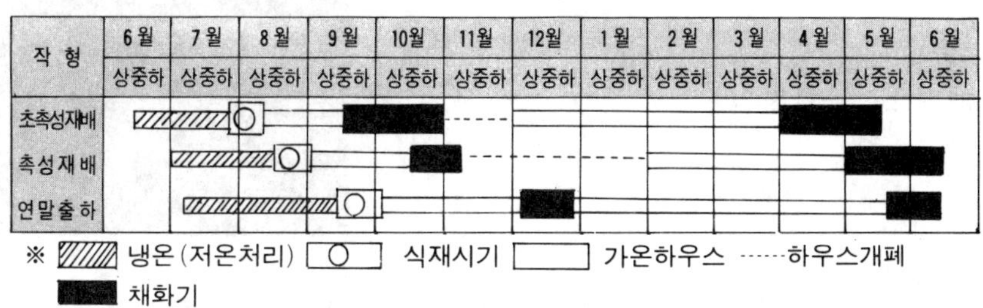

〈철포백합의 작형〉

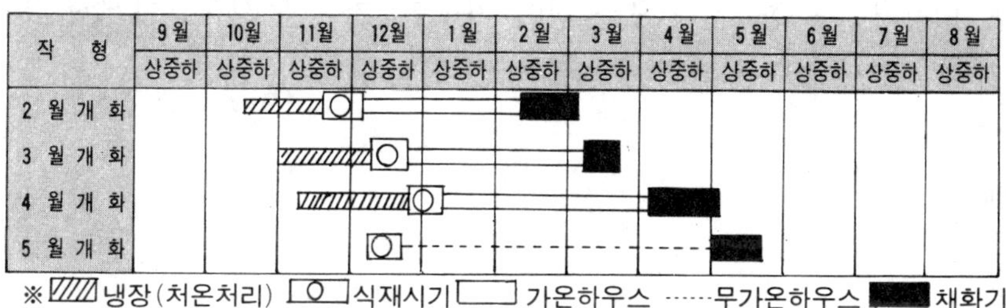

〈스카시백합의 작형〉

□ 실기 결과

① 식재 후 짚을 깔아 주어 건조를 방지하고, 그 후 자라는데 따라 적당하게 관수를 해 준다.

② 비료는 재배 전기간을 통해 효과가 나타나도록 할 것이며 유기질을 주체로 하는 원비를 충분히 시비하고 추비는 액비를 사용한다.

4. 튜립(추식구근)

□ 실기 내용
  튜립 절화재배시 시설내 촉성, 보통, 억제
등을 도표로 표시할 수 있는가를 본다.

□ 실기 재료
  월별작형, 재배요점문답지

□ 작   업
  구근은 여름철 저장 중에 꽃눈이 분화하여 휴면하고 있는데, 절화용으로 온실이나 비닐
하우스에 재배하면서 겨울이나 초봄에 꽃을 생산하려면 인공적인 저온처리를 하여 휴면을
타파해야 한다. 냉장처리를 한 후 구근을 심어 가꾸면, 가온을 시작하여 꽃을 피워 절화를
출하할 때 까지의 기간이 30~50일 안에 이루어진다.

  (1) 촉성재배

  ① 구근관리
  구근 입수 후 예비냉장까지는 구근의 상태를 고려하여 20~22℃정도의 온도로 관리하
여 화아의 충실을 기한다.
  ② 냉장방법
  7월 하순~8월 상순 경 구근을 쪼개어 화아의 발육상태 등을 확인한 다음 냉장을 개시
한다. 예비냉장은 13~15℃로 20일 정도, 본 냉장은 2~3℃로 30~45일이 알맞다.
  ③ 정식 후의 관리
  정식은 10월 중순 이후부터인데 정식 후 기온이 높으면 병해의 발생과 낙화가 많아짐
으로 주의깊은 관리가 필요하다. (식상은 20℃ 이하) 더욱이 정식 후는 곧 발근할 수 있도록
충분하게 관수를 실시해주는 것이 필요하다.
  ④ 온도관리
  재배온도는 15~18℃가 알맞고, 정식 후는 차광을 해서 기온의 상승을 막으며, 최저온
도가 13℃로 떨어지면 보온해준다. 그 후의 기온은 서서히 하되 급격하게 온도가 높아지지

않도록 주의한다. 더욱이 야간의 고온은 착색불량, 블라인드 발생의 요인이 되므로 특히 주의를 요한다.

□ 튜립의 재배방식

구분 재배방식	출하기	재식 시기	예비 냉장	본냉장	관 리
초촉성재배	11하순 ~12월	10월 상순	35℃, 5일 후 13~15℃, 20일	2~3℃, 45일	11월 중순부터 가온
촉성 재배	1~2월	10월 중순	13~15℃, 20일	2~3℃, 35일	11월 중순부터 가온
반촉성재배	3월	10월 중순	13~15℃, 20일	2~3℃, 30일	12월부터 가온
보통 재배	4월	10월 상순 ~11월 중순	무처리	무처리	노지에 방치

구분	작 형	7월	8월	9월	10월	11월	12월	1월	2월	3월	4월	5월
냉장처리	초 촉 성											
	촉 성											
	보통촉성											
	2 기 작											
	반 촉 성											
무냉	노 지											

(2) 계통과 종류

① 조생종
① 조생홑꽃계 : 4월 상·중순에 꽃이 피며, 꽃잎은 끝이 뾰족하고 컵모양을 이룬다.
② 조생겹꽃계 : 조생 홑꽃계와 꽃피는 시기는 같으며, 꽃은 겹꽃으로 크고 꽃대가 튼

튼하다.

③ 멘델(Mendel)계 : 만생종인 다윈계와 조생종과의 교배종이며, 꽃피는 시기가 약간 늦고 꽃 모양은 다윈계에 가깝다.

④ 트라이엄프(triumph)계 : 꽃잎이 넓고 끝이 뭉툭하며 완전한 컵 모양을 이룬다.

② 만생종

① 코티지(cottage)계 : 가장 늦게 5월 상·중순에 꽃이 피며, 다윈계보다 꽃이 작다.

② 다윈(Darwin)계 : 현재 가장 많이 재배되고 있는 계통으로 5월 상·중순에 꽃이 피며, 키는 60~70㎝로 꽃대가 크고 튼튼하다. 꽃이 크고 완전한 컵 모양을 이루며, 색채가 선명하다.

③ 패롯(parrot)계 : 꽃이 크고 꽃잎 둘레는 가늘게 갈라진다.

④ 백합계 : 꽃잎이 길고 뾰족하며, 바깥으로 휘어져 백합의 꽃 모양을 닮았다.

□ 실기 결과

튜립은 냉장 종료시기, 가온 시작시기 등에 의하여 개화기를 임의로 조절할 수 있어 출하기의 조절이 쉬운 장점이 있다.

5. 프리지아(추식구근)

□ 실기 내용

　프리지아 절화재배시 시설내 촉성, 보통
억제를 도표로 표시할 수 있는가를 본다.

□ 실기 재료

　월별작형, 재배요점문답지

□ 작　　업

　촉성재배를 할 때에는 크고 충실한 구근을 골라 쓰며, 수확 후 30℃에서 30일간 고온처리를 하여 휴면을 타파한 후 10℃에서 저온처리를 40일간 한다. 저온처리를 받지 않은 구근은 16℃에서 생육시키다가 겨울에 13℃의 온도를 유지하면 꽃 피울 수 있다.

　구근의 휴면기간은 50~90일이 되나 수확 전후의 기온에 따라 크게 달라진다. 휴면을 타파하려면 30℃에 고온저장을 하며, 휴면이 타파되어 잎이 난 구근을 10℃에서 냉장처리하면 저온처리 중에 싹이 터 꽃눈 분화가 시작된다. 꽃눈의 발달은 15℃에서 촉진되며, 15~20℃의 온도에서 재배하면 꽃이 빨리 핀다.

□ 프리지아 재배방식

재배방식 ＼ 구분	품 종	출 하 기	재식 시기	냉장 개시기	입 실 기	관 리
초촉성재배	주조생종	10월 하순 ~11월 중순	9월 상순	7월 하순	10월 상순	
		11월 하순 ~12월 상순	9월 하순	8월 중순	10월 중순	
촉성 재배	중생종	12월 중·하순	10월 상순	9월 상순	10월 하순	가온
		1월 중·하순	9월 중순	무처리	11월 상·중순	가온
		2월 상·중순	9월 중순	무처리	11월 중·하순	가온
반촉성재배	중생종	2월 하순	9월 중순	무처리	11월 중·하순	무가온
		3월 상·하순	9월 중순	무처리	12월 중·하순	보온

□ 실기 결과

구근은 냉장을 통해 완전히 휴면이 타파되지 않으면 안 된다. 따라서 7~8월에 냉장할 경우는 사전에 고온처리, 훈연처리가 끝난 구근을 지정하는 것이 현명하다. 더욱이 무냉장 구근을 9월 중순 이후 식재할 경우는 무추리구근으로 가능하며 그렇게 하는 것이 경제적이다.

판권본사소유

화훼재배사

1999년 6월 7일 1판 1쇄 발행
2000년 6월 15일 1판 2쇄 발행

저 자 : 차 건 성
발행인 : 김 중 영
발행처 : 오성출판사

서울시 영등포구 당산동6가 121-245
TEL : (02) 2635-5667~8
(02) 2635-6247~9
FAX : (02) 835-5550

출판등록 : 1973년 3월 2일 제 13-27호
값 15,000원